“十四五”时期国家重点出版物出版专项规划项目
华为网络技术系列

园区网络架构与技术（第2版）

Campus Network Architecture and Technologies（2nd edition）

主　编　沈宁国　于　斌
副主编　黄明祥　许海林

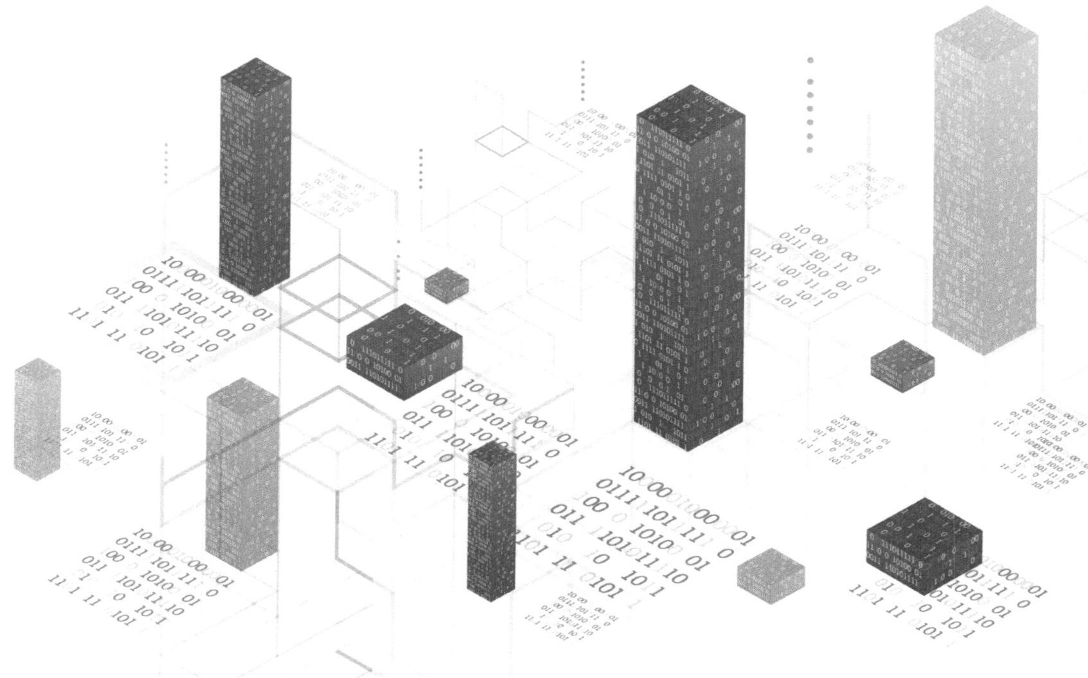

人民邮电出版社
北京

图书在版编目（CIP）数据

园区网络架构与技术 / 沈宁国，于斌主编. -- 2版
. -- 北京 : 人民邮电出版社，2022.3（2024.5重印）
（华为网络技术系列）
ISBN 978-7-115-57535-7

Ⅰ. ①园… Ⅱ. ①沈… ②于… Ⅲ. ①局域网－架构
Ⅳ. ①TP393.1

中国版本图书馆CIP数据核字(2021)第250764号

内 容 提 要

本系列图书基于华为公司工程创新、技术创新的成果以及在全球范围内丰富的商用交付经验，介绍新一代网络技术的发展热点和相关的网络部署方案。

本书以园区网络从 PC 时代迈向云时代所面临的业务挑战为切入点，详细介绍了云园区网络的架构与技术，旨在向读者全面呈现新一代园区网络的解决方案、技术实现和规划设计等内容。本书系统介绍云计算、虚拟化、大数据、AI、SDN 等技术方案在园区网络中的应用，为快速、高效地重构园区网络提供参考。本书还提供详细的园区网络设计方法及部署建议，为构建自动化、智能化、云化的园区网络以及从容应对构建园区网络过程中面临的各种挑战提供帮助。

本书是了解和设计园区网络的实用指南，内容全面，通俗易懂，实用性强，适合网络规划工程师、网络技术支持工程师、网络管理员以及想了解园区网络技术的读者阅读。

◆ 主　　编　沈宁国　于　斌
　副 主 编　黄明祥　许海林
　责任编辑　韦　毅
　责任印制　李　东　焦志炜

◆ 人民邮电出版社出版发行　　北京市丰台区成寿寺路 11 号
　邮编　100164　　电子邮件　315@ptpress.com.cn
　网址　https://www.ptpress.com.cn
　固安县铭成印刷有限公司印刷

◆ 开本：720×1000　1/16
　印张：25.5　　　　2022 年 3 月第 2 版
　字数：486 千字　　2024 年 5 月河北第 9 次印刷

定价：129.00 元

读者服务热线：(010)81055552　印装质量热线：(010)81055316
反盗版热线：(010)81055315
广告经营许可证：京东市监广登字 20170147 号

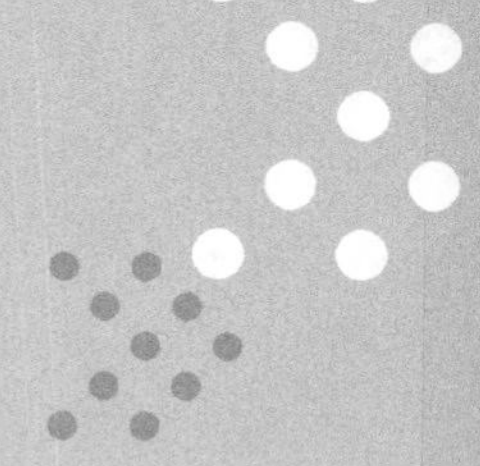

丛书编委会

本书编委会

主　　编　沈宁国　于　斌

副 主 编　黄明祥　许海林

编写人员　鲍小胜　陈　哲　付　丽　谷素琴　李　辉　李大鲲　李风乐　李吉媛　梁彦明　刘　巍　孙红叶　翁明杰　杨加园　张印熙　张镇伟　朱　玥

技术审校　蒋雅娜　姚成霞　阎　坤　陈月会　唐金华

推 荐 语

该丛书由华为公司的一线工程师编写，从行业趋势、原理和实战案例等多个角度介绍了与数据通信相关的网络架构和技术，同时对虚拟化、大数据、软件定义网络等新技术给予了充分的关注。该丛书可以作为网络与数据通信领域教学及科研的参考书。

——李幼平

中国工程院院士，东南大学未来网络研究中心主任

当前，国家大力加强网络强国建设，数据通信就是这一建设的基石。这套丛书的问世对进一步构建完善的网络技术生态体系具有重要意义。

——何宝宏

中国信息通信研究院云计算与大数据研究所所长

该丛书以网络工程师的视角，呈现了各类数据通信网络设计部署的难点和未来面临的业务挑战，实践与理论相结合，包含丰富的第一手行业数据和实践经验，适用于网络工程部署、高校教学和科研等多个领域，在产学研用结合方面有着独特优势。

——王兴伟

东北大学教授、研究生院常务副院长，国家杰出青年科学基金获得者

该丛书对华为公司近年来在数据通信领域的丰富经验进行了总结，内容实用，可以作为数据通信领域图书的重要补充，也可以作为信息通信领域，尤其是计算机通信网络、无线通信网络等领域的教学参考。该丛书既有扎实的技术性，又有很强的实践性，它的出版有助于加快推动产学研用一体化发展，有助于培养信息通信技术方面的人才。

——徐　恪

清华大学教授、计算机系副主任，国家杰出青年科学基金获得者

该丛书汇聚了作者团队多年的从业经验，以及对技术趋势、行业发展的深刻理解。无论是作为企业建设网络的参考，还是用于自身学习，这都是一套不可多得的好书。

——王震坡

北京理工大学教授、电动车辆国家工程研究中心主任

这是传统网络工程师在云时代的教科书，了解数据通信网络的现在和未来也是网络人的一堂必修课。如果不了解这些内容，迎接我们的可能就只有被淘汰或者转行，感谢华为为这个行业所做的知识整理工作！

——丘子隽

平安科技平安云网络产品部总监

该丛书将园区办公网络、数据中心网络和广域互联网的网络架构与技术讲解得十分透彻，内容通俗易懂，对金融行业的 IT 主管和工作人员来说，是一套优秀的学习和实践指导图书。

——郑倚志

兴业银行信息科技部数据中心主任

总 序

“2020 年 12 月 31 日，华为 CloudEngine 数据中心交换机全年全球销售额突破 10 亿美元。”

我望向办公室的窗外，一切正沐浴在旭日玫瑰色的红光里。收到这样一则喜讯，倏忽之间我的记忆被拉回到 2011 年。

那一年，随着数字经济的快速发展，数据中心已经成为人工智能、大数据、云计算和互联网等领域的重要基础设施，数据中心网络不仅成为流量高地，也是技术创新的热点。在带宽、容量、架构、可扩展性、虚拟化等方面，用户对数据中心网络提出了极高的要求。而核心交换机是数据中心网络的中枢，决定了数据中心网络的规模、性能和可扩展性。我们洞察到云计算将成为未来的趋势，云数据中心核心交换机必须具备超大容量、极低时延、可平滑扩容和演进的能力，这些极致的性能指标，远远超出了当时的工程和技术极限，业界也没有先例可循。

作为企业 BG 的创始 CEO，面对市场的压力和技术的挑战，如何平衡总体技术方案的稳定和系统架构的创新，如何保持技术领先又规避不确定性带来的风险，我面临一个极其艰难的抉择：守成还是创新？如果基于成熟产品进行开发，或许可以赢得眼前的几个项目，但我们追求的目标是打造世界顶尖水平的数据中心交换机，做就一定要做到业界最佳，铸就数据中心带宽的“珠峰”。至此，我的内心如拨云见日，豁然开朗。

我们勇于创新，敢于领先，通过系统架构等一系列创新，开始打造业界最领先的旗舰产品。以终为始，秉承着打造全球领先的旗舰产品的决心，我们快速组建研发团队，汇集技术骨干力量进行攻关，数据中心交换机研发项目就此启动。

CloudEngine 12800 数据中心交换机的研发过程是极其艰难的。我们突破了芯片架构的限制和背板侧高速串行总线（SerDes）的速率瓶颈，打造了超大容量、超高密度的整机平台；通过风洞试验和仿真等，解决了高密交换机的散热难题；通过热电、热力解耦，突破了复杂的工程瓶颈。

我们首创数据中心交换机正交架构、Cable I/O、先进风道散热等技术，自研超薄碳基导热材料，系统容量、端口密度、单位功耗等多项技术指标均达到国际领先水平，“正交架构 + 前后风道”成为业界构筑大容量系统架构的主流。我们首创的“超融合以太”技术打破了国外 FC（Fiber Channel，光纤通道）存储网络、超算互联 IB（InfiniBand，无限带宽）网络的技术封锁；引领业界的 AI ECN（Explicit Congestion Notification，显式拥塞通知）技术实现了

RoCE（RDMA over Converged Ethernet，基于聚合以太网的远程直接存储器访问）网络的实时高性能；PFC（Priority-based Flow Control，基于优先级的流控制）死锁预防技术更是解决了RoCE大规模组网的可靠性问题。此外，华为在高速连接器、SerDes、高速AD/DA（Analog to Digital/Digital to Analog，模数/数模）转换、大容量转发芯片、400GE光电芯片等多项技术上，全面填补了技术空白，攻克了众多世界级难题。

2012年5月6日，CloudEngine 12800数据中心交换机在北美拉斯维加斯举办的Interop展览会闪亮登场。CloudEngine 12800数据中心交换机闪耀着深海般的蓝色光芒，静谧而又神秘。单框交换容量高达48 Tbit/s，是当时业界其他同类产品最高水平的3倍；单线卡支持8个100GE端口，是当时业界其他同类产品最高水平的4倍。业界同行被这款交换机超高的性能数据所震撼，业界工程师纷纷到华为展台前一探究竟。我第一次感受到设备的LED指示灯闪烁着的优雅节拍，设备运行的声音也变得如清谷幽泉般悦耳。随后在2013年日本东京举办的Interop展览会上，CloudEngine 12800数据中心交换机获得了DCN（Data Center Network，数据中心网络）领域唯一的金奖。

我们并未因为CloudEngine 12800数据中心交换机的成功而停止前进的步伐，我们的数据通信团队继续攻坚克难，不断进步，推出了新一代数据中心交换机——CloudEngine 16800。

华为数据中心交换机获奖无数，设备部署在90多个国家和地区，服务于3800多家客户，2020年发货端口数居全球第一，在金融、能源等领域的大型企业以及科研机构中得到大规模应用，取得了巨大的经济效益和社会效益。

数据中心交换机的成功，仅仅是华为在数据通信领域众多成就的一个缩影。CloudEngine 12800数据中心交换机发布之后一年多，2013年8月8日，华为在北京发布了全球首个以业务和用户体验为中心的敏捷网络架构，以及全球首款S12700敏捷交换机。我们第一次将SDN（Software Defined Network，软件定义网络）理念引入园区网络，提出了业务随行、全网安全协防、IP（Internet Protocol，互联网协议）质量感知以及有线和无线网络深度融合四大创新方案。基于可编程ENP（Ethernet Network Processor，以太网络处理器）灵活的报文处理和流量控制能力，S12700敏捷交换机可以满足企业的定制化业务诉求，助力客户构建弹性可扩展的网络。在面向多媒体及移动化、社交化的时代，传统以技术设备为中心的网络必将改变。

多年来，华为以必胜的信念全身心地投入数据通信技术的研究，业界首款2T路由器平台NetEngine 40E-X8A / X16A、业界首款T级防火墙USG9500、业界首款商用Wi-Fi 6产品AP7060DN……随着这些产品的陆续发布，华为IP

产品在勇于创新和追求卓越的道路上昂首前行，持续引领产业发展。

这些成绩的背后，是华为对以客户为中心的核心价值观的深刻践行，是华为在研发创新上的持续投入和厚积薄发，是数据通信产品线几代工程师孜孜不倦的追求，更是整个 IP 产业迅猛发展的时代缩影。我们清醒地意识到，5G、云计算、人工智能和工业互联网等新基建方兴未艾，这些都对 IP 网络提出了更高的要求，“尽力而为”的 IP 网络正面临着“确定性”SLA（Service Level Agreement，服务等级协定）的挑战。这是一次重大的变革，更是一次宝贵的机遇。

我们认为，IP 产业的发展需要上下游各个环节的通力合作，开放的生态是 IP 产业成长的基石。为了让更多人加入到推动 IP 产业前进的历史进程中来，华为数据通信产品线推出了一系列图书，分享华为在 IP 产业长期积累的技术、知识、实践经验，以及对未来的思考。我们衷心希望这一系列图书对网络工程师、技术爱好者和企业用户掌握数据通信技术有所帮助。欢迎读者朋友们提出宝贵的意见和建议，与我们一起不断丰富、完善这些图书。

华为公司的愿景与使命是“把数字世界带入每个人、每个家庭、每个组织，构建万物互联的智能世界”。IP 网络正是“万物互联”的基础。我们将继续凝聚全人类的智慧和创新能力，以开放包容、协同创新的心态，与各大高校和科研机构紧密合作。希望能有更多的人加入 IP 产业创新发展活动，让我们种下一份希望、发出一缕光芒、释放一份能量，携手走进万物互联的智能世界。

徐文伟

华为董事、战略研究院院长

2021 年 12 月

第1版序

过去的一个世纪，教育水平的差距造成了这样一种现象：发达地区的知识经济与落后地区的农业经济同时存在于我们这个世界。优质教育是联合国发布的17个可持续发展目标之一，具体来说，就是要确保包容和公平的优质教育，让全民终身享有学习机会。在教育资源有限的前提下，填补“知识鸿沟”、促进公平教育，已成为世界各国共同关注的问题。毋庸置疑，教育信息化是填补“知识鸿沟”的主要手段，其核心是通过ICT（Information and Communication Technology，信息通信技术）为学生、老师、管理者构建具备支持随时随地学习、能够跨越时空沟通与协作、可以进行高效的教育管理、便捷安全等特点的智慧教育环境。

西安交通大学在教育信息化方面走在全国高校的前列，在智慧校园网建设方面也有独到的见解和丰富的实践经验。2017年2月，学校启动了中国西部科技创新港的建设，以创新港为平台，建成了中国高校首个“智慧学镇5G校园”，实现了智慧教育、智慧安防、智慧物业等十大功能，打造了“人人皆学、处处能学、时时可学”的校区、园区、社区一体化智慧教育服务体系。作为全球业界领先的ICT解决方案供应商，华为深入参与了创新港的项目建设，采用VXLAN（Virtual eXtensible Local Area Network，虚拟扩展局域网）技术实现了科研、教学、宿舍与企业办公等场景的隔离；通过有线和无线网络深度融合技术实现了整个创新港无线网络的无缝漫游；以业务随行技术保障了终端用户随时随地体验的一致性；以物联网技术提供了贵重资产管理、智能建筑、智慧路灯甚至智慧井盖等应用。华为的云园区网络解决方案可以很好地实现学生、老师等各类群体之间的自由交流，打破信息孤岛，提高产学研效率，这也是华为作为出色的ICT解决方案供应商给教育行业带来的独特价值。

《园区网络架构与技术》一书承载了华为在园区网络领域的最新研究成果，是华为长期以来在该领域的技术积累和成功实践的总结，是业界难得一见的深入阐述云园区网络的网络架构、关键技术、规划部署和未来演进方向的图书。此书详细介绍了虚拟化、大数据、AI（Artificial Intelligence，人工智能）、SDN等关键技术在园区网络中的应用，可以帮助读者全面了解园区网络当前面临的主要挑战及其解决思路，帮助从业者快速、高效地完成园区网络的重构。特别值得推荐的是，此书还展示了校园网工程实践案例，介绍了云园区网络的详细部署过程和业务效果，可以作为建设类似的园区网络的参考。可以说，无论是出于学习的目的还是工程实施参考的目的，此书都是广大园区网络技术从业者和爱好者的有益参考。

郑庆华
西安交通大学副校长
2019 年 10 月

前言

园区网络的建设和维护一直是困扰各大公司CIO（Chief Information Officer，首席信息官）和运维人员的难题。企业和组织对园区网络的要求越来越高，业务对园区网络的依赖越来越深，不断有新的需求冲击现有园区网络。特别是在使用无线网络成为园区网络的基本要求之后，BYOD（Bring Your Own Device，携带自己的设备办公）带来的边界消失、接入控制、网络安全等问题随之出现在园区网络内部。同时，无线网络部署和管理的复杂性冲击着现有的运维体系。如何在预算有限和人力紧缺的前提下，快速地提升园区网络的性能，满足企业和组织对网络不断提高的要求，这是园区网络亟待解决的问题。

华为公司运维着一个自己的超级园区网络，该超级园区网络由7个巨型园区网络（并发接入终端数量超过20万个）以及12 000多个中小型园区网络组成，为华为提供无处不在的Wi-Fi（Wireless Fidelity，无线保真）网络和BYOD服务。不断变化的网络业务、统一的用户接入和服务保障、开放但安全性强的接入服务、云终端语音视频即时通信、全网视频直播，所有这些需求不断驱动华为的网络运维团队和产品设计团队思考网络的本质和发展方向。

2012年，华为首先提出了敏捷园区的理念和解决方案，从业务需求变化的角度重新审视园区网络的设计理念和组网方案，推动园区网络完成了自VLAN（Virtual Local Area Network，虚拟局域网）概念出现以来最大的改变。园区网络从面向连接的网络转变成面向多业务承载的高品质网络。特别是敏捷园区网络完整地实现了对基于Wi-Fi技术的无线网络的支持，极大地丰富了园区网络的应用场景和业务能力。从此，随时随地处理业务不再是理念，而是现实。

目前，华为的敏捷园区网络已经发展为云园区网络。云园区网络应用IoT、Wi-Fi 6、SDN、SD-WAN、云管理和AI等技术，帮助企业构建一张全无线接入、全球一张网、全云化管理和全智能运维的园区网络。基于多年的持续创新和不断实践，华为在园区网络规划设计、运行维护方面积累了非常丰富的经验。本书基于这些丰富的经验，系统、深入地介绍了新一代园区网络解决方案的总体架构和关键技术。希望能够通过本书帮助大家真正理解我们需要什么样的园区网络，明白如何构建理想中的园区网络，以及如何享受到先进网络带给我们的便利和价值。

关于本书第 2 版

本书第 1 版于 2020 年 3 月出版，当时华为园区网络解决方案处于 CloudCampus 1.0（智简园区网络）阶段。本书第 2 版动笔之时，华为园区网络解决方案已经演进至 CloudCampus 3.0（云园区网络）阶段。这期间，园区网络在业务上和架构上都有了明显的变化。首先，数字化正在从园区办公延伸到生产和运营的方方面面，智慧门店、远程医疗、远程教学、柔性制造……各种各样的新兴业态不断涌现；其次，大量的应用正加速从本地部署迁移到云端部署，园区网络从 PC 时代迈向云时代。在这个过程中，园区网络作为连接终端和云端的重要基础设施，也正从本地的局域互通向多分支多云互联、全球一张网的架构演进。面向云时代，园区网络在架构和技术上面临一些新的问题，例如 Wi-Fi 无法连续组网、LAN/WAN 难以打通、云网不匹配、故障难以定位等。本书第 2 版聚焦于云时代的这些问题，介绍云园区网络通过新的架构和关键技术、让企业实现极速的无线业务体验、随时随地的自由协作和沟通、敏捷的云应用上线，以及可靠的应用体验保障，帮助大企业、政府、高校等机构，以及教育、医疗、零售、交通等行业，在云时代抓住数字化转型的新机会。

本书内容

本书共分 13 章，以园区网络从 PC（Personal Computer，个人计算机）时代迈向云时代所面临的业务挑战为切入点，详细介绍云园区网络的架构与技术，旨在向读者全面呈现新一代园区网络的解决方案、技术实现和规划设计，并给出部署建议。

首先，本书介绍云园区网络的总体架构和业务模型，以及如何构建云园区网络的物理网络和虚拟网络。

其次，本书介绍如何实现云园区网络的自动化部署和业务的自动化发放，以及如何将 AI 和大数据等先进技术应用到云园区网络的运维和安全领域，实现智能运维和端到端网络安全。

最后，本书结合智能时代的业务特征，介绍园区网络未来的发展趋势。在技术和业务的双轮驱动下，园区网络将更加自动化、智能化，并最终走向完全自治自愈的网络，实现网络的自动驾驶。

第 1 章　认识园区网络

本章首先介绍园区网络的定义，然后从不同角度分析不同形态的园区网络，在这个基础上抽象出园区网络的基本构成。此外，本章还介绍园区网络的演进过程，即从最初的简单局域网形态过渡到三层组网架构的形态，再逐步演进到多业务承载的形态，并最终演进到目前的云园区网络的形态。

第 2 章　园区网络的发展趋势和面临的挑战

本章首先从不同行业的视角介绍数字化转型的趋势，然后总结出数字化转型对园区网络的挑战，进而提出园区网络应对数字化转型挑战的理念，最后从全无线接入、全球一张网、全云化管理、全智能运维等几个维度介绍园区网络的重构之路。

第 3 章　云园区网络的总体架构

本章首先介绍云园区网络的基本架构、关键部件，以及这些关键部件之间的交互接口。然后，本章介绍云园区网络的业务模型，涉及物理网络的抽象模型、虚拟网络的抽象模型以及园区业务层的抽象模型等。最后，本章结合园区网络的规模和业务特征，介绍云园区网络的 3 种云化部署方式。

第 4 章　构建云园区网络的物理网络

物理网络是网络通信服务的基础架构，为数据通信提供物理传输载体。云园区网络需要一张超宽的物理承载网络，以满足网络资源池化、业务部署自动化的要求。本章首先介绍超宽转发的关键技术方案，即网络要有足够大的吞吐能力，单位时间内转发的数据量要足够大；然后介绍超宽接入的关键技术方案，即网络的接入能力要足够宽泛，任何终端在任何时间、任何地点都可以接入网络；最后介绍如何利用这些关键技术方案构建一张超宽转发、广泛覆盖的物理网络。

第 5 章　构建云园区网络的虚拟网络

云园区网络的业务是通过虚拟网络来承载的，业务与物理网络是解耦的，业务的变更只会影响虚拟网络，不会涉及物理网络的变更。本章首先介绍为什么网络需要虚拟化，为什么引入虚拟网络可以屏蔽物理网络，达到业务和物理网络解耦的目的；然后介绍为什么选择 VXLAN 作为网络虚拟化的关键技术，如何通过 VXLAN 技术构建虚拟网络；最后，为了更加方便读者理解，本章结合具体的实例，介绍网络虚拟化技术在园区网络中的典型应用。

第 6 章　云园区网络自动化部署

云园区网络引入了 SDN 的思想，SDN 通过将网络的复杂度从硬件转移到软件，从分布式变成集中式，让控制器代替管理员去面对和处理复杂的问题，这就将管理员从复杂的手工操作中解脱出来，实现了网络的自动化部署。本章介绍物理网络自动化，即如何实现设备自动上线、网络自动编排；虚拟网络自动化，即如何通过控制器灵活调用网络资源，根据业务需求灵活创建、修改或删除虚拟网络实例；用户接入自动化，即如何实现接入配置自动化、账号管理自动化、身份识别自动化和用户策略自动化。

第 7 章　云园区网络智能运维

随着业务复杂度的增长和多样化的发展，网络运维管理成为企业的难题。在云园区网络中，网络管理员希望运维管理更多地关注面向用户和应用的体验管理，同时使网络管理员从复杂的设备管理中解脱出来，实现运维的智能化。本章介绍如何将人工智能应用于运维领域，如何基于运维数据（设备性能指标、终端日志等数据），通过大数据分析、AI 算法及专家经验库等，将网络中的用户体验数字化，将网络运行状态可视化，预测网络故障，辅助网络管理员及时发现网络问题，保障网络的良好运行，提升用户体验。

第 8 章　云园区端到端网络安全

全球网络威胁形势不断变化，新型未知威胁复杂且隐蔽，攻击频率和严重程度不断增长，传统防御捉襟见肘。本章介绍基于大数据的智能安全协防方案，大数据安全协防从离散的样本处理转向全息化的大数据分析，从人工为主转向自动化分析为主，从静态特征为主转向动态特征、全路径、行为与意图分析为主。大数据安全协防方案通过网络信息收集、高级威胁分析、威胁呈现 / 联动处置、策略下发、阻断隔离等过程形成全面的网络防御系统，保证园区网络和业务的安全。

第 9 章　云园区网络的开放生态

在企业数字化转型过程中，没有任何一家公司能够凭借一己之力为所有行业提供差异化的服务，ICT 企业除了不断推出满足用户需求的新产品、新解决方案以外，更要致力于成为一家生态型企业。本章介绍云园区网络如何通过开放云、管、端协同的新 ICT 架构和接口，汇聚和培育千万开发者，对多个行业的 ICT 解决方案进行横向整合，推动“生态协同式”的产业创新，带动新生态系统的崛起。

第 10 章　云园区网络部署实践

本章先从应用实践的角度介绍园区网络的整体设计流程，然后以校园网场景为例介绍园区网络的部署实践。围绕高校对校园网在多网融合、架构先进、按需扩展等方面的诉求，介绍校园云园区网络的需求规划、网络部署、业务发放等内容。

第 11 章　华为 IT 成熟实践

华为公司目前在全球设立了 14 个研发中心和 36 个联合创新中心，在全球有近 20 万名员工和超过 6 万个合作伙伴，业务遍布全球 178 个国家。为支撑业务发展，华为公司运维着一个自己的超级园区网络，这个园区网络在网络架构、网络规模、业务复杂度、技术方案先进性等几个方面均处于世界领先水平，因此华为园区网络自然就是云园区网络解决方案的最好的试金石。本章结合华为公司的数字化转型之路，介绍了华为 IT 业务的发展历程、典型园区网络场景的解决方案，以及华为园区网络未来的发展与展望等。

第 12 章　云园区网络组件

本章介绍云园区网络相关的组件，包括 CloudEngine S 系列园区交换机、AirEngine 系列无线局域网组件、NetEngine AR 系列分支路由器、HiSecEngine USG 系列企业安全组件、iMaster NCE-Campus 园区网络管控分析系统、HiSec Insight 高级威胁分析系统等，以及相关产品的应用场景和主要的功能特性。

第 13 章　云园区网络的未来展望

当前人类社会来到以智能技术为代表的第四次工业革命的门前，AI 技术将会把人类社会从信息时代推进到智能时代。本章结合智能时代的业务特征，介绍园区网络未来的发展趋势。在技术和业务的双轮驱动下，园区网络将更加自动化、智能化，并最终成为完全自治自愈的网络，实现网络的自动驾驶。

致谢

本书由华为技术有限公司“数据通信数字化信息和内容体验部”以及“数据通信架构与设计部”联合编写。在写作过程中，华为数据通信产品线的领导给予了很多的指导、支持和鼓励。本书所提的云园区建设方案基于西安交通大学全国高校首个“智慧学镇 5G 校园”的实践示范，在本书的编撰过程中，我们与西安交通大学网络信息中心的老师一起对案例进行了反复的推敲。在此，诚挚感谢相关领导的扶持和各位老师的帮助！

特别感谢西安交通大学参与智慧学镇项目建设并对本书提出宝贵意见的老师们：锁志海，李卫，李国栋，徐墨，刘俊，罗军锋，李虎群，安宁刚，杨帆，覃遵颖，张哲，成永刚，吴飞龙，朱晓芒，刘宸，张心，魏跃堂。

参与本书编写和审校的人员虽然有多年ICT从业经验，但因时间仓促，书中错漏之处在所难免，望读者不吝赐教，在此表示衷心的感谢。

本书常用图标

目 录

第1章
认识园区网络

在信息社会，通信网络无处不在，而园区网络一直处在网络的战略核心位置。园区包括工厂、政府机关、商场、写字楼、校园、公园等。可以说，在一个城市中，除了马路和家庭住所之外，都是园区。据统计，90%的城市居民在园区内工作与生活，每个人每天有18小时都身处园区中，80%的GDP（Gross Domestic Product，国内生产总值）是在园区内创造的。园区网络作为园区通向数字世界的基础设施，是园区不可或缺的一部分，在日常办公、研发生产、运营管理中扮演着越来越重要的角色。本章将介绍园区网络的基本概念及演进历程。

|1.1 园区网络简介|

顾名思义，园区网络就是我们在工作与生活的园区内使用的网络。园区有大有小，具有不同的行业属性，相应地，园区网络也会变化多样。但是，无论如何变化，园区网络有构成其不同层次的统一部件模型。那么什么是园区网络？从不同的维度看园区网络有什么不同？它有哪些统一的部件模型？下面将详细介绍。

1.1.1 什么是园区网络

日常生活中，我们会接触到各种各样的网络。

当您回到家中，惬意地躺在沙发上，掏出手机，自动接入家里的Wi-Fi网络开始追剧时，接入的是家庭网络。家庭网络有简有繁。简单的家庭网络只有一台无线路由器，提供上网功能。复杂的家庭网络面向的是智慧生活，可以为家中各种智能终端，例如电视机、音响、手机、计算机等，提供高速网络服务；可以接入NAS（Network Attached Storage，网络附接存储）子系统，能够提供数据安全存储、内容自动获取和信息共享的服务；可以接入智能安防子系统，支持远程监控家庭环境和智能检测威胁及报警；可以接入IoT（Internet of Things，物联网）子系统，对家庭的各种电器和智能设备进行自动或远程控制，例如回家路上提前打开空调，进门就可以享受舒适的环境。

家庭网络对外连接的通常是运营商的城域网。运营商通过城域网，为各类企业用户和个人用户提供以互联网连接、专线、VPN（Virtual Private Network，虚拟专用网）为主的电信互联网服务，以及基于互联网服务的各类增值服务，例如互联网电视服务。城域网覆盖城市和乡村，通常由使用广域网技术的路由器构成核心层，由使用局域网技术的以太网交换机构成汇聚层，由以太网交换机或者使用PON（Passive Optical Network，无源光网络）技术的OLT（Optical Line Terminal，光线路终端）、ONU（Optical Network Unit，光网络单元）构成接入网。城域网之间通过各种广域网互联，形成一个全球性的互联网。

当您随时随地掏出手机通过移动通信信号上网时，接入的是移动通信网络。移动通信网络通常由运营商建设和运营，由一系列的基站以及基站控制器、回传网络和核心网构成，可以在广阔的范围内为用户提供语音通话服务以及高速无线上网服务。

还有一类我们经常接触到的网络。

当您走进校园学习、走进单位工作、走进商场购物、到旅游景点游玩、入住酒店休息时，您可能会注意到这些场所也被网络覆盖。在校园里，有供老师办公教学用的封闭办公网，也有供学生访问教学资源和访问互联网的半开放学生网；在单位内部，有单位建设的内部网络供员工办公使用，这些网络通常是封闭的，以保证安全性；在商场和酒店，除了有内部人员使用的封闭办公网外，还有向消费者开放的网络，后者作为优质服务的一部分用于提升企业的竞争力。这些网络都属于园区网络。

传统的园区网络一般是一个在连续的、有限的地理区域内相互连接的局域网，不连续区域的网络会被视作不同的园区网络。很多企业和校园都有多个园区，园区之间通过广域网技术进行连接。现在，受云计算和SDN等技术的影响，企业业务大量部署在云端，多个园区之间会通过SD-WAN（Software Defined Wide Area Network，软件定义广域网）技术进行互联，企业可以统一管理多个园区的网络，这种情况下，企业多个园区的网络也可以看作一个逻辑上的园区网络。

园区网络的规模可大可小，小的有如SOHO（Small Office Home Office，家居办公室），大的有校园、企业、公园、购物中心等。园区的规模是有限的，一般的大型园区，例如高校园区、工业园区，规模依然被限制在几平方千米以内，在这个范围内，可以使用局域网技术构建网络。超过这个范围的“园区”通常被视作一个“城域”，需要用到城域网技术，相应的网络会被视作城域网。

园区网络使用的典型局域网技术包括遵循IEEE 802.3标准的以太网技术（有线）和遵循IEEE 802.11标准的Wi-Fi技术（无线）。

园区网络通常只有一个管理主体。也就是说，覆盖同一个区域的多个网络，如果有多个管理者，通常被认为是多个园区网络；如果都由一个管理者管理，我们会把这多个网络当作一个园区网络的多个子网。

1.1.2　园区网络的分类

园区网络服务于园区和园区内部组织。由于园区和园区内部组织具有多样性，园区网络也互有不同。

1. 从规模大小看

按照终端用户数量或者网元数量，可将园区网络分为小型园区网络、中型园区网络和大型园区网络，如表1-1所示。中型园区网络和小型园区网络有时又被统称为中小型园区网络。

表 1-1　按终端用户数量或者网元数量衡量的园区网络规模大小

园区网络分类	终端用户数量 / 个	网元数量 / 个
小型园区网络	< 200	< 25
中型园区网络	200 ～ 2000	25 ～ 100
大型园区网络	> 2000	> 100

通常来说，大型园区网络本身需求和结构复杂，管理维护的工作量很大，因此会有专业的运维团队负责整个园区的IT（Information Technology，信息技术）管理，包括园区网络的规划、建设、运维和故障处理，同时运维团队会构建完善的管理维护平台，协助其更好地完成运维工作；中小型园区网络受限于预算，通常不会有专业人员和专门的运维平台，往往只有一个员工兼职负责维护网络。

2. 从服务对象看

从园区网络的服务对象看，有些园区网络是封闭的，使用者仅限于组织的内部人员，有些园区网络是开放的，外部人员也可以使用。封闭园区网络和开放园区网络的威胁来源不同，相应的网络安全需求和解决方案也会不同。

封闭园区网络的用户都是内部人员，内部人员的上网行为固定，而且可以通过内部的各种规章制度和奖惩措施进行有效管控。因此，封闭园区网络的威胁主要来自外部入侵。封闭园区网络通常采用堡垒模型，以避免外部非法接入和内部非法访问。一方面，需要引入NAC（Network Admission Control，网络准入控制），采用用户名/账号、令牌、证书等方式进行身份验证，防止非内部人员接入网络；另一方面，需要引入防火墙，部署在不同安全区域的边界，例如网络的出入口处。

对于开放园区网络，由于需要尽可能地服务于公众，网络接入认证既需要便于公众接入，又需要有效识别用户身份，为此用户身份识别系统一般使用手机号码加短信识别码、社交账号认证等方式，这样还简化了账号管理的工作量。另外，因为公众接入行为具有不确定性，网络安全威胁可能较多，需要在网络内部部署用户行为管控系统，避免有意或无意的非法行为。例如，用户终端感染了网络病毒，病毒就会对网络系统进行攻击；为了使网络有能力抑制攻击，用户行为管理系统需要能够识别用户行为，对用户流量实施隔离清洗，这样既可保证用户上网，又不影响网络中的其他用户。

实际运行的园区网络通常既有封闭子网，又有开放子网。服务于公众的网络总会有一个封闭子网，用于内部办公和管理；服务于内部人员的园区网络通常也会有部分开放的需求。例如，企业园区网络会开放部分区域网络给访客使用，以提高沟通和合作效率；政务园区网络会开放部分区域网络用于提供政务便民服务。这种情况下，封闭子网和开放子网之间分属不同的安全域，需要进行隔离。通常的隔离手段包括物理隔离、逻辑网络隔离、防火墙隔离等。对于需要强安全性的网络，一般采取物理隔离，即网络之间完全不互通。

3. 从承载业务看

从网络承载的业务看，园区网络可以分为单业务园区网络和多业务园区网络。承载业务的复杂程度决定了园区网络架构的复杂性。

早期的园区网络通常只承载数据业务，园区的其他业务由其他专网承载。现在的多数中小企业网络业务单一，如租用写字楼中办公室的小型企业的基础网络通常由写字楼的出租方提供，因此企业的园区网络仅需要承载内部的数据通信业务。单业务园区网络的架构会趋于简单化。

先进的大型网络通常服务于独立的大型园区。园区需要提供各种基础服务，例如消防管理服务、视频监控服务、车辆管理服务、能耗控制服务等。如果在大型园区内为每种服务各自部署专门的网络，成本会很高，且管理维护非常麻烦。因此，这些基础服务的技术逐步转向数字化和以太化，以便使用成熟的以太网承载。园区网络逐渐多业务化，一个网络需要承载多种不同的业务，不同的业务间需要实施隔离和保障，园区网络的架构也开始复杂化和虚拟化。

4. 从接入方式看

从接入方式看，园区网络可以分为有线园区网络和无线园区网络。当前的园区网络大多数为有线和无线混合网络。无线园区网络不受端口位置和线缆的限制，网络使用自由，部署灵活。

传统的园区网络是有线园区网络。从使用者的角度看，每台接入网络的设备都需要通过网线连接到预置在墙体或者桌面的网口上。有线园区网络通过实体的线缆进行连接，不同连接之间基本不存在相互的影响。因此，有线网络的架构通常是结构化、层次化的，逻辑清晰，管理简单，故障易于排查。

无线园区网络和有线园区网络的特征差异很大。无线园区网络通常基于Wi-Fi标准，又称为WLAN（Wireless Local Area Network，无线局域网）。WLAN终端通过IEEE 802.11系列空口协议与WLAN接入点进行无线连接。由于是无线连接，网络部署和安装质量会决定网络覆盖的效果，且需要定期针对网络业务情况实施网络优化，才能保证网络质量。另外，无线网络易受外部信号源的干扰，进而引发一系列难以定位的异常。由于无线网络空间连接是不可见和不连续的，异常情况具有突发性，难以复现。无线网络的运维需要运维人员具备与无线空口相关的知识和业务经验。

5. 从不同行业看

从园区网络服务的行业看，有更多不同的园区网络。为了满足不同行业园区的需求，需要根据园区网络服务的行业的特点设计园区网络架构，最终打造出带有行业属性的园区网络方案。典型的行业园区网络包括企业园区网络、校园网、政务园区网络、商业园区网络。

- 企业园区网络：从严格意义上来说，企业园区网络的范畴很大，可以按不同行业再往下细分。这里介绍的企业园区网络实际上特指的是基于以太网交换设备组建的企业办公网。企业办公网的组网架构一般与企业内部组织架构相对应，如图1-1所示。围绕着企业的生产与办公，园区网络需要考虑的是如何保证架构的可靠性和先进性，持续提升员工的办公体验，保障生产的效率和质量。

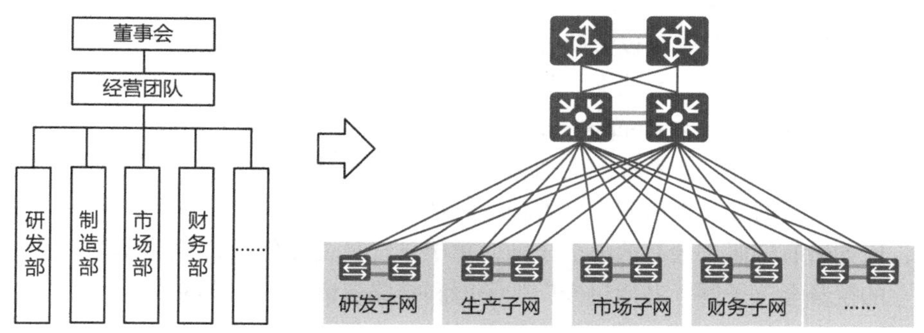

图 1-1　企业园区网络架构

- 校园网：根据教育对象的不同，校园可以分为普教园区和高教园区。普教园区面向的是中小学生和教师，内部网络的结构和功能更接近企业园区网络。高教园区面向的是各大高等院校的学生和教师，相较于普教园区网络，高教园区网络要复杂得多，不但有并行的教研网和学生网，同时还有运营性的宿舍网络，对网络的部署方式和可管理性有特别高的要求。校园网不仅仅承担数据传输的功能，同时需要对在校学生的上网行为进行管理，避免出现偏激出位的行为。校园网还需要一定的研究和教学功能，因此学校对校园网的技术先进性有较高的要求。

- 政务园区网络：通常指政府相关机构的内部网络。政务园区网络对安全性要求极高，通常采用内网和外网隔离的措施保障涉密信息的绝对安全。
- 商业园区网络：通常指各种商业机构和商业场所的网络，例如商场、超市、酒店、博物馆、公园等。商业园区网络会包含一个服务于内部办公的封闭子网，但主要还是服务于消费者，例如商场超市的顾客、酒店的住客等。商业园区网络不仅仅提供网络服务，同时还会构建相应的商业智能化系统，通过网络系统提升客户体验，降低运营成本，提高商业效率，实现价值转移。

1.1.3 园区网络的构成

园区网络虽然多种多样，但是它按业务架构可以抽象成具有不同层次部件的统一模型，如图1-2所示。正是基于园区网络抽象的统一模型，在园区网络会因为技术革新而变得更加复杂时，网络架构师可以找到化繁为简的契机，让园区网络变得像水一样，能够适应任意一种“盛水的容器”（园区）。下面在介绍园区网络不同的功能部件时，也会提及这些部件在未来园区网络架构中的变化。

1. 园区数据网络

园区数据网络是基于以太网技术或者WLAN技术构建而成的，由园区内部所有数据通信设备构成，包含各类以太网交换机、AP（Access Point，接入点）、WAC（Wireless Access Controller，无线接入控制器）和FW（Firewall，防火墙）等，所有的内部数据流量都会经过园区数据网络进行转发。

园区数据网络通常由同一个管理者管理的多个子网构成，用于承载不同的业务，比如所有园区都会有的办公子网，用于日常员工办公；很多园区内部会保留独立的视频会议子网，并通过专门的子网和链路保证视频会议的质量；未来园区数据网络会接入IoT设备，有专门承载物联网业务数据的子网，而且由于提供不同业务的物联网技术不同，往往存在多个并行的物联网子网；另外，一般园区会有内部的数据中心，承载数据中心内部数据转发的子网被称为数据中心网络。未来园区数据网络的发展方向之一就是网络多业务化，由一个融合的园区数据网络统一承载各种业务。

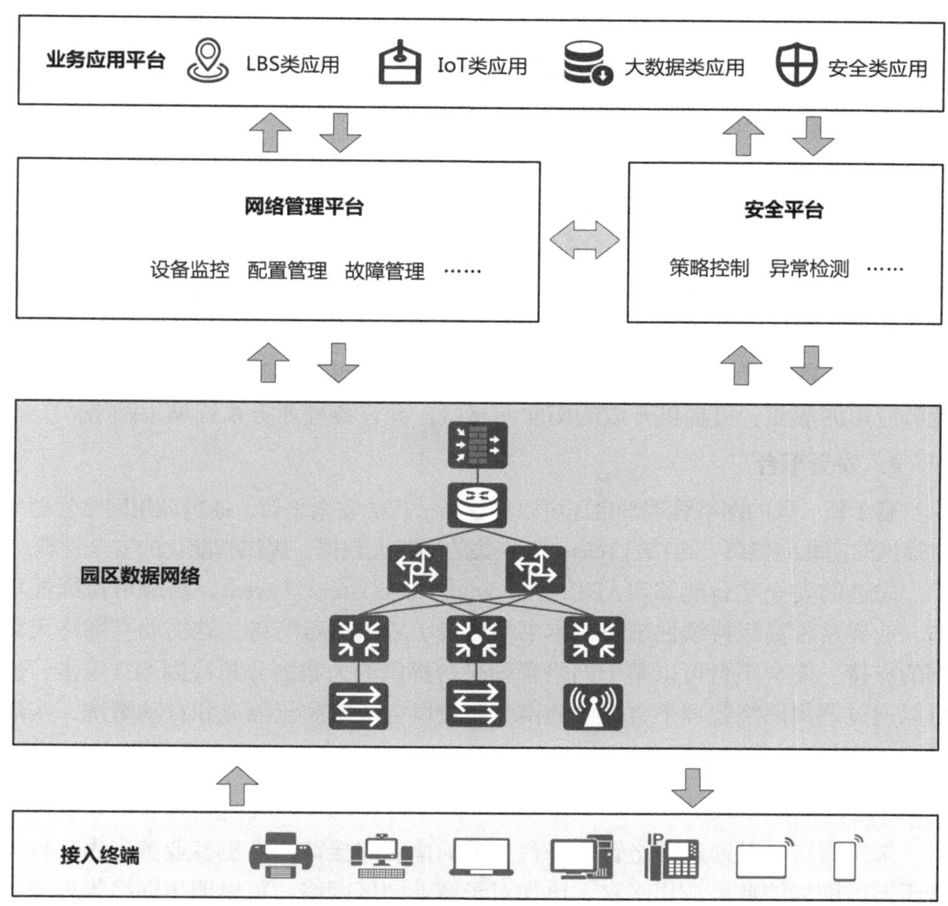

图 1-2　园区网络的统一模型

2. 接入终端

对多数网络而言，终端并不被看作网络的一部分，而是被看作网络的消费者。原因是终端的产权所有者和管理者不是网络的管理者。但是园区网络有所不同，终端往往被看作网络的一部分，这是因为园区内部很多终端的所有者就是园区，或者园区网络管理者可以通过管理手段获得权限，从而对园区内部的终端实施管理。这样，园区数据网络和接入终端可以充分互动，形成端到端的网络。

将接入终端视作园区网络的一部分后，园区网络管理者可以更加积极地对终端实施管理和限制，从而简化解决方案。例如，强制终端安装指定的防病毒软件，并在接入网络时进行检查，这在极大地减少病毒对网络威胁的同时，简化了网络的防病毒解决方案。

端管协同也有利于网络向终端提供更为优质的服务。例如，未来Wi-Fi网络应用于电子课堂时，可以通过对接入终端进行批量指定来优化网络，提升AP的并发接入率、带宽和漫游性能，满足用户对视频质量的要求。

3. 网络管理平台

网络管理平台是一个传统的部件，但在最新的园区网络架构中，网络管理平台的定位和它的动能都发生了质的变化，这是化繁为简的关键之一。传统的网络管理平台通常包含各种网管，能够为网络或者设备提供有限的远程管理维护功能。新一代的网络管理平台不但具有网管的全部功能，而且其管理维护功能会发生质变，能够对常用场景或者流程实施自动化管理。同时，网络管理平台还是业务应用的底座，可提供开放的南北向接口，允许各种业务系统调用网络。

4. 安全平台

基于新一代的网络管理平台还可以构建新一代的安全平台，通过调用网络管理平台提供的南北向接口，再结合Telemetry采集的网络大数据，提供智能化的安全管理。

先进的安全平台能够对APT（Advanced Persistent Threat，高级可持续性攻击，业界常称高级持续性威胁，本书用后者）攻击进行防御，这需要有网络大数据的支持。安全平台可以基于网络管理平台提供的大数据分析检测APT攻击，也可以通过调用网络管理平台提供的南北向接口完成威胁流隔离和自动清洗，实现对APT攻击的防御。

5. 业务应用平台

未来园区可以通过网络管理平台提供的南北向接口开发更多业务应用，构建基于园区网络的业务应用平台。比如对于商业园区网络，可以调用网络管理平台的接口以获取Wi-Fi网络提供的定位数据，开发客流热力相关的应用，从而为商业场地的调整提供参考。

1.2 园区网络的前世今生

园区网络的诞生其实并没有明确的标志性事件。从技术的角度看，园区网络中使用过多种技术，例如令牌环技术、ATM（Asynchronous Transfer Mode，异步转移模式）技术等。以太网和以太网交换机出现以后，园区网络得到了快速的发展。在园区网络几十年的发展过程中，绝大多数园区网络都是基于以太网构建的，园区网络的最核心部件一直都是以太网交换机。因此，本节把以太网的出现作为园区网络发展的起点，通过总结园区网络40余年的发展与变化，梳理出园区网络的发展演进轨迹。

1.2.1 第一代：从“共享”到“交换”

1980年，IEEE（Institute of Electrical and Electronics Engineers，电气电子工程师学会）发布了IEEE 802.3标准，规定了包括物理层连线、电信号和介质访问控制协议的内容，这个标准的制定标志着以太网技术的正式诞生。相比之前的组网技术，使用双绞线连接的以太网成本较低、易于组网，从而快速成为园区网络的主流。

早期的园区网络使用集线器作为接入设备。由于集线器是共享媒介的物理层设备，无法接入大量用户，否则会因为冲突域的增大而严重影响网络性能，冲突域的大小限制了局域网的规模。这个时期的局域网并发用户数通常不超过16个。一个园区网络会被划分为很多局域网，局域网间通过昂贵且低速的路由器互联。这种架构的局域网只能满足少量用户在线，往往一个部门只有一台计算机能够上网，大家轮流使用这台计算机收发邮件，浏览BBS（Bulletin Board System，电子公告板系统）。

20世纪80年代末期，出现了以太网交换机。早期的以太网交换机在数据链路层工作，因此又被称为二层交换机。二层交换机对外提供多个端口，每个终端连接在一个端口上。内部采用“存储-转发”机制，终端间可以并行收发报文而不会相互影响。二层交换机消除了链路上的冲突，局域网的规模也随之扩大。但是，所有二层交换机的端口都在一个BD（Bridge Domain，广播域）中，BD的大小限制了局域网的规模，如果局域网规模过大，则会面临广播风暴的困扰。使用二层交换机组网的局域网并发用户数通常不超过64个，与集线器相比，明显扩大了局域网的规模，降低了网络间的互联成本。二层交换机迅速取代集线器，成为园区网络的标准部件。

这一代的园区网络由于结构简单，其上承载的业务也相对简单，因此通常没有专门的管理维护系统，管理维护的工作由专业人员完成，由此发展出对技能要求相对较高的网络工程师这个岗位群体。

这一代的园区网络为园区提供了基础的网络服务，部分计算机终端可以接入网络中。但是，这一代的园区网络将路由器作为骨干节点，既昂贵又速度缓慢，只能提供非实时的电子邮件类服务。

1.2.2 第二代：三层路由式交换

进入20世纪90年代，网络领域出现两个激动人心的发明：WWW（World Wide Web，万维网）和即时通信软件。万维网于1989年诞生，20世纪90年代开始普及，万维网上精美的网站和主页吸引着大众的目光，人们激动地讨论起多媒体。即时通信软件兼具电话和电子邮件的优点，1996年一经问世便迅速普及，从那时起，人们的工作和生活开始越来越依赖各种即时通信软件。万维网需要有足够的带宽支持，基于路由器的园区骨干网无法满足要求。即时通信业务对私密性具有天然的要求，并且每个人都希望接入网络，使用自己的计算机和他人进行通信，而受限于网络规模，不是所有的计算机都可以联网，因此无法满足即时通信的要求。这些都对园区网络提出了更高的要求。

在这个背景下，三层交换机在1996年问世。三层交换机集成了二层交换功能和三层路由功能，也被称为路由式交换机。它针对园区场景优化设计的三层转发引擎简单高效，三层路由功能接近或者等同于二层交换功能。三层交换机第一次将三层路由功能引入局域网内部，单个局域网可以划分为多个子网，分别接入不同的三层接口。三层结构化园区网络如图1-3所示，这种结构化的组网方式消除了BD对网络规模的限制，局域网规模不再受限于冲突域或者BD，可以通过子网不断重复的方式按需扩展网络的规模，每个人、每个终端都可以按需接入网络。同时，由三层交换机构成的园区网络骨干使得整个网络的带宽大大提高，用户可以流畅地访问由万维网带来的多媒体世界。各类办公系统也不失时机地迁移到网络上，网络化无纸化办公成为现实。

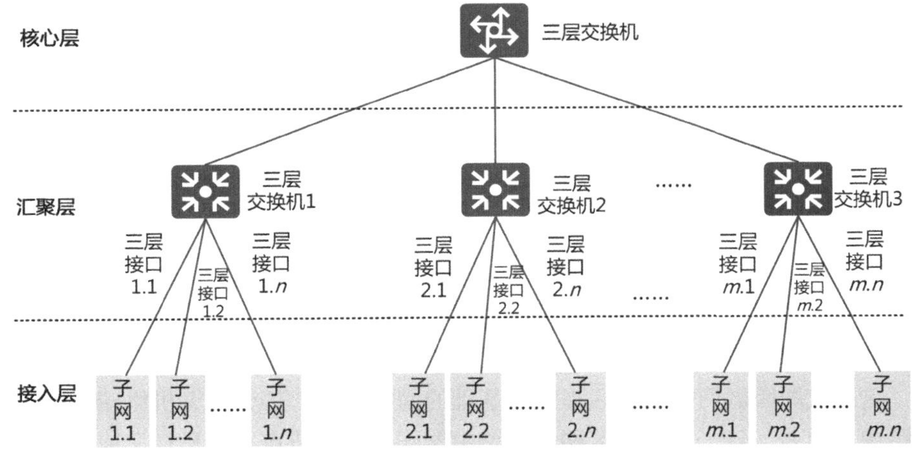

图 1-3 三层结构化园区网络

需要特别指出的是，随着芯片技术的发展，业界很快出现了支持硬件路由查找功能的ASIC（Application Specific Integrated Circuit，专用集成电路）芯片，使用ASIC芯片的三层交换机具备了三层转发引擎。使用ASIC芯片的全硬件三层转发交换机性能更高、成本更低，从而迅速普及。全硬件转发的三层交换机和二层交换机一起“统治”了园区网络，受益于低成本的技术，园区网络的市场出现了爆炸式增长。

与此同时，以太网技术也进入爆发期。1995年，IEEE发布了IEEE 802.3u FE（Fast Ethernet，快速以太网）标准，以太网进入100 Mbit/s时代；1999年，IEEE发布了IEEE 802.3ab GE（Gigabit Ethernet，吉比特以太网，也称千兆以太网）标准，以太网可以在双绞线上达到1000 Mbit/s的速率。相对之前的10 Mbit/s，以太网的速率整整提高了100倍。速率的提高给园区网络带来两个方面的影响：第一，以太网淘汰了同样有竞争力的ATM技术，成为园区网络最主要的技术选择；第二，以太网的带宽发展远远领先于园区网络业务需求的发展，通常情况下，园区网络中链路带宽的使用率不超过50%，一旦超过这个比例，就需要对链路进行扩容。充足的带宽资源可以让网络变得简单，包括QoS（Quality of Service，服务质量）在内的复杂特性机制都显得不那么重要了。这条技术路线和ASIC化转发引擎的优势高度吻合，园区网络的发展方向也就固化了下来，以太网交换机开始沿着ASIC化的高性能方向进化。

此后的很长时间内，除了在2003年引入VLAN技术进一步解决了网络扩展性的问题外，整个园区网络的技术发展全部集中在速率的提高上，10GE、40GE和100GE相继问世。

网络规模扩大后，基于SNMP（Simple Network Management Protocol，简单网络管理协议）的网络管理系统被引入园区网络中。但是，简单网络管理协议并没有给各个园区的网络维护团队带来太多的帮助，园区网络的维护和故障处理依旧依赖网络工程师的技能。

三层园区网络满足了计算机终端接入园区网络的需求，能够提供高性能的网络连接，满足基于万维网的各种多媒体业务和各种办公系统的需要。结构化组网满足了扩展网络规模的需求。但是，园区网络的灵活性和可管理性并没有得到提升。

1.2.3　第三代：多业务融合承载

2007年一般被认为是智能移动终端发轫之年。随后，智能移动终端快速普及，应用越来越广泛，Wi-Fi技术也随之快速发展。

1997年，IEEE 802.11标准的发布标志着Wi-Fi标准的诞生。Wi-Fi技术虽然出现得非常早，但在出现后的十多年中，却始终限于在家庭网络以及其他小型网络中使用。虽然业界一直希望将Wi-Fi网络作为办公网络的无线化补充引入园区网络，但该想法一直没有实现，其主要原因如下。

- 需求不足。早期只有少量便携式计算机内置Wi-Fi网卡，且这些便携式计算机同时支持RJ45类型的有线网口，因此，对Wi-Fi网络的需求不强烈。

- 安全性威胁。传统有线网络的安全性部分依赖于物理空间的隔离，外部人员会被门禁等安保系统隔离在办公区域外部。因此，网口防非法接入的需求不强，通常不会部署NAC功能。Wi-Fi网络的空口打破了空间的隔离，必须增加NAC功能，提高安全性。在没有良好软硬件支撑的情况下，NAC功能的部署和运维非常复杂，是网络管理员的“噩梦”。因此，网络管理员通常会排斥大规模部署Wi-Fi网络。
- 传统的网络架构不利于Wi-Fi网络的大规模部署。为了能够快速普及，Wi-Fi网络巧妙地采用了Piggy-Back的组网方式，通过CAPWAP（Control and Provisioning of Wireless Access Points，无线接入点控制和配置）隧道在WAC和AP间构建出与物理网络无关的虚拟专用网。该虚拟专用网虽然理论上可以承载在任何固定网络上，但在大规模部署时，也会带来问题。例如，在大规模Wi-Fi用户终端接入的场景下，如果Wi-Fi网络采用性能规格高的WAC集中式部署，数据流量将全部成为南北向流量，与园区网络东西向流量为主的流量模型和网络模型不符，导致核心节点设备压力过大；如果采用性能低的WAC分布式部署，在大规模漫游场景下，迂回流量过多，将会导致WAC设备负载过重。

因此，智能终端出现前，Wi-Fi技术一直被作为“热点”覆盖的技术，在园区网络中零星存在。比如很多园区会用Wi-Fi网络覆盖会议室。

智能移动终端出现并很快进入生产力领域后，全面覆盖Wi-Fi网络成为刚需，而Wi-Fi网络的大规模组网问题和NAC功能的部署问题也成为阻碍Wi-Fi网络大规模部署的技术和管理难题。

为了解决这两个问题，业界的网络设备商纷纷推出了多业务融合的网络解决方案。华为公司在2012年也推出了自己的多业务融合网络解决方案——敏捷园区网络解决方案。

创新的有线和无线网络融合特性同时解决了Wi-Fi网络的两大难题，使Wi-Fi网络的大规模部署成为现实。有线和无线网络融合特性是在汇聚层的敏捷交换机上部署经过优化的“Wi-Fi控制器”，将有线和无线网络的管理平面合一，实现NAC的统一。通过Wi-Fi网络创新的“本地转发模式”和敏捷交换机统一转发有线和无线网络报文的特性，解决了大规模Wi-Fi用户终端接入的组网问题。

Wi-Fi网络被统一接入园区网络，成为这一代园区网络的典型特征。同时，引入SDN概念用于简化业务。总体来说，这一代网络非常好地满足了企业在无线化转型初期的需求，但是仍存在许多问题。例如，Wi-Fi网络的服务质量不够好，只能作为有线网络的补充；大规模引入Wi-Fi网络带来的维护难题没有被解决；没有优化网络架构，多业务承载仍然依赖VPN技术，敏捷性不足等。但庆幸的是，敏捷交换机的推出为园区网络的进一步演进提供了较好的硬件基础。

1.2.4　第四代：从 PC 时代到云时代

云计算在过去十几年已经彻底改变了企业的办公及生产方式，大量的业务从本地服务器迁移至云端。过去，工业化的标志是“用电”；而现在，数字化的标志是“上云”。据IDC（International Data Corporation，国际数据公司）的统计，到2021年年底，将有80%企业加快上云节奏，同时，公有云、私有云或混合云的多云接入方式将会是企业的主流选择。也就是说，企业园区网络正从传统的PC时代向云时代迈进。

在这个过程中，数字化正从园区办公延伸到生产和经营的方方面面，无人门店、远程医疗、远程教学、柔性制造、物流追踪等各种各样的新兴业态不断涌现，工业生产的资源配置、产品结构以及运营模式都在发生深刻的变革，在消费互联网方兴未艾之际，工业互联网再一次引领数字化转型的浪潮。

如图1-4所示，随着云时代的到来，园区网络作为连接终端和云的重要基础设施，也正从本地的局域互通走向多分支、多云互联的全球一张网的架构。

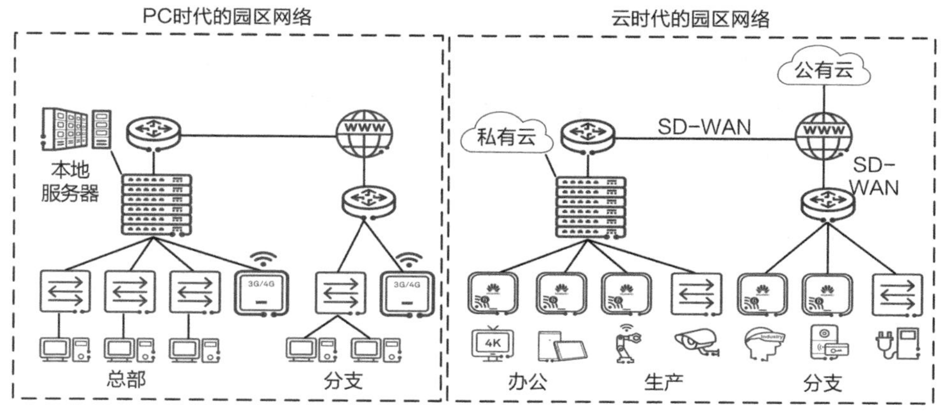

图 1-4　园区网络从 PC 时代到云时代

云时代的园区网络具备4个方面的典型特征，介绍如下。

- 接入无线化：接入全面无线化，有线网络仅用作补充，办公网、生产网、物联网多网融合。
- 全球一张网：应用部署在云端，总部和分布在全球的分支统一承载在一张网上，实现云网一体化。
- 整网自动化：整个园区网络端到端支持SDN、LAN（Local Area Network，局域网）、WLAN和WAN（Wide Area Network，广域网），整网业务自动化发放。

• AI驱动运维：网络状态可视、用户体验可视，网络基于AI实现预测性维护，主动优化用户和应用体验。

PC时代的园区网络有清晰的边界，一般限定在某个物理或者地域范围内，而企业业务的上云打破了这个边界，使得园区网络变成一种无边界的状态。例如企业业务可能在私有云上，也可能在公有云上；企业的分支可能是跨地域的，也可能是全球化的。这些情况下，云端和终端的互联、云和云之间的互联、总部和分支之间的互联以及分支和分支的互联都可能被纳入园区网络的范畴。因此，云时代的园区网络是无边界、跨地域和全球化的。

总之，园区网络经历了前面几个阶段的演进，在带宽、规模以及业务融合等几个方面都有了长足的发展。然而，随着行业数字化转型的推进，园区网络在连接、体验、运维、安全、生态等几个方面又面临新的挑战，例如，IoT业务要求连接无处不在；高清视频、AR（Augmented Reality，增强现实）、VR（Virtual Reality，虚拟现实）等业务需要高品质的网络支撑；海量的设备需要极简的业务部署和网络运维等。为了应对上述挑战，业界厂商也逐步将AI、大数据等新技术引入园区网络，并推出一系列新的解决方案，例如管理全面SDN化、架构全面虚拟化、接入全面无线化、业务全面自动化等。园区网络进入了新一轮令人激动的技术创新演进阶段，这一阶段的园区网络逐步具备了智能化和云化的特征，可以为客户提供极简的业务部署、极简的网络运维等。本书后续将围绕云园区网络解决方案进行详细的介绍。

第 2 章
园区网络的发展趋势和面临的挑战

随着人类对数字世界的探索不断取得突破，一场波澜壮阔的数字化变革正在各行各业发生。IoT、大数据、云计算、AI等新技术的应用正改变着不同行业的运营模式和生产模式，也催生出越来越多新的商业模式。在这样的大形势下，企业和组织唯有经过数字化转型才能不掉队。园区网络是企业和组织数字化转型的基石，是连接物理世界和数字世界的桥梁。面临不断涌现的新技术、新应用，简单、快速地部署智能而又可靠的园区网络，已经成为每个企业和组织的迫切需求。

2.1 行业数字化转型势不可当

数字化已经深刻改变了人们工作与生活的方方面面。2020年，全球最知名的互联网社区——脸书的月活用户就已达到28亿人，远超任何一个国家的人口，移动社交改变了沟通方式。2019年，共享单车在我国有2.6亿的用户。我国网约车用户规模达到4亿人次，共享交通改变了出行方式。人脸识别、车牌识别等技术越来越多地应用于考勤管理、权限控制、商业支付、交通管理等领域，视频智能改变了人机交互方式。智能机器人已经开始被应用在客户服务、语言翻译、生产制造等岗位上，每增加1个机器人就将减少3～5.6个人工岗位，AI改变了作业方式。数字化技术的不断成熟与应用让人们极大地感受到了生活与工作上的便利性，也让人们对未来充满了无限遐想。数字化时代，或者更准确地说，智能时代来临了，你准备好了吗？

2.1.1 大型企业

数字化已经深刻改变了人们工作与生活的方方面面。例如教育行业通过共享云端丰富的教学资源，在新冠肺炎疫情期间开展了远程教育；零售行业利用云服务分析客流数据，针对用户的喜好，有针对性地推荐商品，实现了精准营销；制造业利用智能机器人替代流水线工人作业，实现了无人工厂。本节将从不同的行业分析数字化转型给人们的生产、生活带来的全新体验。

1. 移动化和云化会大幅提高协同办公效率

通过建立集成即时通信、电子邮件、视频会议、待办审批等服务的一站式办公平台，越来越多的工作可以随时随地在移动端处理。移动化和云化使得跨地域的协作沟通也变得简单。图2-1为协同办公场景示例。通过远程视频运维，技术专家不用像以前那样疲于奔波，工程人员戴上AR眼镜，就可以对现场故障画面进行实时有效的远程回传，通常需要技术专家出差一周来解决问题的时间成本可以大幅降低；研发资源云化共享，依托仿真云、设计云、测试云等云服务，可以集中调配IT资源和硬件资源，支撑不同团队间跨地域联合调试，一个月的环境准备周期可以缩短一半以上。

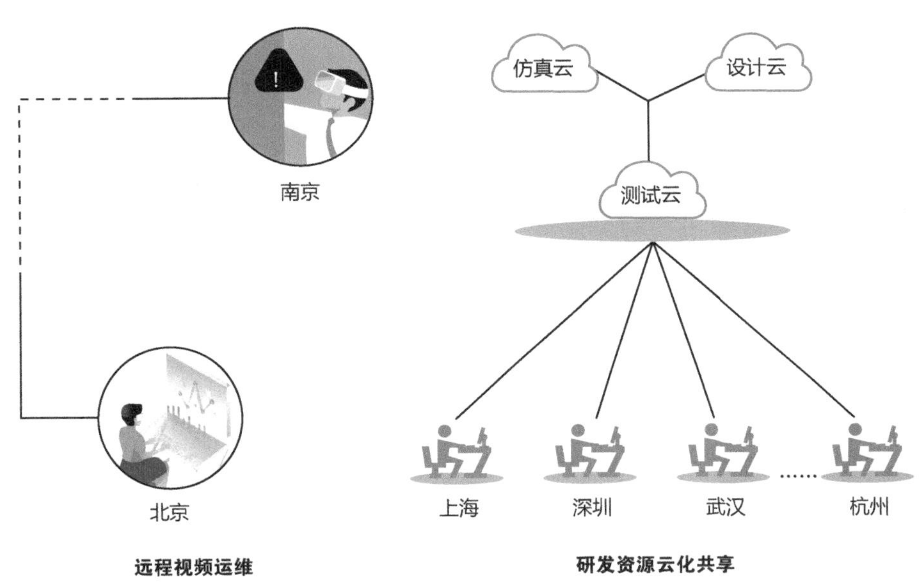

图 2-1 协同办公场景示例

2. 企业园区内部将率先实现数字化运营

很多企业选择了内部园区作为数字化转型的落脚点和切入点，员工将率先体验到触手可及的数字服务。如图2-2所示，办公室、会议室、打印机、服务台，所有资源能够清晰地在GIS（Geographic Information System，地理信息系统）地图上呈现，以方便员工获取；在智能会议室中，线上预订、会前15分钟自动化灯光和温湿度调节、无线投屏、人脸签到、语音识别自动输出纪要，让与会人员每时每刻都能感受到智能化服务。如果IoT终端能够实现IP（Internet Protocol，互联网协议）化，还可以在一定程度上降低园区的运营成本。以门禁系统为例，传统门禁系统是比较封闭的系统，一般都是由门禁终端、主控设备、辅控设备组成，开门主要以刷卡为主。而经过IP化改造的门禁系统将不需要配置专业的门禁管理设备，可以将管理平台部署在云端或者Web服务器上，安装一套门禁系统平均可以节省接近一半的成本，同时还支持对接多种IP化的门禁服务，比如人脸识别、扫二维码等。

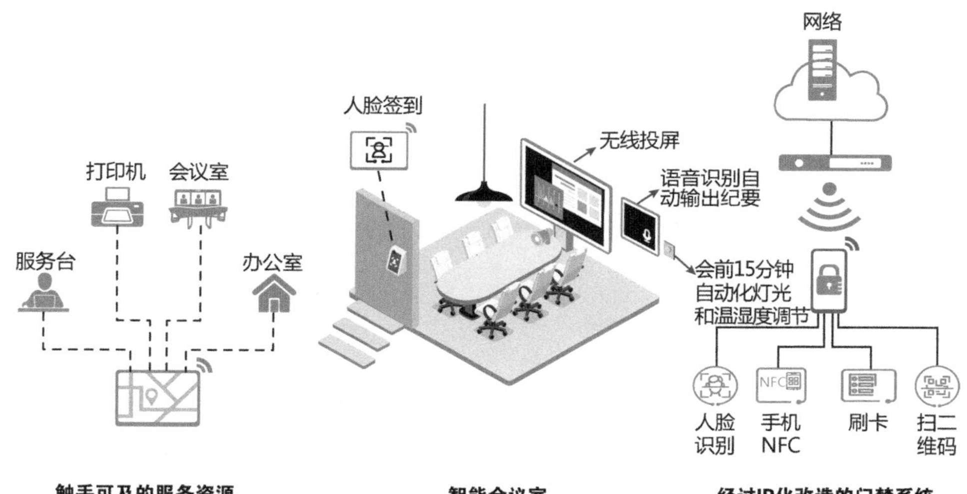

注：NFC 即 Near Field Communication， 近场通信。

图 2-2 企业内部数字化运营场景示例

3. 生产制造流程的自动化和智能化逐步推进

从采购、物流、仓储到生产制造，企业在生产的各个环节开始减少人工干预，从而让生产过程更具可控性，端到端的自动化和智能化生产制造流程如图2–3所示。企业可以根据客户订单和供应商信息自动计算原材料的采购量及安排采购时间；通过收发预约、装车模拟和使用传感器等，使得物流全过程可视；仓储应用AGV（Automated Guided Vehicle，自动导引运输车）、自动扫码机等自动化设备通过物联网连接叉车等设备，实现自动进出库、自动盘点以及定位跟踪等功能；通过3D打印快速建模；在车间内通过传感器在线采集质量控制所需的关键数据；生产管理系统基于实时采集的数据进行机器学习和大数据分析，优化生产流程，提高产品质量。

从日常OA（Office Automation，办公自动化）到内部园区服务，再到企业生产制造，园区网络在企业数字化转型的过程中将变得越来越重要，不再仅仅以办公区域的有线IP网络为主，而是不断延伸其边界，直至承载整个园区的数字业务。这也对园区网络提出了更高的要求，尤其是主营的生产系统，它不仅需要一个超大带宽、超低时延的网络，而且在网络异常时还要求能够实现分钟级甚至秒级的快速恢复，让企业的损失减小到可容忍范围内。

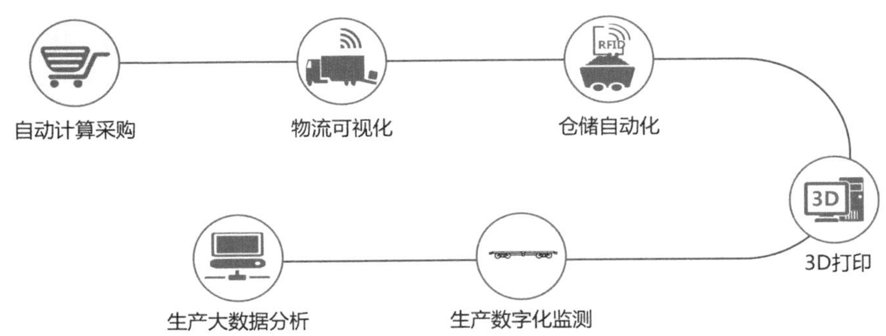

图 2-3 端到端的自动化和智能化生产制造流程

2.1.2 教育行业

2016年3月，达沃斯世界经济论坛发布了《教育的新愿景：通过技术培育社交和情绪学习（*New Vision for Education：Fostering Social and Emotional Learning through Technology*）》研究报告，报告指出，未来智能社会对人才的需求与工业化的教育体系存在严重冲突。传统工厂模式的教育是为了解决学生的就业问题，通过对不同专业的学生传授不同的专业知识和技能，培养相应领域的专业型人才。在未来的智能社会，随着技术的快速发展，AI等新技术可能会让每个人的工作变动很频繁，由此未来的人才培养模式要从过去单纯地传授知识和技能向提高学生的社会适应性和情感能力转变，要更注重个性化教育。教育行业开始进入数字化转型阶段，转型的总体目标是促进教育融合发展、实现共建共享以及创新人才培养。教育行业的数字化转型要求园区网络提供更加广泛的连接、更加优质的业务体验，同时网络要为上层应用提供更多的基础数据。

1. 泛在的学习环境推动普惠化教育

移动化、多媒体化已经开始慢慢转变传统的教学方式，为学生提供了丰富的学习途径，学生的学习方式更灵活。图2–4展示了新型的云课堂教学方案，教育服务云端提供所有的教学服务资源，包括课件系统、录播系统、视频和预约调度系统等，学生可以在移动端接入，也可以通过远程教室听讲，教学不再受空间限制，学生在哪里都可以学习。而AR/VR教学、全息教学则将让学生获得更直观、更生动的沉浸式学习体验。

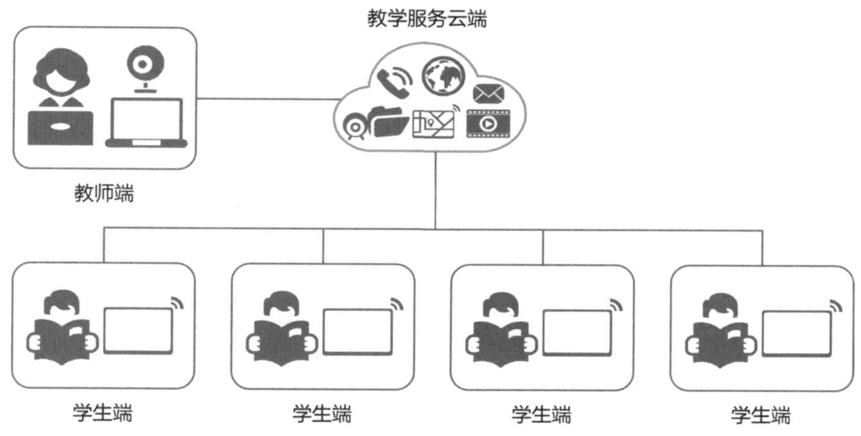

图 2-4　新型的云课堂教学方案

不过，泛在学习环境需要有超高质量的校园网作为支撑。比如对于AR/VR教学，每个用户终端大概需要250 Mbit/s的带宽，时延则不能超过15 ms，如果满足不了上述要求，一些细微影响都可能让用户产生眩晕等不适的体验。

2. 智慧校园物联网应用助力实现校园的智慧全联接

越来越多的物联网应用将涌入校园，助力实现校园的智慧全联接。以校园一卡通为例，校园一卡通成为学生在学校的“电子身份证”，可以提供电子门禁、考勤签到、图书借阅、校内就医等服务。而且这个“卡”可以是一张卡，也可以是一个二维码。再比如，以RFID（Radio Frequency Identification，射频识别）为基础的资产管理方案，能够对学校实验室的仪器进行一键自动盘点、在线共享、异常携出告警等，如图2-5所示。智慧校园里的物联网应用能够实现便捷化的学生服务和精细化的教学资源管理。

目前，全Wi-Fi网络覆盖已经成为大多数校园的基础设施，而要想实现智慧校园的全联接，那么在今后智慧校园网的建设中，无论从布线成本、开局部署，还是从运维管理等方面，都必须考虑物联网与Wi-Fi网络融合的问题。

3. 教、学、管、研的数据融合促进学生智能化成长路径设计

利用大数据分析，新的教学培养模式将实现真正的因材施教，充分发掘所有学生的专长、优势，进行素质教育。如图2-6所示，通过学生的高考数据、性格测评数据、运动数据、专长数据、职业兴趣测评数据等，可以为每一位学生量身定制成长路径，包括专业选择推荐、社团选择推荐、就业选择推荐等，帮助学生走出迷茫。此外，通过自习数据、上课考勤数据、学分数据、图书借阅数据等，可以为每位学生提供精准的教学测评，给出切实的辅导建议，帮助学生顺利完成学业。

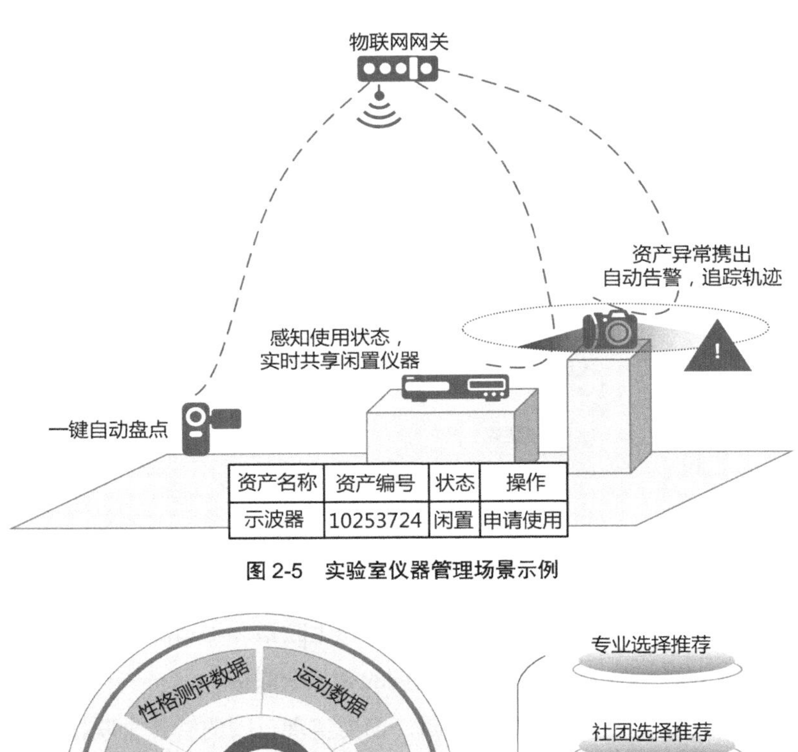

图 2-5 实验室仪器管理场景示例

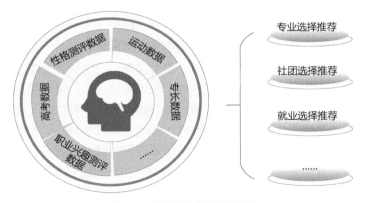

图 2-6 学生智能成长路径设计

2.1.3 政务服务

建设透明、公开、高效的服务型政府是世界各国政府发展的目标，这需要政府在行政程序、职能、管理机制上全面转变。数字政府已经成为政府未来发展的一种趋势和共识。政府数字化转型是对传统政务信息化模式的改革，通过构建新的数字技术驱动的政务新机制、新平台、新渠道，全面提升政府在经济调节、市场监管、社会治理、公共服务、环境保护等领域的履职能力，形成“用数据对话、用数据决策、用数据服务、用数据创新”的现代化治理模式，能够推动以公众为中心的公共服务，提高管理效率、提升服务体验。政务服务的数字化转型要求园区网络在业务上更加安全可靠，在满足业务隔离需求的同时实现网络资源的高效利用。

1. 政务服务的一窗式审批、多渠道办理

目前来看，提高政府机构对公众的数字政务服务能力，是当前政府数字化转型中最先采用并行之有效的落地措施。传统政务服务由于业务分散和重复IT建设的情况突出，数据资源共享和跨部门业务协作难。从公众视角看，以往在政府机构办理业务时，受理渠道单一，办事需要跑多次。新的数字政务服务以园区网络为承载，基于数据交换共享平台建设政务大数据中心，实现了各部门公共资源的数据交换与共享，并通过多渠道将大部分公共服务开放给普通市民，大大缩短了办事流程。让数据多跑路，让群众少跑腿，政务服务形成了“一号、一窗、一网”的服务模式。政务大数据组网方案如图2-7所示。

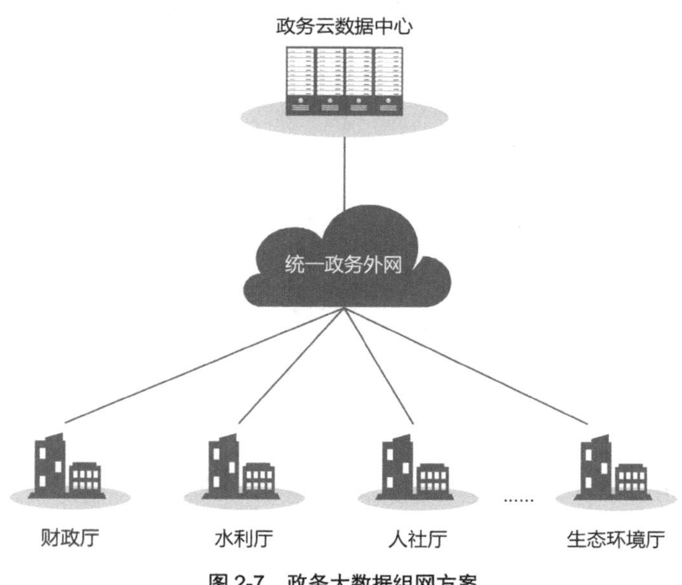

图 2-7　政务大数据组网方案

不过，在传统政务网络方案中，采用专网建设的初衷是保证隐私数据的绝对安全，可以做到物理上的完全隔离，因此对信息安全非常敏感的业务，目前仍然保留在原来的专网中承载。而对开放了多业务办理渠道的统一政务服务网络来说，网络安全问题将是一个很大的挑战。

2. 数字化的城市治理可实现全局统筹、快速响应

数字化的城市治理主要包括3个方面。第一个方面是横向拉通各政府机构的业务子系统，同时融合音视频通信能力，实现多部门间的业务联动、高效协同，保障城市应急的快速处置。比如对于消防应急，可实现指挥平台统一调度，及时协调消防和医务资源，并告知火源位置以及实时路况信息等。第二个方面是可视化，通过结合IoT、GIS等技术，实现物理世界向数字世界的投影，全面感知城市的整体运行状态。比如可以实时了解整个城市各区域的环卫资源分布、垃圾溢满率等。第三个方面就是通过AI对城市运行态势进行实时分析预警，变被动响应为主动防御，全面优化治理流程。当前，视频智能分析在交通违章处理、案件分析中已经发挥了很明显的作用，比如2017年在深圳发生的儿童被拐卖案件，依靠视频摘要、人脸识别、大数据碰撞等手段，案发后十余个小时就抓获了嫌疑人，解救了被拐儿童，其视频智能分析应用场景如图2-8所示。要实现数字化的城市治理也离不开连接全城的园区网络的支撑。

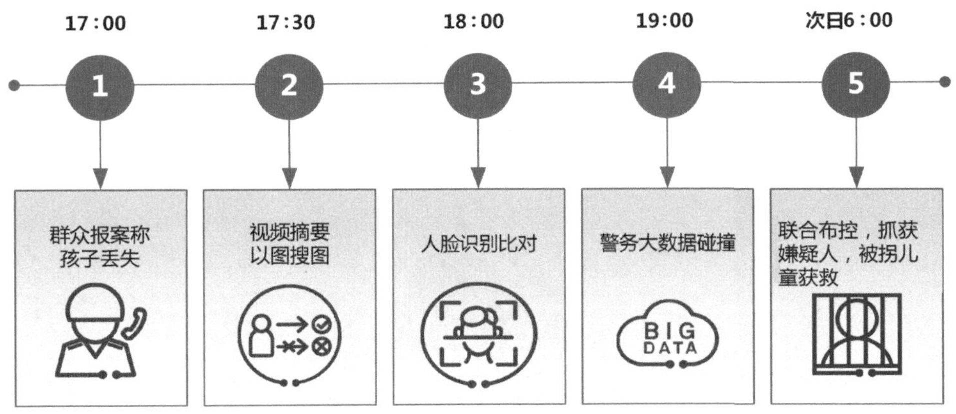

图 2-8　视频智能分析应用场景案例

2.1.4　零售行业

过去二三十年间，电商在诞生之后，依靠其成本低、不受地域限制等优势，呈现爆发式发展，对实体零售业造成了比较大的冲击。但随着时间推移，电商的线上流量红利见顶，无法进一步渗透消费品零售市场。由此零售行业进入线上线下相融合的新零售时代，电商希望通过园区网络打通线上、线下，将流量入口拓宽为全渠道，实现商业上的突破；而传统零售业也在积极拥抱这种变化，希望基于新的ICT，在未来的新零售时代占得一席之地。零售行业的数字化转型要求园区网络实现全层次的开放，以构建更加丰富的数字化应用生态，同时需要彻底革新传统的网络运维方式，为用户提供极简的网络运维手段。

1. 基于消费者海量访问、交易等数据的深度挖掘分析，实现精准营销

传统的营销模式缺乏对用户需求的精准洞察，通常是零售企业向所有用户推荐同样的商品，无法满足用户个性化的需求，营销活动转化率低。用户每次访问零售企业网站、App（Application，应用），看到的基本都是同样的商品，体验比较差。新零售时代，得益于园区网络打通线上和线下渠道，基于消费者海量访问、交易等数据的深度挖掘分析，将帮助零售商建立精准的用户模型，为每位用户进行数字画像，提供个性化服务。图2-9给出了精准营销场景示例。

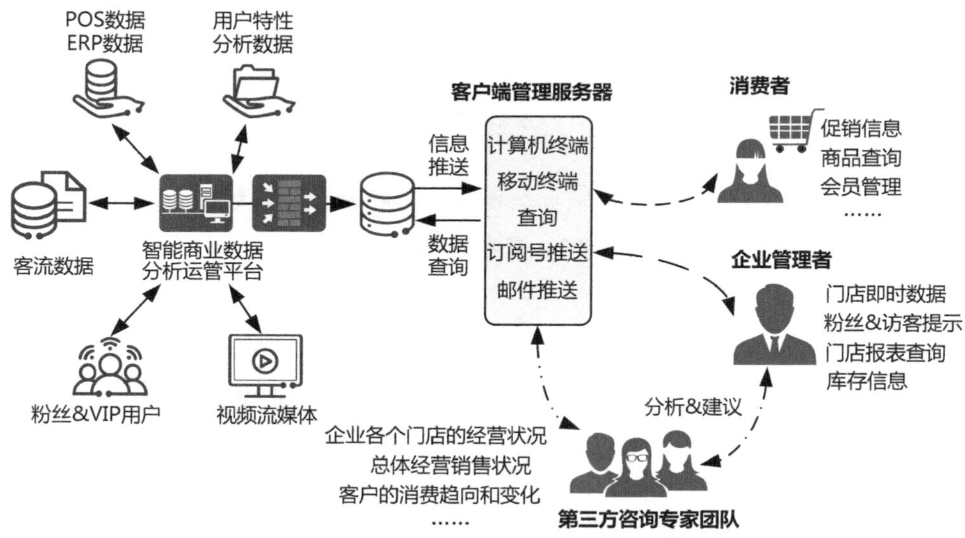

注：POS 即 Point of Service，业务点；
ERP 即 Enterprise Resource Planning，企业资源计划。

图 2-9　精准营销场景示例

2. 像智能手机的应用商店一样，提供丰富的数字化增值应用

图2-10给出了智慧门店场景示例。丰富的增值应用将极大地提升消费体验，也从节省经营成本、增强品牌竞争力、改进运营效率等方面为零售商带来了极大的助力。但是这也需要网络方案架构具备开放性，能够与第三方应用定制厂商对接，通过开放标准的API（Application Program Interface，应用程序接口），可以基于网络实现对客流分析、资产定位等增值应用的开发。另外，还要求门店的网络能够融合蓝牙、RFID、ZigBee等物联网的接入方式。

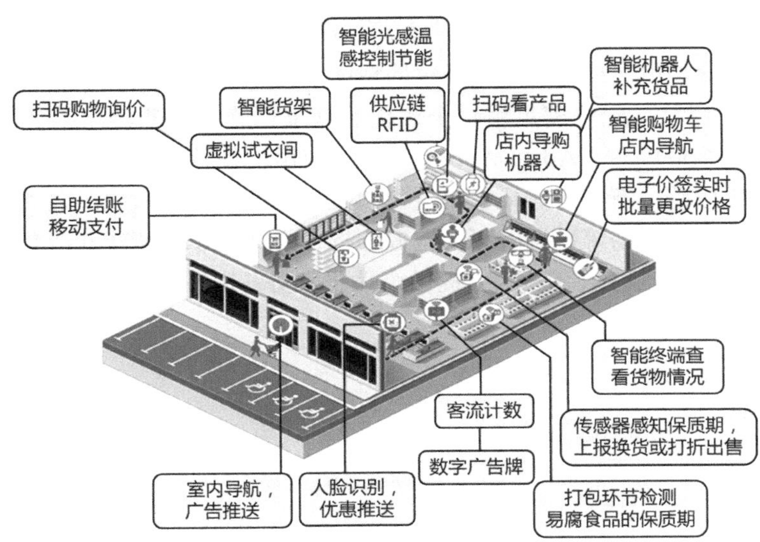

来源：埃森哲公司发布的《物联网，掀起零售业革命》专刊文章（乔纳森·格雷戈里/文）。

图 2-10 智慧门店场景示例

2.2 数字化转型对园区网络的挑战

云时代到来后，企业的各种应用从本地走向云端，企业将构建面向全球的、以云为中心的基础架构和应用程序。然而，大量企业的数字化业务仍然构建在传统的网络架构上，难以支撑企业进行数字化转型，园区网络面临以下几个方面的问题。

2.2.1 Wi-Fi 难成网

无线化是企业数字化转型的基础，办公无线化、作业无线化、服务无线化是企业无线化的主要体现。例如，高校建设数字化校园，将校园有线网络升级到无线网络，使用AR/VR教学，提升了学习体验，提高了教学效率。截止到2020年，我国超过70%的企业已经部署Wi-Fi网络，并且利用Wi-Fi网络提高生产经营效率，然而，企业用户在使用Wi-Fi网络的过程中，都遇到过无线网络的问题，有数据统计，大概有三分之一的用户对自己Wi-Fi网络不满意。如图2-11所示，Wi-Fi网络常见的问题包括无信号或信号弱、有信号但连不上、连上了但速度慢等，这些现象会导致用户体验较差。

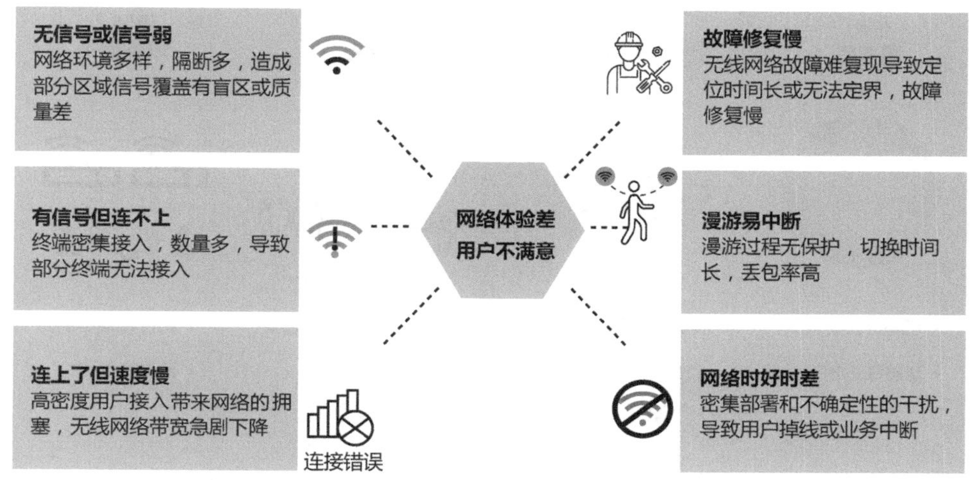

图 2-11　Wi-Fi 网络常见的问题

用户对Wi-Fi网络不满意，与Wi-Fi网络的典型特征有直接关系。首先，无线网络不同于有线网络，多用户接入时是靠竞争来获得空口资源的，而且受限于组网、频宽和干扰，无法像有线网络那样稳定。另外，Wi-Fi网络是半双工通信，上行和下行共用同一个无线频谱资源，这也是多用户并发时Wi-Fi整网吞吐量急剧下降和单用户带宽急剧下降的主要原因。例如，覆盖盲区或遮挡导致无信号或者信号弱，多用户并发接入导致有信号但连不上，多用户大带宽业务同时竞争导致网速慢，不确定性的同频或邻频干扰导致网络时好时差，移动漫游无保护导致业务中断，故障难复现或难定界导致故障修复慢等。所以，Wi-Fi网络信号覆盖差、信号干扰大、用户带宽低、漫游不连续等问题是导致用户体验差的根本原因（如图2-12所示），这会让用户觉得Wi-Fi网络不如有线网络稳定可靠。

然而，传统Wi-Fi网络仅仅能够提供连续信号，却无法实现体验的连续。Wi-Fi网络已经过6代的演进，每一次演进都给用户带来了带宽和效率的提高，但Wi-Fi标准中并没有对用户体验做明确的优化或保护，只能依赖设备厂商硬件和软件能力的升级，这也造成了不同厂家的设备组成的Wi-Fi网络质量和体验良莠不齐。传统Wi-Fi网络的固有问题如图2-13所示。例如，天线能力和射频能力差导致信号弱，特别是离AP越远，用户信号质量越差；抗干扰能力差导致用户在使用网络时只能靠终端自身的能力来拼抢网络资源；调度能力差导致多用户并发时无序竞争，千兆带宽的网络带给每个终端仅有几兆带宽的体验；漫游能力差导致终端无法漫游或者漫游切换慢、业务易中断。这些传统Wi-Fi网络的固有能力限制带给用户的体验仅仅是信号连续，而不是体验连续。

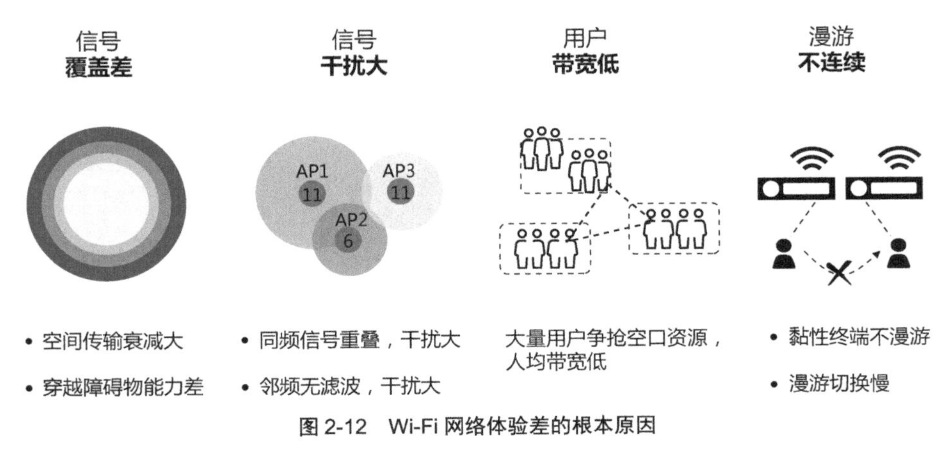

图 2-12　Wi-Fi 网络体验差的根本原因

天线能力差 信号质量依赖射频和天线的完美配合	抗干扰能力差 无线网络干扰看不见，但每时每刻都存在	调度能力差 多用户竞争，千兆无线网络带给每终端仅有几兆带宽的体验	漫游能力差 终端发起漫游，导致漫游体验千奇百怪
• 全向天线，离AP越远，信号质量越差 • 天线数量少，分集增益低	• 无干扰抑制算法 • 无整网干扰识别和调优	• 无多用户配对算法，无法发挥MU-MIMO的价值 • 用户调度靠竞争，无基于空口资源的动态QoS保障	• 黏性终端不漫游 • 漫游识别条件固定，缺乏个性化漫游切换机制

注：MU-MIMO 即 Multi-User Multiple-Input Multiple-Output，多用户多输入多输出。

图 2-13　传统 Wi-Fi 网络的固有问题

2.2.2　跨域难打通

数字化时代，企业业务全面云化，业务从本地服务器迁移到云端，网络管理模型从传统的园区内、出口、总部与分支等分段分区管理转换为从云端到终端的统一管理。另外，企业业务上云也使WAN侧流量大幅增加，WAN：LAN的流量模型从传统的2：8转变为8：2，WAN侧的建设变得尤为重要。

以银行为例，现代银行网点变得越来越智能，智能柜员机、仿真机器人等新业务普遍使用，这给银行网点数据流量带来了几何级数的增长，银行网点对实时数据传输和大带宽的需求比以往任何时期都更加迫切。传统的网点一般采用MSTP（Multi-Service Transport Platform，多业务传送平台）专线，貌似成熟、稳定，但是仅仅2～4 Mbit/s的带宽实在难以满足智慧应用的超大带宽需求。同时，商业环境日新月异，银行需要开设成千上万的分支网点提高商业收益，而分支网点需要与总部按需互联，并且希望客户或职员在分支和总部接入网络时，体验一致，权限一致。

然而传统的园区网络WAN、LAN和WLAN的建设相互割裂，无法实现统一管理、统一策略；WAN侧使用传统专线部署方式，通过MPLS（Multi-Protocol Label Switching，多协议标签交换）专线连接到总部，由总部集中控制连接到互联网和数据中心，且传统专线带宽小且价格贵，难以满足新型业务上云对带宽的要求。这些问题如图2-14所示。

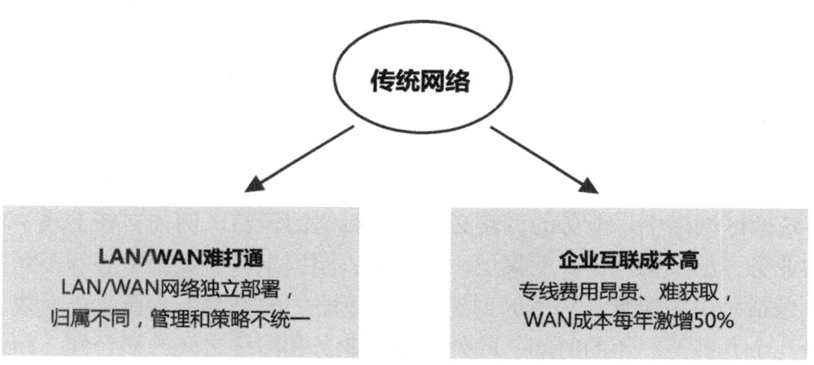

图 2-14　传统园区网络多分支互联存在的问题

传统网络无法满足数字化时代企业上云的需求，与传统网络的建设模式有密切关系。首先，传统企业网络的建设是分段分时进行的，在网络规划建设初期，由企业自建LAN侧网络，然后通过购买运营商已经建设好的WAN侧网络，实现企业访问互联网网络的需求。其次，早期企业建设园区网络时，一般仅仅考虑有线网络的建设，随着技术的发展和业务需求的变化，会在原来有线网络的基础上再叠加Wi-Fi网络，这就出现WAN、LAN和WLAN相互割裂的问题，网络归属不同或者网络建设时间不同，也造成了网络管理不统一、策略不统一。另外，WAN侧网络一般是通过专线点对点的互联方式提供网络互通的，专线网络带宽小且价格贵，难以满足企业业务对带宽的要求，同时，随着企业分支跨地域分布越来越广泛，企业业务不断增多并呈云化，WAN侧网络中分支到分支、分支到总部互通互联的需求也越来越多，传统专线的投入也就越来越高。所以面对万千分支敏捷上云的情况，打破传统网络的架构，构建一张通达全球、实现多分支和多云的、按需互联的网络，是企业数字化时代构建网络的方向。

2.2.3 云网不匹配

应用上云让业务的开通和发放更加敏捷。在云端，几分钟就可以实现千级规模的虚拟机发放，企业的业务可以快速发放和变更。然而，传统的网络通过现场命令行配置，网络配置和变更动辄数天甚至数月，周期长、效率低，难以匹配云上业务的快速变化，极大降低了企业的运营效率。云网不匹配，业务上线慢，这就需要园区网络解决如下几个方面的问题。

1. 传统的开局和管理方式难以支撑云网络的快速部署和扩容

传统的开局方式自动化程度低，需要经历现场勘查、离线网络规划、安装配置、现场验收等多个环节，需要专业人员多次进站，现场手工逐台配置。以某连锁门店的网络项目为例，需要新增292个分支网络，安装设备超过10 000台，高峰期每周需要新开通7家门店的网络。在这种情况下，采用传统开局方式，很可能还没等网络部署完就错过了商机。

2. 业务和网络之间是强耦合的关系，难以支撑云上业务的频繁调整

传统园区网络中，业务的调整必然引起网络的调整。例如，新上线一项视频监控的业务，涉及接入层、汇聚层、核心层、园区出口、数据中心等不同节点的调整（包括路由的配置、VPN的创建、QoS策略的调整等），新业务上线一般需要至少几个月甚至一年的时间。此外，由于业务和网络之间的耦合性，新业务的上线还容易影响已有的业务，所以在上线之前需要做大量的验证工作，确保已有业务不受影响。

3. 策略和IP之间是强耦合的关系，难以保证整网策略的一致性

传统园区网络中，业务访问策略大都是通过配置大量的ACL（Access Control List，访问控制列表）来实现的，管理员一般是根据IP地址、VLAN等信息来规划业务策略。然而在移动化接入的场景中，用户的接入位置、IP地址、VLAN等信息都在随时变化，这给业务访问策略的配置和调整带来了很大的挑战，同时也影响了用户移动过程中的业务体验。

2.2.4 运维靠人堆

企业数字化转型使终端数量增加、网络规模增大，业务模型变得多样和复杂，但网络运维的资源和人力却没有得到同等的增长。传统"以设备为中心"的网络运维无法感知用户和业务体验，只能被动响应"故障"的发生，难以满足数字化转型时代的用户需求和业务体验保障需求。传统园区网络运维面临如下几个方面的挑战。

1. 随着无线网络和有线网络的大规模增长，网络运维难度远超想象

首先，园区接入全无线化，无线用户呈指数级增加，无线场景复杂且本身具备脆弱性和状态不确定性，外部的干扰会影响网络，而且这些干扰往往是突发的。对缺乏专业工具的运维团队来说，面对无线网络信号差、上网慢、漫游掉线等问题，只能被动响应“故障”的发生，依赖现场进行定位和修复，故障恢复时间长。

其次，随着网络规模的扩大，有线网络端口数量成倍增加，网络规模和复杂度远超想象，已经远超手工运维的能力范畴，传统的投诉驱动的被动式运维，单纯依靠增加运维人员，难以保障网络质量。

2. 用户体验不可视，用户投诉难解决

传统的网络运维是以设备为中心的，网管提供设备管理、拓扑管理、告警配置等功能，运维人员通过网管监控拓扑、告警来获知网络的异常。然而，随着终端数量的增多以及数字化业务的多样化，设备的正常运转并不代表用户和业务体验的正常。例如，AP设备正常运转，但如果存在很强的同频干扰，将导致AP服务的无线终端体验很差；网络设备正常运转，但如果存在QoS的配置错误，将导致某些应用的体验很差。用户投诉网络差、网络无法接入、问题频繁发生时，运维人员又无法感知这些故障，故障定位困难重重，这会导致用户投诉居高不下。

3. 设备云化管理不能实时获取设备KPI，应用SLA难以保证

园区云网一体化，所有网络设备在云端管理和运维，运维人员看不见、摸不着网络设备。传统网管通过SNMP、分钟级轮询的方式获取设备的KPI（Key Performance Indicator，关键性能指标）信息，并且信息交互采用固定的数据结构定义，完成一次有效采集需要多个数据请求，难以满足实时监控设备KPI的业务诉求，应用故障时无法及时定位解决，应用SLA（Service Level Agreement，服务等级协定）难以保证。

2.3 业界如何看待数字世界的网络

信息通信技术的发展有两个最核心的驱动力：业务需求的变化和技术方案的变革。业务需求的变化会促使技术方案发生变革，然后技术方案的变革反过来又会激发出更多类型的业务需求。而这一轮基于AI等技术的数字化浪潮对网络的冲击是前所未有的，因为它将会推动整个人类社会向前跨越一个时代，使得网络复杂度激增，如果仅依赖传统的技术手段，网络运维成本也将居高不下。从信息时代步入智能时代，未来数字世界需要什么样的网络，业界无数的标准组织、行业领导者、技术专家经过长期的探索与研究，也渐渐达成了一个共识——自动驾驶的网络。这也应该是园区网络的发展理念，通过构建意图驱动的园区网络，能够很好地满足全融合接入、多业务承载、高品质园区的要求，同时实现网络运维和网络安全的自动化、智能化，并具备全开放的生态架构。

2.3.1 网络的自动驾驶也许是终极方案

18世纪中叶以来，人类经历了三次工业革命，即将开始第四次工业革命，工业革命的四个阶段如图2-15所示。第一次工业革命（18世纪60年代开始）由蒸汽机技术触发，将人类社会从农耕文明推向工业文明。蒸汽机的广泛应用极大地提升了人类的生产力，将人类从繁重的体力劳动中解放出来，使得制造业快速发展，社会生产力获得极大提升。第二次工业革命（19世纪六七十年代开始）由电力技术触发，将人类社会从工业时代推进到电气时代。电力的广泛应用扩大了第一次工业革命的影响范围，使更多行业的生产力获得提升。电力的使用推动了铁路、汽车等交通工具的兴起，使得交通业迅速发展，人与人、国与国的交流更加频繁，形成了一个全球化的国际社会体系。第三次工业革命（20世纪四五十年代开始）将人类社会从电气时代推进到信息时代。信息时代发展出了自动化制造，使得各行业的生产力获得加倍提升。在信息时代，电子计算机及数据网络的广泛应用极大丰富了人们的工作和生活方式，发展到今天，人与人的沟通已经实现了随时随地进行，信息社会实现了真正的全球化，信息热点可以在几秒内传递到地球的任意一个角落。

当前人类社会来到以AI为代表的第四次工业革命的门前，新的ICT将会把人类社会从信息时代推进到智能时代。在智能时代，新的ICT将会广泛应用到人类社会的方方面面，AI作为第四次工业革命的关键引擎，将推动全球范围内各行业的进步与发展。如图2-16所示，AI作为一种GPT（General Purpose Technology，通用目的技术），正从以前的“技术与应用局部探索”阶段，逐步步入“技术发展与社会环境相互碰撞”阶段。在不断的碰撞中，技术与行业的应用场景融合的深度与广度不断拓展、延伸，丰富的场景应用将带来更大的效益提升。数据网络作为信息技术时代的关键驱动力，在AI时代将最先得到发展和优化。

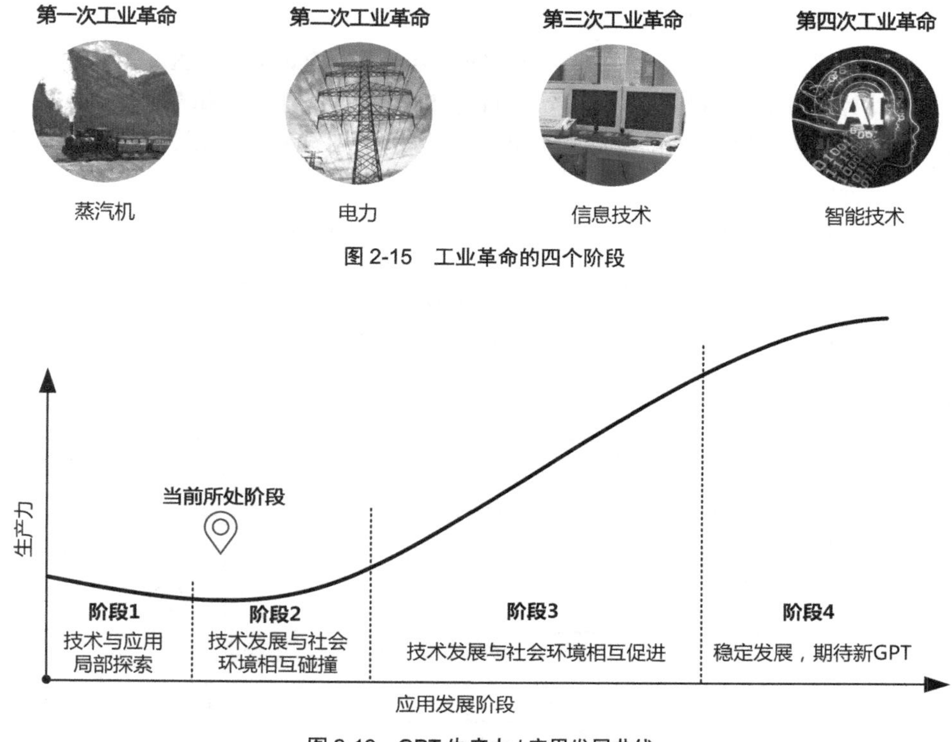

图 2-15　工业革命的四个阶段

图 2-16　GPT 生产力 / 应用发展曲线

1. 从汽车的自动驾驶说起

谈到自动驾驶，大家首先想到的会是自动驾驶汽车。和维护网络类似，驾驶汽车是一项高度依赖技能的工作。只要是人类直接操作工作，就有可能出错，因为人类会疲倦、会走神、会失误。驾驶过程中的错误有可能会让驾驶者付出生命的代价，因此，用不会因疲倦犯错的机器人代替会因疲倦犯错误的人类来驾驶汽车成为人们长期以来的愿望。自动驾驶汽车的实验很早就已经开展了，但直到近期，AI技术取得突破性进展后，自动驾驶汽车才从科幻小说中走向现实。

自动驾驶技术在国际上有严格的分级标准，以NHTSA（National Highway Traffic Safety Administration，美国国家公路交通安全管理局）和SAE（Society of Automotive Engineers International，国际自动机工程师学会，原译美国汽车工程师学会）给出的分级标准为例，其主要内容如图2-17所示。

目前主流的车企处于L0或者L1级自动驾驶，少数车企实现了L2级自动驾驶，个别车企在严格受限的场景下实现了L3级自动驾驶。要完成L3级及更高级别的自动驾驶，下面3个条件缺一不可。

• 实时地图：地图是对物理世界的数字模拟，通过叠加实时信息，可以视作公路网络的数字孪生（Digital Twin）。

- 环境感知：通过车载传感器实时感知周边环境，例如激光雷达、光学雷达、计算机视觉、GPS（Global Positioning System，全球定位系统）等；必要时还需要通过基于5G的车联网，共享其他车辆感知的环境信息，实现对物理世界的全面感知。
- 控制逻辑：AI技术逐渐成熟，能够开发出完备的AI控制逻辑。

NHTSA、SAE自动驾驶分级标准							
分级	NHTSA	L0级	L1级	L2级	L3级	L4级	
	SAE	L0级	L1级	L2级	L3级	L4级	L5级
称呼（SAE）		无自动化	驾驶支持	部分自动化	有条件自动化	高度自动化	完全自动化
SAE定义		由人类驾驶者全权驾驶汽车，在行驶过程中可以获取告警	通过监测驾驶环境对方向盘和加速减速中的一项操作提供支持，其余由人类驾驶者操作	通过监测驾驶环境对方向盘和加速减速中的多项操作提供支持，其余由人类驾驶者操作	由自动驾驶系统完成所有的驾驶操作，根据系统要求，人类驾驶者提供适当的应答	由自动驾驶系统完成所有的驾驶操作，根据系统要求，人类驾驶者不一定提供所有的应答。限定道路和环境条件	由自动驾驶系统完成所有的驾驶操作，不限定道路和环境条件
主体	驾驶操作	人类驾驶者	人类驾驶者/系统	系统			
	周边监控	人类驾驶者			系统		
	支援	人类驾驶者				系统	
	系统作用域	无	部分				全域

图 2-17　自动驾驶分级

2. 网络的自动驾驶

和自动驾驶汽车的需求类似，网络也亟须改变人工运维的现状，实现自动驾驶的网络。只有通过网络的自动驾驶，我们才有可能在运维人力不变的情况下对越来越复杂的网络进行有效运维。

理想的自动驾驶汽车运行的时候，只需要输入目的地，汽车会自动将我们带到那里。路上出现任何异常，汽车都会自行处理而无须干涉。对自动驾驶网络的要求和对汽车的要求类似，我们希望不用了解网络的具体细节，只要告诉网络我们想要做什么，网络就能够自动地进行调整，满足运维人员的需求，即网络自动规划部署。并且网络在自身或者外部环境出现异常的时候，能够自动处理和恢复，即网络自动进行故障运维处理。

实现网络的自动驾驶必然是一个长期的过程，不可能一蹴而就。华为从业务体验、系统复杂度和解放人的程度3个方面定义了自治网络的自动驾驶等级，如图2-18所示。

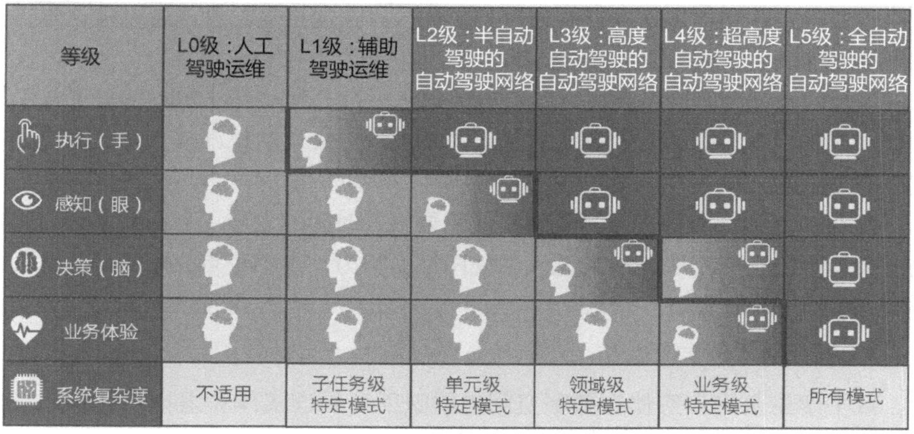

等级	L0级：人工驾驶运维	L1级：辅助驾驶运维	L2级：半自动驾驶的自动驾驶网络	L3级：高度自动驾驶的自动驾驶网络	L4级：超高度自动驾驶的自动驾驶网络	L5级：全自动驾驶的自动驾驶网络
执行（手）						
感知（眼）						
决策（脑）						
业务体验						
系统复杂度	不适用	子任务级特定模式	单元级特定模式	领域级特定模式	业务级特定模式	所有模式

图 2-18　华为定义的自治网络的自动驾驶分级

- L0级：仅有辅助监控的能力，所有运营和维护的动态任务都是由人工完成。
- L1级：系统基于已知规则重复地执行某一子任务，例如GUI（Graphical User Interface，图形用户界面）式配置向导、批量配置工具，简化人工操作，降低对运维人员的技能要求，提高重复操作的执行效率。
- L2级：系统可基于确定的外部环境对特定单元实现闭环运维，降低对运维人员经验和技能的要求。例如，网络设备提供配置的API，按网络管理平台的调度执行自动化的网络配置操作，整个过程无须人工干预。
- L3级：在L2级的基础上，系统可以实时感知环境变化，在特定领域内基于外部环境进行动态的优化调整，实现基于意图的闭环管理。L3级定义为系统能面向既定目标持续地执行控制任务。例如，在园区网络出现故障时，能够基于AI完成告警聚合和故障场景识别，触发故障定位模块，快速找到排除故障的具体措施并自动派单给网络管理员。
- L4级：在L3级的基础上，系统能够在更复杂的跨域环境中实现主动性闭环管理，在客户投诉前解决问题，减少业务中断次数，大幅提升客户满意度。例如，在园区网络的日常运营中能够结合网络参数的变化、IoT设备检测到的外部环境的变化，提前发现网络使用环境的变化，调整网络参数。
- L5级：这是网络发展的终极目标，系统具备跨多业务、跨领域的全生命周期的闭环自动化能力，真正实现无人驾驶。对于园区网络，意味着网络完全自维护，可以主动预测应用的变化，自动派单给网络管理员升级扩容网络，始终保证网络能够满足业务的需要。

考察现有的网络，我们可以看到，大部分传统架构的网络处于L1级，网管系统承担了信息收集的工作，以及通过图形化工具实现批量配置或者模板化配置。网络的运维极其依赖运维专家的技能。

华为的敏捷园区网络解决方案将自动化水平提升到L2级，SDN的概念被引入敏捷园区网络中，能够对常见业务基于网络模型完成自动化部署，降低网络业务部署的复杂度。

实现L3级到L5级的无人驾驶网络还需要很长时间的发展。目前，华为园区网络的架构师们正为实现L3级的无人驾驶网络而努力，本书重点介绍的云园区网络解决方案即对应此等级。

3. 园区的“数字孪生”

数字孪生是物理实体在数字空间内的映射，物理实体和虚拟映射构成一对“双胞胎”。一个完整的数字孪生模型包含物理空间的实体、数字空间的虚拟映射和映射函数。数字孪生使得数字空间内的程序和算法能够真正“理解”物理空间的实体，并且可以通过映射函数反向影响物理空间的实体，如图2-19所示。

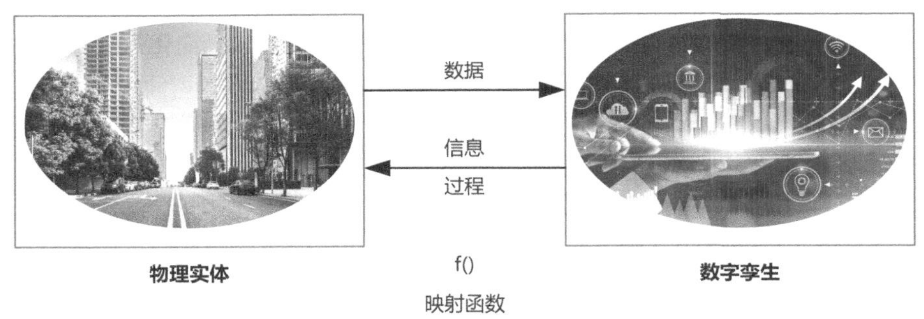

图 2-19 物理实体和数字孪生

和汽车实现高级别自动驾驶需要的条件类似，要实现高级别的网络自动驾驶，我们需要构建网络的数字孪生。对应到园区网络中，在L3级阶段，我们需要以自动化的场景、过程和目标构建数字孪生；在L4级阶段，我们需要以全场景、全过程和所有目标构建完整的园区网络的数字孪生；在L5级阶段，我们需要对整个园区而不仅仅是园区网络构建数字孪生。在园区的数字孪生中，园区网络只是很小的一部分。

2.3.2 意图驱动网络实现 L3 级自动驾驶

分析网络自动驾驶的标准，我们可以发现，L3级的自动化是一个关键节点。L2级及以下的网络都是被动的网络，到了L3级，网络开始具备自主的意识，我们称之为AN（Autonomous Network，自治网络）。自治网络能够实现主动调整，后续的L4级和L5级都是在不断强化网络自主意识，实现更大范围和更深层次的自治。L3级自动化是华为园区网络解决方案的近期目标。L3级的核心是能够基于给定的目标（意图），自动调整网络，以适应外部变化，持续地满足目标（意图）的需要。具备这种能力的自治网络，我们称之为IDN（Intent-Driven Network，意图驱动的网络）。

1. 什么是意图

意图是从用户角度描述的商业诉求和业务目标。意图不直接对应于网络的参数，需要通过意图翻译引擎翻译成网络和部件能够理解和执行的参数配置。依靠意图，我们管理网络的方法会有重大变化。

- 从以网络为中心到以用户为中心：对网络的定义不再使用专有名词和参数，而是使用用户能够理解的语言。例如，以前我们会从信号强度、带宽、漫游时延等角度描述Wi-Fi网络参数，用户难以理解这些专业语言，且这些专业语言并不能直接反映用户使用网络的体验。改用意图的方式描述，我们只需要说明网络需要接入的用户数和主要应用场景，如"25个员工办公用"，描述简洁，容易理解。
- 从碎片化管理到闭环管理：意图是可以被验证的。网络可以对"25个员工办公用"的意图进行闭环验证。网络实时监控意图本身是否始终有效，例如同时使用网络的人数是否超过25个，或者是否出现大量非办公的业务流量。如果意图发生变动，网络可以进行主动调整，从而完成闭环。
- 从被动响应到主动预测：意图的目标也是可以被检测的。对于"25个员工办公用"的网络，网络实时检测是否满足其业务的服务质量的要求。如果发现有偏差，则可以主动进行分析，快速恢复，从而避免服务质量大幅度下降后用户不满导致的投诉。
- 从技术依赖到AI/自动化：由于目标是确定的，网络的数字孪生已经建立，因而无论是闭环管理还是主动预测，都可以使用程序自动执行。特别是引入AI技术后，对于绝大多数场景，都可以实现自动检测、自动闭环。

2. 意图驱动的网络架构

IDN需要网络超宽、架构极简，同时需要一个智慧大脑，图2-20示出了意图驱动的网络架构。

网络超宽、架构极简是IDN的基石。它遵循网络摩尔定律：通过关键通信技术的持续创新和突破，实现每24个月节点容量翻倍，以满足4K/VR超高清视频、5G、云计算等新业务对网络带宽和综合承载的需求。网络架构被持续重构和优化，模块化和标准化的极简交换架构使网络具备弹性伸缩、即插即用的能力，同时为未来的高带宽、低时延业务和工业特殊应用提供确定性低时延。与此同时，通过网络自动化协议，降低网络复杂度，解耦业务和网络连接，实现业务的快速发放，同时提升网络的可编程能力，以服务不同的业务需求。

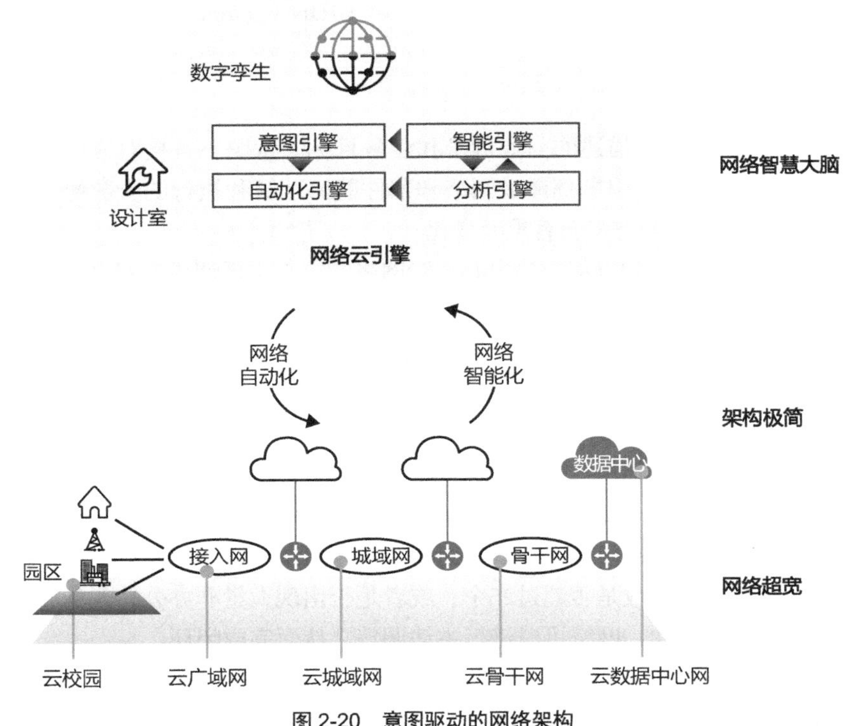

图 2-20　意图驱动的网络架构

网络智慧大脑是IDN的引擎，可以实现对网络的智能管控，它对接用户的商业意图，并实现精准的理解和翻译，将翻译结果自动部署到具体的物理设备并确保网络满足业务意图；它实时感知物理网络的健康情况，发现异常并及时发出预警，提供对异常的处理意见，可以基于经验库进行网络的快速排障或优化，还可以实现实时可视的业务SLA，并基于AI技术使能预测性维护；通过持续建模、行为学习和训练，可以在器件即将失效前准确预测并预警，也可以识别容易发生短暂拥塞的节点，提前将重要业务迁移，或者改进调度策略。IDN引擎包括以下四大组件。

- 意图引擎：将商业意图翻译成网络语言，模拟网络设计和规划。
- 自动化引擎：将网络设计和规划变成具体的网络命令，通过标准的接口让网络设备自动执行。
- 分析引擎：通过实时遥测等技术，采集并分析用户的网络数据（不含隐私数据），如Wi-Fi网络的上下行速率、时延、丢包率等。

- 智能引擎：在分析引擎的基础上，通过AI算法和不断升级的经验库，给出风险预测和处理建议。

2.4 园区网络的重构之路

数字化转型是一次质的飞跃，它需要一系列全新的要素来推动，例如大数据、云计算、AI、AR/VR。虽然这些技术之间看起来似乎都没有关联，但它们有一个共同点——都以网络为基础。这意味着数字化转型的成败与网络有很大的关联。为了让园区网络满足数字化转型的需求，需要对园区网络进行系统的重构，打造全无线接入、全球一张网、全云化管理、全智能运维的云园区网络，本节将详细介绍这些内容。

2.4.1 全无线接入

Wi-Fi技术的出现让人摆脱了网线的束缚，实现了终端的无线接入。从有线终端到无线终端，其实是园区网络的进一步延伸。面向未来，园区网络还会通过IoT终端进一步延伸，最终发展到终端全无线接入网络的状态。园区网络通过全无线接入，为企业打造了一张无处不在、信号无死角、漫游无中断、拥有连续体验的全无线网络。无论是AR/VR、4K会议等大带宽的办公应用，还是AOI（Automated Optical Inspection，自动光学检测）智能质检、仓储应用AGV等低时延生产应用，都能稳定地运行在这张高品质的无线网络上。园区网络要实现全无线接入，可以按照如下思路解决传统Wi-Fi技术固有的问题。

1. Wi-Fi连续组网

连续组网是华为在Wi-Fi领域首次提出的概念。传统的Wi-Fi网络部署完成后，使用过程中只要业务不中断，就认为是连续的，实际上，业务不中断并不代表业务体验好，只是用户能接受某些细微瑕疵，比如丢包、延迟等。所谓连续组网就是要打造在任何时间、任何地点（包括边缘区域）都确保用户接入的无线网络，让它拥有连续体验的能力。

解决Wi-Fi网络的体验问题，最根本的是如何连续组网，需要考虑信号连续、带宽连续、漫游连续这3个基本问题。因此，华为在Wi-Fi 6时代首次提出基于CSON（Continuous Self-Organizing Network，连续自组织网络）技术体系的连续自组织网络标准。如图2-21所示，CSON技术体系提出全新的建网理念，主要包括4个维度——规划、建网、维护、优化，打造随时随地带宽在100 Mbit/s以上的连续自组织网络，实现用户在Wi-Fi网络中连续稳定的体验。

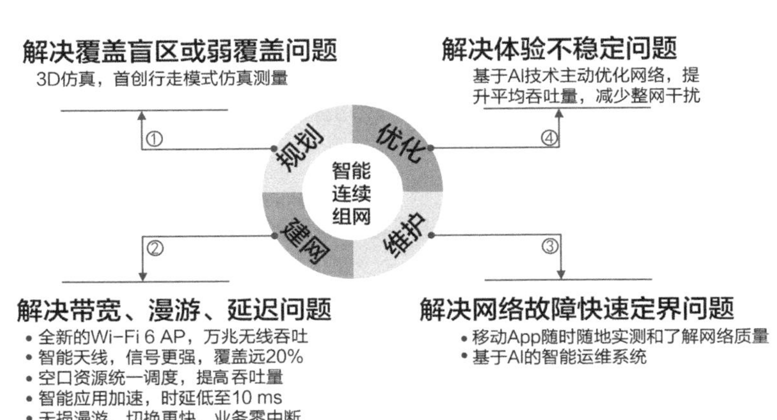

图 2-21　华为 Wi-Fi 连续组网的建网理念

Wi-Fi连续组网的关键技术如图2-22所示。在规划阶段，依据AP的部署高度和位置，识别障碍物材质的高度，模拟信号覆盖，通过3D信号仿真、行走模式，全方位仿真覆盖效果，从规划层面解决覆盖盲区或弱覆盖的问题。在建网阶段，通过智能天线解决信号连续覆盖和边缘区域信号强度问题；通过BSS（Basic Service Set，基本服务集）Coloring技术实现同频传输；通过资源统一调度技术实现频谱效率倍增，多用户吞吐能力大幅度提升；通过无损漫游技术实现漫游切换更快、漫游过程零丢包。在维护和优化阶段，通过人工智能技术实现全网智能调优和故障快速定界，整网干扰降低一半以上，85%以上的故障可实现分钟级定界。通过基于神经网络的智能无线射频调优，提升整网性能；通过终端拨测App，实时对网络进行诊断，智能分析问题，全面评估整体Wi-Fi网络用户体验，提供问题分析，指导网络优化。

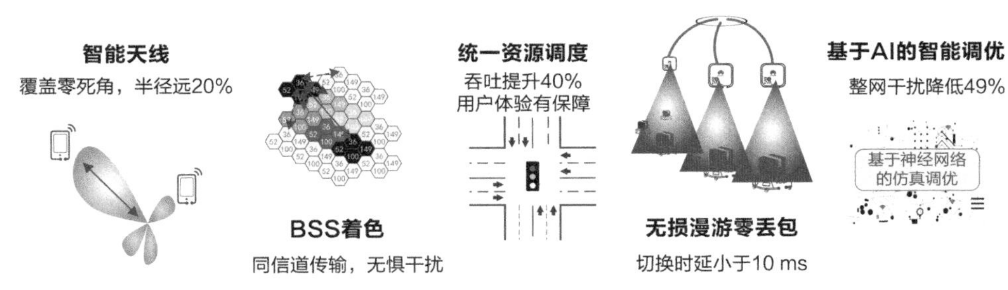

图 2-22　Wi-Fi 连续组网的关键技术

2. 全物联融合接入

物联网的发展是应用驱动型的，而不是技术驱动型的，没有任何一个厂商能解决所有场景的问题，每个领域里都有一些专业的厂商提供模块化的解决方案，这就导致不同业务的物联网互不兼容、重复建设，最终会出现多套“烟囱型”的网络，例如办公网、生产网、安防网等，这将导致建设和维护的成本翻倍。企业生产服务的无线化，首先就要解决混合组网部署问题，实现Wi-Fi&IoT融合。如图2-23所示，华为推出了本体扩展IoT和USB（Universal Serial Bus，通用串行总线）扩展IoT两种方案，不仅适用于建网初期目标明确的物联网适配方案、无须分开部署的场景，还可以与合作伙伴集成，实现物联网融合。

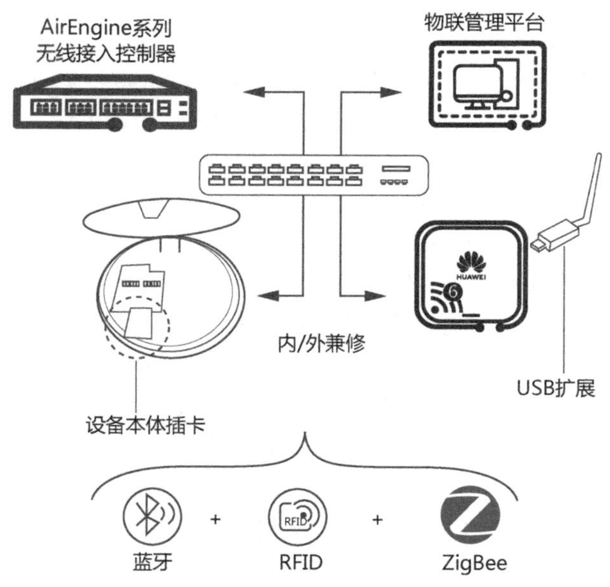

图 2-23　Wi-Fi&IoT 融合示意

其次，在工厂制造业无线化改造的过程中，存在工业通信网络带宽小，丢包率高，机械臂、AOI、工控机等需要无线化，多种生产设备通信不统一，生成过程中数据采集与分析不能实时协同等问题。解决工厂制造业无线化改造的问题，需要提高工厂CPE（Customer Premises Equipment，用户终端设备，也称用户驻地设备）的无线传输速率和边缘计算能力，实现漫游零丢包。如图2-24所示，华为工业级Wi-Fi 6 CPE可以满足如下需求：AGV快速漫游零丢包；AOI检测无线上行千兆超宽带传输；增强工控机边缘算力，提升处理效率；生产设备随时柔性调整，机械臂“剪辫子”；等等。

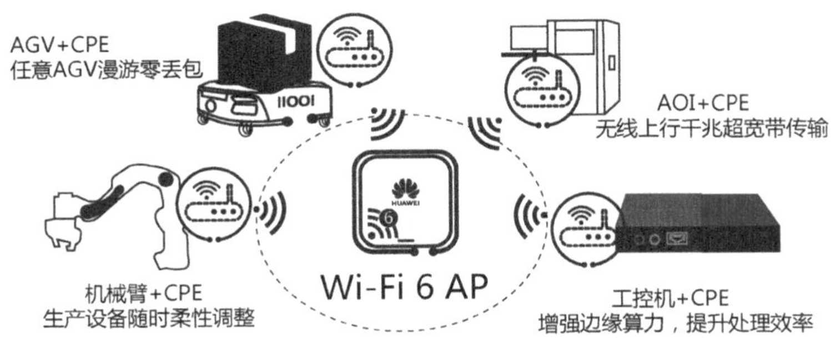

图 2-24　工业 Wi-Fi 6 CPE 应用场景

3. 随时随地达到100 Mbit/s的带宽

100 Mbit/s@Everywhere的概念来源于蜂窝无线网络，在蜂窝无线网络中定义为在小区覆盖范围内任意用户的平均下行速率可达*x* Mbit/s，以满足体验要求。目前在企业中使用的大部分业务，比如E-mail、网页、语音电话、视频会议、电子投屏、AR、VR等，对带宽的需求都不会超过100 Mbit/s，但随着Wi-Fi网络带宽越来越大、稳定性越来越好，在工业生产制造、医疗、教育、办公等行业将出现全新的业务场景，例如制造领域通过高清摄像机进行视觉检测，每秒将会产生100 Mbit以上的图片上传流量；医疗领域，远程查看医疗影像，每秒有超过1 Gbit的数据需要瞬时下载；教育领域，高清VR被广泛应用于教学，每个终端每秒需要100 Mbit以上的实时流量；实时协调办公领域，大文件的快速上传和下载要求终端宽带速率越高越好，以减少等待时间，提升效率和体验。

华为AirEngine Wi-Fi 6可以为企业构建随时随地100 Mbit/s以上的用户体验。在室内典型的全无线办公场景中，可以让每个用户在任意位置、任意时间以及漫游时都能享受到100 Mbit/s以上带宽的Wi-Fi网络体验。另外，不同于有线网络中的每用户平均速率=总吞吐量÷用户数量，无线网络中每用户的平均速率不等于总吞吐量÷用户数量，因此，在整网吞吐量范围内，如果整网吞吐能力超过千兆，那么在接入用户较少时，每个用户平均带宽可能会超过千兆；接入用户较多时，每个用户平均带宽可能会低于100 Mbit/s。因此，华为结合蜂窝无线、5G网络、未来业务演进等多种参考维度进行数据度量，定义100 Mbit/s@Everywhere作为Wi-Fi网络的最低建网标准，在网规规划的建网目标下满足任意位置、任意时间整网吞吐能力不低于100 Mbit/s，即满足多用户并发时的业务需求，又满足少量用户接入时更高带宽体验的需求。

2.4.2 全球一张网

随着企业网络向云架构转型的不断演进，企业的关键应用也逐渐云化，依赖于应用服务商提供的SaaS（Software as a Service，软件即服务），企业通过互联网从云端访问日常办公所需关键应用的趋势日渐明显。要想实现园区一跳入云、业务全球通达，就需要解决广域和园区LAN侧网络分段建设、分段管理等问题。为此，园区网络可以按照全球一张网的思路重构广域网，解决广域网互联问题，为企业分支与分支、分支与数据中心、分支与云之间提供全场景互联，并通过应用级智能选路与智能加速，构建更好的业务体验。

1. 5G和SD-WAN技术实现园区广域一张网

5G时代已经到来，5G相比4G，网络带宽更大、速率更快、安全性更好、成本更低，为互联网的进一步发展提供了基础。传统园区分支与总部、分支与分支互联需要通过MPLS专线实现互通，随着5G的普及，5G成为更多企业构建广域网络的又一选择。华为借助5G和SD-WAN技术，应对传统广域互联的挑战。例如，运营商B2B应用覆盖大中小企业客户复杂的组网诉求，通过SD-WAN技术，将上线时间从数周降低到数分钟，为企业客户提供全面一站式互联网+VPN+自服务+云业务。

以银行业为例，传统的线下网点在数字化转型浪潮中面临巨大的挑战，人们通过手机银行、微信银行即可完成业务的办理。为此，银行网点需要提供更快捷的金融服务，从全客户旅程出发，重塑服务流程，实现网上银行与线下业务的融合。网点不断优化金融服务体验、提升金融服务水平，这使得网点数据流量以几何级数增长，银行网点对实时数据传输和大带宽的需求比以往任何时期都更加迫切，传统的网点互联一般采用MSTP专线，这已经无法满足银行广域互联的诉求。如图2-25所示，华为SD-WAN通过5G和MSTP专线的双服务通道为银行提供了上云网络"双保险"，不仅能将银行众多网络互联，还能提供高速率、高性能的广域网络。

2. 应用级智能选路，保障关键应用体验

随着企业云化、云分支、云应用的发展，以及音视频分辨率的提升，音视频会议和视频监控技术应用更加广泛，音视频对带宽和时延的要求更高。企业WAN侧数据流量逐渐加大，造成企业租用线路的费用大幅提升。承载5G技术的互联网成为许多企业除了传统专线之外，完成分支与分支、分支与总部互联的重要选择，而互联网线路质量，相比MPLS链路，时延进一步加大、链路丢包增加，也带来了企业应用体验方面的问题。例如，实时视频会议对链路的丢包率、延迟、抖动容忍度非常低，如果链路出现丢包就可能会出现卡顿、花屏；而邮件、FTP（File Transfer Protocol，文件传送协议）文件传输类应用则对丢包相对不敏感，但是对带宽要求高，应尽快完成传输。为了解决这些问题，企业网络需要引入以下几种广域链路优化技术来优化应用的访问体验。

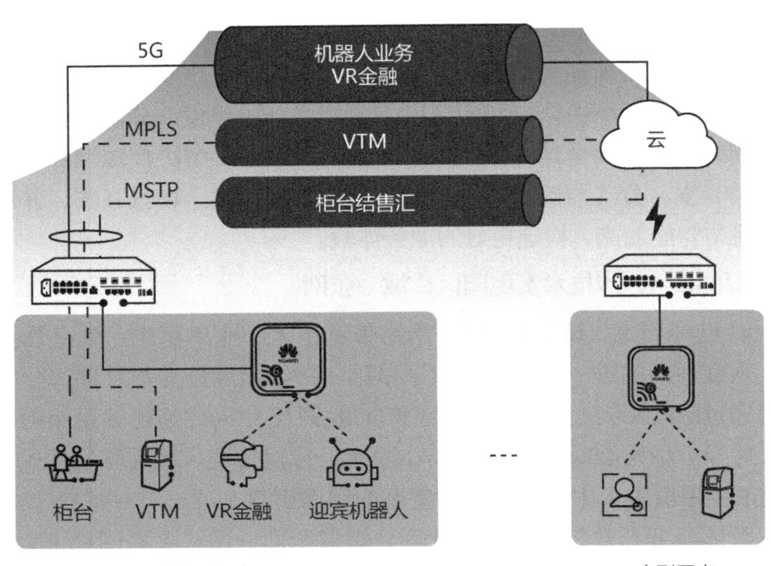

注：VTM 即 Virtual Teller Machine，虚拟柜员机。

图 2-25 多链路广域网示意

- FEC优化技术：语音通话、视频会议等业务对延迟非常敏感，为了保证低时延，减少TCP（Transmission Control Protocol，传输控制协议）握手、重传等影响，这些应用一般会选用UDP（User Datagram Protocol，用户数据报协议）作为传输层协议。但是UDP不像TCP那样保证可靠传输，在网络出现丢包的时候会导致应用质量变差。华为借助于FEC（Forward Error Correction，前向纠错）技术，通过配置流策略的方式，对丢包进行优化。FEC通过流分类拦截指定数据流，增加携带校验信息的冗余包，并在接收端进行校验。如果网络中出现了丢包或者报文损伤，则通过冗余包还原报文，优化网络出现丢包的场景，保证关键应用体验。
- 多路包复制技术：VoIP（Voice over IP，互联网电话）、付款业务等场景中的业务流量小，但是对可靠性要求较高，所以为了保证关键业务的可靠性，可以使用多路包复制（双发选收）抗丢包技术。如图2-26所示，对于可靠性要求比较高的业务，企业一般会部署多条链路备选，发送端结合智能选路技术，选择当前应用有权限使用的、质量最好的两条链路发送两份流量，接收端接收到数据包后，对重复的数据包进行缓存、去重复操作，从而恢复原始的数据流。原始包和复制包至少有一个到达目的地，就可以通过该技术恢复原始数据包，提高了业务的可靠性。

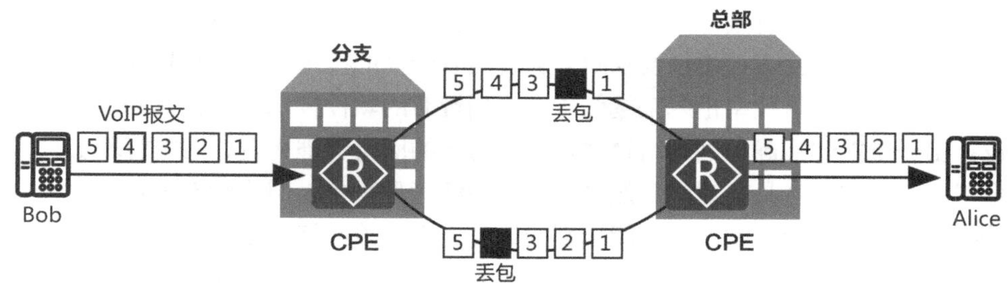

图 2-26　多路包复制技术示意

- 逐包负载分担技术：邮件、FTP文件传输类应用对丢包相对不敏感，但是对带宽要求高，应尽快完成传输。在广域网传输时，可以充分利用多条链路负载分担，加速数据流传输。负载分担分为逐流负载分担和逐包负载分担。逐流负载分担，是使用哈希算法，把不同的数据流分配到不同的链路上进行传输，实现了流量在聚合组内各物理链路上的负载分担。但是对同一类数据流，无法将其分配到多个链路进行传输。如图2–27所示，逐包负载分担是按照每个数据包来转发的，一条流有很多数据包，每个数据包都可以分别通过不同的链路到达目的地。针对同一类数据流，在进行大文件传输时，使用逐包负载分担才能实现加速传输的效果。

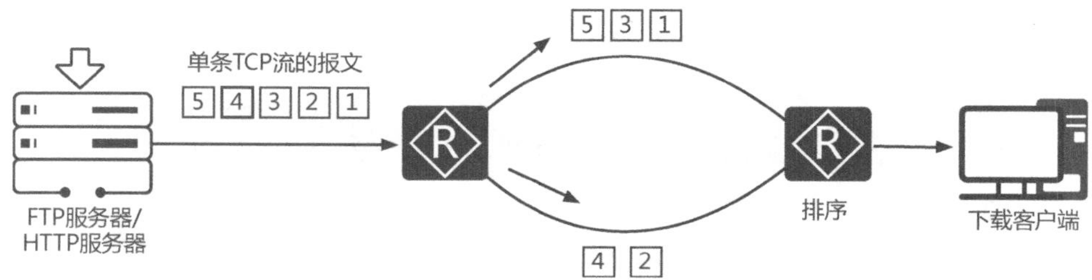

图 2-27　逐包负载分担技术示意

2.4.3　全云化管理

在云时代，园区网络的边界不再明显，企业园区网络设备上云、应用上云，企业希望云业务能够快速开通和敏捷发放。同时WLAN、LAN、WAN多张网的融合需要对园区网络进行从规划、建设、认证、运维、调优到安全等全生命周期的自动化管理。主要从以下几个方面对园区网络进行全云化管理。

1. 网络与云应用快速集成，实现业务的快速部署

传统网络业务的部署需要网络管理员通过命令行或者Web网管，使用网络设备能够识别的语言直接对网络设备进行配置，例如常用的路由协议、VPN等，这种直接的人机交互方式不仅要求网络管理员有较高的技术水平，而且随着网络复杂度的提升，部署效率也越来越低。考虑到现有的软件技术水平，我们已经可以设计出一个能够准确识别网络管理员业务意图的网络管理平台，网络管理员只需要将业务需求以容易描述的自然语言输入网络管理平台，网络管理平台就可以自动将业务需求翻译成网络设备能识别的语言，下发给网络设备，实现网络业务的快速部署。另外，网络管理平台预先通过Telemetry、SNMP等协议采集全网的网元拓扑、配置、路由和表项等信息，对网络进行全面建模，当网络扩容或改造时，根据网络建模对网络进行充分验证，缩短网络变更的验证时间，保证网络变更的验证效果，避免网络变更引发的故障。

2. 端到端网络策略自动化部署，保障策略一致性

WLAN、LAN、WAN多张网络分时分段部署，使网络的端到端策略不统一。华为基于全云化的管理架构，设计出了云网络管理系统，一个管理系统即可帮助企业管理IoT、WLAN、LAN、WAN等多张网络，并且全生命周期、端到端全自动化管理，可以实现应用策略自动化、终端策略自动化、用户策略自动化、网络部署和管理自动化。全流程自动化如图2-28所示。例如，网络运维人员预先在云网络管理系统部署终端指纹库和终端类型策略，终端接入网络时，设备自动提取终端的指纹上报云网络管理系统，云网络管理系统根据终端指纹自动识别出终端类型，并根据终端类型下发策略，实现终端接入的自动化部署。

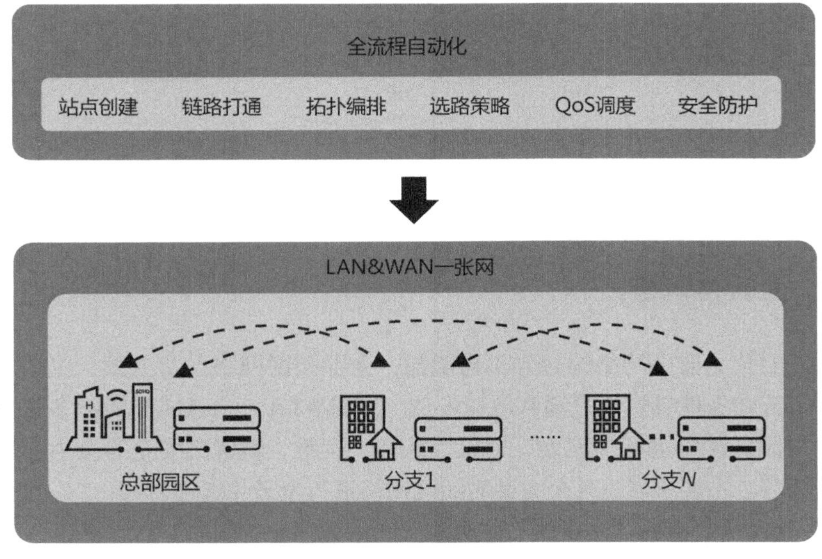

图 2-28　全流程自动化示意

2.4.4 全智能运维

随着云时代的到来，以及技术和业务的不断发展，网络的规划、设计、部署、运维等变得越来越困难，网络工程师们也越来越不堪重负。企业不得不投入更多的人力来完成网络部署、分析网络问题、修复网络故障，这导致网络整体运维效率低下，运维成本越来越高。有没有一种方法可以让网络越用越简单、越用越聪明？使网络智能化、构建智慧网络是当前的主要解决思路。

1. 从被动响应到基于AI的预测性维护

传统的网络运维是一种被动响应的“救火式”运维，当业务出现问题的时候，企业的运维人员总是等到客户投诉了才会感知到问题，应用总是先于网络感知到业务的异常。云网络通过在设备、网络、云端这3层上引入AI技术，并通过部署在云端的智能学习引擎持续进行训练，丰富故障知识库，使得云网络对于大部分网络故障能实现自动预测、自动修复、自动闭环，从而可以提升网络体验，减少客户投诉。

2. 从人工网优到基于AI的智能调优

Wi-Fi网络是一个自干扰系统，不同AP之间会由于信道、功率、覆盖等因素而出现互相干扰的现象。传统的Wi-Fi网络在部署和运维阶段通常需要耗费大量的人力和时间进行调优。以万人办公园区为例，上千台Wi-Fi AP的网络规划、部署、调测、验收通常需要3～5周的时间。同时，部署完Wi-Fi网络以后，随着业务和环境的变化，如接入终端数量的增加、办公环境的改造等，Wi-Fi网络质量可能会出现劣化，用户体验变差。云园区网络通过AI技术实现智能调优，智能调优能够实时感知数万接入终端的变化、网络中业务的变化，发现无线网络的潜在故障和隐患，并对网络进行仿真和预测，从而实现无线网络的分钟级调优。

3. 从难于感知到每时每刻可视化的业务体验

由于传统基于SNMP的网管工具的数据采集频率只能达到分钟级，在网络规模大幅增加和业务越来越多样化的今天，这种分钟级的周期轮询方式获取的数据显然并不能反映网络的实际状态。新的网络性能数据采集技术将具备实时性，再结合多维度的大数据分析，让业务运行状态易于感知，一方面可以对单个用户的业务运行状态进行360度网络画像，基于时间轴清晰地呈现用户网络体验，比如无线接入认证、时延、平均丢包率、信号强度等；另一方面，从全局视角，可以看到整个区域网络的运行情况，如接入成功率、接入耗时、漫游达标率、覆盖、容量达标率等，以及与其他区域网络相比体验是好是坏，来对运维工作进行指导。

第 3 章
云园区网络的总体架构

云园区网络解决方案应用IoT、Wi-Fi 6、SDN、SD-WAN、云管理和人工智能等技术，帮助企业构建一张全无线接入、全球一张网、全云化管理和全智能运维的园区网络。从而，企业将受益于极速的无线业务体验、随时随地的自由协作和沟通、敏捷的云应用上线，以及可靠的应用体验保障，让大企业、政府服务、高校、普通教育、医疗、零售、交通等各领域，在云时代抓住数字化转型的新机会。本章主要介绍云园区网络的基本架构、关键交互接口、业务模型，以及云化部署方式等内容。

3.1 云园区网络的基本架构

云园区网络解决方案涉及众多组件，具体如表3-1所示。

云园区网络的基本架构如图3-1所示，从逻辑功能上可以划分为网络层、管理层和应用层，每层具有明确的功能边界，所完成的功能也不同。

表 3-1 云园区网络解决方案涉及的组件及其简介

组件	简介
iMaster NCE-Campus	云园区网络的智能管控系统，可实现意图引擎和策略引擎的能力，既可在本地部署也可在云端部署，通过云管理和 SDN 技术实现 WLAN、LAN 和 WAN 的端到端策略打通，以及规划、部署、运维、调优、安全的全生命周期自动化管理
iMaster NCE-CampusInsight	云园区网络的智能运维平台，实现分析引擎的能力，通过 Telemetry 技术秒级采集网络和业务状态信息，实现每用户、每应用、每时刻体验可视，同时应用人工智能和机器学习技术可识别出 85% 的潜在问题，进行分钟级故障定位和智能调优
AirEngine Wi-Fi 6	AirEngine 系列无线局域网产品，基于 Wi-Fi 6（802.11ax）标准，提供 3D 网规仿真、智能天线和智能漫游等创新技术，为企业打造一张极速体验、覆盖无盲点、信号无死角、漫游无中断、连续覆盖的全无线网络

续表

组件	简介
CloudEngine S 系列园区交换机	拥有业界领先的弹性多速率接入、光电混合接入能力，丰富的 25GE/40GE/100GE 超宽转发能力，为企业构建智能万兆光网
NetEngine AR 系列分支路由器	具备 5G 上行和有线上行能力，融合 SD-WAN、云管理、VPN、MPLS、安全、语音等多种功能，帮助客户轻松应对企业上行流量激增和未来业务多元化的挑战
HiSec Insight 高级威胁分析系统	实现安全引擎的能力，采用大数据分析和机器学习技术，可抵御 APT 攻击，呈现全网安全态势
HiSecEngine 系列防火墙	集智能检测、智能处置、智能运维于一体，提供全面一体化的网络安全防护能力

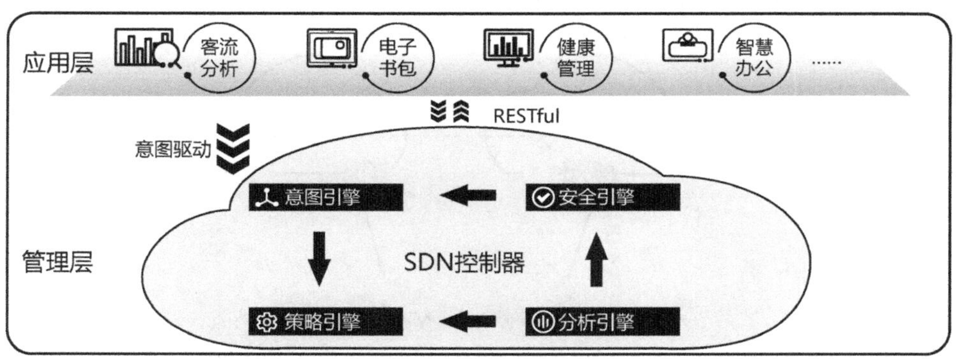

NETCONF/YANG　　Telemetry/Contex

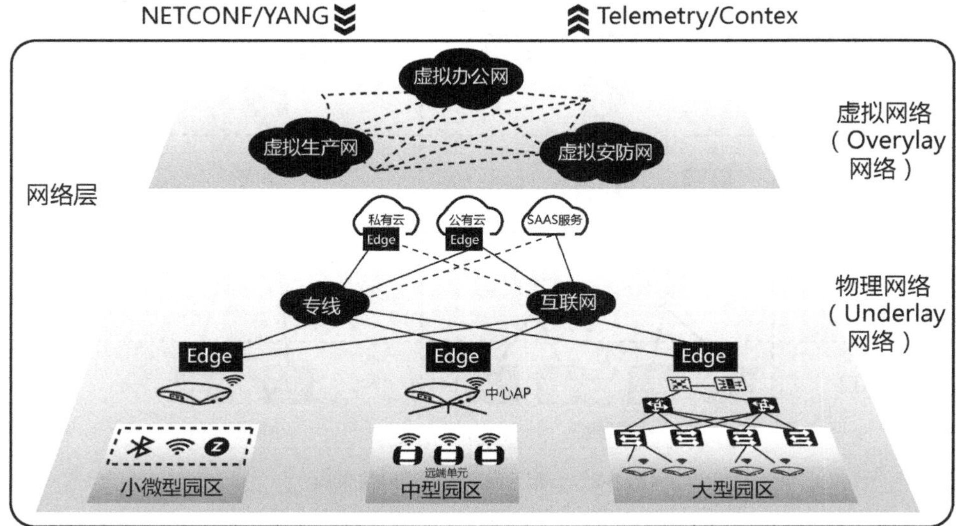

注：NETCONF 即 Network Configuration，网络配置；
YANG 即 Yet Another Next Generation，下一代数据建模语言。

图 3-1　云园区网络的基本架构

3.1.1 网络层

在云园区网络中引入虚拟化技术，把网络层分为物理网络和虚拟网络。物理网络和虚拟网络完全解耦。物理网络遵循网络摩尔定律持续演进，从而具备超宽转发、超宽接入的网络性能。虚拟网络首先屏蔽复杂的物理组网，然后基于虚拟化技术提供任意可达的园区虚拟交换网，进而构建极简的虚拟网络。

1. 物理网络

物理网络又称为Underlay网络，可为园区网络提供基础连接功能。如图3-2所示，云园区网络的物理网络可以分为接入层、汇聚层、核心层、出口层、云边缘层，在实际组网时可根据园区的规模和业务要求选取合适的层次，灵活组合。

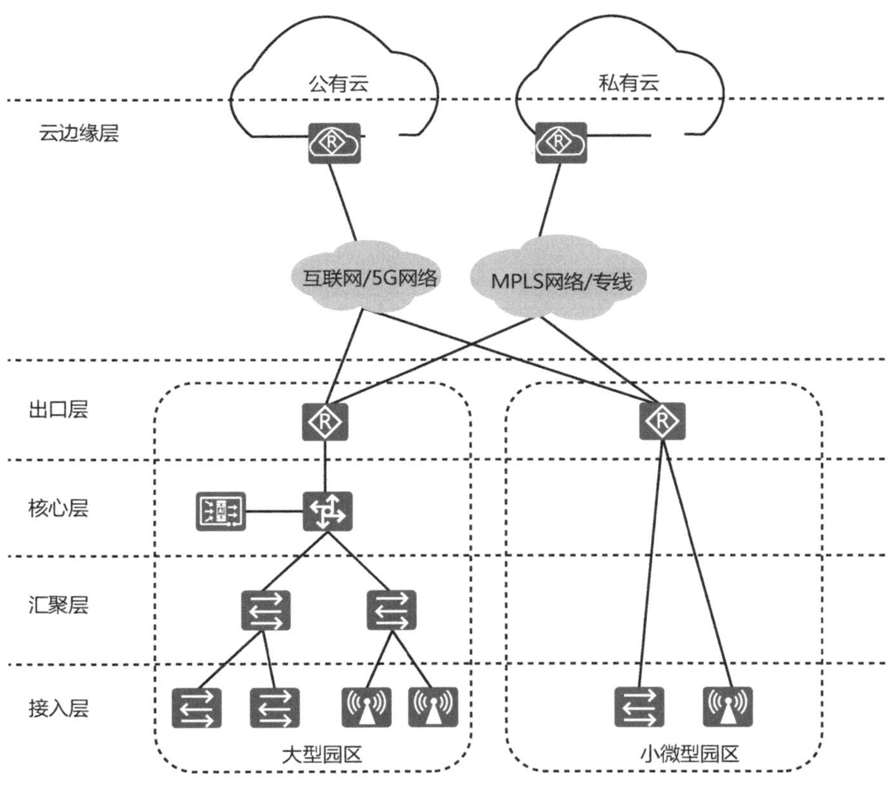

图 3-2 云园区网络的物理网络架构

接入层一般由交换机和AP组成，交换机根据下行速率可以分为GE交换机、MultiGE交换机，GE交换机支持100 Mbit · s^{-1}/1GE的转发速率，MultiGE可以支持100 Mbit · s^{-1}/1GE/2.5GE/5GE/10GE等多种速率，AP根据支持的空口标准分为

Wi-Fi 5的AP或者Wi-Fi 6的AP，单AP支持接入的用户越多，每用户可获得的带宽越小。

汇聚层主要是由汇聚交换机组成，由于接入交换机往往部署在楼层或房间，数量很多，每个交换机都需要至少一条上行链路连接出口，引入汇聚交换机主要起到收敛接入交换机的连线、减少每个核心交换机需要具备大量端口数的压力。根据不同的园区规模，汇聚交换机可以按需选配。

核心层主要是由核心交换机和防火墙组成。一般核心交换机采用堆叠部署，以提升可靠性。防火墙旁挂到核心交换机旁，对不信任报文做流量清洗。

出口层一般由路由器组成，根据可靠性要求可以部署一或两台路由器。当部署两台路由器时，一般两台路由器采用负载分担的方式组网，既增加了可靠性，又提升了转发能力。

云边缘层一般是虚拟网元，可以采用传统硬件路由器或者虚拟网络设备［又称vCPE（virtual CPE，虚拟用户终端设备）］，私有云可以选择部署硬件路由器或虚拟网络设备，公有云上可以部署虚拟网络设备。vCPE和出口层的路由器之间可以部署SD-WAN，来实现出口和云之间智能选路等的能力。

2. 虚拟网络

虚拟网络又称为Overlay网络。通过虚拟化技术，在Underlay网络上构建出一个或者多个Overlay网络。Overlay网络和Underlay网络在范围上对应，根据部署范围不同，存在如下几种场景。

场景一：只有接入层到核心层的一张Overlay网络，主要在单园区或园区之间物理位置很近的场景部署，如图3-3所示。

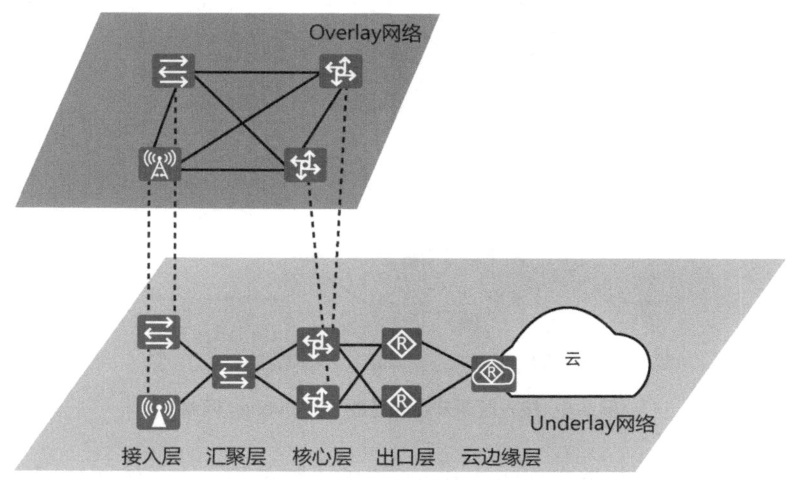

图 3-3　只有接入层到核心层的一张 Overlay 网络

场景二：接入层到核心层是一张Overlay网络，出口层到云边缘层是另一张Overlay网络，主要在园区内和园区间分属不同的设备厂商的场景部署，如图3-4所示。

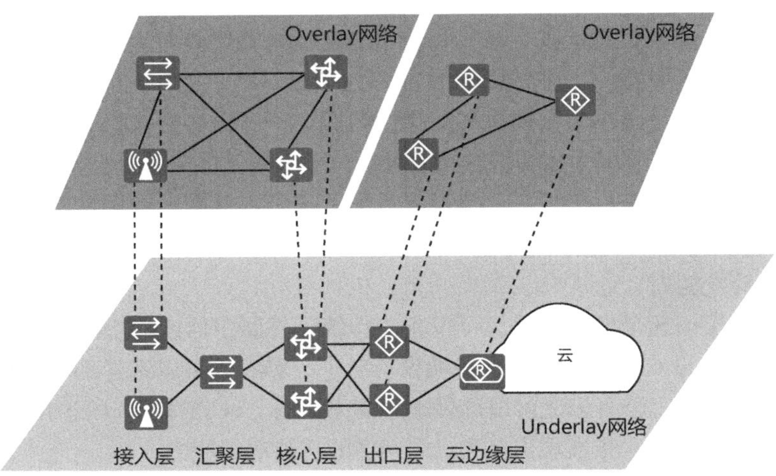

图 3-4　接入层到核心层 & 出口层到云边缘层各有一张 Overlay 网络

场景三：接入层到云边缘层是一张Overlay网络，主要在园区内到云边缘层采用同一个设备厂商的场景部署，如图3-5所示。

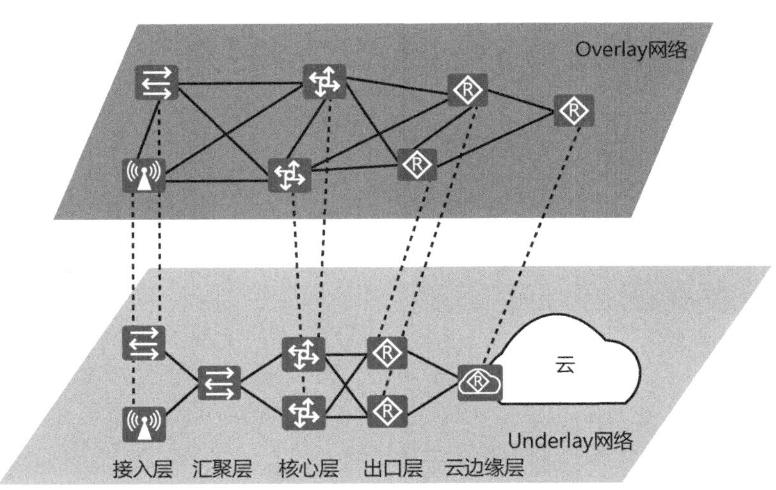

图 3-5　接入层到云边缘层是一张 Overlay 网络

网络虚拟化技术能够实现Underlay网络的一网多用。在传统园区网络中，办公、监控、物联等业务往往要分别建一张独立的Underlay网络，每张Underlay网络要分别配置接入层、汇聚层、核心层设备及线缆，建网成本高、维护工作量大。通过网络虚拟化技术，可以将传统园区多张Underlay网络的业务合并到一张Underlay网络上，通过Overlay网络来承载多个业务，Overlay网络之间业务完全隔离，共享相同的组网可靠性能力，降低成本的同时，也减少了维护的工作量。

通过构建Overlay网络，可以支持园区网络业务的快速发放。传统网络中的业务和网络拓扑强耦合，如果要新增一个业务，需要根据网络拓扑逐台设备修改配置，操作烦琐且容易出错。网络虚拟化技术可以实现Underlay网络和Overlay网络的解耦，管理员在配置业务时只需关注虚拟网络中的Border节点和Edge节点，不需要关注网络拓扑细节，因此业务配置起来简单高效。

3.1.2 管理层

管理层作为“智慧的大脑”，为园区网络提供配置管理、业务管理、网络维护、故障检测、安全威胁分析等网络级管理能力。传统园区网络使用网管系统进行网络管理，网管系统虽然能够呈现网络状态，但是缺乏整网视角和自动化管理能力。如果业务需求发生变动，网络管理员就需要对业务进行重新规划，并手动修改相应网络设备上的配置。这种手动调整的方式效率低且容易出错。因而，在快速变化的业务环境下，网络的灵活性非常关键，需要有自动化的工具来协助管理网络和业务。云园区网络以具有先进SDN管理理念的控制器为中心，改变了传统园区网络对设备逐台进行业务管理的模型，从用户视角出发、以业务为中心，抽象化园区网络，提炼出意图引擎、策略引擎、分析引擎和安全引擎，并最终通过这4种引擎，结合大数据和AI技术，实现了园区网络的自动管理。

1. 意图引擎

意图引擎实现云园区网络的极简能力，抽象化园区业务的常规操作，改变传统设备管理运维接口的专业化风格，允许网络管理员用自然语言进行管理和运维，实现园区网络的极简管理。下面举例说明：为一个能容纳50人的会议室覆盖Wi-Fi网络，同时满足实时视频会议的要求。传统园区网络方案中，网络管理员需要规划Wi-Fi网络，设置无线射频参数，保证无线信号的覆盖率和质量；然后为了满足实时视频会议对带宽、时延、丢包率等性能的要求，还需要设置复杂的QoS参数；最后，人工对设备逐台配置命令行，如果配置错误，还需要再逐条检查命令，费时费力。云园区网络方案中引入了意图引擎，网络管理员只需要以自然语言在SDN控制器的可视化界面上描述清楚要求，意图引擎会自动识别描述并将其翻译成网络设备能理解的语言，同时将配置下发到网络设备，例如，根据会议室的空间大小自动调整AP发射功率等无线射频参数；根据人数的多少自动计算出需

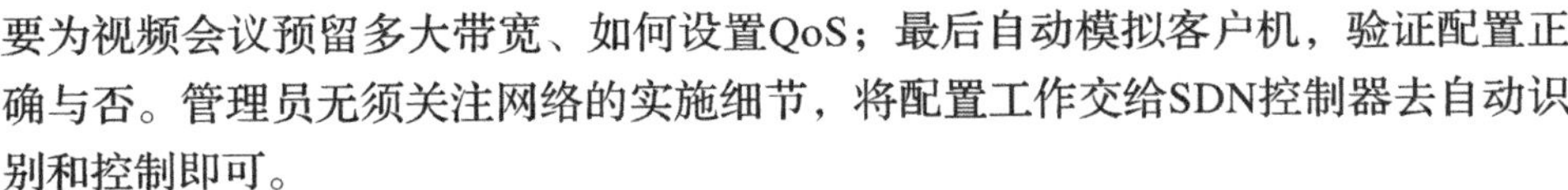

要为视频会议预留多大带宽、如何设置QoS；最后自动模拟客户机，验证配置正确与否。管理员无须关注网络的实施细节，将配置工作交给SDN控制器去自动识别和控制即可。

2. 策略引擎

策略引擎实现云园区网络的极简能力，单独抽象化园区业务中经常变化的部分，关注园区中人与人、人与应用、应用与应用之间的访问规则和策略，策略引擎的操作对象是人和应用。云园区网络通过将策略引擎的操作对象与物理网络完全解耦，实现最大限度的灵活性和易用性。例如，一个园区有研发、市场两个部门，网络管理员要在园区中添加一个新的应用，并且只允许研发部门访问，不允许市场部门访问。在传统网络方案中，管理员需要记录研发部门的IP网段、市场部门的IP网段、新应用的IP地址，然后在每台设备上进行配置，使研发部门的IP网段可以访问新应用，使市场部门的IP网段不能访问新应用的IP地址，这种操作费时费力，且配置出错后，要等研发部门实际使用时才能发现错误所在；而在抽象出策略引擎后，管理员只需要在SDN控制器上添加新应用的信息，指定研发部门可以访问即可，策略引擎会根据不同部门人员的接入情况，动态下发配置到网络设备。

3. 分析引擎

分析引擎实现云园区网络的智慧能力，通过Telemetry收集整网信息（非用户隐私数据，主要是设备的状态数据、性能数据、日志等），借助大数据、AI等技术进行业务关联性分析，快速定位并解决网络中的问题。例如在传统网络中，一般是终端用户反馈应用不可访问的故障，网络管理员查找终端用户所在的接入位置，排查终端和应用之间的访问路径，逐台设备进行流量统计来定位故障，这种方式周期长且无法处理不可复现的问题；而分析引擎时时刻刻都在收集网络的性能数据，统计每个用户、每个应用的状态，在终端用户还没有感知到故障时，就提前通知网络管理员，通过预测性维护提升终端用户的体验。

4. 安全引擎

安全引擎实现云园区网络的安全能力，通过Telemetry收集整网信息，采用大数据分析和机器学习技术，从全网收集的海量数据中提取关键信息，通过多维度的风险评估，主动发现网络上潜在的安全威胁和风险，感知全网安全态势。发现安全隐患时，自动联动意图引擎，及时给出隔离或阻断措施。

管理层除了核心部件SDN控制器外，一般还包含认证服务器、DHCP（Dynamic Host Configuration Protocol，动态主机配置协议）服务器、DNS（Domain Name System，域名系统）服务器等网络管理部件，这些部件可以以组件的形式集成在SDN控制器中，也可以单独部署在通用服务器上。

3.1.3 应用层

传统园区网络的应用层通常由各种独立的业务服务器构成，为网络提供增值业务，例如OA类办公应用服务器、电子邮件服务器、即时通信服务器、视频会议服务器等。多数业务服务器对网络没有特殊要求，由网络提供尽力而为的服务；部分对网络质量有很高要求的服务器，如视频会议服务器，往往要求工作在专网上；还有一些业务服务器提供私有的网络控制接口供网络设备对接，从而为业务提供保障质量的网络。

云园区网络基于SDN控制器提供了标准化的北向接口，使业务服务器可以通过控制器的北向接口进行编程。由此，应用的概念被显式地抽象化，得以以应用组件的形式在控制器上呈现。通过标准化的北向接口，开发者可以充分利用网络开发应用，既可以通过编排网络功能实现复杂业务，又可以通过调用网络资源保证服务质量。

通常应用层包含网络厂商提供的标准应用，例如各种网络业务的控制应用、网络运维类应用以及网络安全类应用，这些应用提供了控制器的标准功能。但是不同园区的需求是有一定差异的，针对园区的个性化需求也要有相关的应用，这就要求SDN控制器具备足够的开放性。这种开放性体现在两个方面：一方面，网络厂商可以与第三方伙伴合作开发第三方应用和解决方案（例如IoT类解决方案、商业智能化解决方案等），客户可以选择符合自己要求的应用，实现业务的快速部署；另一方面，网络厂商提供第三方定制功能，允许客户自行编程，按需定制自己的应用。开放能力不仅仅依赖标准化的接口和文档，还需要网络厂商提供良好的业务开发环境和验证环境。例如，网络厂商可以给客户提供基于公有云的应用开发和仿真环境，或者将开发好的应用发布到SDN控制器应用商店中，这样可以大大提高应用开发和测试的效率，降低开发难度和成本。

3.2　云园区网络的关键交互接口

云园区网络中主要依赖SDN控制器实现对网络设备的业务发放及与应用层软件的对接。SDN控制器北向接口与应用层软件之间的对接通过RESTful API实现，南向接口与网络设备的交互则通过NETCONF协议实现。本节将围绕NETCONF协议（包括在NETCONF协议中用到的一种数据建模语言——YANG模型）和RESTful接口展开介绍。

3.2.1 NETCONF 协议

1. NETCONF协议简介

NETCONF协议是一种基于XML（eXtensible Markup Language，可扩展标记语言）的网络管理协议，提供了一套可编程的网络设备管理机制。用户可以使用这套机制增加、修改、删除网络设备的配置，以及获取网络设备的配置和状态信息。

随着网络规模的日益扩大以及云计算、物联网等新技术的快速发展，通过CLI（Command Line Interface，命令行接口）和SNMP管理网络设备的传统方式已经无法满足网络业务快速发放、快速创新的诉求。

CLI是一种人机接口，网络设备系统提供一系列的命令，用户通过命令行接口输入指令，然后对输入的指令进行解析，从而实现对网络设备的配置和管理。由于各设备厂商定义的CLI模型不统一，且缺少结构化的错误提示和输出结果，管理员需要针对不同设备厂商分别开发适配的CLI脚本和网管工具，网络管理和维护十分复杂。

SNMP是一种机机接口，由一组网络管理的标准（应用层协议、数据库模型和一组数据对象）组成，用以监控和管理连接到网络上的设备。SNMP是目前TCP/IP网络中使用最为广泛的网络管理协议。SNMP是基于UDP的，它在设计上不是面向配置的协议，缺乏安全性和有效的配置事务提交机制，所以多用于性能监控，不适用于网络设备的配置。

2002年IAB（Internet Architecture Board，因特网架构委员会）在一次网络管理专题工作会议上总结了当时网络管理存在的问题，并对新一代网络管理协议提出了14项诉求：易用、区分配置数据和状态数据、面向业务和网络进行管理、支持配置数据的导入导出、支持配置的一致性检查、标准化的数据模型、支持多种配置集、支持基于角色的访问控制等。这次会议的纪要最终形成了RFC 3535，之后出现的NETCONF协议正是基于这14项诉求设计的。IETF（Internet Engineering Task Force，因特网工程任务组）在2003年5月成立了NETCONF工作组，旨在提出一个全新的基于XML的网络配置协议。该组织于2006年发布了NETCONF1.0，此后又陆续补充了通知机制，确定与YANG模型的结合，确定访问控制标准，最终形成了现在的NETCONF协议。

NETCONF协议采用客户机和服务器的网络架构，客户机与服务器间使用远程过程调用机制通信，消息采用XML编码，支持业界成熟的安全传输协议，而且允许设备厂商扩展私有功能，在灵活性、可靠性、扩展性和安全性等几个方面都达到了很好的效果。结合YANG可以实现基于模型驱动的网络管理，以可编程的方式实现网络配置的自动化，简化网络运维，加速业务部署。除此之外，NETCONF协议支持提交配置事务和配置导入导出，支持部署前测试、配置回滚、配置自由切换，很好地满足了SDN/NFV（Network Functions Virtualization，网络功能虚拟化）等云化场景的需求。

2. NETCONF协议规范

（1）NETCONF网络架构

NETCONF网络架构如图3-6所示，整套系统必须包含至少一个NMS（Network Management System，网络管理系统）作为整个网络的网管中心，NMS运行在NMS服务器上，对设备进行管理。下面介绍NETCONF网络架构中的主要元素。

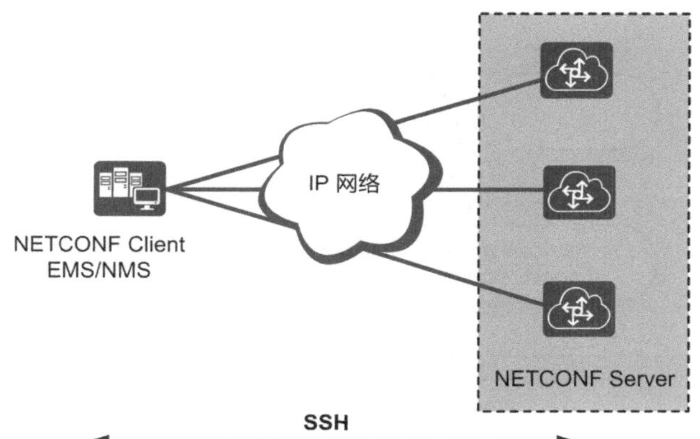

注：EMS 即 Element Management System， 网元管理系统。

图 3-6　NETCONF 网络架构

- NETCONF Client（客户机）：Client利用NETCONF协议对网络设备进行系统管理。一般由NMS或EMS作为NETCONF Client。Client向Server（服务器）发送RPC（Remote Procedure Call，远程过程调用）请求，查询或修改一个或多个具体的参数值。Client可以接收Server发送的告警和事件，以获取被管理设备的状态。
- NETCONF Server：Server用于维护被管理设备的信息数据并响应Client的请求，向Client汇报管理数据。一般由网络设备（如交换机、路由器等）作为NETCONF Server。Server收到Client的请求后会进行数据解析，并在CMF（Configuration Management Framework，配置管理框架）的帮助下处理请求，然后返回响应至Client。当设备发生故障或其他事件时，Server利用Notification机制通知给Client，NMS（或EMS）报告设备的当前状态变化。

Client与Server之间建立基于SSH（Secure Shell，安全外壳）或TLS（Transport Layer Security，传输层安全协议）等安全传输协议的连接，然后通过<hello>消息交换双方支持的功能后建立NETCONF会话，Client即可与Server之间交互请求。网络设备必须至少支持一个NETCONF会话。Client从运行的Server上获取的信息包括配置数据和状态数据。Client可以修改配置数据，并通过操作配置数据，使Server的状态变为用户期望的状态。Client不能修改状态数据，状态数据主要是Server的运行状态和统计信息。

（2）NETCONF协议结构

如同OSI（Open System Interconnection，开放系统互连）模型一样，NETCONF协议也采用了分层结构。每层分别对协议的某一方面进行包装，并向上层提供相关服务。分层结构使每层只关注协议的一个方面，实现起来更简单。NETCONF协议在概念上可以划分为4层，如图3-7所示。

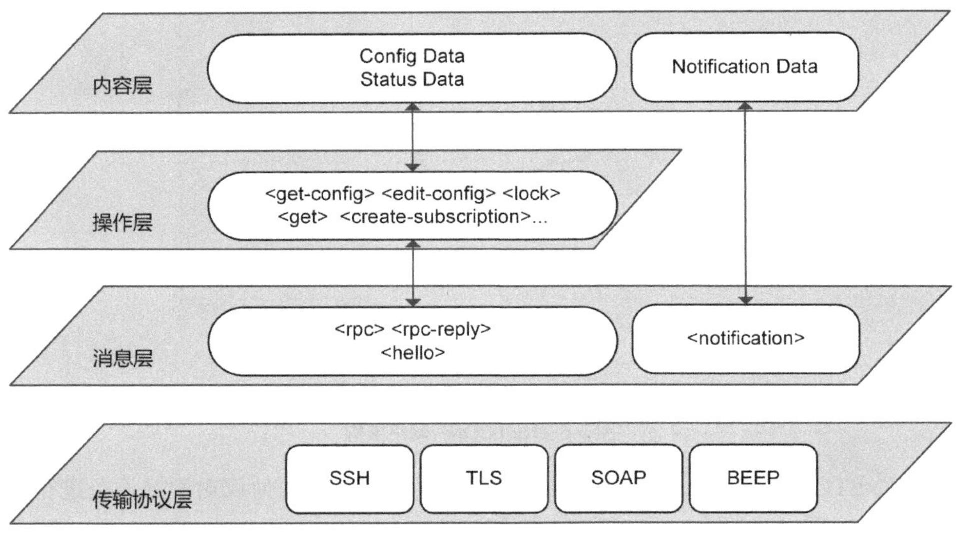

图 3-7 NETCONF 协议分层

NETCONF协议各层的描述如表3-2所示。

表 3-2 NETCONF 协议各层的描述

层面	示例	说明
传输协议层	SSH、TLS、SOAP（Simple Object Access Protocol，简单对象访问协议）、BEEP（Blocks Extensible Exchange Protocol，块可扩展交换协议）	传输协议层为 Client 和 Server 之间的交互提供通信通道。NETCONF 协议可以使用任何符合基本要求的传输层协议承载，对承载协议的基本要求如下。 • 面向连接：Client 和 Server 之间必须建立持久的连接，连接建立后，必须提供可靠的序列化的数据传输服务。 • 用户认证、数据完整、安全加密：NETCONF 协议的用户认证、数据完整、安全加密全部依赖传输层协议提供。 • 承载协议必须向 NETCONF 协议提供区分会话类型（Client 或 Server）的机制

续表

层面	示例	说明
消息层	<rpc>、<rpc-reply>、<hello>	消息层提供了一种简单的、不依赖于传输协议的 RPC 请求和响应机制。Client 采用 <rpc> 元素封装操作请求信息，发送给 Server，而 Server 采用 <rpc-reply> 元素封装 RPC 请求的响应信息（即操作层和内容层的内容），然后将此响应信息发送给 Client
操作层	<get-config>、<edit-config>、<get>、<create-subscription>	操作层定义了一系列在 RPC 中应用的基本操作，这些操作组成了 NETCONF 的基本功能
内容层	Config Data、Status Data	内容层描述了网络管理所涉及的配置数据，而这些数据依赖于各厂商设备。目前为止，NETCONF 内容层是唯一没有被标准化的层级，没有标准的 NETCONF 数据建模语言和数据模型。常用的 NETCONF 数据建模语言有 Schema 和 YANG，其中 YANG 是专门为 NETCONF 设计的数据建模语言

（3）NETCONF协议报文格式

NETCONF规定客户机与服务器间的消息通信必须使用XML编码。XML作为NETCONF协议的编码格式，通过文本文件表示复杂的层次化数据，既支持使用传统的文本编译工具，也支持使用XML专用的编辑工具读取、保存和编辑配置数据。XML网络管理的主要思想是利用XML强大的数据表示能力，通过XML描述被管理的数据和操作，使管理信息成为计算机可以理解的语言并建立数据库，提高计算机对网络管理数据的处理能力，从而提高网络管理能力。NETCONF报文格式如下。

```
<?xml version="1.0" encoding="utf-8"?>
<rpc message-id="101" xmlns="urn:ietf:params:xml:ns:netconf:base:1.0">
//消息层，rpc操作；能力集
    <edit-config>      //协议操作层，edit-config操作
       <target>
          <running/> //数据集
       </target>
    <config xmlns:xc="urn:ietf:params:xml:ns:netconf:base:1.0">
       <top xmlns="http://example.com/schema/1.2/config/xxx">   //内容层
           <interface xc:operation="merge">
              <name>Ethernet0/0</name>
              <mtu>1500</name>
           </interface>
    </top>
   </config>
   </edit-config>
</rpc>
```

（4）NETCONF协议能力集

能力集（Capability set）是一组NETCONF协议的基础功能和扩展功能的集合。网络设备可以通过能力集增加协议操作，扩展已有配置对象的操作范围。每个能力（Capability）由一个唯一的URI（Uniform Resource Identifier，统一资源标识符）所标识。NETCONF定义的能力的URI格式如下，其中name为能力的名称，version为能力的版本。

```
urn:ietf:params:xml:ns:netconf:capability:{name}:{version}
```

一个能力的定义可能依赖于它所属能力集里其他的能力，Server必须支持其依赖的所有能力集，才能支持这个能力。另外，NETCONF协议提供了定义能力集语法语意的规范，设备厂商可以根据需要定义非标准的能力集。

Client和Server之间通过交互能力集，通告各自支持的能力集。Client只能发送Server支持的能力集范围内的操作请求。

（5）NETCONF配置数据库

配置数据库是关于设备的一套完整的配置参数的集合。NETCONF协议定义的配置数据库如表3-3所示。

表 3-3　NETCONF 协议定义的配置数据库

配置数据库	说明
<running/>	此数据库存放当前设备上运行的生效配置、状态信息和统计信息等。 除非 Server 支持 candidate 能力，否则 <running/> 是唯一强制要求支持的标准数据库。 如果设备要支持对该数据库进行修改操作，必须支持 writable-running 能力
<candidate/>	此数据库存放设备将要运行的配置数据。 管理员可以在 <candidate/> 配置数据库上进行操作，对 <candidate/> 数据库的任何改变不会直接影响网络设备。 设备支持此数据库，必须支持 candidate 能力
<startup/>	此数据库存放设备启动时所加载的配置数据，相当于已保存的配置文件。 设备支持此数据库，必须支持 distinct startup 能力

3. NETCONF在云园区网络中的应用

（1）控制器通过NETCONF协议管理网络设备

华为云园区网络已全面支持云管理，通过控制器以NETCONF协议的方式管理网络设备，实现设备即插即用以及网络业务的快速自动化部署。下面以设备在控制器注册纳管为例，介绍如何使用NETCONF协议管理设备，设备接入网络通过DHCP获取地址后，会按照图3-8所示的NETCONF对接交互流程与控制器建立连接。

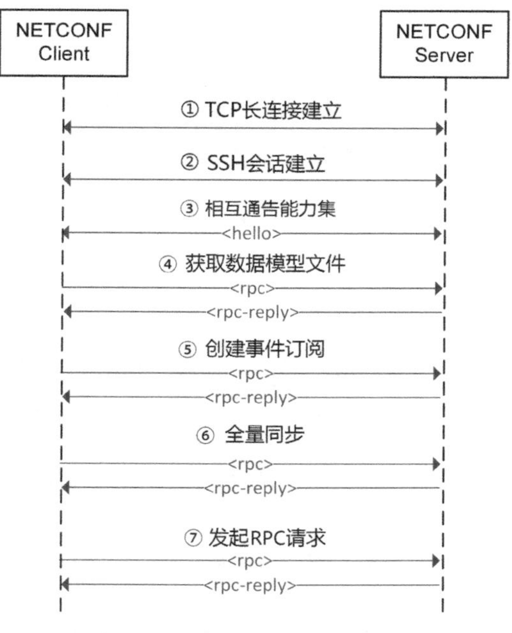

图 3-8　NETCONF 对接交互流程

步骤①　首先，设备作为NETCONF Server主动与作为NETCONF Client的控制器建立TCP长连接。

步骤②　TCP长连接建立成功后，Server与Client创建SSH会话，双向校验证书，建立加密通道。

步骤③　Client与Server通过<hello>消息相互通告能力集。

步骤④　Client获取Server支持的数据模型文件。

步骤⑤　Client创建事件订阅，此步骤为可选步骤，一般在要求支持告警和事件上报时才需要。

步骤⑥　Client发起全量同步，使得Client与Server数据保持一致，此步骤为可选步骤。

步骤⑦　Client发起正常的配置或数据查询RPC请求以及处理对应的响应信息。

（2）控制器通过NETCONF给设备下发配置

设备被控制器纳管以后，控制器会编排业务配置并将其下发到设备。得益于NETCONF协议模型驱动、可编程性以及配置事务的优势，控制器可支持网络级的配置，可以根据用户建立的网络模型，基于站点和站点模板自动编排业务配置，实现软件定义网络。如图3-9所示，控制器通过NETCONF协议给设备下发配置。

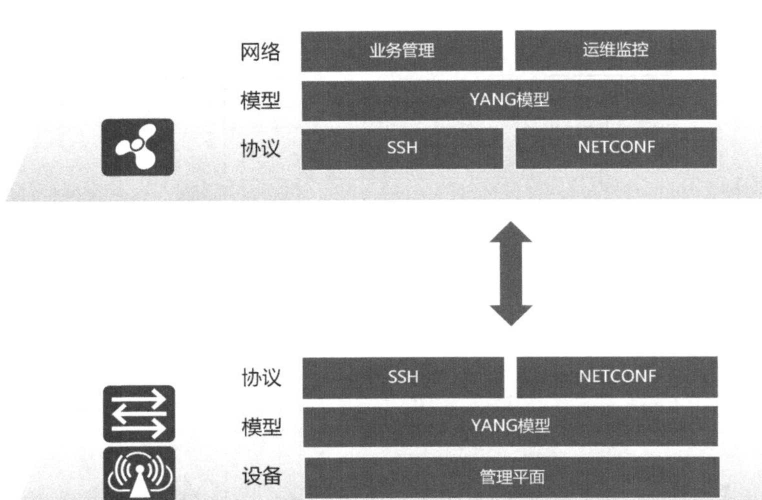

图 3-9　控制器通过 NETCONF 协议给设备下发编排的配置

首先，控制器在网络层面进行业务抽象，如物理网络资源的调配和VN（Virtual Network，虚拟网络）的划分。

然后，控制器将编排基于网络的配置，将其下发到设备，并且将配置抽象为设备YANG模型。

接着，协议层面封装NETCONF协议，发往每一个获得编排配置的设备。

最后，设备处理NETCONF协议后，基于YANG模型通知管理平面下发配置。

以控制器在设备创建VLAN为例，控制器会发送如下NETCONF报文给设备。

```
<?xml version='1.0' encoding='UTF-8'?>
 <rpc message-id="25" xmlns="urn:ietf:params:xml:ns:netconf:base:1.0">
    <edit-config>
       <target>
          <running/>
       </target>
       <config>
          <huawei-vlan:vlans xmlns:huawei-vlan="urn:huawei:params:xml:ns:
yang:huawei-vlan">
             <huawei-vlan:vlan>
                <huawei-vlan:id>100</huawei-vlan:id>
             </huawei-vlan:vlan>
          </huawei-vlan:vlans>
       </config>
    </edit-config>
</rpc>
```

从报文内容可以看出，控制器发起RPC消息，操作码是<edit-config>，操作的内容是给huawei-vlan这个YANG模型配置一个vlan 100。设备创建这个vlan之后会编辑rpc-reply报文，如下所示。

```
<?xml version='1.0' encoding='UTF-8'?>
 <rpc-reply xmlns="urn:ietf:params:xml:ns:netconf:base:1.0" message-id="25">
    <ok/>
</rpc-reply>
```

（3）控制器通过NETCONF获取设备状态

设备被控制器纳管以后，控制器需要展示设备的运行状态，如设备的CPU（Central Processing Unit，中央处理器）利用率、内存利用率、ESN（Equipment Serial Number，设备序列号）、注册状态和设备上的告警信息等。控制器感知设备状态一般有两种方式，一种是主动查询，另一种是设备通过Notification机制上报。控制器主动查询设备数据，一般通过<get>操作获取，控制器获取设备状态的NETCONF报文示例如下。

```
<?xml version='1.0' encoding='UTF-8'?>
 <rpc message-id="0" xmlns="urn:ietf:params:xml:ns:netconf:base:1.0">
   <get>
     <filter type="subtree">
       <dev:device-state xmlns:dev="urn:huawei:params:xml:ns:yang:huawei-device"/>
     </filter>
   </get>
 </rpc>
```

控制器通过RPC消息发起<get>操作，以huawei-device的YANG模型获取设备的状态数据为例，设备收到<get>请求后，以<rpc-reply>方式回应结果。

```
<?xml version='1.0' encoding='UTF-8'?>
 <rpc-reply xmlns="urn:ietf:params:xml:ns:netconf:base:1.0" message-id="0">
   <data>
     <device-state xmlns="urn:huawei:params:xml:ns:yang:huawei-device">
       <clock>
         <boot-datetime>2019-11-03T02:32:58+00:00</boot-datetime>
         <current-datetime>2019-11-03T02:45:07+00:00</current-datetime>
         <up-times>698</up-times>
       </clock>
       <vendor>huawei</vendor>
       <esn>2102350DLR04xxxxxxxx</esn>
       <mac-address>00:10:00:20:00:04</mac-address>
       <model>S5720S-52X-SI-AC</model>
```

```
      <name>huawei</name>
      <patch-version/>
      <performance>
        <cpu-using-rate>9</cpu-using-rate>
        <memory-using-rate>10</memory-using-rate>
      <upstream-interfaces>
      <interface>GigabitEthernet0/0/16</interface>
      <management-vlan-id>1</management-vlan-id>
      <management-vlan-ip>192.168.50.112</management-vlan-ip>
    </upstream-interfaces>
      <user-define-info>
        <local-manage-ip>192.168.10.8/24</local-manage-ip>
        <stack-status>single</stack-status>
        <system-mac-address>00:0b:09:ef:5f:03</system-mac-address>
      </user-define-info>
      <version>V200R019C00SPC200</version>
    </device-state>
  </data>
</rpc-reply>
```

当前设备在产生告警以及设备状态发生变更时，会通过Notification机制上报NETCONF报文给控制器，控制器被动接收后在页面实时展示。以设备上报告警为例，设备产生告警时会编辑如下报文上报控制器。

```
<?xml version='1.0' encoding='UTF-8'?>
<alarm-notification xmlns="urn:huawei:params:xml:ns:yang:huawei-system-alarm">
   <resource>OID=1.3.6.1.4.1.2011.5.25.219.2.5.1 index=67108873</resource>
   <alarm-type-id>equipmentAlarm</alarm-type-id>
   <alarm-type-qualifier>hwPowerRemove</alarm-type-qualifier>
   <alt-resource>1</alt-resource> <event-time>2016-09-13T07:31:20Z</event-time>
   <perceived-severity>4</perceived-severity>
   <alarm-text>Power is absent.(Index=67108873, EntityPhysicalIndex=67108873,
PhysicalName="MPU Board 0", EntityTrapFaultID=136448)</alarm-text>
</alarm-notification>
```

3.2.2 YANG模型

1. YANG模型介绍

在制定NETCONF协议的时候并没有对操作的数据模型进行定义，而传统的SMI（Structure of Management Information，管理信息结构）、UML（Unified Modeling Language，统一建模语言）、XML、Schema等数据建模语言都满足不了

NETCONF协议的要求，因此迫切需要一个新的数据建模语言，该数据建模语言需具有这样的特点：与协议机制解耦；容易被计算机解析；容易学习和理解；能够与现有的SMI语言兼容；具备描述信息模型、操作模型的能力。

基于上述背景，2010年YANG由NETMOD工作组提出并发布在IETF RFC 6020中，用于将NETCONF协议、NETCONF远程过程调用和NETCONF通知所操作的配置和状态数据模型化。简单来说，YANG用于将NETCONF的操作层和内容层模型化。此语言是一种模块化语言，与ASN.1（Abstract Syntax Notation One，抽象语法表示1号）语言非常类似，其核心是对任何对象都以树的方式进行描述。这一点可以类比SNMP的MIB（Management Information Base，管理信息库），MIB就是用ASN.1描述的。但是，SNMP把整个树的层级定义得很僵化，因此应用范围比较有限，YANG比SNMP更灵活，有望做到兼容SNMP。

2. YANG模型的发展

2010年YANG 1.0标准（RFC 6020）发布，定义了和NETCONF的结合方法。2014年基于YANG模型的草案在标准组织中被大规模地提出来，如下为当前IETF已经发布的一些标准化YANG模型（IP、接口、系统管理和SNMP的配置）。

RFC 6991：Common YANG Data Types

RFC 7223：A YANG Data Model for Interface Management

RFC 7224：IANA Interface Type YANG Module

RFC 7277：A YANG Data Model for IP Management

RFC 7317：A YANG Data Model for System Management

RFC 7407：A YANG Data Model for SNMP Configuration

2016年10月，YANG 1.1标准（RFC 7950）发布。实际上，YANG模型已经成为无可争议的业界主流数据模型，越来越多的厂商开始关注并要求适配YANG模型，很多知名的网络设备厂商也已经对外提供支持NETCONF + YANG的设备。目前华为SDN控制器已经全面支持YANG模型及YANG模型驱动的开发。同时，业界也推出了越来越多基于YANG模型的工具，如YANG Tools、PYANG、YANG Designer等。

3. YANG模型功能概述

YANG模型定义了数据的层次结构和可用于基于NETCONF协议的操作，包括配置数据、状态数据、远程过程调用和通知。这是对NETCONF客户机和服务器之间发送的所有数据的完整描述。

（1）YANG文件头和外部模块文件引入

YANG模型将数据模型构建为模块，一个模块可以从其他外部模块引入数据。层次结构可以被扩展，允许一个模块在另一个模块的定义中添加数据节点。这个扩展可以是有条件的，例如仅当特定条件满足时才有新节点出现。我们用一个YANG文件来描述一个YANG模块。YANG文件的基本构成如图3-10所示。YANG文件头中会定义本模块的命名空间及模型的描述信息，也会引用其他YANG模块的信息。

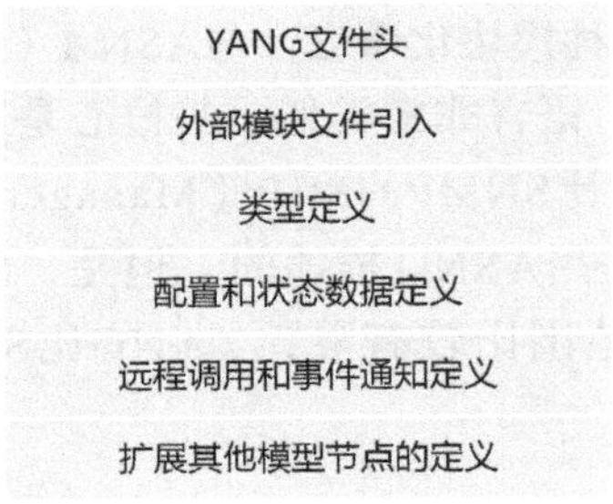

YANG文件头

外部模块文件引入

类型定义

配置和状态数据定义

远程调用和事件通知定义

扩展其他模型节点的定义

图 3-10　YANG 文件的基本构成

下面的例子中用的是以RFC 7223定义的接口YANG模型，它命名了本模块的名称，引入了其他模块，并且对该模块的组织、联系方式、描述和版本都做了详细描述，清晰易懂。

```
module ietf-interfaces {
  namespace "urn:ietf:params:xml:ns:yang:ietf-interfaces";
  prefix if;

  import ietf-yang-types {
    prefix yang;
  }
  organization
    "IETF NETMOD (NETCONF Data Modeling Language) Working Group";
  contact
    "WG Web:<http://tools.ietf.org/wg/netmod/>
     WG List:<mailto:netmod@ietf.org>
     WG Chair: Thomas Nadeau
               <mailto:tnadeau@lucidvision.com>
     WG Chair: Juergen Schoenwaelder
               <mailto:j.schoenwaelder@jacobs-university.de>
     Editor:  Martin Bjorklund
               <mailto:mbj@tail-f.com>";

 description
   "This module contains a collection of YANG definitions for managing network
interfaces.
```

```
     Copyright (c) 2014 IETF Trust and the persons identified as authors of the code.
  All rights reserved.
     Redistribution and use in source and binary forms, with or without modification,
is permitted pursuant to, and subject to the license terms contained in, the
Simplified BSD License set forth in Section 4.c of the IETF Trust's Legal Provisions
Relating to IETF Documents (http://trustee.ietf.org/license-info).
     This version of this YANG module is part of RFC 7223; see the RFC itself for
full legal notices.";

    revision 2014-05-08 {
      description
        "Initial revision.";
      reference
        "RFC 7223: A YANG Data Model for Interface Management";
      }
```

（2）YANG模型的类型定义

YANG模型的类型定义是很灵活的，YANG模型给出了基本的类型定义，在基本的类型定义之上，可以根据业务需求给出更为复杂的类型定义。

基本的类型定义中有各自对应的类型限制定义，通过类型限制定义来实现更加个性化的类型定义。示例如下。

```
typedef my-base-int32-type {
  type int32 {
    range "1..4 | 10..20";
  }
}
```

用户可以根据自己的应用需要，通过typedef来扩展基本的类型定义。示例如下。

```
typedef percent {
  type uint16 {
    range "0 .. 100";
  }
  description "Percentage";
}
leaf completed {
  type percent;
}
```

通过union复合多种类型定义的示例如下。

```
typedefthreshold {
  description "Threshold value in percent";
```

```
  type union {
    type uint16 {
      range "0 .. 100";
    }
    type enumeration
       enum disabled {
        description "No threshold";
       }
    }
  }
}
```

通过grouping定义复用程序段的示例如下。

```
grouping target {
  leaf address {
      type inet:ip-address;
      description "Target IP";
  }
  leaf port {
    type inet:port-number;
    description "Target port number";
  }
}
container peer {
  container destination {
       uses target;
  }
}
```

RFC 6021定义了一些基本的扩展类型（ietf-yang-types.yang），开发人员可以直接参考和引用。

由identity可以定义有继承关系的枚举。比如现在一个模块有如下定义。

```
module phys-if {
 identity ethernet {
   description "Ethernet family of PHY interfaces";
 }
 identity eth-1G {
   base ethernet;
   description "1 GigEth";
 }
 identity eth-10G {
   base ethernet;
```

```
    description "10 GigEth";
  }
```

在另一个模块通过identityref继承定义。

```
module newer {
  identity eth-40G {
    base phys-if:ethernet;
    description "40 GigEth";
  }

  identity eth-100G {
    base phys-if:ethernet;
    description "100 GigEth";
  }

  leaf eth-type {
    type identityref {
      base "phys-if:ethernet";
    }
  }
```

feature是一个开关变量，用于控制某个功能的开启或关闭，从而方便进行软件的升级配置。

```
feature has-local-disk {
  description
    "System has a local file system that can be used for storing log files";
}

container system {
  container logging {
    if-feature has-local-disk;
    presence "Logging enabled";
    leaf buffer-size {
      type filesize;
    }
  }
}
```

（3）配置和状态数据定义

YANG模型将数据的层次结构模型化为一棵树，树有4种节点（容器、列表、叶子列表、叶子），每个节点都有名称，且要么有一个值，要么有一个子节点集。YANG模型提供了对节点以及节点间交互的清晰简明的描述。YANG模型的数据层次结构包含列表的定义，根据关键字识别并区分列表条目。这样的列表可定义为由用户排序，也可定义为系统自动排序。YANG模型对由用户排序的列表定义了调整列表条目顺序的操作，如下面RFC 7223定义的接口YANG模型所示。

```
+--rw interfaces
|  +--rw interface* [name]
|     +--rw name                        string
|     +--rw description?                string
|     +--rw type                        identityref
|     +--rw enabled?                    boolean
|     +--rw link-up-down-trap-enable?   enumeration
+--ro interfaces-state
   +--ro interface* [name]
      +--ro name                        string
      +--ro type                        identityref
      +--ro admin-status                enumeration
      +--ro oper-status                 enumeration
```

配置数据和状态数据用两个容器分开定义，可以理解为配置的接口和动态产生的接口。interfaces配置数据中包含一个interface的列表，这个列表的键值是name叶子节点。从这个示例可以看出，YANG模型的这种分层树状结构非常适用于定义网络设备的配置数据和状态数据。

（4）远程调用和事件通知定义

引入远程调用是为了应对YANG模型在语法上的不足，如不需要保存的一次性操作或者NETCONF操作无法表达的动作（如系统复位、软件升级等）。最新的YANG 1.1标准支持对操作对象定义action，应尽量避免使用远程调用。远程调用定义了一个操作的输入和输出，而事件通知只定义了上送信息，如下所示。

```
rpc activate-software-image {
  input {
    leaf image {
      type binary;
    }
  }
  output {
    leaf status {
      type string;
    }
  }
}
```

```
notification config-change {
  description "The configuration changed";
  leaf operator-name {
    type string;
  }
  leaf-list change {
    type instance-identifier;
  }
}
```

（5）扩展其他模型节点的定义

当需要在已有模型中增加节点时，就需要扩展其他模型节点的定义了。

```
augment /sys:system/sys:user {
  leaf expire {
    type yang:date-and-time;
  }
}
```

从上述YANG模型的描述中可以看出，YANG模型可以公平处理高级数据建模和低级比特流编码的关系。这也是YANG能够迅速成为业界主流建模语言的原因之一。除此之外，YANG还可以转换为一种等价的XML语法，称为YIN（YANG Independent Notation），允许应用使用XML解析器和XSLT（eXtensible Stylesheet Language Transformation，可扩展样式表语言转换）脚本在模型上操作。从YANG到YIN的转换是无损的，因此YIN的内容可以回滚到YANG。YANG是一种可扩展的语言，允许标准组织、厂商和私人用户定义扩展的声明。YANG的语法允许这些扩展的声明与标准YANG的声明以一种自然的方式同时存在，同时YANG的模块中的扩展也足够突出而不易被读者忽视。为了保证自身的扩展性，YANG需要维护其与SNMP SMIv2（第2版SMI）的兼容性。基于SMIv2的MIB模块可以自动转换成允许只读访问的YANG模块。然而，YANG不支持从YANG到SMIv2的转换。这种转换机制允许YANG利用已存在的访问控制机制保护或暴露数据模型中的元素。

3.2.3　RESTful 接口

SDN控制器与应用层对接的北向接口主要为RESTful API，比如基础网络API、增值业务API、第三方认证API、位置服务器API。REST（Representational State Transfer，表述性状态转移）是一种软件架构风格，其设计概念和准则为：网络上的所有事物都可被抽象为资源；每一个资源都有唯一的资源标识，对资源的操作不会改变这些标识；所有的操作都是无状态的；使用标准方法操作资源。如果一个架构符合REST的约束条件和原则，就称它为RESTful架构。RESTful架构的理念是更好地使用现有Web标准中的一些准则和约束。

REST中的表述其实指的就是资源。任何事物，只要有被引用的必要，就可作为一个资源。资源可以是实体（例如手机号码），也可以只是抽象概念（例如价值）。要让一个资源可以被识别，需要赋予其唯一标识，在Web中，这个唯一标识就是URI，HTTP（HyperText Transfer Protocol，超文本传输协议）是目前唯一与REST相关的实例。

基于REST设计准则提供的API叫作RESTful API。外部应用程序可以使用HTTP访问RESTful API，实现业务下发、状态监控等功能。考虑到安全性，RESTful API仅提供HTTPS（HyperText Transfer Protocol Secure，超文本传输安全协议）接口。

标准HTTP访问管理对象的方法有GET、PUT、POST和DELETE，如表3-4所示。

表 3-4　标准 HTTP 访问管理对象的方法及功能说明

方法	功能说明
GET	查询操作，查询指定的管理对象
PUT	修改操作，修改指定的管理对象
POST	创建操作，创建指定的管理对象
DELETE	删除操作，删除指定的管理对象

描述一个RESTful API，需包括典型场景、接口功能、接口约束、调用方法、URI、请求参数和响应参数解释、请求示例和响应示例这几项。例如华为SDN控制器定义的用户接入授权的RESTful API描述如下。

- 典型场景：用户授权接口。
- 接口功能：根据认证用户信息，授予用户对应的权限。
- 接口约束：该接口只能在用户会话建立后使用。
- 调用方法：POST。
- URI：/controller/cloud/v2/northbound/accessuser/haca/authorization。
- 请求参数：如表3-5所示。

表 3-5　请求参数列表

参数名称	必选	类型	参数值域	默认值	参数说明
deviceMac	否	STRING	—	—	设备 MAC（Media Access Control，媒体接入控制）地址，若有必填
deviceEsn	否	STRING	—	—	ESN 地址，若有必填
apMac	否	STRING	—	—	AP 的 MAC 地址
ssid	是	STRING	—	—	AP SSID（Service Set Identifier，服务集标识符）的 BASE64 编码
policyName	否	STRING	—	—	访问控制策略名称，为空时不做访问策略控制
terminalIpV4	否	STRING	—	—	终端 IPv4 地址，若有必填
terminalIpV6	否	STRING	—	—	终端 IPv6 地址，若有必填
terminalMac	是	STRING	—	—	终端 MAC 地址
userName	是	STRING	—	—	用户名
nodeIp	是	STRING	—	—	授权节点地址
temPermitTime	否	INTEGER	[0, 600]	—	临时放行时长，单位为 s。报文中不传递此参数或取值为 0 时，终端用户访问网络无时间限制

• **HTTP请求示例：如下所示。**

```
POST /controller/cloud/v2/northbound/accessuser/haca/authorization HTTP/1.1
Host: IP地址:端口号
Content-Type: application/json
Accept: application/json
Accept-Language: en-US
X-AUTH-TOKEN: CA48D152F6B19D84:637C38259E6974E17788348128A430FEE150E874752CE7
54B6BF855281219925
{
    "deviceMac" : "设备的48位MAC地址",
    "deviceEsn" : "ESN",
    "apMac" : "AP的48位MAC地址",
    "ssid" : "dcd=",
    "policyName" : "aa",
    "terminalIpV4" : "终端IPv4地址",
    "terminalIpV6" : "终端IPv6地址",
    "terminalMac" : "终端MAC地址",
    "userName" : "用户名",
    "nodeIp" : "授权节点IP地址",
    "temPermitTime" : 300
}
```

• 响应参数：如表3-6所示。

表 3-6 响应参数列表

参数名称	必选	类型	参数值域	默认值	参数说明
errcode	否	STRING	—	—	错误码
errmsg	否	STRING	—	—	错误信息描述
psessionid	否	STRING	—	—	会话 ID

• HTTP响应示例：如下所示。

```
HTTP/1.1 200 OK
Date: Sun,20 Jan 2019 10:00:00 GMT
Server: example-server
Content-Type: application/json
{
    "errcode" : "0",
    "errmsg" : "  ",
    "psessionid" : "5ea660be98a84618fa3d6d03f65f47ab578ba3b4216790186a932f9
e8c8c880d"
}
```

3.3 云园区网络的业务模型

除了构成云园区网络的基本组件和支撑SDN控制器与设备侧、应用侧交互的协议外，实现云园区网络还有一个关键点，即基于SDN控制器建立园区网络的抽象业务模型。基于SDN控制器建立的抽象业务模型，可以让网络管理员以真实业务的视角集中管理网络业务，并通过可视化的界面进行快速规划和管理，实现网络的自动化部署。一个好的业务模型能够让SDN控制器在北向接口准确地呈现符合用户业务视角的管理界面，在南向接口准确地向网元设备下发对应用户业务的具体配置。

3.3.1 云园区网络的业务分层

园区网络的本质是实现终端用户到应用的连接。实现这一连接涉及终端设备、网络设备和应用3个对象。终端设备是园区用户接入园区的直接载体，如PC、手机等。网络设备是终端与应用之间的设备及连线的统称，网络设备完成终端设备接入和访问范围的控制、终端应用流量的转发和质量保证等。应用可能部署在私有云、公有云上，也可能是云服务厂商提供的SaaS服务。

云园区网络采用分层解耦的原则建模，如图3-11所示，园区网络在SDN控制器中被分成Underlay网络、Overlay网络和业务层，各分层间相互解耦。

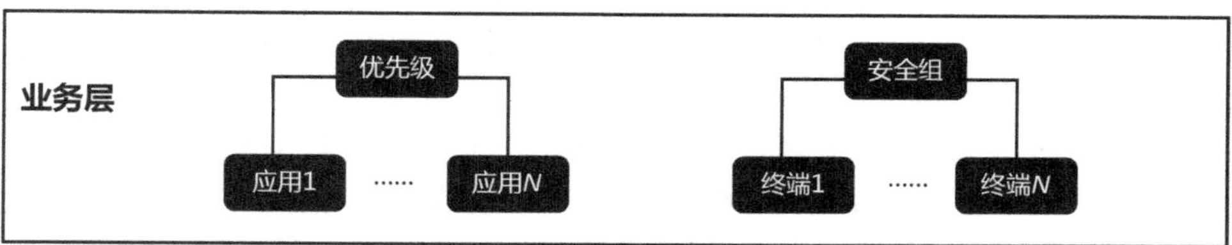

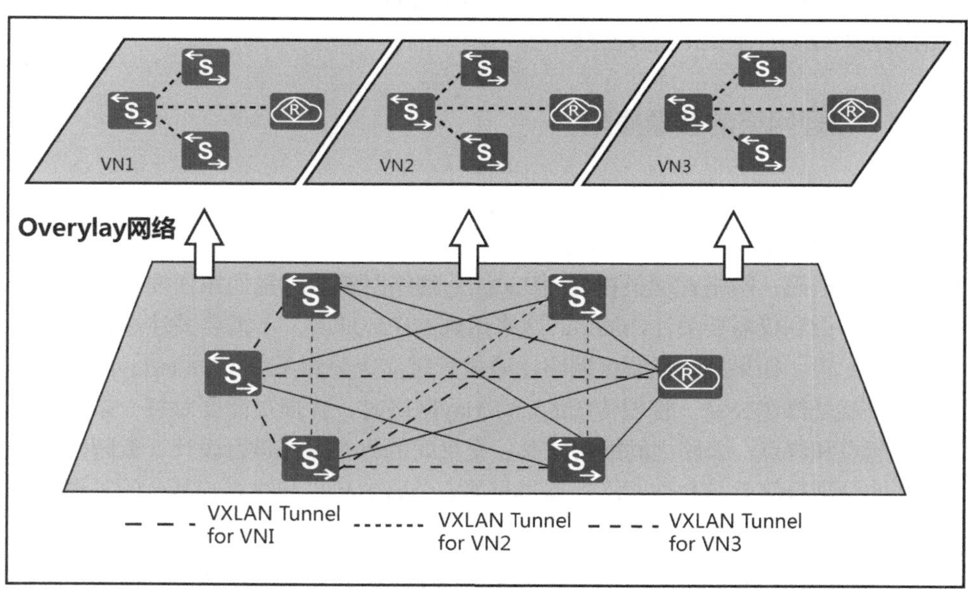

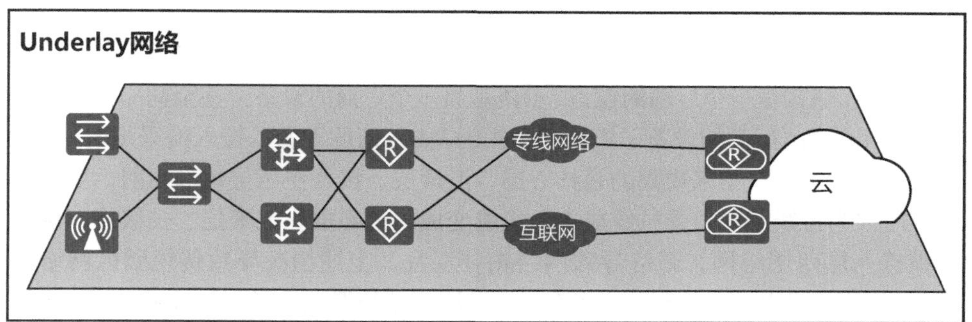

图 3-11　云园区网络的分层模型

Underlay网络即基本架构中的物理网络，它与业务无关，只保证三层网络的连通，不关注园区的业务。

Overlay网络即基本架构中的虚拟网络，它通过网络虚拟化技术实现网络资源池化。网络资源池包含IP地址段、接入端口、应用资源等。基于网络资源池可以创建VN，在使用VN时，VN像传统园区网络一样，会给网络终端分配IP地址，提供连入网络资源的功能。园区网络管理员可以根据需要创建多个VN，每个VN是一个独立的管理单元，且VN之间解耦。Overlay网络和Underlay网络完全解耦，Overlay网络的配置调整对Underlay网络没有任何影响。

业务层实现园区用户与用户、用户与应用、应用与应用之间的访问控制及策略的下发。业务层只关注用户和应用，是与园区真实业务高度对应的一层，也是园区网络管理员日常使用最多的一层。业务层和Overlay网络完全解耦，业务层配置的调整对Overlay网络没有任何影响。

3.3.2 物理网络的抽象模型

和传统网络的管理类似，Underlay网络业务建模的目标是构建极简的Underlay网络。这里的“极简”有以下两层含义。

- 管理极简：网络管理员在管理Underlay网络时需要感知的东西要尽可能少，最好做到仅需要关注Underlay网络用到的IP地址段，不需要关注端口、路由等配置。如果把建设园区网络比喻成管理高速公路系统，Underlay网络的建设就是修建公路。管理传统的Underlay网络时，管理员需要对每一条公路的起点和终点、公路之间能否交叉、交叉时的行车路线进行设计；云园区网络的管理极简就是允许网络管理员只关心公路的起点和终点，其余的管理都是网络自动进行的。
- 组网灵活：Underlay网络需要支持任意网络拓扑，支持对网络灵活的扩容、缩容、故障替换。

现实的园区Underlay网络一般经过长期的建设，常常存在多厂商设备共存的场景，例如，A楼是一个厂商的设备、B楼是另一个厂商的设备，甚至同一栋楼内核心网采用的是A厂商的设备、汇聚网采用的是B厂商的设备、接入网采用的是C厂商的设备。另外，本来规划的是核心层、汇聚层、接入层三层树形组网，后来在扩容时因为拉线困难，受拉线成本的影响变成了核心层、汇聚层、一级接入层、二级接入层四层组网，最终导致网络拓扑混乱。上述情况导致传统园区网络的Underlay网络难以统一建模。为了有效消除网络拓扑混乱的影响，云园区网络采用了通过SDN控制器进行建模的思路，如图3-12所示。

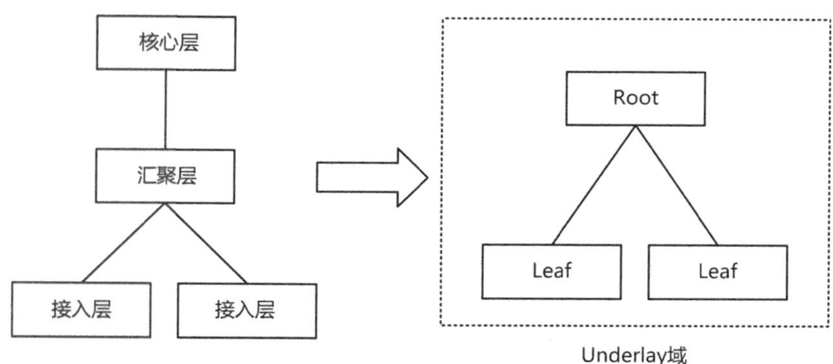

图 3-12　Underlay 网络抽象的业务模型

Underlay网络业务建模的思想是所有设备之间都是三层互通，整个Underlay域只有Root、Leaf两种角色。Root管理整个Underlay域，管理员只需要指定Root（一般为核心交换机），就可以通过Root自动发现汇聚、接入交换机，再由Root通过协商将汇聚、接入交换机指定为Leaf。Leaf的Underlay域配置全部由Root协商并下发，Root维护Leaf到Root、Leaf到Leaf之间的路由，且Leaf之间可以任意组网。基于这种模型，管理员只需要管理Root设备，并在Root设备上配置Underlay网络用到的IP地址资源，路由的计算和配置将全部由Root完成。

3.3.3　虚拟网络的抽象模型

园区网络虚拟化技术来源于云计算。这是因为云计算对于计算、存储和网络在虚拟化技术上已有长期的积累。虽然由于产品性能的差异，不同网络厂商的产品构建的虚拟网络业务模型不完全相同，但这些模型在整体上都是基于云平台架构的。云平台架构中以开源项目OpenStack最为流行。OpenStack是IaaS（Infrastructure as a Service，基础设施即服务）资源的通用前端，主要管理3类资源：计算、存储和网络。OpenStack定义的虚拟网络业务模型主要应用于云数据中心场景，云数据中心场景相比园区场景少了无线网络和用户，多了VM（Virtual Machine，虚拟机）的概念，因此云园区网络架构在定义虚拟网络业务模型时需要对其进行扩展和改造。本节从云数据中心场景的OpenStack业务模型开始，逐步介绍园区网络虚拟网络业务模型。

1. 典型OpenStack业务模型

OpenStack采用组件化架构，对计算、存储和网络3类资源的管理由若干个组件模块承担，核心的项目模块包括Nova、Cinder、Neutron、Swift、Keystone、

Glance、Horizon、Ceilometer，其中Neutron是OpenStack中负责网络管理功能的模块，其业务模型的抽象如图3-13所示。

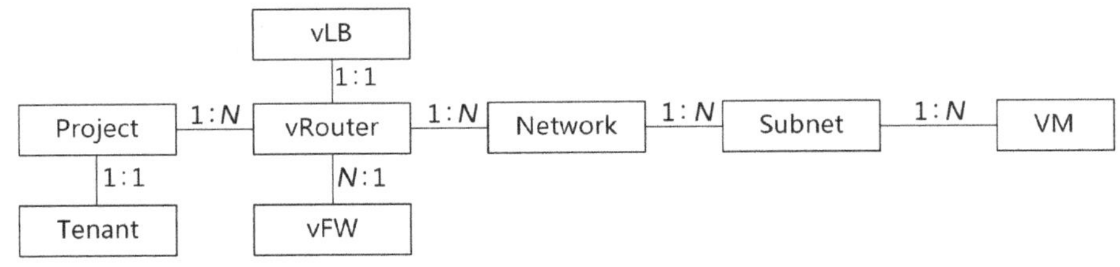

图 3-13 Neutron 业务模型的抽象

（1）Neutron业务模型的构成

Tenant：租户是指网络资源的申请者。租户向OpenStack申请资源后，租户的所有活动只能在这些资源中开展。比如创建VM，VM能使用的资源就是租户所申请的资源。

Project：在Neutron中，当前Project和Tenant是1:1的映射关系。从Keystone V3（第3版Keystone）开始，OpenStack推荐在Neutron中使用Project对象来唯一标识一个租户。

vRouter：当租户创建的逻辑网络有多个网段并需要三层互通，或者内部网络需要与外网互通时，就需要在逻辑网络中创建vRouter。当然，如果租户仅需要二层网络，也可以不创建 vRouter。vRouter的主要功能是提供逻辑内网网段间的三层互通；将内部网络接入外网；内网访问外网需要进行地址转换，由vRouter提供NAT（Network Address Translation，网络地址转换）功能。

Network：Network表示一个隔离的二层BD，可以包含1个或多个Subnet。

Subnet：Subnet表示一个IPv4或IPv6地址段。1个Subnet会包含多个VM，VM的IP地址是从Subnet中分配的。创建Subnet时，需要定义IP地址的范围和掩码，需要为该网段定义一个网关IP地址，用于VM与外部通信。

vLB：可为租户业务提供必要的L4负载均衡服务，同时可提供针对LB（Local Balancing，负载均衡）业务的健康检查功能。

vFW：此处vFW表示Neutron中定义的FWaaS（Firewall as a Service，防火墙即服务）V2.0，是Neutron的一个高级服务。vFW与传统的防火墙类似，是在vRouter上用防火墙规则控制租户的网络数据。在Neutron业务模型中vRouter与vFW是*N*:1的映射关系。

（2）Neutron可管理的业务模型

典型的Neutron网络业务模型有以下3种。

业务模型1：终端业务间仅需要二层互访。

当终端业务间仅需要二层互访，如仅需搭建一个临时的测试环境进行简单的业务功能或性能验证时，测试节点均位于同一网段，此时用户编排如图3-14所示的业务模型。创建一个或多个网络（Network），将需要位于同一网段的计算节点网卡端口挂接到相同的Network上即可。

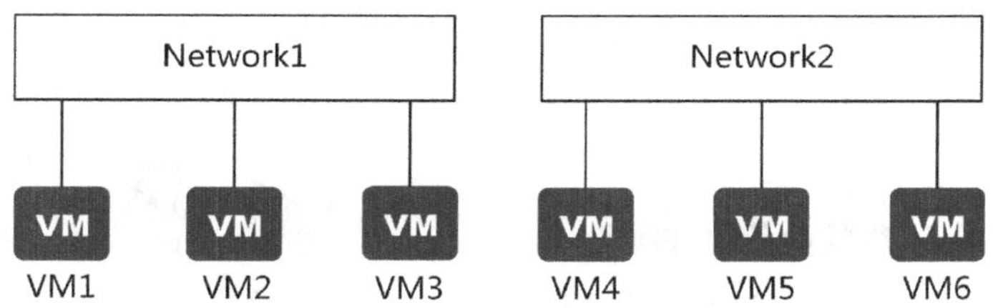

图 3-14　终端业务间仅需要二层互访的业务模型

业务模型2：终端业务间需要三层互访，但不需要接入外网。

当用户的业务部署对网络有更高要求时，例如，用户的终端业务需要分多个部门（研发、市场等），各部门采用不同的网段缩小广播范围。在上述场景中，用户可以将需要隔离的计算资源划分为不同的子网（Subnet）进行三层隔离，同时每个Subnet使用不同的Network，以便在二层上也进行隔离，如图3-15所示。

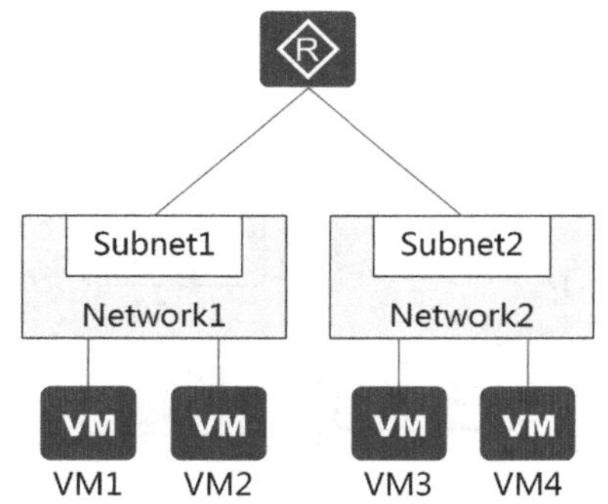

图 3-15　终端业务间需要三层互访，但不需要接入外网的业务模型

如果不同的Subnet间需要互访，则需要在业务模型中通过部署vRouter来提供三层转发。该业务模型对照到传统物理组网上，vRouter相当于提供交换机的三层交换模块，Network相当于VLAN，Subnet则相当于部署在VLAN中的网段，网段的网关IP地址则相当于交换机VLAN三层接口（如VLANIF接口）上绑定的接口IP地址。

业务模型3：终端业务间需要三层互访，同时需要接入外网。

在业务模型2的基础上，如果终端业务间还有接入外网的需求，例如需要接入互联网等，则需要在业务模型2的基础上，通过vRouter接入External Network，如图3-16所示。External Network在Neutron中由系统管理员在系统初始化的时候创建，租户在配置业务网络时只能从系统管理员已创建的External Network中选择。目前OpenStack规定一个vRouter仅能接入一个External Network。

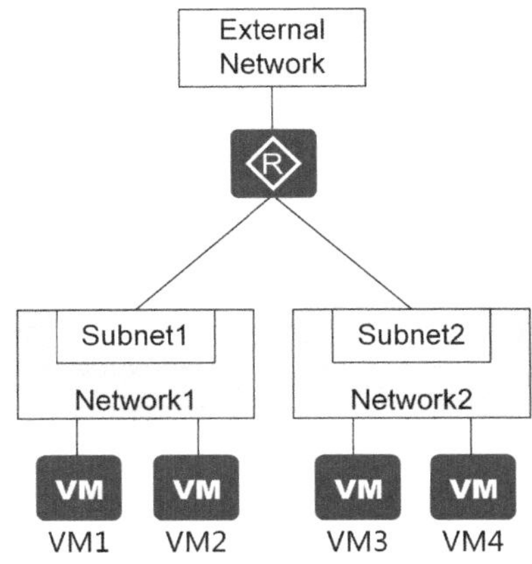

图 3-16 终端业务间需要三层互访，同时需要接入外网的业务模型

2. 云虚拟网络的业务编排模型

华为SDN控制器结合实际的园区网络业务场景，对OpenStack的业务模型进行了改造，重新设计了云虚拟网络的业务编排模型，如图3-17所示，业务编排模型中包含了Tenant、Site、Logic Router、Subnet、Logic Port、DHCP Server、External Network、Logic FW、Logic WAC、Site-Edge、Cloud-Edge等多个组件。

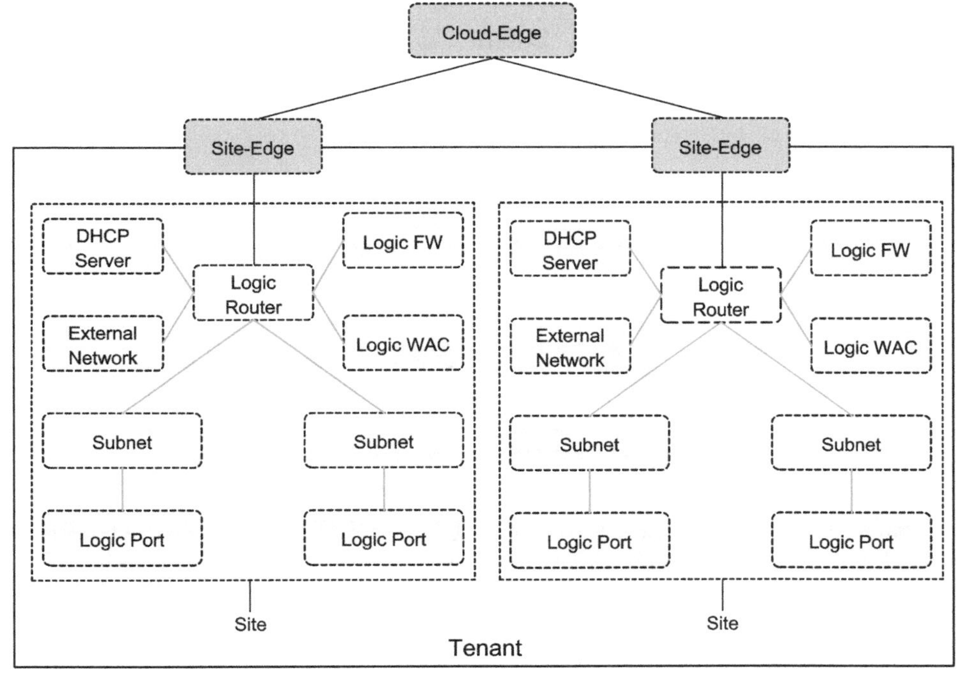

图 3-17 云虚拟网络的业务编排模型

在华为SDN控制器中，Tenant管理员可以配置多个Site，在每个Site中，管理员可以创建多组Logic Router、Subnet、Logic Port、Logic FW、Logic WAC、DHCP Server、External Network、Site-Edge、Cloud-Edge的网络资源并使用这些资源，其中Logic Port根据实际接入方式又可以分为Wired Port 和Wireless Port。在Site中，Logic Router、Subnet、Logic FW、Logic WAC通过Faas（Fabric as a Service，结构即服务）功能将物理网络抽象成了多种服务资源以供网络管理员使用。

在华为SDN控制器定义的业务模型中，各逻辑网元的含义和上文描述的OpenStack中Neutron的业务模型有以下对应关系。

- Tenant对应Neutron的Tenant。
- Site是华为SDN控制器新增的概念，可以理解为一个Tenant下的一个独立物理区域，这个物理区域是最小的园区网络管理单元。
- Logic Router对应Neutron的vRouter。
- Subnet对应Neutron的Subnet。
- Logic Port对应Neutron的Port。

由于Neutron主要应用于云数据中心，对园区网络的WAC没有抽象出对应的组件，因此华为SDN控制器业务模型中的Logic WAC未被Neutron定义，它表示逻辑无线控制器，用于配置无线用户的接入资源，例如信道、射频等。

3.3.4　园区业务层的抽象模型

业务层是最接近园区真实业务的层次，其业务模型的构建也最为关键，可以被理解为园区真实业务与网络配置间的翻译器。从业务特征看，园区有人、应用和网络3个对象，人通过终端接入网络，应用通过服务器接入网络。园区业务模型本质上是对人和应用、应用与应用的策略管理，分为两类：首先是人和应用之间的访问权限管理，其次是人访问应用过程中的流量优先级管理。

1. 人和应用之间的访问权限管理

传统的网络管理都是用IP地址标记终端和服务器，因此在管理人和应用之间的访问权限时，网络管理员都是通过配置ACL的方式逐条匹配IP地址或IP地址段进行管理，该方式会存在以下缺点。

- 对移动性的支持差：终端在网络中移动时获取的IP地址会变化，策略没有办法适应其变化。
- 消耗ACL资源多：当有很多终端、应用时，对硬件ACL资源消耗多。

为了解决上述问题，华为提出了安全组的概念，如图3-18所示。安全组是指对人和应用分别赋予身份标记，这个标记不随着人使用的终端或接入位置的改变而变化，且在终端接入网络时需要授权。因此，策略不需要关注IP地址、终端或应用服务器的位置，只需关注用户的身份，从而可以保证移动场景下的用户体验，同时减少了系统ACL资源的消耗。

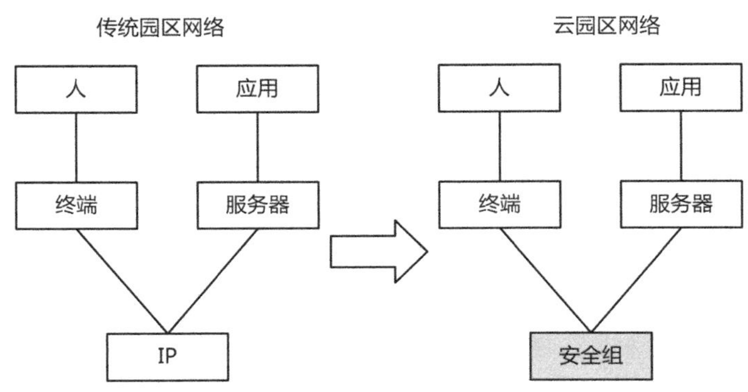

图 3-18　策略层抽象的业务模型

如图3-19所示，整体的园区网络策略编排模型包含安全组、组策略两个逻辑单元。安全组是园区策略的最小单元，安全组之间的策略称为组策略。

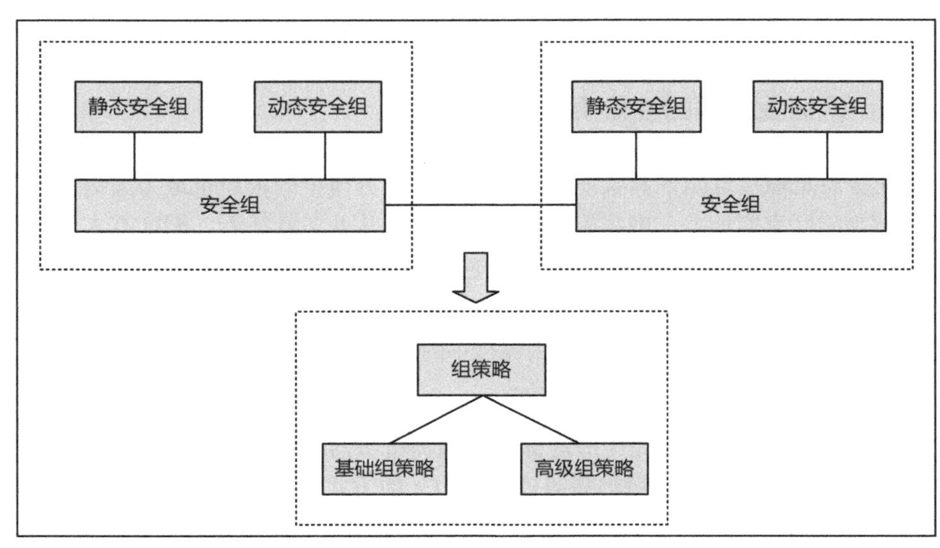

图 3-19　云园区网络的策略编排模型

借助安全组，管理员可以将具有相同访问策略的一类网络对象划分到同一个组，然后为其部署一组访问策略，以满足该类别所有对象的访问需求。网络对象因为其在网络访问上的“共通性”而被网络管理员划分到同一个安全组，基于安全组配置的策略而获得相同的权限。例如，研发组（个人主机的集合）、打印机组（打印机的集合）、数据库服务器组（服务器IP+端口的集合）。

与为每个网络对象部署访问策略相比，基于安全组的网络控制方案能够极大地减少网络管理员的工作量。安全组主要分为两大类。

- 动态用户组：需要认证之后才可以接入网络的用户终端。动态用户的IP地址是不固定的，用户认证之后动态地与安全组关联；用户注销后也会动态地与安全组解除关联。因此，用户IP地址与安全组之间的映射关系只有在用户在线期间才有效。此外，网络设备需要通过用户认证点设备，或者向SDN控制器主动查询，才可以获取这种映射关系。
- 静态安全组：使用固定IP地址的终端。包括数据中心的服务器、网络设备的接口以及使用固定IP地址免认证接入的特殊终端等所有可用IP地址描述的网络对象。静态安全组的IP地址是固定的，是由管理员通过静态配置绑定的。

策略是对安全组之间关系的描述，策略生效于源与目的两个安全组（一般称为源安全组和目的安全组）之间。管理员基于安全组配置策略来描述一个安全组所能享受的网络服务。以权限策略来说，管理员通过定义两个组之间的互访关系来描述一个安全组的权限，也即该安全组能访问其他哪些安全组。这样就可以形成一个描述任意两个安全组之间业务策略的策略矩阵，如图3-20所示。通过组间策略矩阵，管理员完成了对特定用户或主机所拥有的权限的描述。

源安全组	目的安全组的策略			
	研发组	市场组	研发服务器	市场服务器
研发组	启用 默认权限：允许 应用控制：禁止 （0）	启用 默认权限：禁止 应用控制：允许 （0）	启用 默认权限：允许 应用控制：禁止 （0）	启用 默认权限：禁止 应用控制：允许 （0）
市场组	启用 默认权限：禁止 应用控制：允许 （0）	启用 默认权限：允许 应用控制：禁止 （0）	启用 默认权限：禁止 应用控制：允许 （0）	启用 默认权限：允许 应用控制：禁止 （0）
研发服务器	启用 默认权限：允许 应用控制：禁止 （0）	启用 默认权限：禁止 应用控制：允许 （0）	启用 默认权限：允许 应用控制：禁止 （0）	启用 默认权限：禁止 应用控制：允许 （0）
市场服务器	启用 默认权限：禁止 应用控制：允许 （0）	启用 默认权限：允许 应用控制：禁止 （0）	启用 默认权限：禁止 应用控制：允许 （0）	启用 默认权限：允许 应用控制：禁止 （0）

图 3-20　组间策略矩阵

2. 用户访问应用过程中的流量优先级管理

在管理传统园区网络的业务时，采用对用户优先级进行授权的方式保证优先级，其过程和效果如图3-21所示。

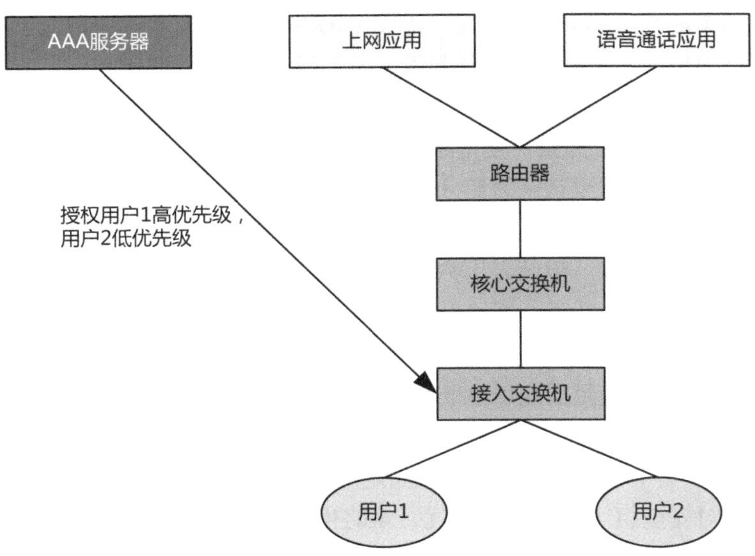

图 3-21　传统园区网络中保证用户的优先级

首先，用户在接入过程中，接入交换机和AAA（Authentication Authorization and Accounting，身份认证、授权和记账协议）服务器通过RADIUS（Remote Authentication Dial In User Service，远程用户拨号认证服务）协议交互，给用户1分配高优先级权限，给用户2分配低优先级权限。然后，接入交换机会将用户1发送的报文优先级都调为高优先级，将用户2发送的报文优先级都调为低优先级，当网络拥塞时，用户2的报文会优先被丢弃。

上述过程初步保证了某个人或某类人的网络优先级，但存在管理粒度过粗的问题，在多个用户之间可能会存在互相影响的情况，例如用户1下载视频可能影响用户2的语音通话，这显然是不合理的。为了解决这个问题，云园区网络定义的流量优先级模型如图3-22所示。

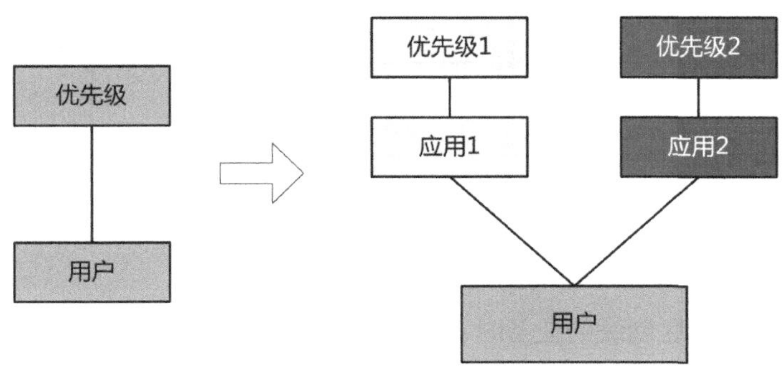

图 3-22　云园区网络定义的流量优先级模型

通过该模型定义了用户应用流量的优先级，实现网络带宽的精细化控制。管理员在实际管理时，只需定义用户的模板，即可实现图3-23所示的流量的差异化管理。

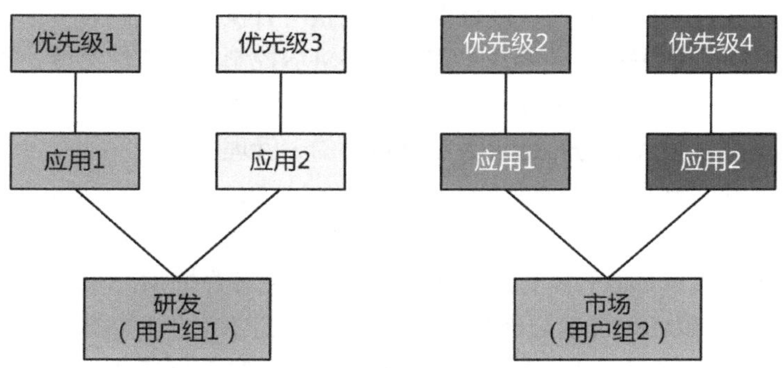

图 3-23　流量的差异化管理模型

管理员在定义业务策略时，可以先将用户分组，例如，分成研发和市场两组用户，然后再定义每组用户的应用优先级，这样就可以灵活地定义优先效果，例如研发的应用1 > 市场的应用1 > 研发的应用2 > 市场的应用2，这种方式有效解决了网络管理过程中优先级粒度过粗的问题，整体提升了用户体验。

3.4　云园区网络的云化部署方式

云计算在过去10年已经彻底改变了企业的生产方式，大量业务经由云端部署和运营，企业因此可以迅速推出新的业务。随着云计算技术的发展和广泛应用，企业在构建园区网络的过程中逐渐出现了两种模式。

一种是重资产模式，适用于大型园区网络，例如大型企业、高校等。这类企业网络规模较大，业务类型比较复杂，资金支持充分，同时设置有专业的运维团队。这种场景下，企业可以考虑自己购买网络设备、服务器、存储设备等资产，自己搭建ICT基础设施，自己进行ICT系统的运营和维护。

另一种是轻资产模式，适用于中小型或小微型园区网络，例如销售门店、连锁商场等。这类企业网络规模较小，存在多个分支，业务类型相对简单，没有设置专业的运维团队。这种场景下，为了减少初期的建网投资，节省后期的运维投入，可以考虑基于公有云提供的管理服务来构建自己的园区网络。

1. 云园区网络的3种云化部署方式

云园区网络基于上述构建思路，针对不同类型的企业提供了如下3种云化部署方式。

- 企业私有云部署：由企业客户购买并运维SDN控制器等软件实体，同时购买物理服务器，软件可以部署在其数据中心或者公有云IaaS平台上。采取这种方式，企业对所有软件、硬件资源有完整所有权。
- 华为公有云部署：企业客户不需要购买SDN控制器等软件实体，也不需要购买物理服务器，只需要在华为公有云上购买云管理服务来管理其网络，可以根据网络规模和业务特征灵活定制自己的云管理服务。
- MSP自建云部署：由MSP（Managed Service Provider，管理服务提供方）购买SDN控制器等软件实体，同时购买物理服务器，软件可以部署在其数据中心或者公有云IaaS平台上，由MSP负责给企业客户提供云管理服务。

企业私有云和MSP自建云部署场景下的云管理网络架构如图3-24所示。分布于不同区域的网络设备可以穿越运营商网络由云管理平台管理，云管理平台通过不同的部件为租户网络提供服务。

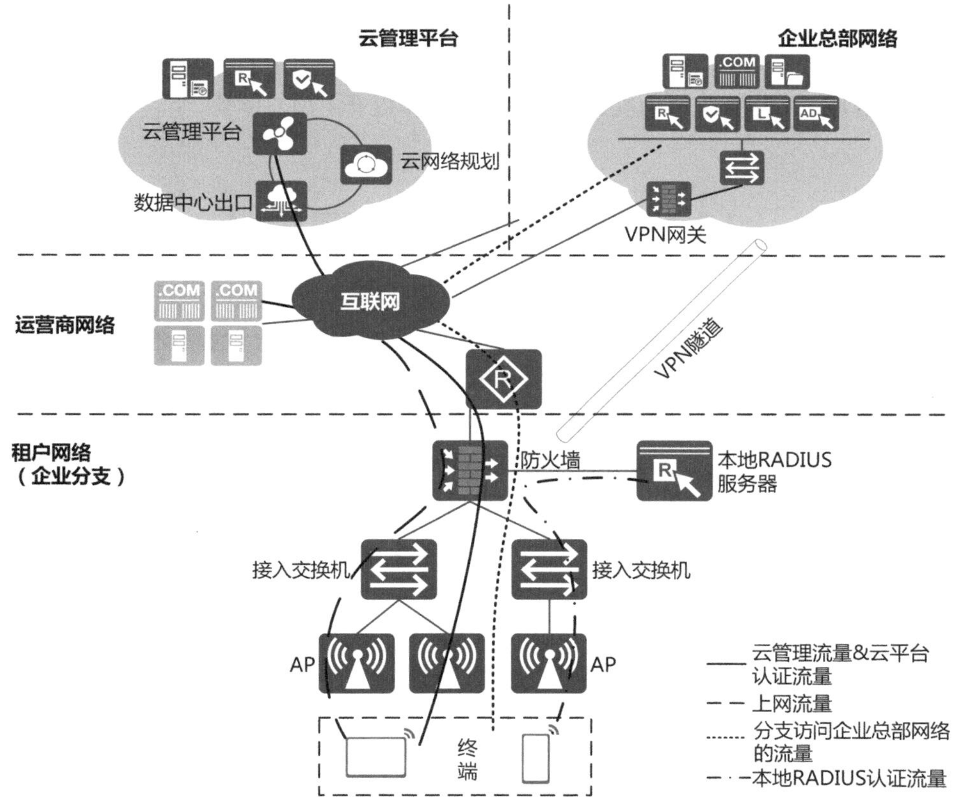

图 3-24　企业私有云和 MSP 自建云部署场景下的云管理网络架构

华为公有云部署场景下的云管理网络架构如图3-25所示。与企业私有云和MSP自建云不同的是，该场景中，华为提供了部分自有的配合系统，其中ESDP（Electronic Software Delivery Platform，电子软件交付平台）平台提供License管理服务，PKI（Public Key Infrastructure，公钥基础设施）平台提供License管理服务，SecCenter提供DPI（Deep Packet Inspection，深度报文检测）、AV（Anti-Virus，病毒过滤）特征库查询服务，注册查询中心对自动上线设备进行查询校验，技术支持网站为设备提供系统软件的升级服务及补丁下载。

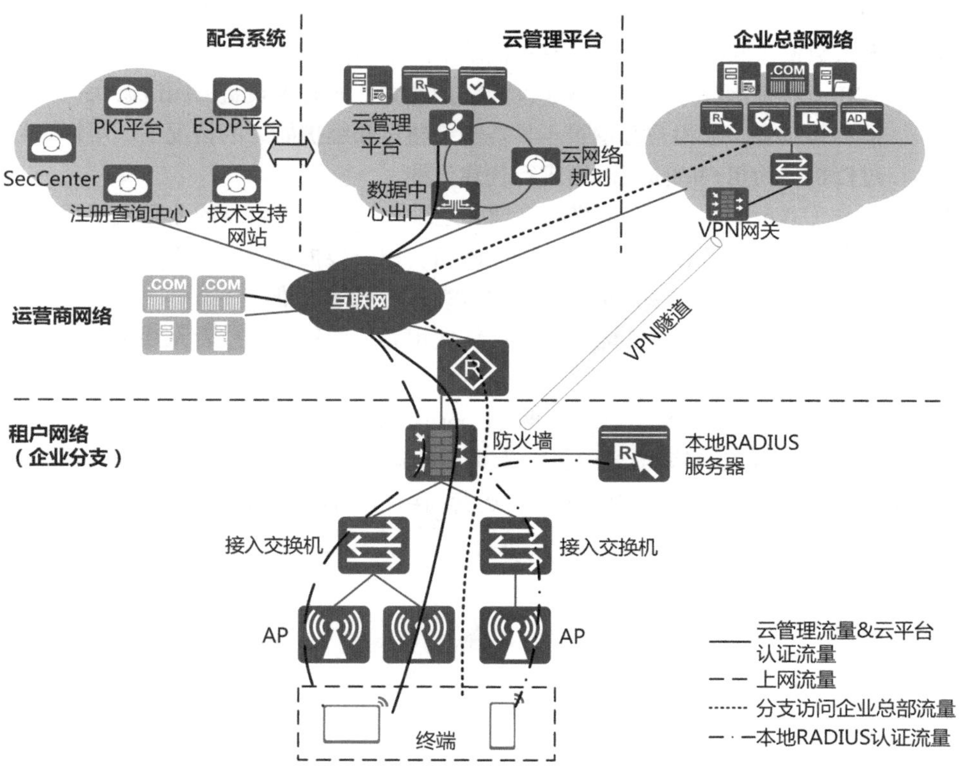

图 3-25　华为公有云部署场景下的云管理网络架构

云园区网络的3种云化部署方式中，管理通道经过加密传输，可保障数据传输安全。业务数据在本地直接转发，不会经过云管理平台，因此不会存在业务数据隐私的问题。云管理平台通过NETCONF协议给网络设备下发的配置，通过SSH协议承载，可保障数据传输安全性。网络设备通过HTTP2.0上传性能数据，通过NETCONF协议上传告警，设备上线注册必须进行双向证书认证，设备系统软件、特征库和病毒库通过HTTPS传输，HTTPS和HTTP2.0的报文都采用TLS1.2协议加密处理，保障数据传输安全。租户/MSP通过互联网登录云管理平台，与云管理平台之间通过HTTPS进行连接，确保租户和MSP以安全的方式接入管理平台。

2. 云园区网络的商业模式与角色定位

云园区网络的3种云化部署方式采用的网络架构类似，主要区别在于云管理平台和网络基础设施的运营及拥有的主体不同，因而也存在不同的商业模式。云园区网络的云化部署主要涉及4个重要的角色，每个角色有其特定的职责，具体如下。

- 平台运营商（Operator）：云管理平台的运营者，也称为平台管理员或者系统管理员，主要负责云管理平台的安装和运营、对MSP和租户的管理、全网设备数量与服务的统计，以及提供基础网络增值服务等。
- MSP：具有比较专业的网络建设和维护能力，同时也负责云园区解决方案的推广和销售，在租户管理员不具备网络建设和维护能力的情况下，可以在经过授权后为租户的园区网络进行代建代维。
- 租户（Tenant）：园区网络的管理和运维人员，基于自身的业务发展需要出资购买云化设备和服务，组建园区网络。租户根据自己的能力可以选择自行建设和维护园区网络，也可以申请MSP进行代建代维。
- 终端用户（User）：园区网络的最终使用者，使用有线或者无线终端设备接入网络、使用网络。

在企业私有云部署场景中，企业自己的运维团队扮演了平台运营商或MSP的角色；在华为公有云部署场景中，华为是平台运营商，MSP需经过华为认证；在MSP自建云部署场景中，MSP作为平台运营商给租户提供网络管理服务。

第 4 章
构建云园区网络的物理网络

云园区网络的物理网络需要具有超宽（包含超宽转发和超宽覆盖）的特征，这样才能保证承载于物理网络之上的虚拟网络在进行业务规划部署时不受带宽、时延等因素的约束限制。网络超宽是实现物理网络和业务解耦的前提。

另外，在园区业务无线化、物联网化的趋势下，考虑到要降低CAPEX（Capital Expenditure，资本性支出），各行各业在新建园区网络时，多网融合、超宽覆盖是必然的方向。多网融合意味着多业务并存，而多业务并存必然会对物理网络提出不同的带宽需求。为了同时满足多种业务的需求，我们也必须采用一个大容量、高可靠和超低时延的物理网络，这样可以让所有的业务在同一个网络中并行不悖。

令人欣喜的是，当前物理网络的超宽转发和超宽覆盖已经不再是奢望，相关的技术和产业已经相当成熟。有线网络方面，25GE、100GE、400GE通信技术标准的推出，芯片性能与产能的提高，成本的降低，诸多方面都可以满足其大规模商用的需求，园区网络能够以合适的成本获得超宽的转发能力。无线网络方面，Wi-Fi 6标准正快速商用，各无线设备厂商都在推出支持Wi-Fi 6标准的新一代AP，Wi-Fi 6标准具有更大容量、支持更密接入的特点，可以更好地实现园区网络的全面覆盖。物联网方面，越来越多的IoT终端基于Wi-Fi标准接入园区网络，物联网AP诞生，融合了蓝牙、RFID等多种无线通信方式，进一步丰富了接入终端的类型。

| 4.1 物理网络的超宽转发 |

物理网络的超宽转发涉及有线骨干网、有线接入网以及无线接入网3个部分。未来，有线骨干网的传输速率主要沿着25 Gbit/s、100 Gbit/s、400 Gbit/s的路径演进，有线接入网的传输速率主要沿着2.5 Gbit/s、5 Gbit/s、10 Gbit/s的路径演进，无线接入网则主要沿着Wi-Fi 5、Wi-Fi 6、Wi-Fi 7的路径演进，本节将会详细介绍。

4.1.1 园区流量模型的变化推动网络超宽转发

以前在很长一段时间内，园区信息化程度和云化程度不高，园区网络中以东西向的本地流量为主，无论是用户间相互访问和交换数据，还是用户和分散的服务器之间相互访问和交换数据，流量都需要横穿网络。与之相对应的是，网络架构呈现出大比例收敛的特征，各个层级之间的收敛比有可能超过1∶10。园区网络流量模型的演进如图4-1所示。近年来，随着云计算架构的普及和信息化程度的提高，园区的主要业务和数据被集中到数据中心，园区网络的主要流量都是终端访问数据中心的南北向流量。此时，园区网络的层级间的收敛比必须缩小，甚至逐步逼近无收敛网络（收敛比为1∶1），这就要求园区网络的物理网络必须是超宽转发的。

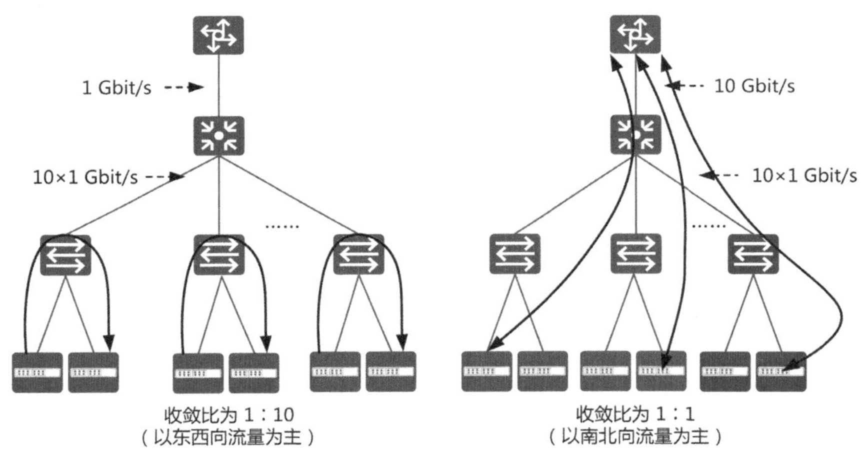

图 4-1 园区网络流量模型的演进

有线网络超宽转发速率基本遵循以太网的演进规律。在2010年之前，以太网的传输速率基本按照10倍的速率发展，10 Mbit/s、100 Mbit/s、1 Gbit/s、10 Gbit/s、100 Gbit/s，一直稳定地遵循这个规律。但从2010年之后，随着无线AP接入园区网络，以太网速率的演进规律呈现多样性，采用铜介质的以太网其速率沿着1 Gbit/s、2.5 Gbit/s、5 Gbit/s、10 Gbit/s的路径演进，采用光介质的以太网其速率沿着10 Gbit/s、25 Gbit/s、40 Gbit/s、50 Gbit/s、100 Gbit/s、200 Gbit/s和400 Gbit/s的路径演进，如图4-2所示。

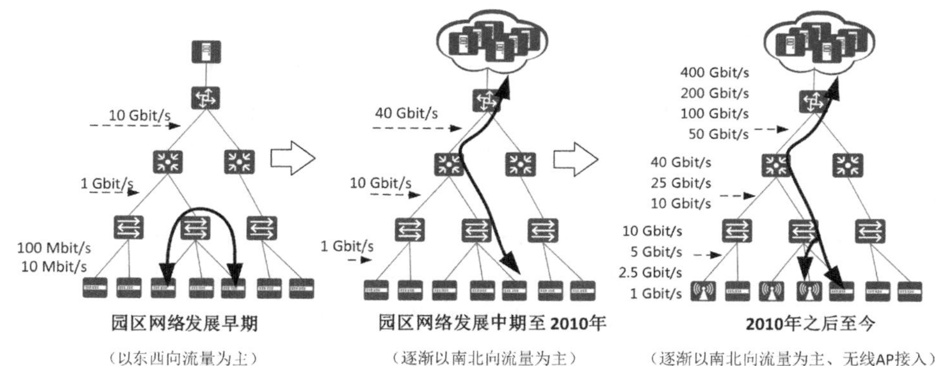

图 4-2　园区网络设备端口转发速率的演进

4.1.2　有线骨干网标准的演进

因为有线骨干网传输距离长，要求其具有较高的传输速率，所以园区有线骨干网主要以光介质传输为主。光纤就是玻璃纤维，是用于约束光传输的通道。光纤有两种：单模光纤和多模光纤。单模光纤是一种设计用来传送单一光束（模）的光纤，通常此光束内有多种波长的光；而在多模光纤中，光纤有多个传输路径，会产生差模延迟。单模光纤用于长距离传输，多模光纤则用于传输距离小于300 m的传输场景。单模光纤的芯比较窄（一般直径为8.3 μm），所以需要更精密的终端和连接器，其优点是可传输的距离更远。多模光纤的芯则比较宽（一般直径为50～62.5 μm），其优点是在较短的距离下可以由一个成本比较低的激光器驱动，同时多模光纤的连接器成本较低，更可靠，在现场安装更容易。

在光模块产业刚起步的时候，产业界较为混乱，每家厂商都有各自的封装结构类型，尺寸外观也是五花八门，产业界亟待推出一个统一标准。IEEE作为一个官方组织，其主要研究以太网标准的IEEE 802.3工作组对光模块标准的统一起到了关键作用，制定了10GE、25GE、40GE、50GE、100GE、200GE、400GE等一系列以太网传输标准。园区网络的以太网传输速率发展过程大致如下。

1. 10GE

2002年，IEEE发布了IEEE 802.3ae标准，确定了早期的园区网络有线骨干网主要是传输速率为10 Gbit/s（10GE）的有线骨干网。10GE是传统以太网技术的一次较大的升级，在原有千兆以太网的基础上将传输速率提高了10倍，传输距离也大大增加，摆脱了传统以太网只能应用于局域网范围的限制。10GE技术适用于各种网络结构，可以降低网络的复杂程度，能够简单、经济地构建提供多种传输速率的网络，满足有线骨干网大容量传输的需求。

2. 40GE/100GE

10GE之后首先出现的是40GE和100GE。2010年发布的IEEE 802.3ba标准规定了40GE/100GE的相关标准。但是，此时的40GE实际上是由4通道10GE的SERDES（Serializer/Deserializer，串行/解串器）总线组成，100GE由10通道10GE的SERDES总线组成。40GE和100GE的部署成本是比较高的，以40GE光模块为例，与10GE光模块的SFP（Small Form-factor Pluggable，小型可插拔）封装工艺不同，40GE光模块需要QSFP（Quad Small Form-factor Pluggable，四通道小型可插拔）封装工艺，而且40GE互连时需要4对光纤，这就会导致部署的光模块和线缆成本高很多。

3. 25GE

40GE最早应用于数据中心网络，但是它存在部署成本高和对服务器的PCI-e（这是一种高速串行计算机扩展总线标准）通道使用效率不高的缺点，因此，微软、高通、谷歌等公司自主成立了25GE以太网联盟并推出25GE。IEEE组织为了保持以太网标准的统一，2016年6月在IEEE 802.3by标准中纳入了25GE。25GE光模块使用单通道25GE的SERDES总线，采用SFP封装工艺，在不替换网络已有布线的情况，可以将10GE平滑升级到25GE，网络整体部署成本比40GE低很多。随着Wi-Fi 5标准在园区网络中的大规模应用，25GE开始在园区网络中部署，AP上行以2.5 Gbit/s的速率传输，接入交换机与汇聚交换机之间以25 Gbit/s的速率传输，汇聚交换机与核心交换机之间以100 Gbit/s的速率传输，40GE将会被使用得越来越少。

4. 50GE/100GE/200GE

2018年12月，IEEE发布了IEEE 802.3cd标准，规定了以太网50GE、100GE、200GE的相关标准。50GE主要应用于5G的回传网络，解决10GE和25GE接入带宽不足的问题。从部署成本及产业链成熟度的角度考虑，园区网络还是以25GE为主。而100GE在相当长的一段时间内将会成为园区有线骨干网的主流。

5. 200GE/400GE

2017年12月，IEEE发布了IEEE 802.3bs标准，规定了以太网200GE、400GE的相关标准。400GE短时间内不会应用于园区网络中，但是随着Wi-Fi技术的发展，预计到Wi-Fi 7时代，AP上行链路的传输速率将会达到25 Gbit/s，对应的核心带宽需要达到400GE，因此400GE将会是园区有线骨干网的演进方向。400GE标准采用PAM4（4 Pulse Amplitude Modulation，四脉冲幅度调制）技术，使用8通道25GE的SERDES总线即可达到400 Gbit/s的传输速率，SERDES的使用量比100GE多了1倍，而传输速率却提高为其4倍，单比特成本会大幅下降。

从上述发展过程的描述中可以看出，基于网络带宽和部署成本考虑，25GE/100GE/400GE是园区有线骨干网的演进方向。

4.1.3 有线接入网标准的演进

由于双绞线具有成本低的优势，同时考虑到PoE（Power over Ethernet，以太网供电）的诉求，传统园区的有线接入网一直以铜介质传输为主。在现网中，存量的超5类双绞线可以直接支持2.5GE甚至5GE的传输，不需要重新布线，因此，在云园区网络中，有线接入网仍然以铜介质传输为主。

双绞线是园区网络中最常用的一种铜介质传输线缆，它是由两根包着绝缘材料的细铜线按一定的比例相互缠绕而成的。双绞线可分为UTP（Unshielded Twisted Pair，非屏蔽双绞线）和STP（Shielded Twisted Pair，屏蔽双绞线）两大类。STP外面由一层金属材料包裹，以减小辐射泄漏，防止信息被窃听，同时具有较高的数据传输速率，但价格较高，安装也比较复杂。UTP没有金属屏蔽材料，只有一层绝缘胶皮包裹，它的优势是价格相对便宜，组网灵活。除某些特殊场合（如受电磁辐射影响严重、对传输质量要求较高等）在布线中使用STP外，一般情况下都采用UTP。现在常见双绞线的频带宽度、最大数据传输速率和典型应用场景如表4-1所示。

表 4-1　常见双绞线的频带宽度、最大数据传输速率和典型应用场景

双绞线类别	频带宽度 /MHz	最大数据传输速率	典型应用场景
5 类线（CAT5）	100	100 Mbit/s	100 BASE-T 和 10 BASE-T 以太网，是最常用的以太网电缆
超 5 类线（CAT5e）	100	5 Gbit/s	1000 BASE-T 以太网、2.5G BASE-T 以太网和部分 5G BASE-T 以太网
6 类线（CAT6）	250	10 Gbit/s（传输距离为 37 ～ 55 m）	5G BASE-T 以太网和部分 10G BASE-T 以太网
超 6 类（CAT6a）	500	10 Gbit/s（传输距离为 100 m）	10G BASE-T 以太网
7 类线（CAT7）	600	10 Gbit/s（传输距离可达 100 m）	10G BASE-T 以太网

园区有线接入网传输速率也基本遵循IEEE 802.3工作组制定的以太网标准的版本演进，包括物理层的连线、电信号和介质访问层协议的内容。IEEE 802.3不同版本标准中的以太网数据传输速率见表4-2。

表 4-2　IEEE 802.3 不同版本标准中的以太网数据传输速率

标准	数据传输速率
IEEE 802.3	10 Mbit/s
IEEE 802.3u	100 Mbit/s
IEEE 802.3ab	1 Gbit/s
IEEE 802.3ae	10 Gbit/s
IEEE 802.3bz	2.5 Gbit/s、5 Gbit/s

1. 标准以太网（IEEE 802.3）

该标准在1983年制定，是以太网第一个正式的标准，数据传输速率为10 Mbit/s，使用带有冲突检测的载波侦听多路访问技术。这种早期的以太网被称为标准以太网，可以使用粗同轴电缆、细同轴电缆、非屏蔽双绞线、屏蔽双绞线和光纤等多种传输介质进行连接。

2. 快速以太网（IEEE 802.3u）

该标准在1995年制定，数据传输速率提高至100 Mbit/s，被称为快速以太网。与IEEE 802.3标准相比，IEEE 802.3u标准能够为桌面用户以及服务器或者服务器集群等提供更高的网络带宽。IEEE 802.3u标准的制定标志着局域网进入快速以太网时代。

3. 吉比特以太网（IEEE 802.3ab）

该标准在1999年制定，IEEE 802.3ab标准将快速以太网的数据传输速率提高了10倍，达到1 Gbit/s，可以使用光纤、双绞线和双轴铜缆传输。IEEE 802.3ab标准的制定标志着以太网进入吉比特以太网时代。

4. 10吉比特以太网（IEEE 802.3ae）

该标准在2002年制定，最大数据传输速率达到10 Gbit/s。这种以太网可以使用光纤、双绞线和同轴电缆传输。IEEE 802.3ae标准的制定标志着以太网进入10吉比特以太网时代，同时IEEE 802.3ae标准为端到端的以太网传输奠定了基础。

5. 多千兆以太网（IEEE 802.3bz）

该标准在2016年制定，根据不同的双绞线类型有不同的传输速率，超5类线在最长100 m的传输距离上可以达到2.5 Gbit/s的传输速率，6类线在最长100 m的传输距离上可以达到5 Gbit/s的传输速率。IEEE 802.3bz标准在物理层的传输技术是基于10G BASE-T的，但工作在一个较低的信号速率下。通过控制原始信号速率为最大速率的25%或50%，传输速率分别下降到2.5 Gbit/s或5 Gbit/s，这样就降低了对布线的要求，以便2.5G BASE-T和5G BASE-T可以分别部署在最长传输距离为

100 m的超5类线和6类非屏蔽双绞线上。

IEEE 802.3bz标准的出现是无线AP的空口转发性能的提升所驱动的。2014年1月，无线局域网通信标准IEEE 802.11ac标准正式发布，它使用5 GHz频段的信号进行通信，理论上能够提供超过1 Gbit/s的传输速率，进行多站式无线局域网通信。IEEE 802.11ac标准的出现使得骨干网1 Gbit/s的上行速率已经难以满足新一代AP的需求，虽然使用10GE以太网可以满足需求，但是会存在成本高和需要重新布线的问题，因为现有的网络设备通常使用超5类线互连，这类双绞线无法有效承载10 Gbit/s的流量。如果选择6类及以上的双绞线或者使用光纤，则需要重新布线，而很多建筑物在建设之初就已经布好线，重新布线会带来很大的开销，而且不便施工。

鉴于上述情况，一种折中的解决方案逐渐受到用户和网络厂商的关注，即在1 Gbit/s和10 Gbit/s之间寻找一种可支持中间速率的以太网标准，既能解决速率的问题，又不需要重新布线，这种技术在业界被称为多千兆以太网技术。

为了推动针对企业网络的2.5GE和5GE以太网技术的开发，国际上曾经出现过两个技术联盟。2014年10月，NBASE-T联盟成立，该联盟主要由Aquantia、思科系统、飞思卡尔半导体和赛灵思公司创立，成员涵盖大多数网络硬件生产商。2014年12月，MGBASE-T联盟成立，主要成员包括博通、Aruba、Avaya、博科、锐捷网络等厂商。其中NBASE-T联盟推行的多千兆以太网技术成为IEEE支持的标准。

当前园区网络有线接入传输速率以1 Gbit/s、2.5 Gbit/s为主，随着Wi-Fi 6标准的普及，AP上行链路的传输速率需要达到5 Gbit/s甚至10 Gbit/s。因此，新建网络或者扩容时，建议使用6类及以上的双绞线建设或改造有线接入网，可以兼容10 Gbit/s的传输速率演进，保护投资。

4.1.4　Wi-Fi 5 及其以前的标准演进

园区有线超宽技术的不断发展为园区打造了一个超宽的核心网，给园区的业务流量提供了一个超宽的管道，满足园区各种业务的大容量、高并发的诉求。在园区有线超宽技术不断发展的同时，无线接入技术也在快速发展，Wi-Fi标准不断地演进，空口速率也在飞速地提高，已从最初的2 Mbit/s提高至接近10 Gbit/s。

无线局域网包含两个技术协议标准：IEEE 802.11标准与HiperLAN标准。IEEE 802.11系列标准由Wi-Fi联盟负责推广，因此使用 IEEE 802.11系列协议的无线局域网也被称为Wi-Fi网络。IEEE 802.11标准通过不断提升和优化无线局域网的物理层和MAC层技术，提高无线局域网的传输速率和抗干扰性能，已经经过了多个版本的更新迭代。具备里程碑意义的标准主要有IEEE 802.11、IEEE 802.11a/b、

IEEE 802.11g、IEEE 802.11n、IEEE 802.11ac、IEEE 802.11ax，其速率变化如图4-3所示。

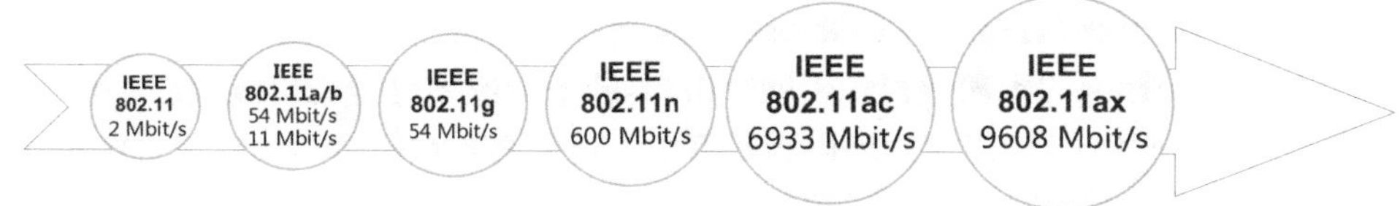

图 4-3 IEEE 802.11 标准演进过程中无线传输速率的变化

2018年，Wi-Fi联盟为了便于Wi-Fi用户和网络厂商轻松了解其设备连接或支持的Wi-Fi标准，选择使用数字序号来对IEEE 802.11标准重新命名。而选择新一代命名方法也是为了更好地突出Wi-Fi技术的重大进步，因为每一代新版本都提供了大量新功能，包括更高的吞吐量和更快的速度、支持更多的并发连接数等。根据Wi-Fi联盟的公告，现在的Wi-Fi标准与IEEE 802.11标准的对应关系如表4-3所示。

表 4-3 Wi-Fi 标准与 IEEE 802.11 标准的对应关系

发布年份	IEEE 802.11 标准	频段	新命名
2009	IEEE 802.11n	2.4 GHz 或 5 GHz	Wi-Fi 4
2013	IEEE 802.11ac wave1	5 GHz	Wi-Fi 5
2015	IEEE 802.11ac wave2	5 GHz	
2019	IEEE 802.11ax	2.4 GHz 或 5 GHz	Wi-Fi 6

1. IEEE 802.11标准

IEEE在20世纪90年代初成立了专门的IEEE 802.11工作组，专门研究和制定无线局域网的标准，并在1997年6月推出了第一代无线局域网标准——IEEE 802.11标准。该标准定义物理层工作在2.4 GHz频段，数据传输速率为2 Mbit/s。

2. IEEE 802.11a/b标准

IEEE在1999年推出了IEEE 802.11a标准和IEEE 802.11b标准。IEEE 802.11a标准工作在5 GHz的频段上，并且选择了OFDM（Orthogonal Frequency Division Multiplexing，正交频分复用）技术，主要是将指定信道分成若干子信道，在每个子信道上使用一个子载波进行调制，并且各子载波是并行传输的，可以有效提高信道的频谱利用率，使IEEE 802.11a标准的物理层传输速率达到54 Mbit/s。IEEE 802.11b标准则依然工作在2.4 GHz频段，但在IEEE 802.11标准的基础上进行了技术改进，使IEEE 802.11b标准的传输速率达到11 Mbit/s。

虽然IEEE 802.11a标准支持的接入速率远远高于IEEE 802.11b标准，但IEEE 802.11b标准依然成为市场的主流标准。IEEE 802.11a标准依赖的5 GHz芯片研制难度大、进度慢，待芯片推出时，IEEE 802.11b标准已经在市场上广泛应用。由于IEEE 802.11a标准不能兼容IEEE 802.11b标准，再加上5 GHz芯片价格较高和部分地方对5 GHz频段的使用限制等原因，IEEE 802.11a标准没有被广泛采用。

3. IEEE 802.11g标准

在2000年年初，IEEE 802.11g工作组开始开发一项既能提供54 Mbit/s的传输速率，又能向下兼容IEEE 802.11b标准的标准，并在2001年11月提出了第一个IEEE 802.11g标准草案，该草案在2003年获批为正式标准。IEEE 802.11g标准兼容IEEE 802.11b标准，继续工作在2.4 GHz频段。为了达到54 Mbit/s的速率，IEEE 802.11g标准借用了IEEE 802.11a标准的成果，在2.4 GHz频段采用了OFDM技术。IEEE 802.11g标准的推出满足了当时人们对带宽的需求，对无线局域网的发展起到了极大的推动作用。

4. IEEE 802.11n标准

在急速发展的网络世界，54 Mbit/s的速率不能永远满足用户需求。在2002年，一个新的IEEE工作组成立，开始研究一种更快的WLAN技术，初始目标是达到100 Mbit/s的速率。该目标的实现一波三折，由于小组内两个阵营对标准争论不休，新的协议直到2009年9月才被确定并批准，这个协议就是IEEE 802.11n标准。在长达7年的制定过程中，IEEE 802.11n标准的速率也从最初设计的100 Mbit/s发展到最高可达600 Mbit/s，IEEE 802.11n标准采用了双频工作模式，支持2.4 GHz和5 GHz，且兼容IEEE 802.11a/b/g标准。

IEEE 802.11n标准较之前的标准提出了更多关键技术，以支撑无线传输速率的大幅提高：更多的子载波、更高的编码率、更短的GI（Guard Interval，保护间隔）、更宽的信道、更多的空间流以及支持MAC层报文聚合功能等。

（1）更多的子载波

IEEE 802.11n标准比IEEE 802.11a/g标准多了4个有效子载波，相对于IEEE 802.11a/g标准，理论速率从54 Mbit/s提高到58.5 Mbit/s，如图4–4所示。

（2）更高的编码率

无线局域网使用射频传输数据时，除了传输用户的有效数据外，还需附有FEC码，当有效数据在传递过程中因衰减、干扰等因素而导致数据错误时，通过前向纠错码可将数据更正、还原成正确数据。IEEE 802.11n标准将之前3/4的有效编码率提高到5/6，此项改进使得IEEE 802.11n标准的速率提高了11%，如图4–5所示。

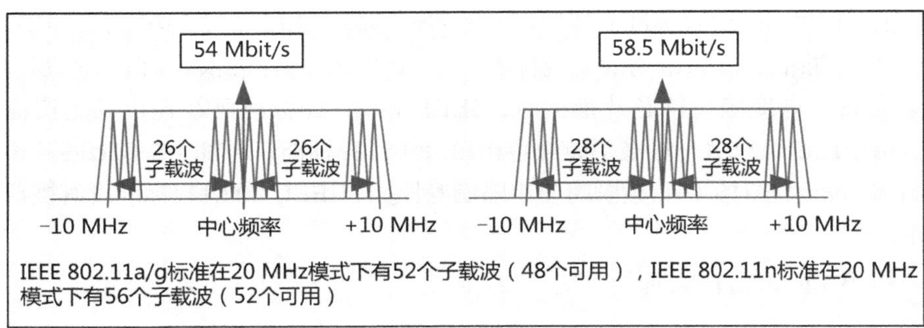

图 4-4　IEEE 802.11n 标准中子载波的变化

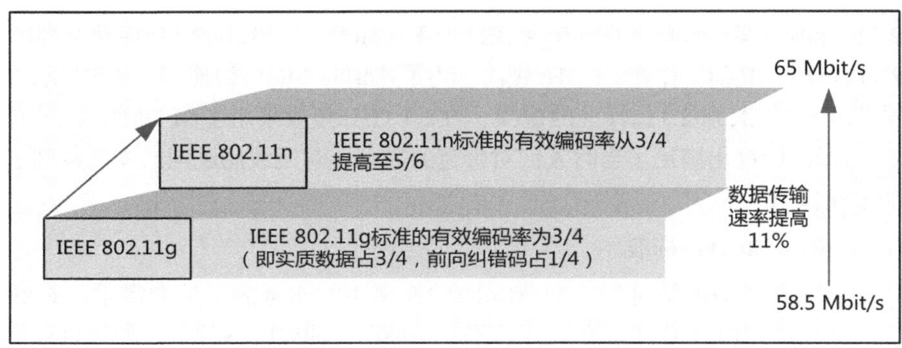

图 4-5　IEEE 802.11n 标准中编码率的变化

（3）更短的GI

使用IEEE 802.11a/b/g标准发送数据时，必须要保证在数据之间存在800 ns的时间间隔以避免数据帧间的干扰，这个间隔被称为GI。IEEE 802.11n标准默认使用800 ns的GI，但在空间环境较好时，可以将该间隔配置为400 ns，此项改进可以将吞吐量提高近10%（达到约72.2 Mbit/s），如图4-6所示。

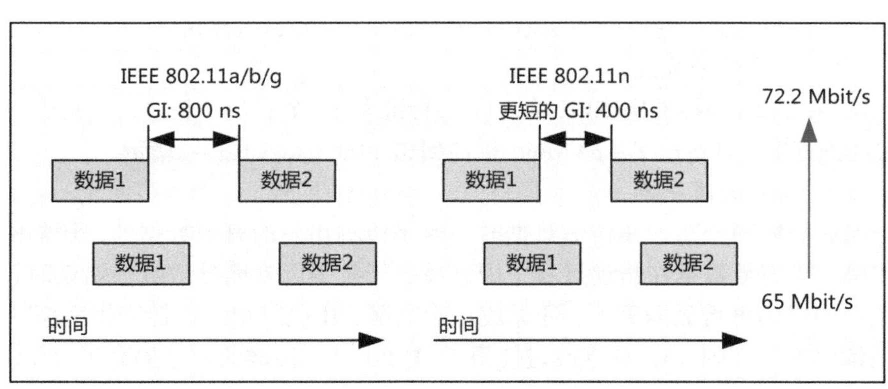

图 4-6　IEEE 802.11n 标准中 GI 的变化

（4）更宽的信道

IEEE 802.11n标准支持将相邻两个20 MHz的信道绑定成40 MHz的信道，信道更宽，传输能力就更强。同时由于使用了40 MHz的带宽（如图4–7所示），通道内的子载波数目可以再增加一倍，从52个增加到104个，数据传输速率提高了108%，达到150 Mbit/s。

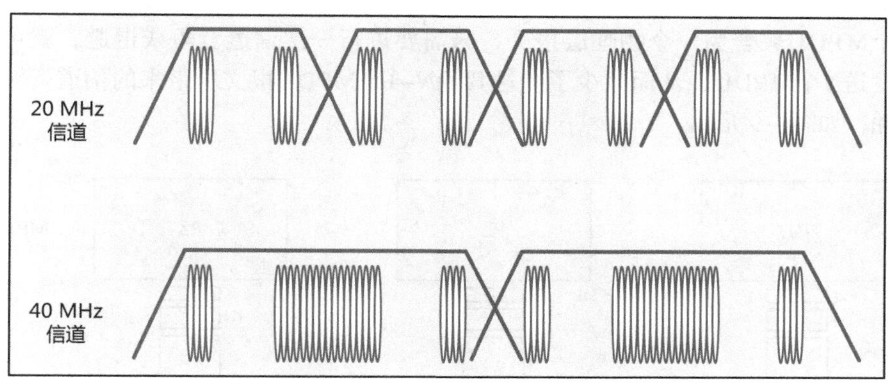

图 4-7　IEEE 802.11n 标准中 40 MHz 的信道带宽

（5）更多的空间流

IEEE 802.11a/b/g标准下的无线接入点和客户机是通过单个天线单个空间流以SISO（Single–Input Single–Output，单输入单输出）的方式来传输数据的。IEEE 802.11n标准支持采用最多4个空间流的MIMO（Multiple–Input Multiple–Output，多输入多输出）方式来传输数据，如图4–8所示。MIMO技术使IEEE 802.11n标准的传输速率最高可达600 Mbit/s。

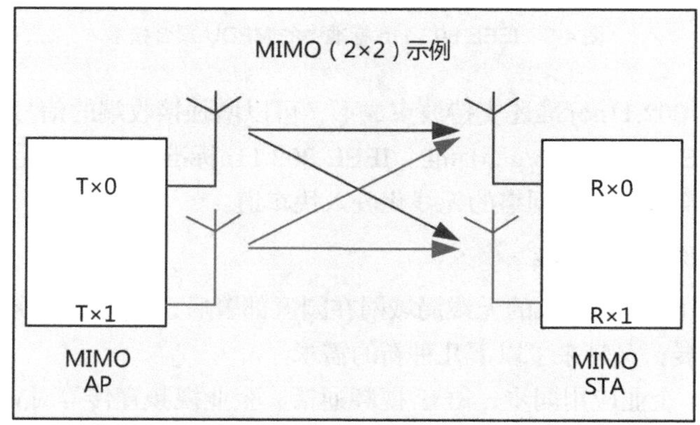

注：STA即Station，站点，工作站。

图 4-8　IEEE 802.11n 标准中的 MIMO 技术

（6）MAC层报文聚合

在IEEE 802.11标准的MAC层协议中，有很多固定的开销，如在两个帧之间的确认信息。在达到最高数据传输速率的情况下，这些多余的开销甚至比需要传输的整个数据帧还要长。例如，IEEE 802.11g标准的理论传输速率为54 Mbit/s，实际传输速率却只能达到22 Mbit/s，有超过一半的速率被浪费了。IEEE 802.11n标准的MPDU（MAC Protocol Data Unit，MAC协议数据单元）聚合功能可以将多个MPDU聚合为一个物理层报文，只需要进行一次信道竞争或退避，就可同时发送N个MPDU，从而减少了发送其他N−1个MPDU报文所带来的信道资源的消耗，如图4–9所示。

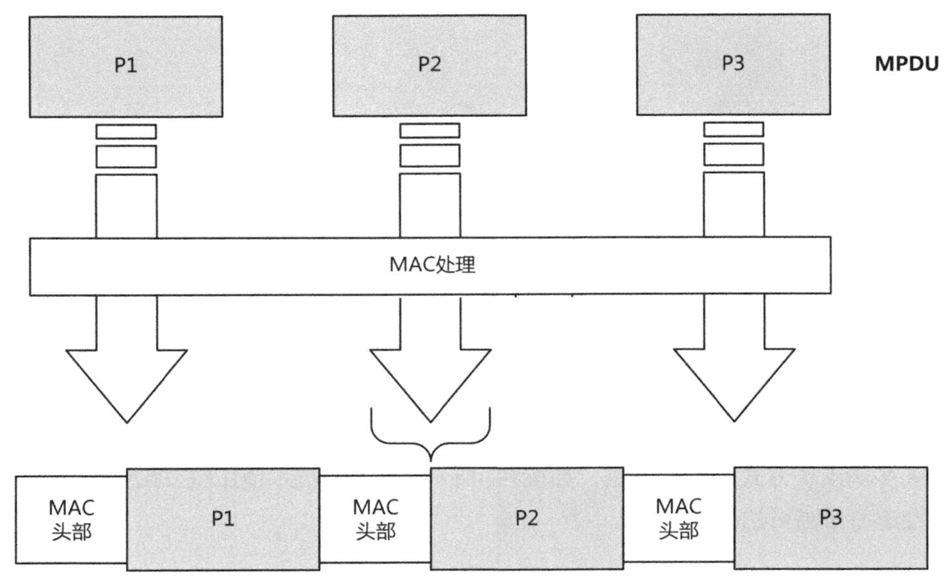

图 4-9　IEEE 802.11n 标准中的 MPDU 聚合技术

同时IEEE 802.11n标准还支持波束成形，可以增强接收端的信号强度，并且支持前向兼容IEEE 802.11a/b/g等标准。IEEE 802.11n标准推出后，无线局域网在园区开始大规模部署，园区网络的无线化驶入快车道。

5. IEEE 802.11ac标准

支持IEEE 802.11n标准的无线局域网在园区部署后，随着园区网络业务类型和规模的飞速发展，又带来了以下几种新的需求。

- 大带宽：企业应用同步、语音/视频通话、企业视频宣传等对Wi–Fi网络提出了越来越高的带宽需求，移动网络上的视频流量每年增长60%以上，这就需要更大的网络带宽支撑业务的应用。

- 海量的终端接入：在用户无线接入逐渐增多、有线接入越来越少的大背景下，通过Wi-Fi网络接入的终端会越来越多。例如，在BYOD趋势下，每个员工可能同时使用两个甚至多个Wi-Fi终端；在进行赛事直播的足球场、新品发布会现场或者校园，会有海量的无线用户同时接入。
- 运营商3G/4G的分流需求：在蜂窝网络数据业务大爆发的背景下，越来越多运营商的移动流量被分担到Wi-Fi网络上，以减少蜂窝网络的负载。Wi-Fi网络被定位为第“*N*”个网，并被委以重任。

在这些需求的驱动下，第五代Wi-Fi标准VHT（Very High Throughput，非常高吞吐量）标准应运而生，并在2013年正式推出了IEEE 802.11ac标准。IEEE 802.11ac标准工作在5 GHz频段（双频的无线接入点和客户机在2.4 GHz频段上依然使用IEEE 802.11n标准），向前兼容IEEE 802.11n标准和IEEE 802.11a标准。IEEE 802.11ac标准沿用了IEEE 802.11n标准的诸多技术并做了如下技术改进，使传输速率达到1.3 Gbit/s。

- 引入了新的技术或者扩展了原有的技术以提高吞吐量或接入用户数。例如，该标准采用了更多流的MIMO、256-QAM（Quadrature Amplitude Modulation，正交幅度调制）、MU-MIMO等技术。
- 优化了标准，放弃了旧标准的很多可选功能以降低复杂度。例如，放弃了支持隐式TxBF（Transmit Beamforming，发射波束成形），只支持一种信道探测方式和一种反馈方式。
- 保持与旧的标准的兼容性。改进了物理层帧结构，考虑了不同信道带宽共存时的信道管理等问题。

表4-4列出了更为详尽的优化点。

表 4-4　IEEE 802.11ac 标准相对于 IEEE 802.11n 标准的优化点

优化点	描述	带来的价值
信道带宽	• 增加支持 80 MHz 信道带宽 • 增加支持 160 MHz 信道带宽 • 增加支持两个不相邻的 80 MHz 带宽，组合成 160 MHz 信道带宽	提高吞吐量
工作频率	低于 6 GHz 的频率，但其中不包括 2.4 GHz，5 GHz 是其主要工作频率	• 频谱资源更丰富 • 干扰更少
MIMO	• 改进单用户 MIMO，最多可支持 8 个空间流 • 引入 MU-MIMO，最多可支持 4 个用户同时传输数据	• 提高吞吐量 • 增加接入用户数 • 增强链路的可靠性

续表

优化点	描述	带来的价值
TxBF	• 改进为仅支持显式波束成形（不再支持隐式） • 改进信道探测和反馈方式：信道探测使用空数据帧，反馈信息由 Compressed V Matrix 组成，放弃了原来的多种探测方式和多种反馈方式	简化设计，降低复杂度
调制与编码方案	• 引入 256-QAM，256-QAM 支持 3/4 和 5/6 两种编码率 • 统一给出 10 种调制与编码方案	提高吞吐量
兼容性	• 放弃 Greenfield 前导码的设计，仅支持 Mixed 前导码 • 改进物理层的帧结构，以保持对旧 IEEE 802.11 标准的兼容	增强与以往 Wi-Fi 标准的兼容性
带宽管理	增加信道管理功能，考虑 20 MHz、40 MHz、80 MHz、160 MHz 带宽共存时的信道管理问题	• 提高信道利用率 • 减少信道干扰 • 提高吞吐量 • 增强兼容性
帧聚合	• 增加帧聚合的聚合度 • 在 MAC 层改为只支持 MPDU 的聚合	提高 MAC 层效率，提高吞吐量

IEEE 802.11ac标准中的这些改进或优化，使其与以往的Wi-Fi标准相比，具有更多显而易见的优势。

（1）更高的吞吐量

在过去的Wi-Fi标准中，更高的吞吐量一直是我们追求的目标。从IEEE 802.11标准的2 Mbit/s到IEEE 802.11a标准的54 Mbit/s，吞吐量一直在快速提高。到IEEE 802.11n标准，吞吐量有了极大的提高，该标准最大可支持600 Mbit/s的吞吐量，而IEEE 802.11ac标准最大可支持6.93 Gbit/s，吞吐量大大提高。对吞吐量的规划和设计使IEEE 802.11ac标准能够更好地应对大带宽挑战，表4-5示出了不同Wi-Fi标准的参数变化。

表 4-5　不同 Wi-Fi 标准的参数变化

Wi-Fi 标准	带宽	调制方式	最大空间流	最大速率
IEEE 802.11	20 MHz	DQPSK（Differential Quadrature Phase Shift Keying，差分四相相移键控）	1	2 Mbit/s
IEEE 802.11b	20 MHz	CCK（Complementary Code Keying，补码键控）	1	11 Mbit/s
IEEE 802.11a	20 MHz	64-QAM	1	54 Mbit/s
IEEE 802.11g	20 MHz	64-QAM	1	54 Mbit/s
IEEE 802.11n	20 MHz/40 MHz	64-QAM	4	600 Mbit/s
IEEE 802.11ac	20 MHz/40 MHz/80 MHz/160 MHz	256-QAM	8	6.93 Gbit/s

（2）更少的干扰

虽然IEEE 802.11ac标准的工作频率规划在小于6 GHz的频段（不包含2.4 GHz）上，但其主流的工作频率仍然在5 GHz频段上。这个频段的频率资源更加丰富，相对而言，2.4 GHz频段上只有83.5 MHz的带宽，一些国家在5 GHz频段上可规划出高达数百兆赫兹的带宽资源。较高的频率也就意味着带宽相同时频率复用度较低，可以减少系统内的干扰。此外，来自系统外的干扰也是工作在2.4 GHz频段上的Wi-Fi设备面临的困扰，大量的设备（如微波炉等）工作在2.4 GHz频段上，与之相比，5 GHz频段上来自系统外的干扰较少。

（3）更多的接入

IEEE 802.11ac标准虽然没有改变Wi-Fi的多址接入方式，但其提供了更高的吞吐量和MU-MIMO功能，在客观上提高了接入更多用户的能力。速率的提高意味着每个用户占用的空口时间更短，在相同的时间内AP能为更多的用户提供接入服务。Mu-MIMO功能更加明显地提升了接入用户的能力，AP可以同时为多个用户传输数据，提高了AP的并发接入能力。

4.1.5　Wi-Fi 标准及其关键技术

视频会议、云VR、移动教学等业务应用越来越丰富，Wi-Fi接入终端越来越多，物联网的发展更是带来了更多的移动终端，甚至以前较为宽松的家庭Wi-Fi网络也将随着越来越多的智能家居设备的接入而变得拥挤。因此Wi-Fi网络仍需要不断提高吞吐量，同时还需要考虑支持更多终端的接入，适应不断增加的客户端设备数量以及不同应用的用户体验需求，终端接入量与人均带宽的关系如图4-10所示。

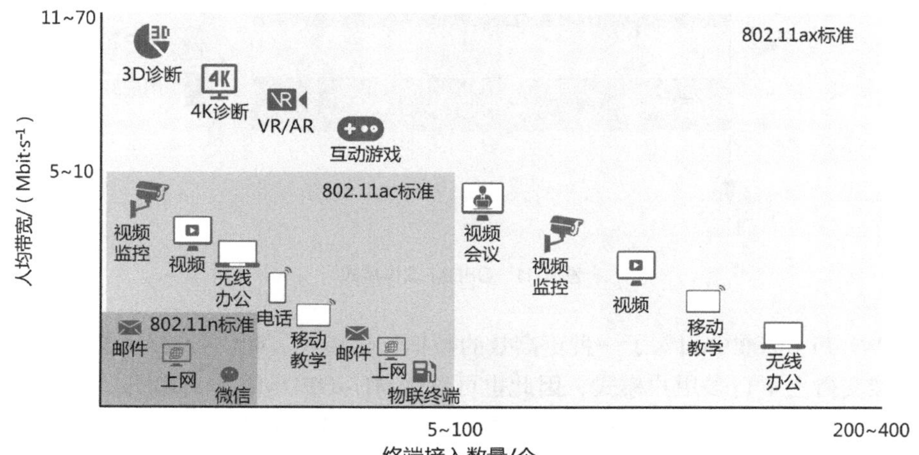

注：图中刻度示意未按比例。

图 4-10　不同 Wi-Fi 标准下的终端接入量与人均带宽的关系

下一代Wi-Fi标准需要解决更多终端的接入导致整个Wi-Fi网络效率降低的问题。早在2014年，IEEE 802.11工作组就成立了HEW（High Efficiency Wireless，高效无线）标准工作组，开始着手应对这一挑战。2019年，IEEE 802.11ax标准被正式推出，该标准中引入了上行MU-MIMO、OFDMA（Orthogonal Frequency Division Multiple Access，正交频分多址）、1024-QAM高阶编码等技术，将从频谱资源利用、多用户接入等方面入手解决网络容量和传输效率的问题。该标准的目标是在密集用户环境中将用户的平均吞吐量至少提高到IEEE 802.11ac标准的4倍，并发用户数增加3倍以上。

和以往每次发布新的IEEE 802.11标准一样，IEEE 802.11ax标准也将兼容之前的IEEE 802.11ac/n/g/a/b标准，旧的终端一样可以无缝接入IEEE 802.11ax网络。IEEE 802.11ax标准继承了IEEE 802.11ac标准的所有先进MIMO特性，并新增了许多针对高密部署场景的新特性，以下是IEEE 802.11ax标准（即Wi-Fi 6标准）的核心新特性。

1. OFDMA技术

在Wi-Fi 6标准发布之前，数据传输采用的是OFDM模式，通过不同时隙区分不同用户。OFDM工作模式如图4-11所示，在每个时隙中，一个用户完整占据所有的子载波，并且发送一个完整的数据包。

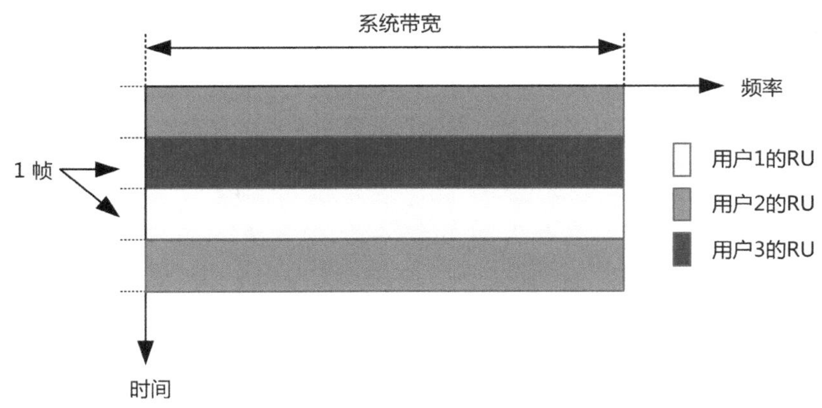

图 4-11　OFDM 工作模式

Wi-Fi 6标准中引入了一种更高效的数据传输模式，叫OFDMA（因为Wi-Fi 6标准支持上下行多用户模式，因此也可称为MU-OFDMA），如图4-12所示。它通过将子载波分配给不同用户，并在OFDM系统中添加多址的方法来实现多用户复用信道资源。在此之前，它已被许多无线技术采用，例如3GPP LTE（Long Term Evolution，长期演进）。Wi-Fi 6标准也仿效LTE，将最小的时频资源块称为RU（Resource Unit，资源单元），每个RU当中至少包含26个子载波，根据RU区分用户。我们首先将整个信道的资源分成一个个固定大小的RU。在该模式下，用户的数据是承载在每个RU上的，故从总的时频资源上来看，在某个时隙中，有可能有多个用户同时发送数据。

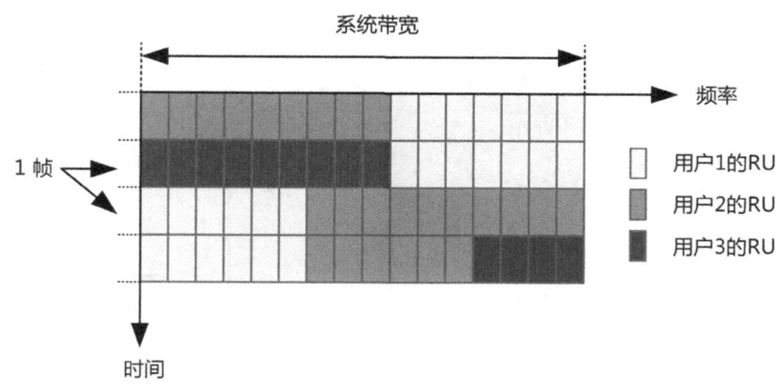

图 4-12　OFDMA 工作模式

OFDMA相比OFDM有以下3点改进。

- 具有更细分的信道资源：特别是在部分节点信道状态不太好的情况下，可以根据信道质量分配发送功率，来细化信道时频资源的分配。
- 具有更好的QoS：因为IEEE 802.11ac标准及之前的标准都是占据整个信道来传输数据的，如果需要发送一个QoS数据包，一定要等之前的发送者释放完整个信道才行，所以会存在较长的时延。在OFDMA模式下，由于一个发送者只占据整个信道的部分资源，一次可以发送多个用户的数据，所以能够减少QoS节点接入的时延。
- 更多的用户并发及更高的用户带宽：OFDMA是将整个信道资源划分成多个子载波，子载波又按不同RU类型被分成若干组，每个用户可以占用一组或多组RU以满足不同业务的带宽需求。Wi-Fi 6标准中最小的RU尺寸为2 MHz，最小子载波频宽是78.125 kHz，因此最小RU类型为26子载波RU。以此类推，还有52子载波RU、106子载波RU、242子载波RU、484子载波RU和996子载波RU。RU数量越多，发送小包报文时，多用户处理效率越高，吞吐量也越高。

2. DL/UL MU-MIMO技术

MU-MIMO使用信道的空间分集在相同带宽上发送独立的数据流。与OFDMA不同，所有用户都使用全部带宽，从而带来多路复用增益。一般来说，终端的天线数量受限于尺寸，只有1个或2个空间流（天线），比AP的空间流（天线）要少，因此，在AP中引入MU-MIMO技术，就可以实现AP与多个终端之间同时传输数据，大大提高了吞吐量。

DL MU-MIMO（Down Link Multi-User Multiple-Input Multiple-Output，下行多用户多输入多输出）技术：MU-MIMO技术在IEEE 802.11ac标准推出时就已经被应用，但只支持DL 4×4 MU-MIMO。在Wi-Fi 6标准中进一步增加了MU-MIMO数量，可支持DL 8×8 MU-MIMO，借助DL OFDMA技术，可同时进行MU-MIMO传输和分配不同RU进行多用户多址传输，既增加了系统并发接入量，又均衡了吞吐量，如图4-13所示。

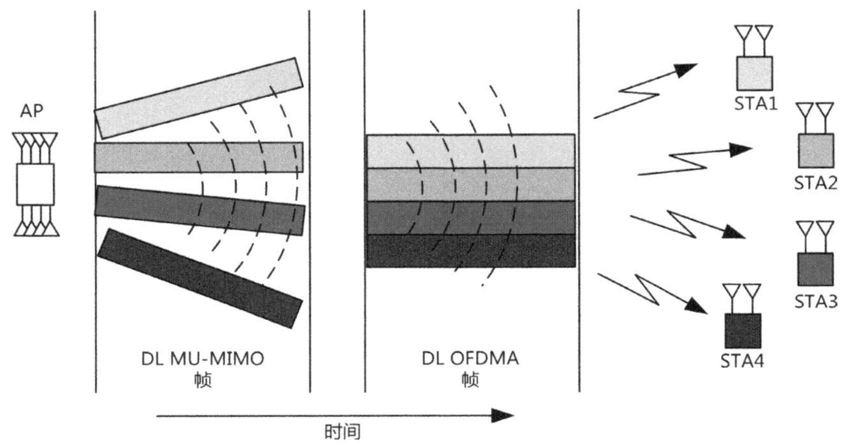

图 4-13　8×8 MU-MIMO AP 下行多用户模式调度顺序

UL MU-MIMO（Up Link Multi-User Multiple-Input Multiple-Output，上行多用户多输入多输出）技术：UL MU-MIMO是Wi-Fi 6标准中引入的一个重要特性，UL MU-MIMO的原理和UL SU-MIMO（Up Link Single-User Multiple-Input Multiple-Output，上行单用户多输入多输出）的原理类似，都是通过发射机和接收机多天线技术，使用相同的信道资源在多个空间流上同时传输数据，唯一的差别在于UL MU-MIMO的多个数据流是来自多个用户的。IEEE 802.11ac标准及之前的802.11标准都采用UL SU-MIMO技术，即只能接受一个用户发来的数据，多用户并发场景下传输效率较低，Wi-Fi 6标准支持UL MU-MIMO后，借助UL OFDMA技术，可同时进行MU-MIMO传输和分配。不同RU进行多用户多址传输，提高了多用户并发场景下的传输效率，大大减少了应用时延，多用户模式上行调度顺序如图4-14所示。

虽然Wi-Fi 6标准允许同时使用OFDMA技术与MU-MIMO技术，但不要将OFDMA技术与MU-MIMO技术混淆。OFDMA技术支持多用户将信道进一步细分来提高并发场景下的传输效率，MU–MIMO技术支持多用户使用不同的空间流来提高吞吐量。表4–6是OFDMA技术与MU–MIMO技术的对比。

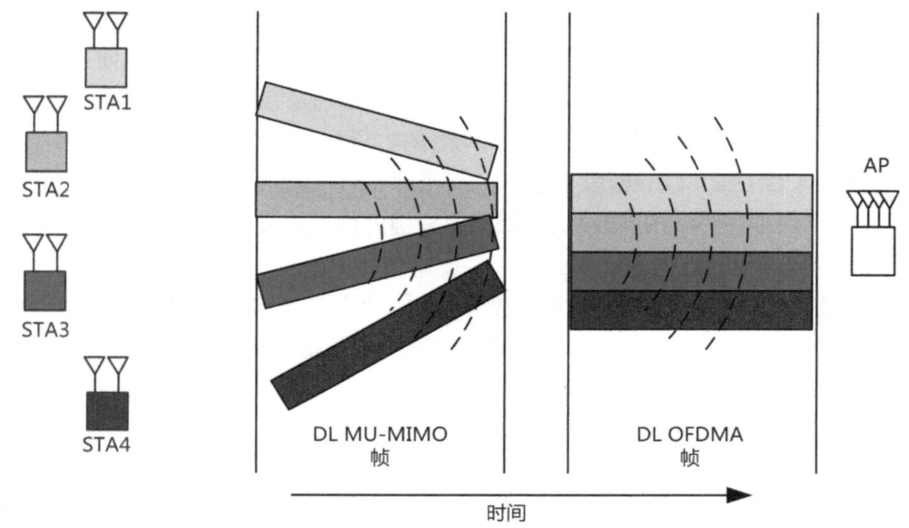

图 4-14　多用户模式上行调度顺序

表 4-6　OFDMA 技术与 MU-MIMO 技术的对比

OFDMA 技术的特点	MU-MIMO 技术的特点
提高效率	增加容量
降低时延	每用户速率更高
最适合低带宽应用	最适合高带宽应用
最适合小包报文传输	最适合大包报文传输

3. 更高阶的调制技术（1024–QAM）

Wi–Fi 6标准的主要目标是增加系统容量，降低时延，提高用户高密场景下的传输效率，但更高的效率与更快的速度并不互斥。Wi–Fi 5标准采用256–QAM正交幅度调制，每个符号携带8 bit数据（2^8=256）；Wi–Fi 6标准将采用1024–QAM正交幅度调制，每个符号携带10 bit数据（2^{10}=1024）。从8 bit到10 bit的增幅是25%，也就是相对于Wi–Fi 5标准来说，Wi–Fi 6标准的单个空间流数据吞吐量又提高了25%。

需要注意的是能否使用1024–QAM调制取决于信道条件，更密的星座点距离需要更高的EVM（Error Vector Magnitude，误差矢量幅度，用于量化无线电接收机或发射机在调制精度方面的性能）和接收灵敏度，并且对信道质量的要求高于其他调制类型。

4. 空分复用技术和BSS Coloring机制

Wi-Fi射频的传输原理决定了在任何指定时间内一个信道上只允许一个用户传输数据，如果AP和用户终端在同一信道上侦听到有其他基于IEEE 802.11标准的无线电传输，则会自动进行冲突避免，推迟传输，因此用户都必须轮流使用信道。所以说信道资源是无线网络中非常宝贵的资源，特别是在高密场景下，对信道的合理划分和利用将有利于提高整个无线网络的容量和稳定性。即便Wi-Fi 6标准允许设备在2.4 GHz或5 GHz频段上工作，高密部署时依旧可能会遇到可用信道太少的问题（特别是在2.4 GHz频段），如果能够提升信道的复用能力，将会提高系统的吞吐量。

Wi-Fi 5标准及之前的标准，通常采用动态调整CCA（Clear Channel Assessment，空闲信道评估）门限的机制来改善同频信道间的干扰。该机制通过识别同频干扰强度，动态调整CCA门限，忽略同频弱干扰信号，从而实现同频并发传输，提高系统吞吐量，如图4-15所示。

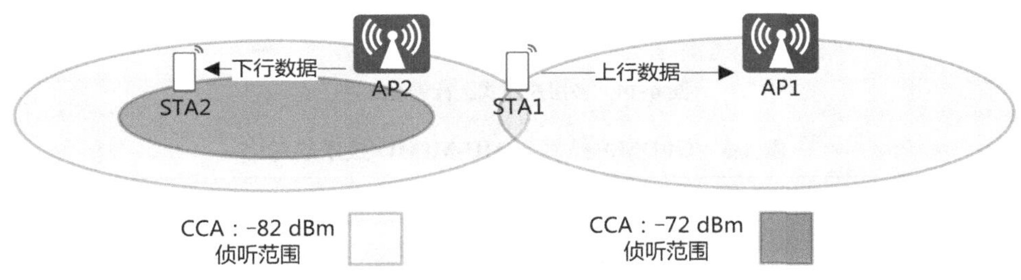

图 4-15　动态调整 CCA 门限

例如，AP1上的STA1正在传输数据，此时，AP2想向STA2发送数据。根据Wi-Fi射频传输原理，需要先侦听信道是否空闲，CCA门限值默认为-82 dBm，因此AP2认为信道已被STA1占用，由于AP2无法并行传输，发送被推迟。实际上，所有与AP2相关联的同信道客户机的报文都将被推迟发送。引入动态CCA门限调整机制，当AP2侦听到同频信道被占用时，可根据干扰强度调整CCA门限（比如从-82 dBm提高到-72 dBm）侦听范围，规避干扰带来的影响，即可实现同频并发传输。

由于Wi-Fi设备具有移动性，Wi-Fi网络中的同频干扰不是静态的，它会随着接入设备的移动而改变，因此引入动态CCA机制是很有效的。

Wi-Fi 6标准中引入了一种新的同频传输识别机制，叫BSS Coloring机制，在物理层报头中添加BSS color字段对来自不同BSS的数据进行“染色”，为每个通道分配一种颜色，该颜色标识一组不应被干扰的BSS，接收端可以及早识别同频传输干扰信号并停止接收，避免浪费收发机时间。如果颜色相同，则认为是同一

BSS内的干扰信号，传输将被推迟；如果颜色不同，则认为两者之间无干扰，两个Wi-Fi设备可同信道同频并行传输。在以这种方式设计的网络中，那些具有相同颜色的信道彼此相距很远，此时再利用动态CCA机制将这些信号设置为不敏感，事实上它们之间也不太可能会相互干扰，如图4-16所示。

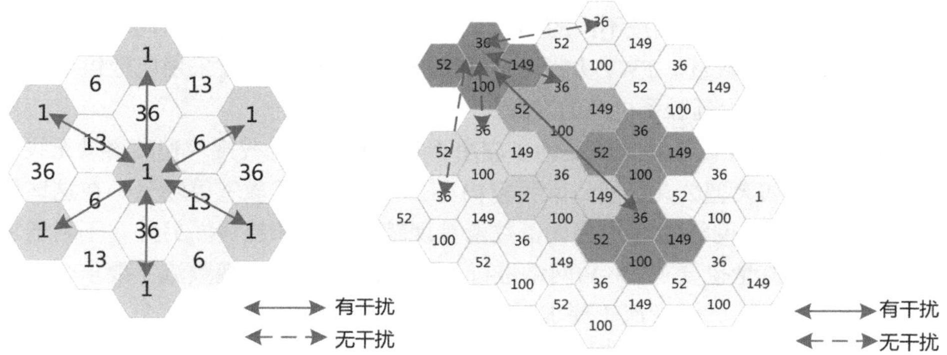

图 4-16　未采用 BSS Coloring 机制与采用 BSS Coloring 机制的对比

5. 扩展覆盖范围

由于Wi-Fi 6标准采用的是Long OFDM symbol发送机制，每次数据发送持续时间从原来的3.2 μs提高到12.8 μs，更长的发送时间可降低终端丢包率。另外，Wi-Fi 6标准可支持最小带宽为2 MHz的窄带传输，能够有效降低频段噪声干扰，提高了终端接收灵敏度，增加了覆盖距离，如图4-17所示。

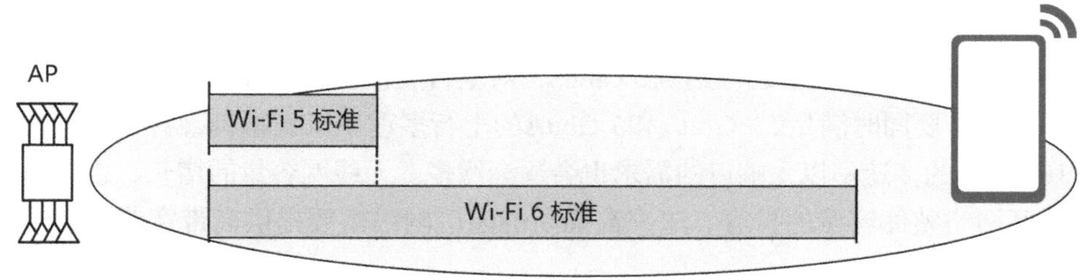

图 4-17　Long OFDM symbol 与窄带传输带来覆盖距离的增加

前面的几大核心技术已经足够证明Wi-Fi 6标准带来的高效传输和高密容量，但Wi-Fi 6标准也不是Wi-Fi技术的最终标准，这只是高效无线网络发展的开始，新的Wi-Fi 6标准依然需要兼容旧的设备，并考虑未来物联网络、绿色节能等方向的发展趋势。Wi-Fi 6标准还具备以下一些其他新特性，以支持更多终端的接入。

- 支持2.4 GHz频段：2.4 GHz的频段与5 GHz的频段相比，传输距离更长、覆盖更广、成本更低。而且大量IoT设备仍工作在2.4 GHz频段，可以满足与海量IoT设备的对接。
- TWT（Target Wakeup Time，目标唤醒时间）是Wi-Fi 6标准支持的另一个重要的资源调度功能。该功能允许设备协商休眠后自身被唤醒的时间。此外，AP可以将用户终端按不同的TWT周期分组，从而减少唤醒后同时竞争无线资源的设备数量。TWT功能还延长了设备睡眠时间，对采用电池供电的终端来说，大大延长了电池的寿命。

Wi-Fi 6标准在设计之初就是为了应用于具有高密度无线接入和高容量无线业务的场景，比如大型公共场所、大型室内办公区域、电子教室等场景。在这些场景中，接入Wi-Fi网络的客户端设备数量呈现较强的增长趋势。另外，不断增加的语音及视频流量也要求Wi-Fi网络进行相应的调整。如4K视频流（要求个人带宽达到30 Mbit/s）、语音流（要求时延小于30 ms）、VR流（要求个人带宽达到50 Mbit/s，时延小于15 ms）对带宽和时延是十分敏感的，网络拥塞将对用户体验带来较大影响。而基于IEEE 802.11ac标准的网络虽然也能提供大带宽，但是随着接入设备数量的不断增加，每个用户可分配的宽带受到限制。而基于Wi-Fi 6标准的网络通过OFDMA、UL MU-MIMO、1024-QAM等技术使需要高流量、低时延的业务体验比以前更好，不但支持接入更多的终端，同时还能均衡每个用户的带宽。

支持Wi-Fi 6标准的AP同时还会支持IoT设备的接入，这些额外增加的功能和接入的设备将不可避免地提高AP的功耗。IEEE 802.11af标准规定的PoE功能肯定是不能满足其功耗要求的，预计未来支持Wi-Fi 6标准的AP会标配IEEE 802.11at标准中的PoE+或者PoE++功能。因此，在未来网络中不可避免地要考虑上行PoE供电的问题，升级接入层PoE交换机。另外，Wi-Fi 6标准下最低性能的2×2 MU-MIMO AP的空口吞吐量已快达到2 Gbit/s，对上行交换机网络容量的要求也大大增加，至少需要同时满足2.5 Gbit/s和5 Gbit/s的上行多速率以太端口，甚至对支持上行10 Gbit/s的多速率以太端口的需求也会逐渐增多。无线网容量的增长，也必将驱动园区网络整体容量的扩容，未来高品质的园区网络需要提供高带宽的通道及精细化的管理。

4.1.6 Wi-Fi 6E 标准概述

随着智能终端和物联网终端的普及，网络中连接的无线终端数量大幅度增加，这将会导致2.4 GHz和5 GHz频段过度拥塞，因此需要引入一个新的频谱资源来缓解当前的问题。2020年4月，FCC（Federal Communications Commission，美国联邦通信委员会）决定开放1200 MHz的6 GHz频段作为非授权频谱供Wi-Fi使用。2021年1月，Wi-Fi联盟推出了Wi-Fi 6E认证服务，这标志着Wi-Fi 6E的标准和频段开始规模推广，各个国家和地区的频谱监管机构将陆续考虑是否将6 GHz频段开放给Wi-Fi使用。

1. 2.4 GHz和5 GHz频段已经拥挤不堪

2.4 GHz是目前应用最广的Wi-Fi频段，它的优势是覆盖范围广，但容易受到干扰，且带宽和速率不高。如图4-18所示，2.4 GHz最多支持3个20 MHz带宽的非重叠信道，如果使用40 MHz带宽的信道，则只能承载1个信道。

5 GHz频段干扰相对较少，频谱资源相对丰富，速度也更快，现在大部分路由器和手机都已支持5 GHz频段。如图4-18所示，5 GHz频段最多支持6个80 MHz带宽的非重叠信道，如果配置成160 MHz带宽，最多只能支持2个信道。但是，不同的国家和地区对频谱资源的管理不一样，例如我国只开放了最多支持3个80 MHz带宽的信道，而北美只开放了1个160 MHz的信道。

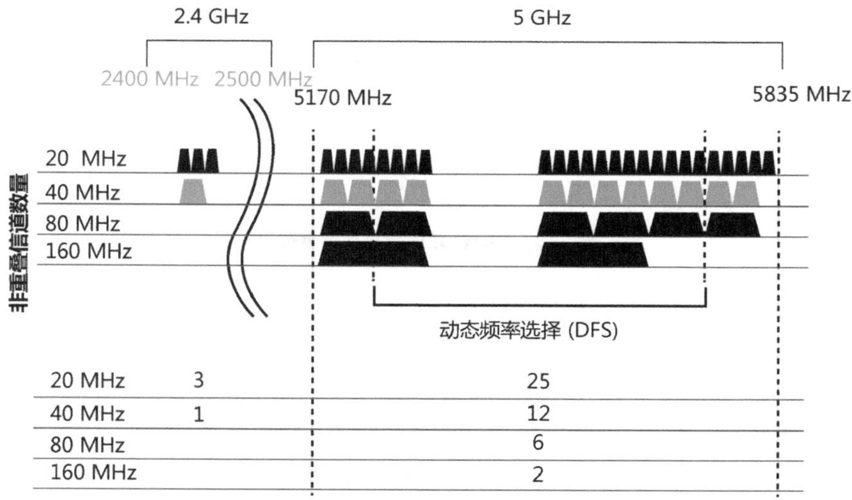

图 4-18　2.4 GHz 和 5 GHz 频段非重叠信道数量

Wi-Fi一直致力于速率的提高，例如Wi-Fi 5提出使用160 MHz的大带宽信道，但是受限于频谱资源，难以提供足够多的160 MHz信道数。目前解决这个问题有两种思路：一种是Wi-Fi 5提出的使用不连续的80 MHz来代替160 MHz，也即80 MHz+80 MHz模式，但是这种模式会增加无线网络的设计复杂度；另一种思路就是Wi-Fi 6E提出的，将Wi-Fi 6扩展到6 GHz频段，提供更加丰富的频谱资源。

2. Wi-Fi 6E将Wi-Fi网络带入6 GHz频段

Wi-Fi 6E中的E是扩展（extended）的意思，表示是Wi-Fi 6标准的最新扩展，即将Wi-Fi 6从原有的2.4 GHz和5 GHz载波频段扩充到支持6 GHz载波频段，而且将频段5925～7125 MHz也纳入了支持范围。这样，Wi-Fi新增加了1200 MHz的频宽可以使用，其容量是2.4 GHz和5 GHz频段总容量的两倍以上，可以为Wi-Fi网络提供更高的性能、更高的吞吐量和更低的时延。6 GHz频段是一个全球统一的连续频段，如图4-19所示，这意味着额外提供了7个160 MHz信道/14个80 MHz信道/29个40 MHz信道/59个20 MHz信道。

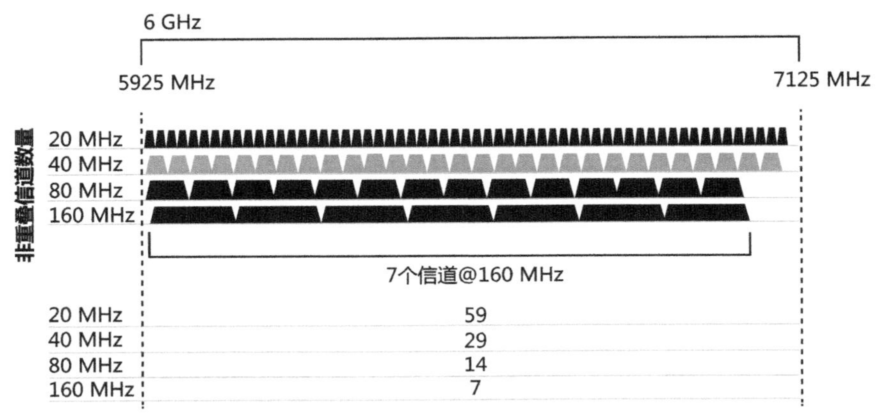

图4-19　6 GHz 频段非重叠信道数量

新增支持的6 GHz频段给当前的Wi-Fi网络带来诸多好处，主要体现为高并发、大带宽、低时延，介绍如下。

- 高并发：新增的6 GHz频段的频谱资源比2.4 GHz和5 GHz频段总容量的两倍还要多，新增的信道将缓解信道拥塞的问题，提高了并发率。
- 大带宽：6 GHz频段提供了更多的160 MHz信道，让160 MHz的实际使用成为可能，是解决高带宽应用难题的最佳方法。
- 低时延：由于传统Wi-Fi设备仅支持2.4 GHz和5 GHz频段，不支持6 GHz频段，这也意味着6 GHz频段仅有Wi-Fi 6E的设备在使用，两者分离可保障时延敏感型应用的体验。

3. 园区网络是否需要升级到Wi-Fi 6E可酌情考虑

基于6 GHz频段的优势，我们可以发现，6 GHz频段更适合需要更高数据吞吐量、更低时延的应用，例如高清视频、云计算、AR/VR等应用。不过6 GHz频段也有自己的劣势，6 GHz频段的电磁波由于频率更高，相应的波长就更短，更加容易衰减。因此6 GHz频段的穿墙能力较弱，适合短距离高速传输，不适合长距离传输。

Wi-Fi 6E设备支持向前兼容Wi-Fi 6及以前的Wi-Fi标准，但是要利用Wi-Fi 6E中的那些新6 GHz信道，就必须使用支持6 GHz的设备。也就是说，只有将支持Wi-Fi 6E的终端和支持Wi-Fi 6E的AP配套使用，才可以确保Wi-Fi 6E发挥全部的作用。

目前大部分国家和地区对6 GHz的管控还处于调研或关注阶段，当前仅有少量终端支持6 GHz，未来3～5年，无线终端仍然以支持2.4 GHz与5 GHz为主。另外，根据以往Wi-Fi标准的更替规律，新的Wi-Fi产品通常需要3～4年时间才能达到50％的普及率，受不同国家和地区对6 GHz频段开放时间的影响，Wi-Fi 6E普及周期可能更长。因此在没有特殊需求的情况下，不需要等待6 GHz的设备，可以直接使用当前的Wi-Fi 6产品，尽快享受到Wi-Fi 6带来的优质网络体验。

4.1.7　Wi-Fi 7 标准化进展及其关键技术

随着Wi-Fi网络吞吐量的提高，视频通话、音视频会议等业务逐步成为WLAN上承载的主要业务类型。随着4K和8K视频的出现，高清视频传输需求将持续增长到20 Gbit/s；同时，时延敏感型的视频应用（如远程医疗、AR/VR等）也快速出现。Wi-Fi 6更多聚焦的是解决高密场景下网络的整体性能以及用户体验的问题，上述应用对网络超高带宽和超低时延的要求已经超出了Wi-Fi 6的能力范围。

IEEE 802.11标准组织于2019年5月成立了IEEE 802.11be ETH（Extremely High Throughput，极高吞吐量）工作组，并预计在2024年完成协议的标准化。按照Wi-Fi联盟对Wi-Fi标准代际的定义，它将被命名为Wi-Fi 7。整个标准将按照两个版本发布，Release1预计在2022年年底发布，Release2预计在2022年年初启动并在2024年年底发布。

Wi-Fi 7标准的目标是将Wi-Fi网络的吞吐量提高到30 Gbit/s，并且提供低时延的接入保障。为了满足这个目标，整个标准在物理层和MAC层都做了相应的优化，引进了诸多关键技术。由于部分技术的细节还未正式确定，本节仅进行简要介绍。

1. 引入新的6 GHz频段

Wi-Fi 7延续使用Wi-Fi 6E标准引入的6 GHz频段，并且努力达成同时使用3个频段进行通信的目标，以获得更大的通信带宽。如图4-20所示，新增的1200 MHz的带宽资源可以带来额外的7个连续或非连续的160 MHz带宽资源。

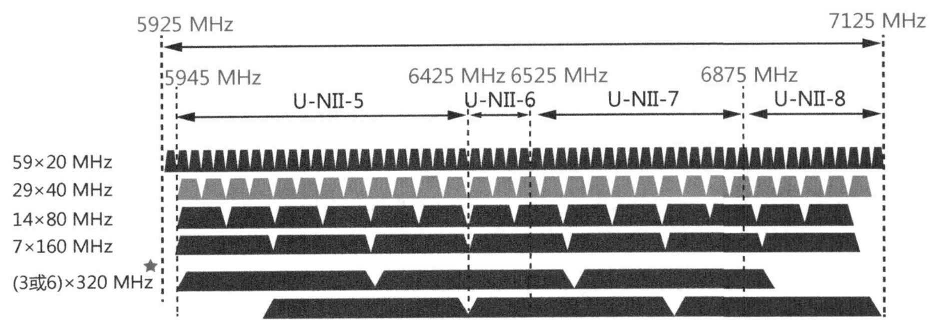

注：U-NII 即 Unlicensed National Information Infrastructure， 未经许可的国家信息基础设施。

图 4-20　Wi-Fi 7 在 6 GHz 频段的灵活带宽组合模式

同时，Wi-Fi 7也将会有新的带宽组合模式，例如连续的240 MHz带宽、非连续的80 MHz+160 MHz带宽、连续的320 MHz带宽以及非连续的160 MHz+160 MHz带宽。这些新的带宽组合模式尚在讨论中，但是可以预见的是，带宽的提高必然使得空口传输速率得到相应的线性增长，例如在相同的条件下，320 MHz带宽相对于160 MHz带宽，空口速率会提高2倍。

同时，新增的6 GHz频段是一个全新的未授权频段，Wi-Fi网络在此频段下工作时将不会受到非Wi-Fi干扰源（例如蓝牙、微波炉、无绳电话等）的干扰。更高的传输速率以及更低的空口干扰使得Wi-Fi网络获得更低的空口时延成为可能。

2. 引入Multi-RU机制

在Wi-Fi 6标准中，每个用户只能被分配到特定的RU上发送或接收数据帧，这极大地限制了频谱资源调度的灵活性。为了解决该问题，进一步提高频谱效率，在Wi-Fi 7标准中定义了新的RU分配方案，允许把多个连续或非连续的RU分配给单个用户。

Wi-Fi 6标准只定义了7种RU类型，分别是：26-tone RU、52-tone RU、106-tone RU、242-tone RU、484-tone RU、996-tone RU和2×996-tone RU。为了提高频谱资源的利用率，Wi-Fi 7标准中定义了允许将多个RU分配给单用户的机制。考虑到实现的复杂度和频谱利用率的平衡，Wi-Fi 7标准中对RU的组合做了一定的限制，即小规格RU（少于242个Tone）只能与小规格RU合并，大规格RU（多于等于242个Tone）只能与大规格RU合并，不允许小规格RU和大规格RU混合使用，详细如表4-7所示。

表 4-7　Wi-Fi 7 标准中的 Multi-RU 机制

RU 规格	RU 类型	Wi-Fi 7 标准允许的 RU 组合
小规格 RU	• 26-tone RU • 52-tone RU • 106-tone RU	• 26-tone RU+106-tone RU，对于 20/40 MHz • 26-tone RU+52-tone RU，对于 20/40/80 MHz
大规格 RU	• 242-tone RU • 484-tone RU • 996-tone RU • 2× 996-tone RU • 3× 996-tone RU（新增）	• 242-tone RU+484-tone RU，对于 80 MHz • 484-tone RU+996-tone RU，对于 160 MHz • 242-tone RU+484-tone RU+996-tone RU，对于 160 MHz • 484-tone RU+2×996-tone RU，对于 240 MHz • 2×996-tone RU，对于 240 MHz • 484-tone RU+3×996-tone RU，对于 320 MHz • 3×996-tone RU，对于 320 MHz

3. 支持4096-QAM调制技术

Wi-Fi 6标准使用的是1024-QAM调制，每个符号传输10 bit有效数据。为了获取更高的传输效率，Wi-Fi 7将继续升级调制方式，直接使用4096-QAM调制，一个符号能够传输12 bit的有效数据，在编码率相同的前提下，调制技术带来约20%的传输效率的提高，详细如表4-8所示。

表 4-8　不同的调制方式下传输效率的提高

调制方式	每符号传输的数据位	相对上一阶调制传输效率的提高
BPSK	1	NA
QPSK	2	100%
16-QAM	4	100%
64-QAM	6	50%
256-QAM	8	33%
1024-QAM	10	25%
4096-QAM	12	20%

这就好比是货物打包，原本一辆车只能携带8 bit数据，提高QAM的阶数后，就可以携带10 bit数据了。同样的一辆车，携带的内容比原先多了，数据传输速率自然就提高了。

4. MIMO支持更多的数据流

Wi-Fi 5标准中最多支持8条数据流，它当时的一大改进就是引入了DL MU-MIMO，让AP可以使用多条数据流同时与多个设备进行通信。Wi-Fi 6标准中没有增加空间流的数量，但是引入UL MU-MIMO，使多用户上行传输的效率得到了提高。Wi-Fi 7标准将空间流的数量增加到了16条，理论上可以将物理传输速率提高为原来的两倍，这是Wi-Fi 7很有吸引力的一个MIMO增强特性。

Wi-Fi 7标准支持更多的数据流，还会带来一个更强大的特性——分布式MU-MIMO，即16条数据流不再由一个接入点提供，而是由多个接入点同时提供，这意味着多个AP之间需要互相协同工作。分布式MU-MIMO是为了满足目前Wi-Fi网络多接入点的发展方向而设计的新特性。近几年来，为了扩大Wi-Fi网络的覆盖范围，通常会采用Mesh组网方式，这其实就是增加了接入点数量。分布式MU-MIMO则可以让用户充分利用多出来的接入点，将16条数据流分布到不同的接入点同时工作，这样就可以大大提高空间复用的工作效率。

另外，Wi-Fi 7标准优化了NDP（Null Data Packet，空数据包）过程，在目前的802.11协议中，NDP过程用来测量信道技术，进而计算出MIMO所需要的预编码矩阵。该测量过程是AP发送一个NDP-A帧和一个NDP帧后，采用类似轮询的方式，一个一个节点逐个反馈的。然而，随着空间流的总数增加到16个，大量的sounding和feedback信息可能影响MIMO传输的增益。此外，在多AP协同场景中，STA（Station，站点，工作站）可能需要向周围的每个AP都发送反馈，因此需要更多的反馈信息。基于上述原因，需要研究在16个空间流场景中最有用的减少反馈开销的方法。在Wi-Fi 7中，允许多个节点同时反馈编码矩阵，这一点和在802.11ax中发送MU-RTS然后节点并发反馈CTS（Clear to Send，允许发送）的技术差不多，也是基于MU-MIMO技术的一个扩展。当然ETH工作组还提出了一些新的方案，但是方案各有优缺点，最终采用哪个方案尚待研究确定。

5. 支持多AP间的协同调度

在Wi-Fi 6及之前的802.11协议框架内，AP之间实际上没有太多协作的关系。自动调优、智能漫游等常见的WLAN功能都属于厂商自定义的特性，AP间协作也仅仅是优化信道选择、调整AP间负载等，以实现射频资源高效利用的目的。Wi-Fi 7标准中多AP间的协同调度可以有效降低AP之间的干扰，极大地提高空口资源的利用率。

在典型的多AP组网场景下，AP需要与其相邻的AP进行通信以协调工作，这将造成大量的信令开销，并增加了处理的复杂度。在这方面，集中式的网络架构（如云架构和SDN架构）具有相当大的潜力，可以降低独立AP之间的同步和协调过程的复杂性。多AP间的协同调度组网架构如图4-21所示，多AP系统具有主AP（M-AP）和多个从AP（S-AP），其中，M-AP作为所有AP的协调器，协助多个AP的管理和资源调度，S-AP参与多AP传输。

此外，还需要高速率、低时延的有线/无线回传链路，以便在多个AP之间实时交换与协调相关的信息和业务数据。为了高效实现多AP传输过程，可以在多AP网络中增加逻辑PU（Process Unit，处理单元），以协调多个分布式AP的相关操作，例如管理所有AP的空口资源调度，管理所有AP的CSMA/CA功能，协调所有AP的传输等。通常情况下，如果STA远离干扰AP，则不会受到较大的干扰，无须多AP协同，即可保证通信质量。因此，需要特定的标准来识别哪些STA是边缘用户，而WLAN中AP的部署位置一般是比较随机的，没有特别的规划，通过随机算法或地理位置区分用户是不合理的，中心用户和边缘用户基本上是通过SINR（Signal-to-Interference plus Noise Ratio，信号与干扰加噪声比）来区分的，因此当计算出的SINR小于设定的门限时，AP就可以判定该用户为边缘用户，否则认为该用户为中心用户。

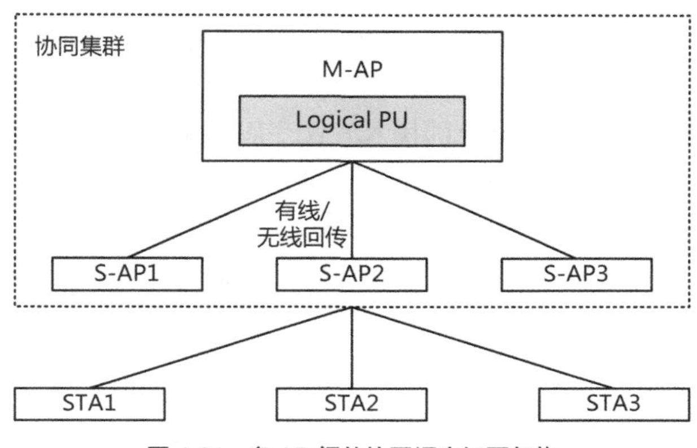

图 4-21　多 AP 间的协同调度组网架构

| 4.2　物理网络的广泛覆盖 |

Wi-Fi技术的不断发展已经让园区网络可以做到对园区的全无线覆盖，但是要实现物理网络的超宽覆盖，还需要解决一个更大的问题——如何将IoT终端接入园区网络中。

4.2.1　IoT 推动园区万物互联

物联网被称为世界信息产业革命的第三次浪潮——“Next Big Thing”。从第一台联网的个人计算机，到第一部联网的移动电话、第一台联网的汽车、第一个联网的电表……越来越多的设备通过蜂窝网络、NFC（Near Field Communication，近场通信）、RFID、蓝牙、ZigBee和Wi-Fi等方式连到网络上。

根据华为公司的预测，到2025年将有超过1000亿个物（不包括个人宽带用户）被连接起来。任何设备在任何时间和任何地点都能连接到网络上。物联网正在深刻地影响着人们的生产和生活。

在园区的网络中，也存在着各种类型的IoT终端，如门禁、资产标签、智能灯等。这些终端和手机、便携式计算机、台式计算机等构成园区网络的接入设备，用户通过这些设备实现与网络的交互。如何管理园区中海量的接入终端，是建设园区网络时首先要考虑的问题。在传统的园区中，不同类型的终端可能需要接入分别建设的网络，同时，不同类型的终端采用不同的无线接入方式。例如，资产管理可能采用RFID接入，智能灯可能采用ZigBee接入，不同的接入方式需要部署不同的连接设备以供终端接入网络。这导致网络部署复杂，组网成本提高，解决方案碎片化，给部署和运维带来很大的难度。

如何快速统一IoT设备多样化的接入方式，是亟待解决的问题，也是园区大规模推广IoT应用的关键。为了解决该问题，业界推出了物联网AP，在已经广泛部署和成熟应用的Wi-Fi AP产品上集成了蓝牙、RFID等连接功能。物联网AP方案在Wi-Fi的基础上，实现了其他各种物联网连接在AP上的共站址、共回传、统一入口和统一管理，具有灵活、可扩展等特点，推动了园区网络融合的快速发展。

4.2.2 IoT 相关的通信协议

在IoT接入场景中，使用了很多不同的无线技术，按照覆盖范围可以分为短距离无线通信技术和广域无线通信技术。常见的短距离无线通信技术包括Wi-Fi、RFID、蓝牙和ZigBee 等；广域无线通信技术包括SigFox、LoRa（Long Range Radio，远距离无线电）和NB-IoT（Narrow Band-Internet of Things，窄带物联网）等。在园区网络中，主要是通过短距离无线通信技术实现物联网设备的接入。本节将重点对短距离无线通信技术进行介绍。

1. Wi-Fi

Wi-Fi网络是园区中最主要的无线网络，供Wi-Fi终端接入园区网络，如便携式计算机、手机、Pad、打印机等办公终端可通过Wi-Fi网络接入园区网络中。近来，在园区网络中，越来越多其他类型的设备。如电子白板、无线显示屏、智能音箱、智能灯等设备，也会通过Wi-Fi网络接入园区网络。与Wi-Fi相关的技术在前文已有详细介绍，本节不再赘述。

2. RFID

RFID即无线射频识别技术，是一种无线接入技术，通过射频信号自动识别目标对象并获取相关数据，识别工作无须人工干预。

（1）RFID系统

RFID系统通常由电子标签和读写器两部分组成，连接至信息处理系统。电子标签由芯片和标签天线或线圈组成，内置信息以标识身份。读写器是读取和写入标签信息的设备。有些只具备读取能力的设备也被称为读卡器。

如图4-22所示，RFID电子标签（以下简称RFID标签）通过电感耦合或电磁反射原理与读写器进行通信，读写器读取RFID标签的信息后，通过网络上送到信息处理平台，由信息处理平台统一对信息进行存储和管理。

图 4-22　RFID 系统的组成

（2）工作频段

如图4-23所示，RFID系统典型的工作频段为：低频（120～134 kHz），高频（13.56 MHz），特高频（433 MHz、865～868 MHz、902～928 MHz和2.45 GHz），超高频（5.8 GHz）。

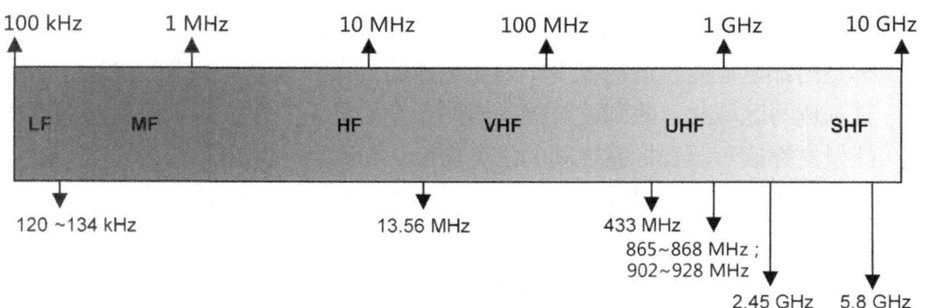

注：LF 即 Low Frequency，低频；
MF 即 Medium Frequency，中频；
HF 即 High Frequency，高频；
VHF 即 Very High Frequency，甚高频；
UHF 即 Ultra High Frequency，特高频；
SHF 即 Super High Frequency，超高频。

图 4-23　RFID 系统典型的工作频段

RFID标签的成本较低，能耗较低，标签内保存的数据量较少，读写距离相对较短，不同频率RFID标签的特点如下。

- LF：技术成熟，数据信息量小且传输慢，读写距离近（小于10 cm），媒介穿透力强，无特殊管制，成本低。市场上大部分RFID产品都工作在这个频段，典型的应用场景包括门禁、考勤刷卡等。
- HF：技术成熟，数据传输较快，读写距离近（小于1 m），媒介穿透力较好，无特殊管制。高频系统的标签及读写器成本均较高，标签内保存的数据量较大，适应物体高速运动。典型的应用场景包括列车车次号识别、高速公路不停车收费等。
- UHF：RFID产品发展最快的频段，数据传输很快，读写距离远（3～100 m）。但由于水雾等对这个频段的电波影响较大，数据传输易受干扰，且产品成本较高。主要用于供应链管理、后勤管理、生产线自动化等场景。
- SHF：其特性和应用与UHF相似，容易受水、金属等的反射，影响信号传递，需要视距传输。SHF RFID一般多用于远距离识别、快速移动物体识别，如物流检测、高速收费系统等。

（3）供电方式

RFID标签按照供电方式分为有源RFID、半有源RFID及无源RFID标签。

- 有源RFID标签：又称主动标签，使用卡内电池为微型芯片提供全部或部分能量，不需要读写器提供能量来启动，识别距离较长（可达十几米），但是它的寿命有限（3～10年），且价格较高。
- 半有源RFID标签：标签内的电池仅对标签内部电路供电，并不主动发射信号。标签未进入工作状态前，一直处于休眠状态，相当于无源RFID标签，标签内部电池能量消耗很少，因而电池的寿命和成本有一定的优势；当标签进入读写区域时，收到读写器发出的指令，进入工作状态，由读写器发出的能量支撑读写器和标签之间的信息交换。
- 无源RFID标签：标签内不含电池。在读写器的识别范围之外时，标签处于无源状态；在读写器的识别范围之内时，标签依靠读写器发出的射频能量供电。无源RFID标签的适用范围为10 cm至几米，质量较轻，体积较小，使用寿命长，它是目前最流行的RFID标签应用。

（4）RFID标签的读写属性

按照存储的信息是否被改写，RFID标签也被分为只读式标签（Read Only）和可读写标签（Read and Write）。只读式标签内的信息在集成电路生产时就将信息写入，以后不能修改，只能被专门设备读取。可读写标签将保存的信息写入其内部的存储区，需要改写时也可以采用专门的编程或写入设备擦写。

无源的RFID标签因其成本低，应用最为广泛，如门禁、考勤刷卡等。在园区网络中，基于RFID的应用也大量应用在资产管理、设备定位等场景中，通过有源的标签可以实现大范围的管理，同时结合其可读写的特性，实现灵活的资产管理。

3. 蓝牙

蓝牙（Bluetooth）是当今使用最广泛的无线物联网技术之一。它是一种短距离宽带无线电技术，是实现语音和数据无线传输的全球开放性标准，由爱立信公司在1994年初创。1998年，爱立信联合诺基亚、英特尔、IBM、东芝一起成立了Bluetooth SIG（Bluetooth Special Interest Group，蓝牙技术联盟）。蓝牙的发展也经历了多次标准的更新，以下介绍2010年及之后发布的版本。

- 蓝牙4.0标准：由Bluetooth SIG于2010年7月发布。蓝牙4.0标准包括3个子规范，即传统蓝牙技术、高速蓝牙和蓝牙低功耗技术，改进主要体现在电池续航时间、节能和设备种类3个方面。
- BLE 5.0标准：一般将蓝牙4.0之后发布的版本称为BLE（Bluetooth Low Energy，低功耗蓝牙）。2016年推出了新一代蓝牙标准BLE 5.0，与之前相比，BLE 5.0标准规定的传输速度更快、覆盖距离更远、功耗更低。

蓝牙使用FHSS（Frequency Hopping Spread Spectrum，跳频扩频）、TDMA（Time Division Multiple Access，时分多址）、CDMA（Code Division Multiple Access，码分多址）等先进技术，在小范围内建立设备之间的信息传输系统。如图4-24所示，BLE工作频段为2.4～2.4835 GHz。该工作频段占用40个信道，每个信道带宽为2 MHz，其中3个为固定的广播信道，37个为跳频的数据信道。

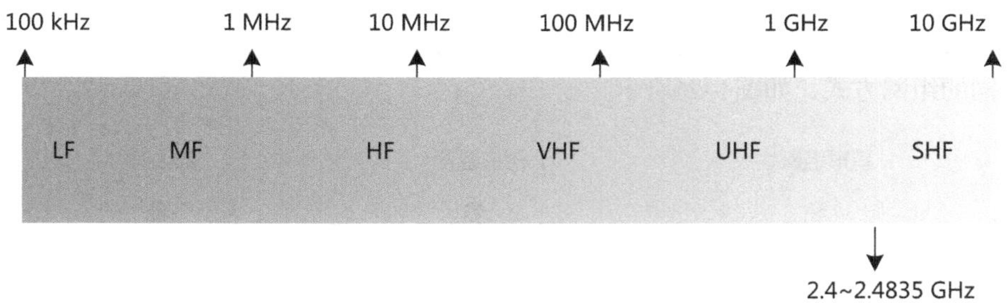

图 4-24　BLE 的工作频段

随着智能穿戴设备、智能家居和车联网等物联网产业的兴起，蓝牙作为一种短距离无线通信技术越来越受到开发者的重视，从而衍生出大量的蓝牙产品，如蓝牙耳机、蓝牙音箱、智能手环、智能家电等。基于蓝牙的定位方案也在园区网络中逐步推广，通过部署蓝牙标签或者智能手机/手环自带的蓝牙功能进行定位。

4. ZigBee

ZigBee技术是一种短距离、低功耗的无线通信技术，还具有自组织、低数据传输速率、低成本等特点，主要适用于自动控制和远程控制领域，可以应用于各种设备。ZigBee标准由ZigBee联盟发布，物理层和MAC层的设计基于IEEE 802.15.4标准。ZigBee标准的出现使厂商在开放式全球标准的基础上开发稳定的、低成本的、低功耗的、无线联网的监控和控制产品成为可能。

ZigBee无线通信主要工作在3个频段上，如图4-25所示，分别是欧洲的868 MHz频段、美国的915 MHz频段，以及全球通用的2.4 GHz频段。但这3个频段的信道带宽并不相同，它们的信道带宽分别是0.6 MHz、2 MHz和5 MHz，分别有1个、10个和16个信道。ZigBee技术支持的数据传输速率比较低，在2.4 GHz频段为250 kbit/s，在915 MHz频段为40 kbit/s，在868 MHz频段为20 kbit/s。ZigBee节点之间采用基于CSMA/CA（Carrier Sense Multiple Access with Collision Avoidance，载波侦听多址访问/冲突避免）的随机接入信道技术进行通信。

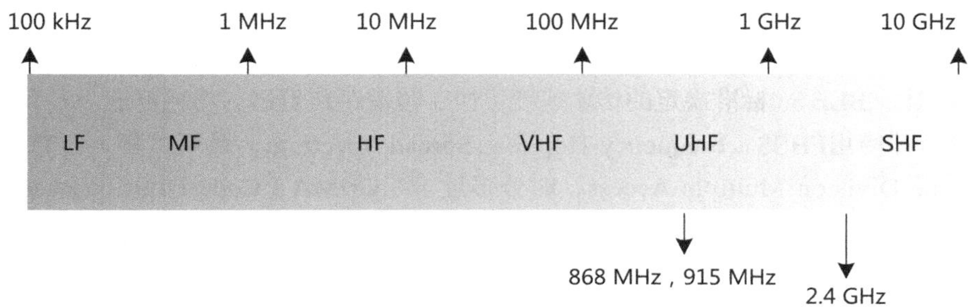

图 4-25　ZigBee 的工作频段

ZigBee技术支持星形组网、树形组网和网状组网（星形组网+Mesh组网）3种不同的组网方式，如图4-26所示。

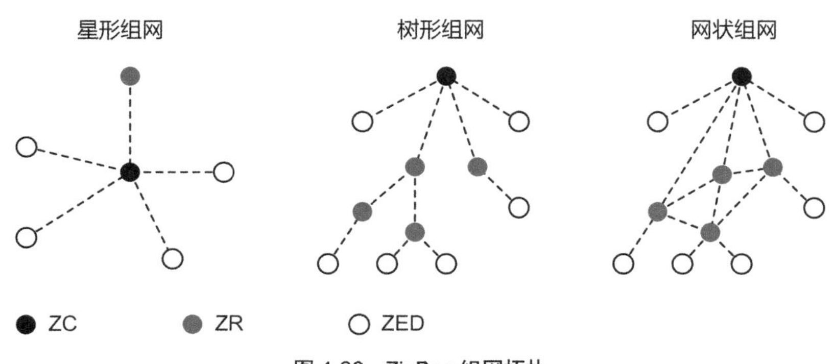

图 4-26　ZigBee 组网拓扑

在ZigBee技术的组网中有3种角色的节点：ZC（ZigBee Coordinator，ZigBee协调者）、ZR（ZigBee Router，ZigBee路由器）和ZED（ZigBee End Device，

ZigBee终端设备）。ZC是网络的协调者，负责建立和管理整个网络，当网络建立后，ZC也是一个ZR。ZR提供路由信息，同时负责判断是否允许其他设备加入这个网络。ZED主要负责采集数据。

ZigBee技术在园区网络中广泛应用于能效管理、智能照明、门禁管理等场景。ZigBee技术借助自组网的能力，通过节点间通信，减少网关的部署，同时提高了网络的可靠性，采用这种技术的IoT网络方案应用比较广泛，且功耗低。

5. 短距离无线通信协议对比

表4–9列出了这几种短距离无线通信协议的对比。

表 4-9　几种短距离无线通信协议的对比

对比项	Wi-Fi	RFID	蓝牙	ZigBee
工作频率	2.4 GHz、5 GHz	120 ～ 134 kHz、433 MHz、865 ～ 868 MHz、902 ～ 928 MHz、2.45 GHz、5.8 GHz	2.4 ～ 2.4835 GHz	868 MHz、915 MHz、2.4 GHz
传输速率	<10 Gbit/s	≤ 2 Mbit/s	≤ 25 Mbit/s	≤ 250 kbit/s
功耗	≤ 15 W	≤ 1 W	≤ 100 mW	休眠时：1.5 ～ 3 μW 工作时：100 mW
覆盖范围	15 m	3 ～ 100 m	10 m	10 m
组网架构	点对点、星形、树形、网状	点对点、星形	点对点、星形	星形、树形、网状

4.2.3 IoT 融合部署方案

不同的无线技术覆盖的范围是不同的，在部署不同的无线设备时，设备与设备之间的距离也会有差异。在差异不大的情况下，可以采用共站址部署方式，即不同无线通信设备共用一个基站，基站上集成多种无线通信部件或者芯片。不同无线通信基站部署间距如表4–10所示。从基站间距看，Wi–Fi基站和RFID基站基本相同，与蓝牙/ZigBee基站相比偏大。在理想环境（空间遮挡少，穿透耗损小）下，可以按照相同的位置部署；在非理想环境（遮挡严重，穿透耗损大）下，在共站址部署的基础上，还需要再额外部署一些蓝牙/ZigBee基站。

表 4-10　不同无线通信基站部署间距

无线通信基站	部署间距
Wi-Fi 基站（AP）	10 ～ 15 m
RFID 基站	10 ～ 15 m
蓝牙基站	8 m
ZigBee 基站	10 m

1. 基于物联网AP的融合接入

从对基站部署的分析中可以看出，在园区网络中，可以通过AP集成多种无线通信技术来供IoT终端接入，实现IoT接入和Wi-Fi接入的共站址部署。因此，基于物联网AP的部署方案能够做到园区网络与IoT的融合，可以统一布线、统一供电，无论是从投入成本还是从安装部署便利性的角度看，都是一个很好的方案。

物联网AP集成其他无线通信技术，主要有两种方式：内置集成或通过外部扩展卡集成。内置集成是指物联网AP除了Wi-Fi模块外，还内置集成了其他射频模块；外部扩展卡集成是指物联网AP提供了一些外部接口，如Mini PCI-e接口或USB接口，可以插入支持Mini PCI-e接口的物联网扩展模块或USB接口的物联网扩展模块。

物联网AP内置集成，一般可以由AP核心芯片统一提供Wi-Fi和IoT射频功能，或者AP内置专门的IoT射频芯片，由独立的芯片来提供IoT射频功能，如图4-27所示。无论采用哪种方式，IoT模块和AP系统都深度耦合，设备一出厂就具备连接IoT硬件的功能，无须另外提供IoT插卡。内置集成物联网AP预装的系统可以内置IoT处理软件，通过标准的接口将采集的数据上传到IoT应用系统；也可以通过容器的方式，安装第三方软件，由第三方软件采集数据，并通过AP和应用系统通信。

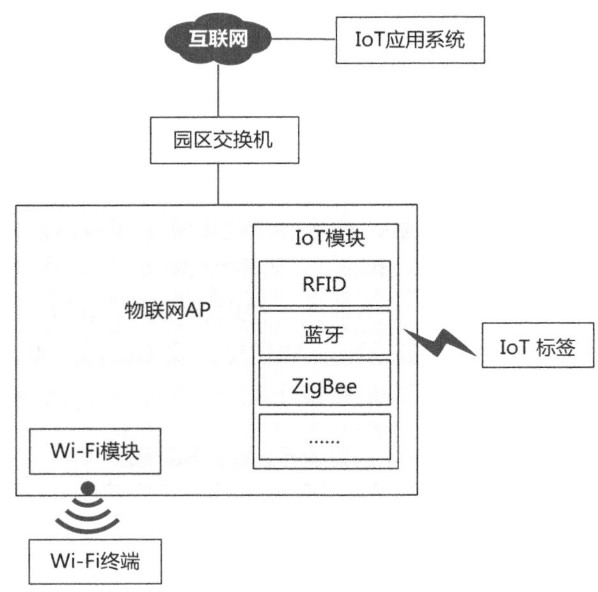

图 4-27　物联网 AP 内置 IoT 射频模块

采用内置集成方案时，由于AP设备内置了具有射频功能的IoT硬件，不依赖外部芯片，通过定制软件便可实现与IoT的融合，成本低、灵活性高。目前，AP内置标准的BLE模块已经成为业界趋势。

物联网AP一般通过Mini PCI-e接口或者USB接口实现AP和IoT插卡的协议通信，如图4-28所示。IoT插卡负责连接IoT设备，采集对应的数据，通过AP发送到IoT应用系统。AP和IoT插卡之间可以通过串口或者以太端口通信。该模式对AP来说是一个弱耦合的融合方案，IoT插卡一般由第三方厂家提供，IoT模块的驱动程序也由第三方提供。AP需要提供电源、进行简单的配置、完成插卡状态的维护及数据的转发。

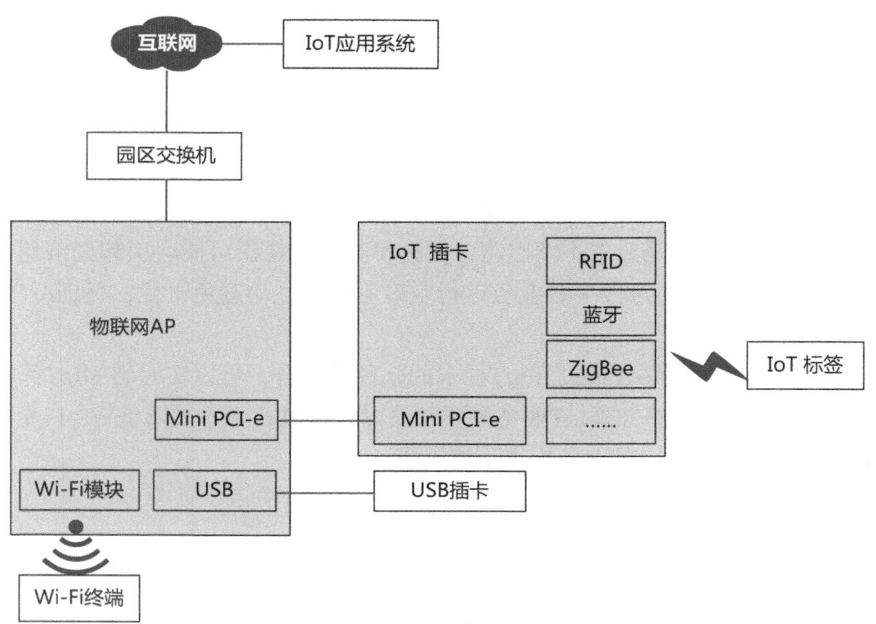

图 4-28　物联网 AP 外置 IoT 插卡

在物联网融合接入的初期，AP没有内置的IoT射频芯片，为了实现网络的快速融合，多采用外部扩展卡集成的方式。第三方厂家有成熟的IoT模块化设备及驱动程序，可以方便地通过外部扩展卡集成的方式集成到AP上。网络厂商可以快速地与新的IoT厂商共同打造物联网方案，通过合作开发的方式实现商业上的共赢。

2. 物联网AP的设计优化

由于Wi-Fi技术的工作频段与其他几种短距离无线通信技术的工作频段基本一致，相互之间可能会产生干扰，因此必须要对物联网AP进行一定的优化，减小Wi-Fi信号和IoT射频间的相互干扰。

（1）信道主动避让

Wi-Fi网络使用的频段都是非授权频段，IoT设备的射频也可以使用这些频段。当IoT设备与所属AP使用同一频段工作时，就会相互干扰。这时就必须考虑将IoT设备的工作信道与AP的工作信道区分开，降低AP和IoT设备之间的干扰。

另外对于某些IoT业务（如电子价签、能效管理），IoT设备与终端之间采用了Mesh组网，这就要求IoT系统不能随意更换信道，否则会造成业务中断、终端掉线等问题。因此需要AP在设置、切换信道时主动避让IoT设备的工作信道。

华为的物联网AP与IoT设备之间会进行实时的管理通信，感知IoT设备的中心频率和带宽，AP会将感知到的频率通道标记为IoT信道。后续AP在进行调优、规划Wi-Fi信道时，会主动避开IoT信道，防止发生信道冲突。

（2）干扰避免

对于2.4 GHz频段，由于其带宽小，整个频段内只有1、6、11这3个信道互不干扰，其他任意3个信道间或多或少都会存在干扰。所以在实际部署时，即使通过信道主动避让的方式使AP工作信道与IoT插卡工作信道错开，也无法完全避免干扰。因此对于一些对报文收发要求苛刻的业务（如电子价签的报文量比较小，价签变化周期也长，但是要求不能出错，货物价签修改错误可能会引起经济纠纷或造成经济损失），就需要Wi-Fi业务进行空口避让，主动避免干扰，保证IoT业务的可靠性。

华为公司的物联网AP通过和IoT插卡的软硬件结合，可以实时感知IoT终端的空口环境和业务。在感知到IoT业务需要通信时，通过技术手段降低Wi-Fi业务对空口的占用，可保证IoT的业务报文不被干扰。

4.2.4 大功率长距离 PoE 供电

在园区网络中，会有各式各样的终端接入网络，为终端设备供电是物理网络需要解决的首要问题。IP电话、摄像头、数据采集器等终端设备需要直流供电，而这些设备通常安装在楼道或者比较高的天花板等处，附近很难有合适的电源插座。在很多大型的局域网中，管理员需要同时管理多个接入点设备，这些设备又需要统一的供电和统一的管理，给供电管理带来极大的不便。

PoE技术则正好解决了这个问题。PoE技术是一种有线以太网供电技术，它为IP终端传输数据信号的同时，还提供直流供电，目前在园区网络中应用非常广泛。相对于传统的供电方式，PoE供电有如下优势。

- 低成本：大幅减少了电源布线成本，提供简单、方便的电源安装方式。
- 可靠：电源集中供电，备份方便。
- 连接简捷：网络终端无须外接电源，只需要一根网线。

- 符合标准：符合IEEE 802.3af标准、IEEE 802.3at标准，使用全球统一的电源接口，可保证与不同厂商的终端对接。

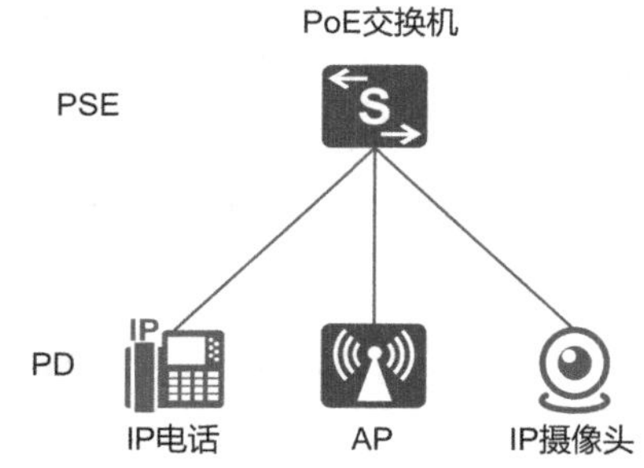

图 4-29　PoE 供电系统的组成

如图4-29所示，PoE供电系统包括PSE（Power Sourcing Equipment，供电设备）、PD（Powered Device，受电设备）和PoE电源（该模块内置在PoE交换机中），分别介绍如下。

- PSE：通过以太网给受电设备供电的PoE设备，提供检测、分析、智能功率管理等功能。
- PD：如AP、便携式充电器、刷卡机、摄像头等受电设备。按照是否符合IEEE标准，PD分为标准PD和非标准PD。
- PoE电源：PoE电源为整个PoE系统供电，PSE下接的PD数量受制于PoE电源的功率。PoE电源根据是否可插拔，分为内置和外置两种类型。

1. PoE供电原理

下面以华为S系列交换机举例说明PoE的供电原理。

步骤①　检测PD：PSE在端口周期性输出电流受限的小电压信号，以检测是否存在PD设备。如果检测到特定阻值的电阻，说明线缆终端连接着受电端设备（电阻值为19～26.5 kΩ的特定电阻，通常的小电压为2.7～10.1 V，检测周期为2 s）。

步骤②　供电能力协商：PSE对PD进行分类，并协商供电功率。供电能力协商的方式有两种，分别为解析检测到的特定电阻和通过LLDP（Link Layer Discovery Protocol，链路层发现协议）进行供电能力协商。

步骤③　开始供电：在启动期内（一般小于15 μs），PSE设备开始从低电压逐渐升压向PD设备供电，直至提供48 V的直流电压。

步骤④　正常供电：电压达到48 V之后，PSE为PD设备提供稳定可靠的48 V直流电，PD设备功率不能超过PSE最大输出功率。

步骤⑤　断电：供电过程中，PSE会不断监测PD电流输入，当PD电流下降到最低值以下或电流激增时，例如，拔下设备或遇到PD设备功率消耗过载、短路、超过PSE的供电负荷等情况时，PSE会断开电源，并重复检测过程。

2. PoE遵循的标准

最早规范了PoE供电标准的是IEEE 802.3af标准，后者有效解决了IP电话、AP、便携式充电器、刷卡机、摄像头等终端的集中式电源供电问题。随后IEEE 802.3at标准又提出了PoE+，可以为配置有双波段接入、视频电话、云台视频监控系统等大功率应用的设备供电。

随着业务种类和新式终端的涌现，系统需要提供更高的输入功率。华为积极参与IEEE 802.3bt标准的制定，目前已基于IEEE 802.3bt标准草案推出众多PoE++交换机，此类交换机能提供60 W功率输出。同时，在此基础上，华为推出了新一代增强型通用以太网供电UPoE+交换机，UPoE+交换机能提供90 W的大功率输出，满足终端更大功率的需求。PoE、PoE+、PoE++和UPoE+的性能参数对比如表4-11所示。

表 4-11　PoE、PoE+、PoE++ 和 UPoE+ 的性能参数对比

对比项	PoE 的性能参数	PoE+ 的性能参数	PoE++ 的性能参数	UPoE+ 的性能参数
标准	IEEE 802.3af	IEEE 802.3at	IEEE 802.3bt（草案）	IEEE 802.3bt（草案）
供电距离	100 m	100 m	100 m	100 m
最大电流	350 mA	720 mA	720 mA	960 mA
PSE 输出电压	44 ～ 57 V DC	50 ～ 57 V DC	50 ～ 57 V DC	50 ～ 57 V DC
PSE 输出功率	≤ 15.4 W	≤ 30 W	≤ 60 W	≤ 90 W
PD 输入电压	36 ～ 57 V DC	42.5 ～ 57 V DC	42.5 ～ 57 V DC	42.5 ～ 57 V DC
PD 最大输入功率	12.95 W	25.5 W	54 W	81.6 W

3. PoE不间断供电和快速供电

不间断供电是指PoE设备在不掉电重启或软件版本升级时，对下挂PD的供电不会中断，从而保证交换机重启阶段PD不掉电，避免PD掉电导致的业务中断，实现PoE供电零中断。

快速供电是指PoE设备掉电重启时，不需要等待PoE设备重启完成才继续为PD供电，而是只要PoE设备上电就可以继续为PD供电，缩短了PD掉电时间。一般交换机接入电源1～3 min后才能开始对PD供电，华为的交换机可以实现设备电源上电10 s以内开始对PD供电，大大缩短了供电中断导致的业务中断时间。

4. PoE长距离供电

PoE标准的供电距离一般可达100 m。随着无线终端的普及，布放AP的场景也越来越多，在某些不方便布线的室外场景（如校园的操场），供电问题变得格外突出。负责供电的PoE交换机一般都部署在楼栋的弱电井处，所以在布放AP时，在满足AP上行带宽的前提下，希望能增加PoE的传输距离。

电口传输最重要的指标是SNR（Signal to Noise Ratio，信噪比），要想传输更远的距离，就需要减少整个链路的SNR损耗。电口传输的整个链路中存在多种器件和介质，最主要的是两端物理芯片、两端单板、两端端口连接器以及网线。华为PoE设备从这4个方面入手改善SNR参数，使得在通过Multi GE口与特定AP对接时，最远可以支持200 m的传输距离，主要措施如下。

- 在交换机和AP中内置支持200 m传输距离的定制物理芯片，同时优化算法，改进驱动软件，保证设备在长距离传输的情况下能优化SNR参数。
- 在选用连接器和网线时，选用高标准连接器和屏蔽双绞线，降低SNR损耗。

4.2.5 光电混合缆技术

光电混合缆是一种集成了光纤和铜导线的混合形式的线缆，可以用一根线缆同时解决数据传输和设备供电的问题。光电混合缆把光纤和铜导线集成到一根线缆中，通过特定的结构和保护层设计，确保光信号和电能信号在传输过程中不会发生互相干扰的现象，适用于各类网络系统中的综合布线，可以有效降低施工和网络建设成本，达到一线多用的目的。光电混合缆的横截面如图4–30所示。

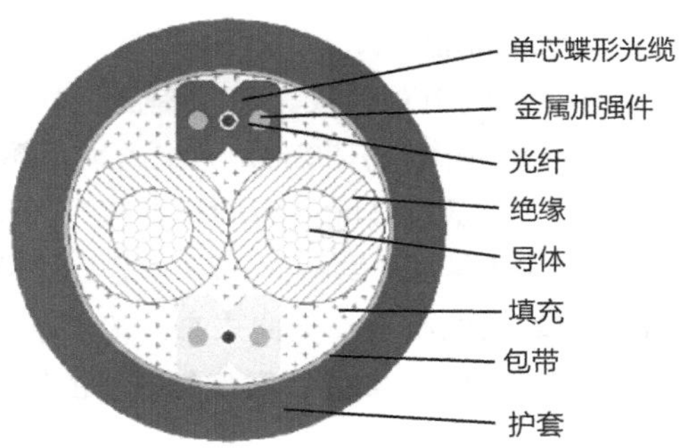

图 4-30　光电混合缆的横截面

世界上第一条光电混合缆是由日本住友电气公司于1978年研制的，主要用于海底光电传输。近年来，光电混合缆在5G小基站覆盖、FTTA（Fiber To The Antenna，光纤到天线）布线以及海底光电传输中都有比较广泛的应用。随着Wi–Fi技术的演进，园区网络对带宽和PoE供电都提出了更高的要求，因此，业界部分厂商已经开始探索在园区网络使用光电混合缆的技术方案。

如图4–31所示，在园区网络中，光电混合缆主要用于接入层，即作为接入交换机和AP之间的这段线缆，主要解决两个方面的问题：Wi–Fi网络的数据回传以及AP的PoE供电。在传统的园区网络中，一般使用双绞线作为连接交换机和AP的线缆，这样既能完成数据的传输，又能完成AP的PoE供电。

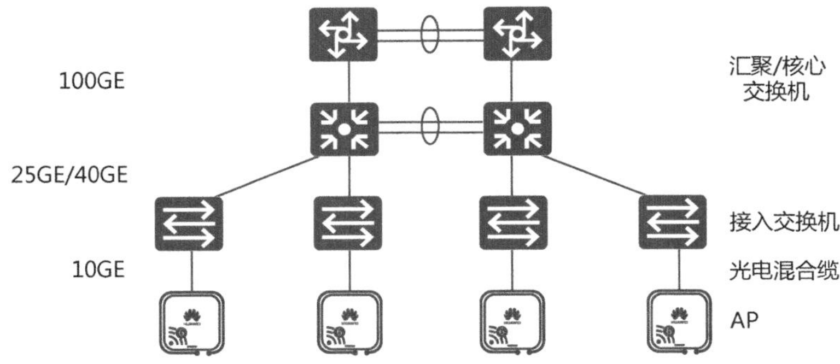

图 4-31　光电混合缆在园区网络中的应用

随着Wi-Fi技术的演进，对接入交换机和AP之间这段线缆的要求越来越高，特别是面向未来的Wi-Fi 7技术，需要这段线缆同时解决高速的数据传输和长距离的PoE供电问题。在带宽方面，目前正在大规模商用的Wi-Fi 6标准要求这段线缆的带宽达到10 Gbit/s；未来的Wi-Fi 7标准则要求这段线缆的带宽达到40 Gbit/s。在PoE供电方面，很多AP的安装环境相对复杂，需要超过100 m的PoE供电，例如某些体育场馆的AP需要300 m甚至更长距离的PoE供电，而传统的双绞线的供电距离只有100 m，无法满足需求。

如图4-32所示，如果继续使用双绞线，带宽提高至10 Gbit/s以后就会遇到瓶颈，达到25 Gbit/s以后，传输距离只有30 m，无法满足大部分PoE供电场景的需求。如果使用光纤，则可以支撑数据传输速率的长期演进，但是光纤的介质是玻璃纤维，是电的绝缘体，无法支持PoE供电，这种方案需给AP提供单独的供电网络，在布线和管理上都存在较大的难度。面向未来，需要在支持带宽长期演进的同时解决PoE供电的问题，光电混合缆就是一种比较合理的解决方案。

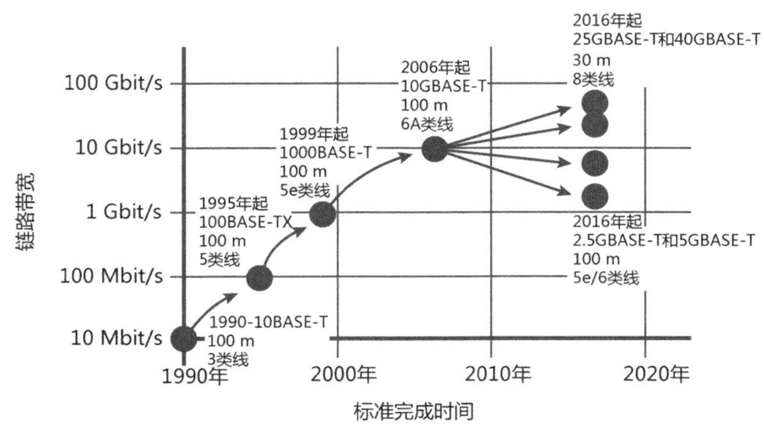

图 4-32　双绞线在传输速率和传输距离上的瓶颈

光电混合缆是华为全光园区解决方案中的一个关键部件，它的外观如图4-33所示。可以看到，这种线缆将光纤和铜导线集成到一根线缆中，其中光纤只负责数据信号的传输，而铜线只负责电力信号的传输，这样通过一根光电混合缆就可以同时给AP进行数据传输和PoE供电了。

图 4-33　光电混合缆的外观

下面进一步解释一下为什么光电混合缆能够支持带宽的长期演进和长距离PoE供电，而双绞线或者光纤却不能。

首先，在光电混合缆中，数据信号的传输是通过光纤进行，这样可以充分利用光纤通信的优势，满足带宽和距离的长期演进。双绞线使用铜线作为传输介质，那么数据信号在铜线上传输时会受到电阻和电容的影响，这就必然导致数据信号的衰减和畸变，衰减与线缆的长度有关系，随着长度的增加，信号衰减也随之增加，当信号的衰减或者畸变达到一定的程度时，就会影响到信号的有效传输。因此，在网络综合布线规范中明确要求，双绞线的布线距离不能超过90 m，链路总长度不能超过100 m。光纤通信利用了光的全反射原理，这种情况下，不存在因为电流的热效应而产生能量的损耗；同时，也不会因为电磁感应而产生信号的串扰，因此光纤通信的损耗很小，传输距离和带宽都可以得到极大的提高。

其次，在光电混合缆中，铜导线只负责传输电力信号，而且是直流电，因此传输距离可以比较远。根据华为的测试，供电距离达到300 m以后，还可以保证60 W的供电功率。但是铜线毕竟有电阻，传输过程中会产生热效应，还会继续存在能量的衰减，因此即使是直流电信号，传输距离仍然是有限的。这样，光电混合缆的传输距离就取决于直流电信号在铜线上的传输距离，未来，随着技术以及工艺的改良，做到500 m甚至更远也是有可能的。这样的距离已经可以满足绝大多数场景长距离PoE供电的需求了。

4.3　极简物理网络架构

物理网络架构是整个网络的基础，不论采用怎样的网络虚拟化技术，网络的数据包最终都是在物理网络上传输的，物理网络的属性（例如时延、带宽、可靠性等）都直接决定了整个网络的使用体验。物理网络架构一旦确定，某种程度上也限定了虚拟网络的架构，后续再改动的风险和代价是巨大的，因此在构建网络的初期就必须充分考虑物理网络架构。

4.3.1 物理网络的总体架构

随着企业数字化转型的深入，越来越多的企业业务系统将从本地迁移至云上，如图4-34所示，业务使用者在园区内，业务系统在云上，业务数据流经过云网络、广域网络、园区网络才能最终到达园区内的用户。园区网络作为最贴近用户的网络，网络架构设计的成败将直接影响用户用网体验的好坏。

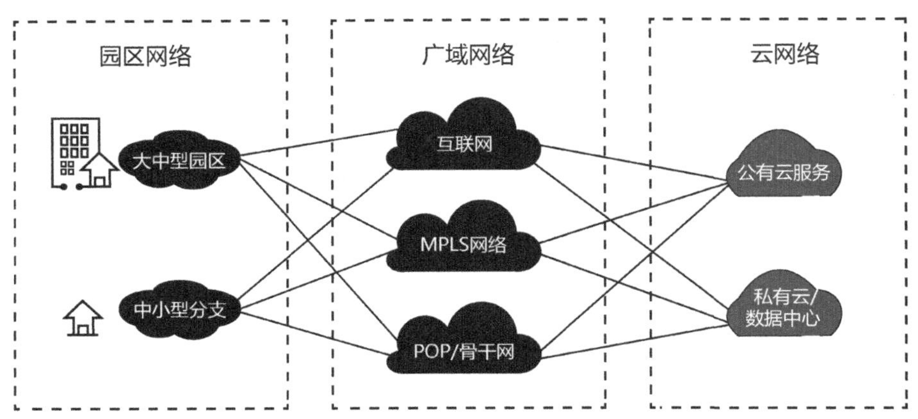

图 4-34 物理网络的总体架构

物理网络的总体架构通常需要具备良好的可靠性、可扩展性和可维护性，通常建议如下。

- 采用树形组网架构：通常园区网络的物理网络以树形组网架构为主，这是一种经典的层次化、模块化的网络拓扑架构，相对稳定，易于扩展和维护。
- 设备冗余：设备冗余一般采用堆叠技术，通过堆叠将多台交换机虚拟成一台交换机进行管理，虚拟后的交换机具有统一的转发平面、控制平面、管理平面，这样可以简化网络架构，提升网络的可维护性。
- 链路冗余：链路冗余一般采用链路聚合技术，通过将多个物理端口聚合成一个逻辑端口进行管理，聚合后的端口是负载分担关系，在保证可靠性的同时，也提高了链路的利用率。

4.3.2 物理网络的分层模型

按园区网络规模的大小，物理网络通常可分为经典三层树形组网架构与极简二层树形组网架构。

1. 经典三层树形组网架构

经典三层树形组网架构包含核心层、汇聚层和接入层。

核心层是园区数据交换的核心，连接园区网的各个组成部分，如数据中心、汇聚层、出口区等，核心层负责整个园区网络的高速互联。网络需要实现带宽的高利用率和网络故障的快速收敛，通常需要部署高性能的核心交换机。

汇聚层是接入层与核心层园区骨干网之间的网络分界线，主要用于转发用户间的“横向”流量，同时转发到核心层的“纵向”流量。汇聚层可作为部门或区域内部的交换核心，实现与区域或部门专用服务器的连接。

接入层为用户提供各种接入方式，是终端接入网络的第一层。接入层通常由接入交换机组成，接入交换机在网络中数量众多、安装位置分散，通常是简单的二层交换机。

图4-35示出了一个经典的三层树形组网架构。三层树形组网的优势是可以减少核心层到接入层的远距离光纤布线，支持的网络规模更大，网络改造相对容易，但是它需要更多的光模块和设备，整体组网成本较高。

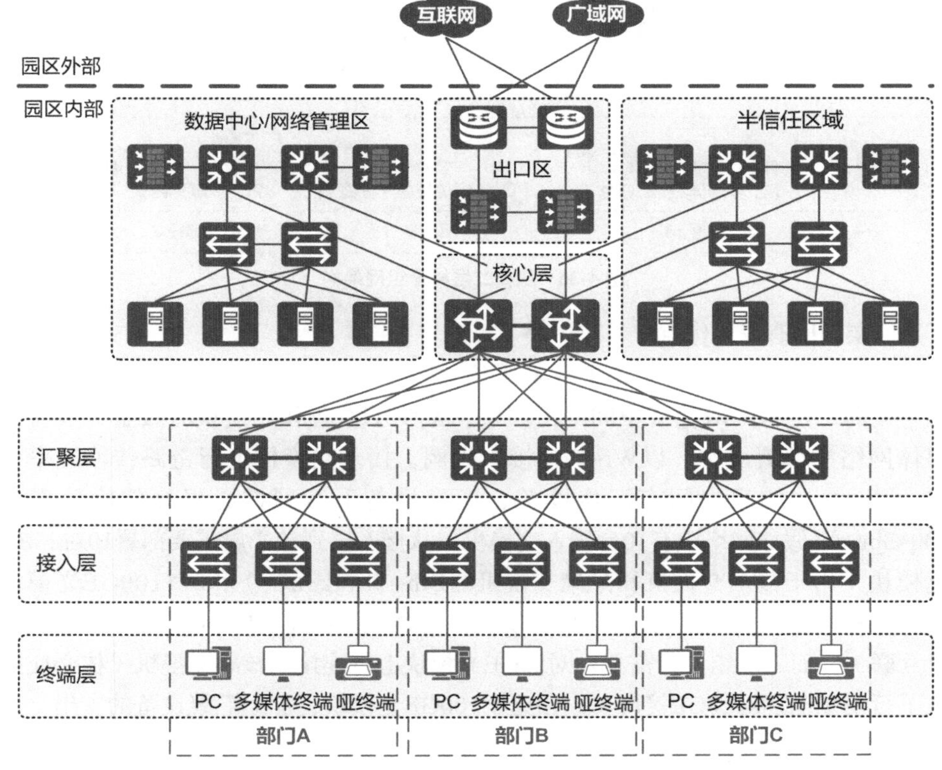

图 4-35　经典的三层树形组网架构

2. 极简二层树形组网架构

极简二层树形组网只包含核心层和接入层两层，如图4-36所示，接入层直接上行接入核心层。

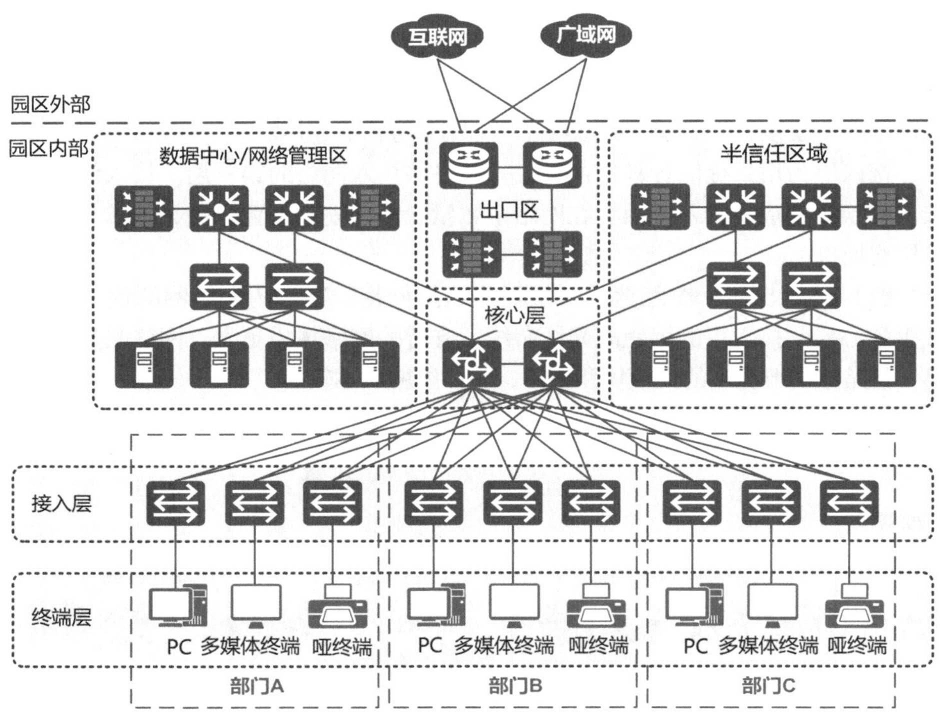

图 4-36　极简二层树形组网架构

二层组网有以下优点。

（1）二层组网的网络部署成本更低

极简二层组网取消了中间的汇聚层，减少了设备和光模块的数量，节省了整体网络的部署成本。以Wi-Fi 6接入为例，接入交换机上行链路传输速率为25 Gbit/s，如果中间有汇聚设备，汇聚设备上行到核心层的传输速率为100 Gbit/s。假如网络中有10台接入交换机，从接入层到核心层需要部署10对25GE光模块（用于接入交换机和汇聚交换机的Eth-Trunk互联）和2对100GE光模块（10台接入交换机汇聚到2台汇聚交换机，汇聚交换机通过Eth-Trunk与核心交换机互联），而二层组网只需要10对25GE光模块上行连接到核心交换机（核心交换机下行要多出10对25GE接口），相比于100GE光模块，加上汇聚设备的支出，二层组网的成本会降低不少。

（2）扁平化的组网，网络更加简洁高效

园区网络发展的方向就是智简。网络简化为二层组网以后，网络的转发效率、业务部署效率以及横向扩展能力都会大幅提高。二层组网提升了核心设备的端口密度，随之带来的是带宽利用率和转发效率的提高，端口可以按需扩充，横向扩展能力更强。由于减少了一层网络设备，二层组网的业务部署也会更加简便。

（3）故障点更少，网络更加可靠

由于减少了一层网络设备，网络的故障点会大大减少，运维效率也会大大提高。极简的组网带来的是极简的转发，接入一跳即达核心，没有中间收敛比的限制，网络更加可靠。

（4）极简二层树形组网更符合SDN的发展趋势

VXLAN是一种令人兴奋的技术，在物理网络之上虚拟出多张虚拟网，基于虚拟网做灵活的业务控制，结合SDN控制器可以实现丰富的网络功能。SDN需要有一张极简的物理网络，简化SDN控制器的自动化业务编排和智能运维，提高网络即插即用的能力。

因此对于新建网络场景，建议优选极简二层树形组网架构。

4.3.3　有线和无线网络融合组网

早期的园区无线网络作为有线网络的补充，是独立部署的。随着Wi-Fi技术的普及，园区的有线网络和无线网络逐渐走向融合部署的状态。典型的融合部署方式有WAC+FIT AP的网络架构以及有线和无线网络深度融合组网架构，本节将详细介绍这部分内容。

1. WAC+FIT AP组网架构

WAC+FIT AP的网络拓扑又称为集中式网络拓扑。WAC作为无线业务的控制器，通过CAPWAP集中管理FIT AP；FIT AP除了提供无线信号供无线终端接入外，基本不具备管控功能，无线业务的管理统一由WAC负责。

根据WAC所管控的区域和吞吐量的不同，WAC可以在汇聚层部署，也可以在核心层部署。考虑到可靠性问题，通常建议将WAC部署在核心层。FIT AP一般部署在接入层。在大中型园区中采用WAC+FIT AP组网架构，WAC负责为所有FIT AP进行配置下发和升级管理等业务控制，FIT AP可以实现即插即用，从而大大降低了WLAN的管控和维护的成本。

根据WAC部署位置的不同，WAC可以分为直连式组网和旁挂式组网。WAC挂在核心交换机旁边的方式为旁挂式组网，如图4-37所示。有些时候，WAC也可以旁挂在汇聚交换机上。在旁挂式组网中，WAC对AP进行管理，管理数据封装在CAPWAP隧道中传输。数据流可以通过CAPWAP隧道经WAC转发，也可以不经过WAC直接转发（如图4-37所示，直接通过核心交换机传输至上层网络）。旁挂式组网便于在现有网络上新建WAC。在核心交换机或者汇聚交换机的空闲端口上对接新建WAC，这种方式不影响原有的物理连接和业务。另外，旁挂式组网WAC部署相对集中，适合AP比较分散的部署场景，核心交换机管辖范围内部署的AP都由核心交换机旁挂的WAC进行管理。

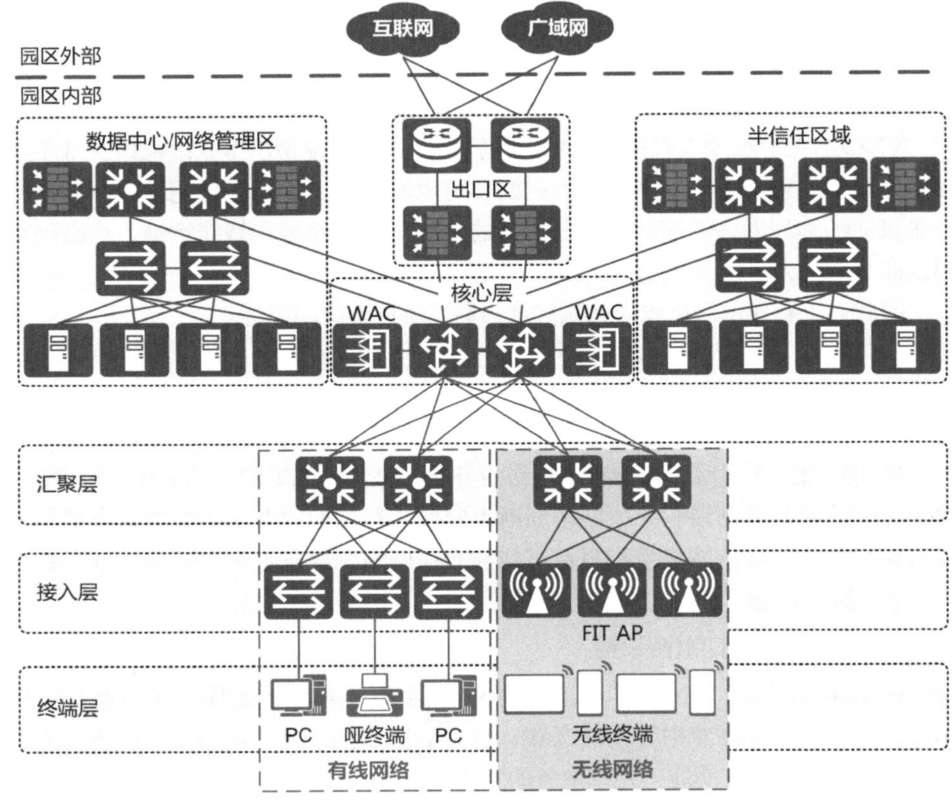

图 4-37　WAC+FIT AP 组网架构 （WAC 旁挂）

当WAC处于下游AP设备和上游设备（例如核心交换机或出口路由器）数据的转发路径中时，这种方式被称为直连式组网，如图4-38所示。这种组网方式中，WAC充当交换机，数据包都需要经过WAC处理，利于用户数据的集中管理，但用户数量太多，会影响WAC的数据处理能力，所以不建议将WAC放在核心层以上比较高的位置。

直连式组网通常适用于中小规模AP比较集中的部署场景。受限于部署的位置，现网中使用最多的还是旁挂式组网。

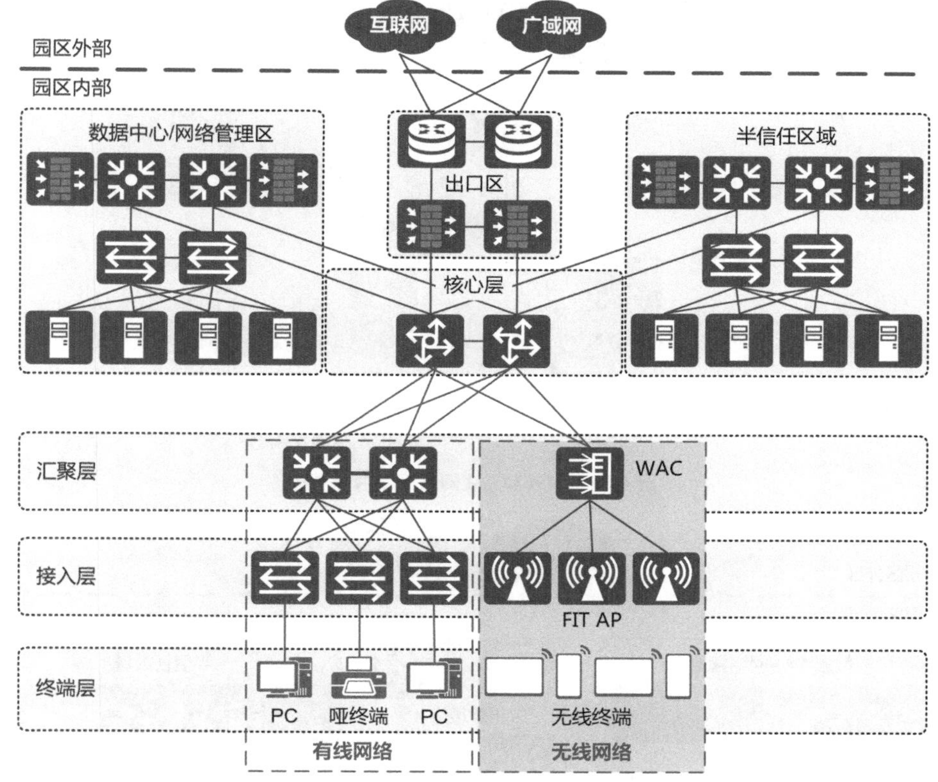

图 4-38　WAC+FIT AP 组网架构 （WAC 直连）

2. 有线和无线网络深度融合组网架构

有线和无线网络深度融合的方案也叫随板WAC方案，是基于敏捷交换机实现的。敏捷交换机采用ENP（Ethernet Network Processor，以太网络处理器）芯片。ENP芯片支持商用ASIC的基本有线网络报文识别、处理和转发能力，以及多核CPU的可编程能力。两者功能的结合完美地满足了有线和无线网络设备融合的诉求，不仅可以处理传统的有线报文，而且通过快速的定制开发，实现了对CAPWAP报文的识别和处理。如图4–39所示，在有线和无线网络深度融合组网拓扑下，有线业务流量和无线业务流量统一由敏捷交换机集中管理。有线和无线网络深度融合组网架构如图4–40所示。

有线和无线网络深度融合为客户带来的价值如下。

- 增加转发容量：传统园区交换机不具备无线报文的解析能力，因此需要旁挂WAC设备。无线业务流量进入交换机后需要迂回至WAC设备，这样烦琐的转发路径带来了不必要的时延，而且受WAC设备转发性能的制约，无线业务流量整体转发容量受限。有线和无线网络融合技术可以在ENP板卡上处理无线报文，解封装后，无线报文可以像有线报文那样转发，转发路径简单，这使得转发容量不再是瓶颈。

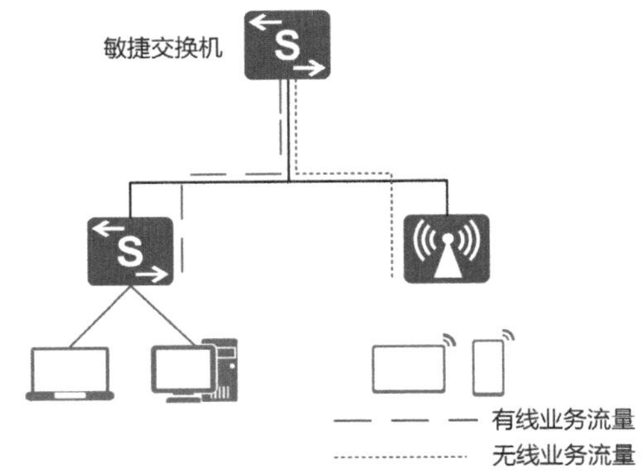

图 4-39 有线和无线网络深度融合方案

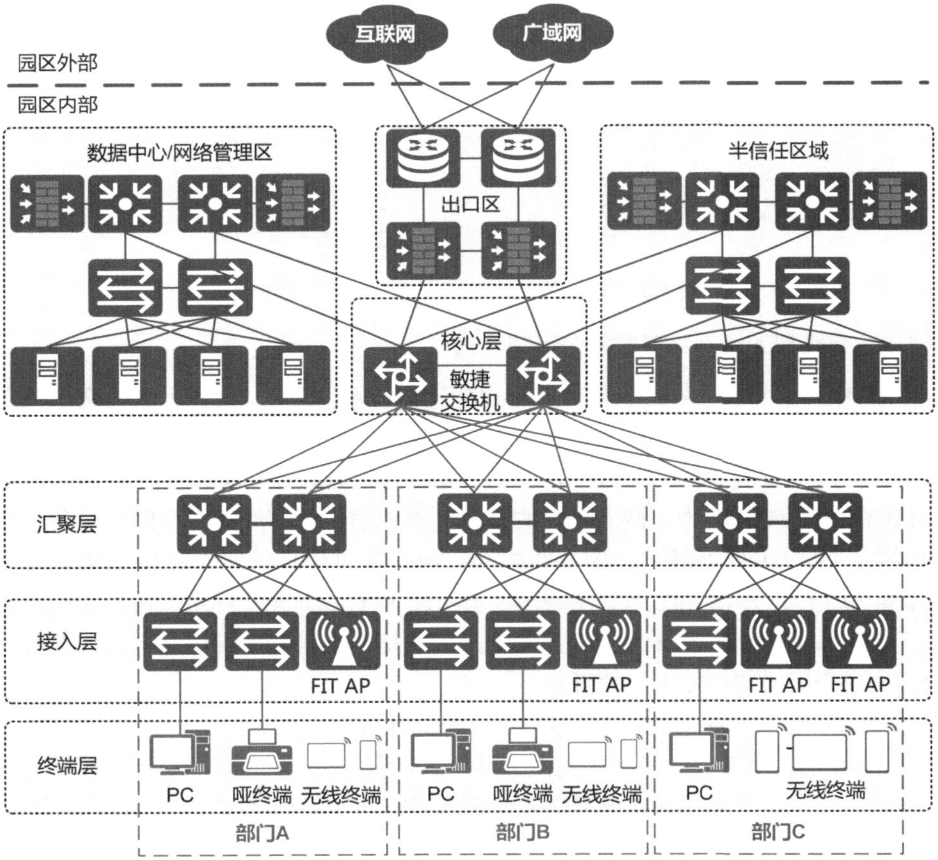

图 4-40 有线和无线网络深度融合组网架构

- 设备和用户策略统一管理：WAC的管理面是单独的，是与交换机分离的，不利于网络的管理和维护。有线和无线网络融合技术可以统一有线和无线用户的管理点，将控制和管理点统一融合在一台敏捷交换机设备上。
- 高可靠性：独立WAC方案中1+1备份方案，需要为两台WAC额外准备通道以完成设备间数据同步。两台WAC之间通常使用VRRP（Virtual Router Redundancy Protocol，虚拟路由冗余协议）、BFD（Bidirectional Forwarding Detection，双向转发检测）等技术进行同步和保活，由于是不同设备间的软件同步，因此实时性和可靠性都不高。有线和无线网络融合技术可以借助交换机已有的可靠性技术（堆叠+Eth-Trunk技术），做到设备级和链路级冗余备份。设备通过主控板集中控制无线数据，所有的ENP板卡间共享无线数据，自动完成数据实时同步，而ENP板卡之间不需要用软件协议建立额外的通道同步WAC数据，所以实时性和可靠性更高。
- 扩容灵活：已运行的旧网络原来只有有线业务，随着业务发展的需要，增加了无线业务。例如，使用华为公司的敏捷交换机，几乎不需要对物理网络做大的调整和变动，只要有ENP板卡就可以实现有线和无线网络融合的部署。当无线用户数量比较多、业务流量比较大时，随着用户数量的增加，可以扩容ENP板卡。
- 无线漫游速度快：携带ENP板卡的交换机作为WAC，整个交换机就相当于一台WAC，不同ENP板卡下挂的AP都由主控板统一管理和控制。无线用户在不同ENP板卡下的AP漫游实际上是在WAC内漫游，而跨独立WAC的AP漫游是WAC间漫游，因此随板WAC的无线漫游速度更快，转发路径更短。

4.3.4 超宽网络部署建议

以下给出超宽网络的部署建议。

1. 超宽有线网络的部署建议

园区树形组网的部署建议如图4-41和图4-42所示。接入交换机下行传输将以2.5GE/5GE为主，建议新建或扩容场景接入交换机选择Multi GE口（支持1 Gbit/s、2.5 Gbit/s、5 Gbit/s、10 Gbit/s多种速率），布线使用6类及以上的双绞线，老旧网络使用的5类双绞线最多只能支持5 Gbit/s的速率。核心交换机的主流传输速率是25 Gbit/s或100 Gbit/s，由于接入层到核心层的距离较远，建议接入层到核心层采用单模25GE光纤互连。建议核心与核心、核心与出口、核心与数据中心采用多模光纤互连，因为这些设备通常在一个机房内，距离较近。

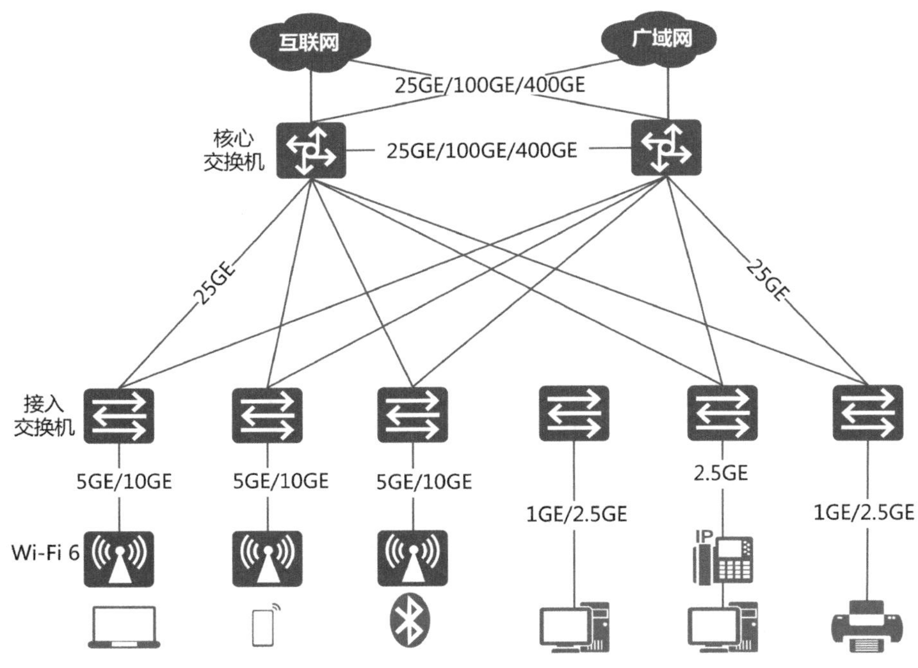

图 4-41 极简二层组网建议

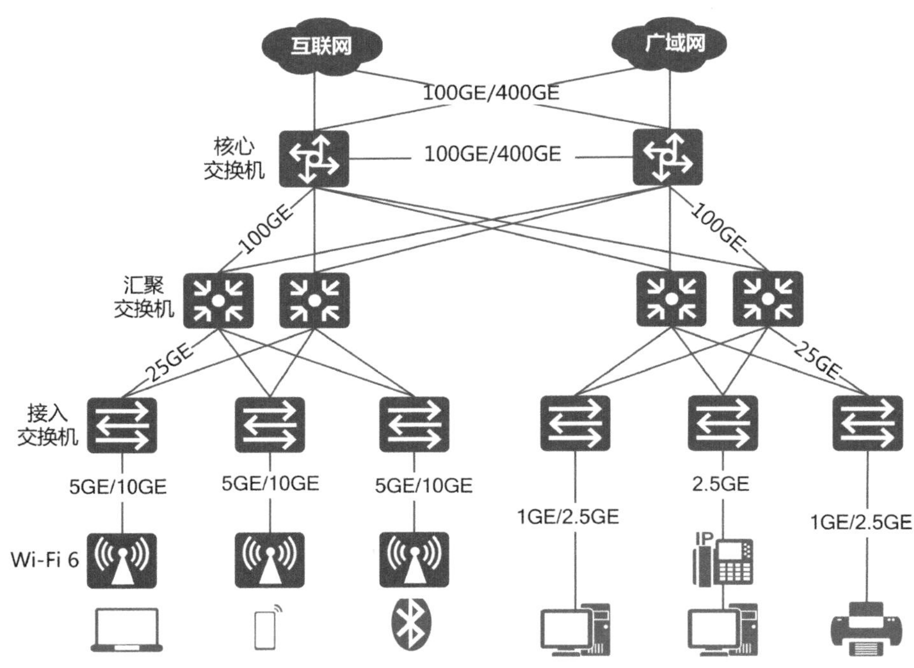

图 4-42 经典三层组网建议

以极简二层组网、核心设备1+1保护（双链路负载分担保护模式）为例，网络模型计算方法建议如下。

- AP数量：按单AP平均接入30个用户计算，AP数量=网络总用户数/30。
- 接入设备端口数：接入设备下行预留1/3的端口用于未来扩容。下行端口数=（网络总用户数/单AP平均接入用户数）×（1+1/3），上行端口数=下行端口数×下行端口速率/接入收敛比/上行端口速率。
- 核心层总下行端口数为接入层设备上行端口数之和。
- 单核心设备下行端口数=核心层总下行端口数/2。
- 单核心设备上行端口数=[（总下行端口数×下行端口速率/核心下行到网络出口的收敛比/上行端口速率/2 + 总下行端口数×下行端口速率/核心下行到数据中心的收敛比/上行端口速率/2）]×2。
- 核心设备间互连带宽为网络出口互连带宽与数据中心互连带宽之和。

根据上述网络模型计算方法计算得出的不同用户规模下的设备模型如表4-12所示。

表 4-12　用户规模与设备模型的关系

用户规模	接入层端口模型		核心层单设备端口模型（1+1 保护模式）	
小于等于 1 万	下行：445× Multi GE	上行：30 × 25GE	下行：15 × 25GE	上行：5 × 25GE
大于 1 万，小于等于 5 万	下行：2223 × Multi GE	上行：149 × 25GE	下行：75 × 25GE	上行：6 × 100GE
大于 5 万，小于等于 10 万	下行：4445× Multi GE	上行：297 × 25GE	下行：149 × 25GE	上行：12 × 100GE
大于 10 万，小于等于 40 万	下行：17778 × Multi GE	上行：1185 × 25GE	下行：593 × 25GE	上行：45 × 100GE

2. 超宽无线网络的部署建议

超宽的无线网络中空口技术是关键，需要选择新一代基于Wi-Fi 6标准的AP，提升覆盖和吞吐能力，实现基础的无线超宽转发能力。支持Wi-Fi 6标准的AP，单5 GHz射频的最大速率可达9.6 Gbit/s，在对带宽有更大需求的场景下，可以部署双5 GHz的AP，单AP的传输速率可达19.2 Gbit/s。AP通过双10GE有线链路上行，利用Eth-Trunk技术将两条链路捆绑，实现20GE的链路通道，同时部署万兆的接入交换机，实现无线接入层的超宽组网。另外，AP款型也要结合具体场景来选择，如高密场馆场景，建议采用定向天线的AP，明确覆盖，降低干扰；在教室中部署网络时，采用三射频的AP，以提供更高容量的接入；在酒店场景下，采用敏分方案部署AP，每个房间部署一个独立的RU（Remote Unit，远端单元），房间无死角覆盖，同时也可避免相互干扰。

园区无线组网时，除了单AP性能需要超宽无线，整网的无线部署也必须满足超宽转发，需要通过AP点位网络规划、智能调优等手段，保证覆盖最优、干扰最小，实现全网协同的超宽转发。

无线组网时建议选择有线和无线网络深度融合的组网架构，利用核心交换机实现随板WAC的功能，避免独立WAC组网的流量绕行。独立WAC重点是控制功能，转发能力较弱，一般为40 Gbit/s或者100 Gbit/s的转发能力，适用于对无线网络转发能力要求不高的场景。随着Wi-Fi 6的逐渐普及和园区AR/VR、8K高清视频等高带宽业务的广泛部署，对网络带宽的要求越来越高。具有随板WAC能力的核心交换机，不但具有无线的管理能力，同时具有可达50 Tbit/s以上的超宽转发能力，更适用于未来园区的超宽网络。因此采用有线和无线网络深度融合的组网架构可以充分利用核心交换机的超宽转发能力，消除独立WAC转发瓶颈的限制，构建无线的超宽网络。

第 5 章
构建云园区网络的虚拟网络

在云时代，客户IT业务在云上的开通已经变得十分便捷，而客户整体业务的快速上线，离不开云和网的整体配合，当前“云快网慢”已经成为影响客户业务快速上线的主要矛盾，从云上网络、广域网络到园区网络均需要基于SDN的网络方案。而最为贴近用户的云园区网络，需要具备基于物理网络快速构建符合业务诉求的虚拟网络的能力，在物理网络的基础上，通过网络虚拟化技术可实现一网多用，很好地屏蔽了底层物理网络的细节，简化了网络管理的复杂性，加速了网络业务的发放，所以虚拟化网络成为园区SDN方案的理想选择。

| 5.1 网络虚拟化技术简介 |

网络虚拟化这个概念并不新鲜，传统的VLAN、VPN、堆叠、集群、SVF（Super Virtual Fabric，超级虚拟交换网）等技术都是网络虚拟化的某种形式。其中堆叠、集群、SVF技术是通过虚拟机框技术将多台交换机虚拟成一台逻辑交换机，控制平面合一，统一管理，严格来说，它们是基于设备的虚拟化，不能单独作为网络协议应用于园区网络；而VLAN、VPN技术作为传统的园区网络虚拟化技术，已然无法满足云园区对网络虚拟化的要求。

5.1.1 虚拟局域网和虚拟专用网

1. 虚拟局域网——VLAN

传统局域网中，虚拟化的主要需求是实现不同组织间的隔离，其中最为人熟知的虚拟化技术就是VLAN。VLAN可以实现在同一个物理网络上构建多个虚拟局域网，将不同的用户划分到不同的虚拟局域网中。同一虚拟局域网的用户不必局限于某一固定的物理范围，网络的构建和维护方便灵活。最重要的是，

VLAN有效地限制了二层BD的范围，增强了局域网的安全性。图5-1是一个VLAN的应用示例。假设Switch A和与其直连的两台计算机PC1、PC3放置在写字楼10楼，Switch B和与其直连的两台计算机PC2、PC4放置在写字楼11楼。PC1和PC2属于公司M，PC3和PC4属于公司N。为了实现相同公司的PC可以通信、不同公司的PC不能通信，可以将PC1和PC2划分到VLAN2中，将PC3和PC4划分到VLAN3中。

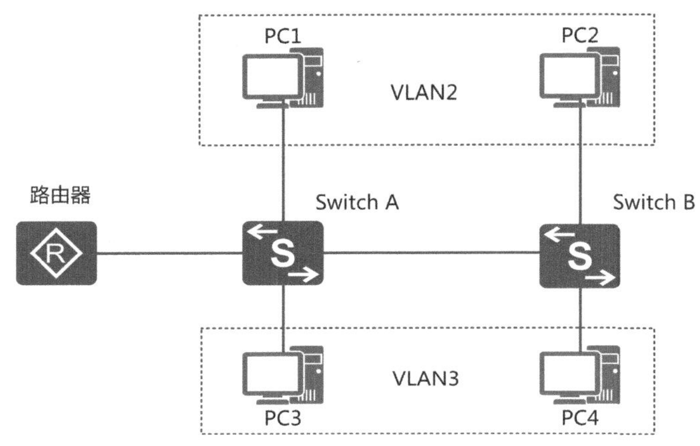

图 5-1　VLAN 的应用示例

由于VLAN是二层网络虚拟化技术，无法实现跨地域的虚拟网络的构建。同时，构建基于VLAN的虚拟网络时，需要为网络设备逐台添加VLAN信息，业务和物理拓扑强耦合。因此，VLAN的应用范围有限，仅适合在小型、简单的网络中使用。在大型网络中，由于业务多样、终端接入数量庞大，VLAN的配置和维护将变得非常复杂。

2. 虚拟专用网——VPN

VPN并不是一种协议或者标准，而是一类技术应用的统称，是用户跨越广域网进行私有网络互联的一种业务形态。VPN是构建在物理网络之上的虚拟网络，每个VPN之间相互隔离。这些VPN可以理解为在物理网络上开辟的专用通道，使用者独享这些通道，且对这些通道进行独立的安全设置和网络管理等。

VPN的基本原理是利用隧道技术，把VPN的报文封装在隧道中，利用公共网络建立专用的数据传输通道，实现报文的透明传输。隧道技术使用一种协议封装另一种协议报文，而封装协议本身也可以被其他封装协议封装或承载。

VPN技术根据隧道层次分为二层VPN技术和三层VPN技术。二层VPN技术有PPTP（Point to Point Tunneling Protocol，点对点隧道协议）和L2TP（Layer 2

Tunneling Protocol，二层隧道协议）等，三层VPN技术有MPLS、IPSec（Internet Protocol Security，IP安全协议）、SSL（Secure Sockets Layer，安全套接层）和GRE（Generic Routing Encapsulation，通用路由封装）协议等，其中MPLS VPN技术使用最为广泛。

VPN技术在园区内主要用于为相互独立的业务资源创建对应的虚拟网络，实现各虚拟网络间业务的隔离以及虚拟网络内业务跨广域的互访。例如，某大型企业通过VPN构建研发网络和非研发网络，研发网络和非研发网络虽然共用物理网络，但彼此之间相互隔离，同时不同分支的研发网络和非研发网络内的资源能够实现跨广域互访，VPN的应用如图5-2所示。VPN不但要实现园区内网络间的隔离，还要在广域互联链路上为每个独立网络建立专属的互联通道。

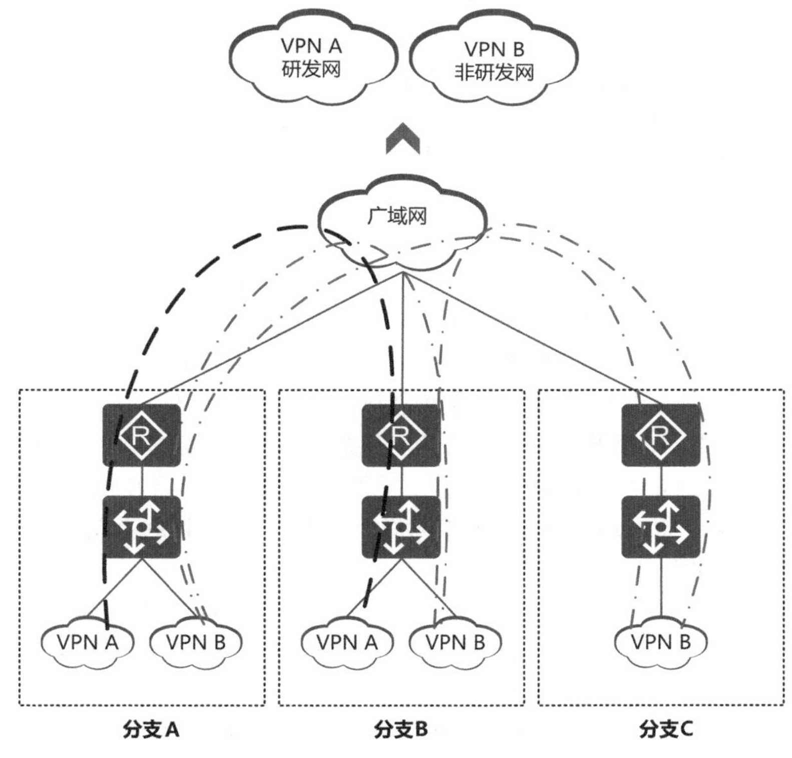

图 5-2　VPN 的应用

VPN的部署和维护并不容易，需要网络工程师进行严格的规划和部署。新业务上线时，往往需要逐台配置VLAN和VPN的参数，耗时长，容易出错且出错后排查困难。另外，基于互联网的VPN必须依靠ISP（Internet Service Provider，因特网服务提供方）保证VPN服务的运行，企业无法直接管理VPN。

5.1.2 VXLAN从NVo3中脱颖而出

传统园区网络使用的VLAN、VPN技术，从根本上说是以硬件设备为中心的技术，其业务和物理网络强耦合。但是NVo3（Network Virtualization over Layer 3，三层网络虚拟化）技术则不然，NVo3技术在创始之初以IT厂商为推动主体，它是旨在摆脱对传统物理网络架构依赖的一项叠加网络技术。

NVo3技术是一种在云计算背景下诞生的网络虚拟化技术。NVo3技术最早被提出时主要是面向数据中心网络虚拟化的场景，在基于IP的三层Underlay网络上通过隧道构建Overlay网络，以支撑大规模的租户网络。NVo3技术的基本原理是在Underlay网络之上构建Overlay网络拓扑，每一个虚拟网络（VN）实例都是在Underlay网络之上叠加出来的，接入终端的原始报文在NVE（Network Virtualization Edge，网络虚拟边缘）节点上进行虚拟化封装，封装标识中包含对应的解封装设备信息及目的地址，在封装报文被传送到目的终端之前，在对端NVE节点对其进行解封装，得到原始的报文，再发送给目的终端用户。由于封装报文叠加在三层IP网络上，承载网络中的IP设备（包括路由器、交换机等）在处理封装后的报文时，是直接按照原有转发能力进行处理的，所以NVo3技术类似于传统的三层隧道技术。

NVo3技术采用了当前的IP转发机制，只是在传统的IP网络之上再叠加了一层新的不依赖物理网络环境的逻辑网络。物理设备无法感知这个逻辑网络，且在逻辑网络上的转发机制也和IP转发机制相同。这样，该技术的使用门槛就被大大降低，这也使得NVo3技术在短短几年之内就风靡数据中心网络。

在园区网络内，物理网络的部署情况复杂，诉求多种多样，通常会部署并独立管理多个相互隔离的业务网络，极大地增加了网络的部署和维护难度。利用NVo3技术，可以很好地抽象物理网络的资源，在一个物理网络上创建多个VPN，节省客户投资和管理成本。

NVo3技术的演进主要有3个方向。除了VXLAN，IETF还提出过其他两种技术方案，NVGRE（Network Virtualization using Generic Routing Encapsulation，采用通用路由封装的网络虚拟化）和STT（Stateless Transport Tunneling，无状态传输隧道）协议。这3种方案都是通过MAC in IP技术在IP网络上构建虚拟网络。我们可以根据网络的结构模型将上述3种技术分为MAC in UDP、MAC in GRE和MAC in TCP。通俗地理解，就是将二层报文封装在UDP里的技术叫VXLAN，将二层报文封装在GRE隧道里的技术称为NVGRE，将二层报文封装在TCP里的技术称为STT。主流NVo3技术方案的对比如表5-1所示。

表 5-1　主流 NVo3 技术方案的对比

对比项	封装方式	技术原理	主导厂商
VXLAN	MAC in UDP	VXLAN 是将以太网报文封装成 UDP 报文进行隧道传输，UDP 目的端口为已知端口，可按照源端口进行负载分担，采用标准五元组方式有利于在 IP 网络转发的过程中进行负载分担	VMware、思科、Arista、博通、Citrix、红帽、华为
NVGRE	MAC in GRE	NVGRE 采用 RFC 2784 和 RFC 2890 所定义的 GRE 隧道协议，将以太网报文封装在 GRE 内进行隧道传输。NVGRE 与 VXLAN 的主要区别在于对流量的负载分担，因为使用了 GRE 隧道封装，NVGRE 使用 GRE 扩展字段 flow ID 进行流量负载分担，这就要求物理网络能够识别 GRE 隧道的扩展信息	微软、Arista、英特尔、戴尔、惠普、博通
STT	MAC in TCP	STT 通过将以太网报文封装成 TCP 报文进行隧道传输。与 VXLAN 和 NVGRE 的主要区别是隧道封装格式使用了无状态 TCP，需要对传统 TCP 进行修改	Nicira

目前主流的虚拟化技术方案是VXLAN。VXLAN与其他技术方案相比具有以下技术优势。

- 不需要对现有网络进行改造，而NVGRE需要网络设备支持GRE。
- 使用标准的UDP传输流量，对传输层无修改，而STT需要对传统TCP进行修改。
- 业界支持度最高，商用网络芯片大部分都支持这种方案。

因此，在园区网络中引入VXLAN技术是理想的选择。VXLAN的技术原理将在后面各节中详细介绍。

5.2　云园区网络虚拟网络的架构

云园区网络需要做到业务和网络解耦，在不改变基础网络的情况下，实现一网多用和业务的灵活、快速部署，这对云园区网络虚拟网络的架构提出了异于传统虚拟网络的要求。本节将介绍基于VXLAN构建的云园区网络虚拟网络的架构。

5.2.1　虚拟网络的架构

通过构建基于VXLAN的虚拟网络，可无视复杂的物理网络，实现业务网络与物理网络解耦，当业务网络需要调整时，不需要改变物理网络的拓扑结构。如

图5–3所示，云园区网络虚拟网络的架构为二层架构，分为Underlay网络和Overlay网络（图中IP地址为示意）。

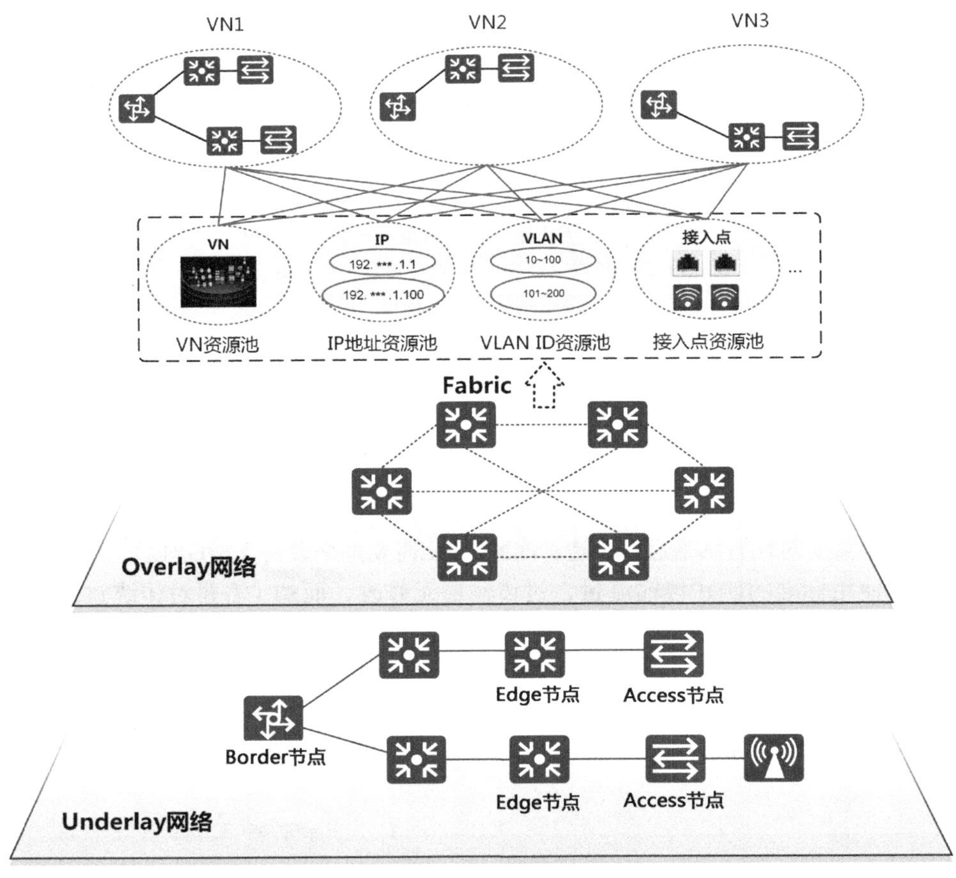

图 5-3　云园区网络虚拟网络的架构

Underlay网络是承载网，由各类物理设备构成，如接入交换机、汇聚交换机、核心交换机、路由器和防火墙等。

Overlay网络与Underlay网络完全解耦，是通过VXLAN技术在物理拓扑之上构建一个全互联的Fabric逻辑拓扑。在Fabric逻辑拓扑中，对用户IP、VLAN、接入点等资源统一进行池化处理，按需分配给VN使用。基于这个Fabric逻辑拓扑，用户可以根据服务需求创建多个VN，实现一网多用、服务隔离、业务快速部署。

- Fabric：将Underlay网络抽象后的Overlay网络资源池，通常包含如下资源。
  - VN资源池，主要包含Overlay网络上能创建的所有VN。
  - 供客户机接入使用的IP地址资源池。

  - 供客户机接入使用的VLAN ID资源池。
  - 客户机接入点资源池（交换机端口或SSID）。
- 虚拟网络实例（VN*n*）：可以创建一个或多个VN，一个VN对应一个隔离网络（业务网络），如研发专网。每个VN都拥有网络的所有功能。
  - 每个VN都有接入点。接入交换机的物理端口为有线客户机接入点，SSID为无线客户机接入点。
  - 每个VN都有一个或多个二层BD。一个VN内可以划分出多个二层BD，就好比研发专网内部仍可以按照业务需求进行二层隔离，划分多个子网。
  - 每个VN具有三层路由域，满足VN与外网和VN间的通信。

通过构建园区网络的虚拟网络，可以实现如下两个方面的目的。

- 为实现网络自动化创造基础条件。通过构建园区网络的虚拟网络，将物理网络资源进行池化处理，形成可供业务层任意调用的网络资源池，这样就可以通过SDN控制器实现网络资源的自动化调配，最终通过自动化实现极简的业务发放和网络部署，实现真正的软件定义网络。
- 提供网络级的业务隔离，实现一网多用。在园区网络的虚拟网络上可以基于业务需求创建多个VN，各个VN之间可以实现网络级的隔离与互通。例如，传统的办公网、科研网、视频监控网可能是3套独立的物理网络，这样会导致资源的浪费，同时增加网络运维的复杂度，而在一套物理网络上创建3套业务互相隔离的VN，可实现一网多用。

5.2.2 虚拟网络的组成角色

在园区网络的虚拟网络中，重新定义了边界（Border）节点、边缘（Edge）节点、接入（Access）节点、透传（Transparent）节点4种角色，这4种角色的实体均是物理网络中的物理设备。上述前两种角色在虚拟网络中被赋予了新的功能。虚拟网络的组成角色如图5-4所示。

- Border节点：虚拟网络的边界网关，提供虚拟网络与外网间的数据转发通道。一般将支持VXLAN的核心交换机作为Border节点。
- Edge节点：虚拟网络的边缘节点，接入用户的流量从这里进入虚拟网络。一般将支持VXLAN的接入交换机或汇聚交换机作为Edge节点。
- Access节点：包含有线接入节点和无线接入节点，一般就是接入交换机及AP设备。可以和Edge节点合一，单独存在的情况下不需要支持VXLAN。
- Transparent节点：虚拟网络的透传节点，不感知虚拟网络，不需要支持VXLAN。

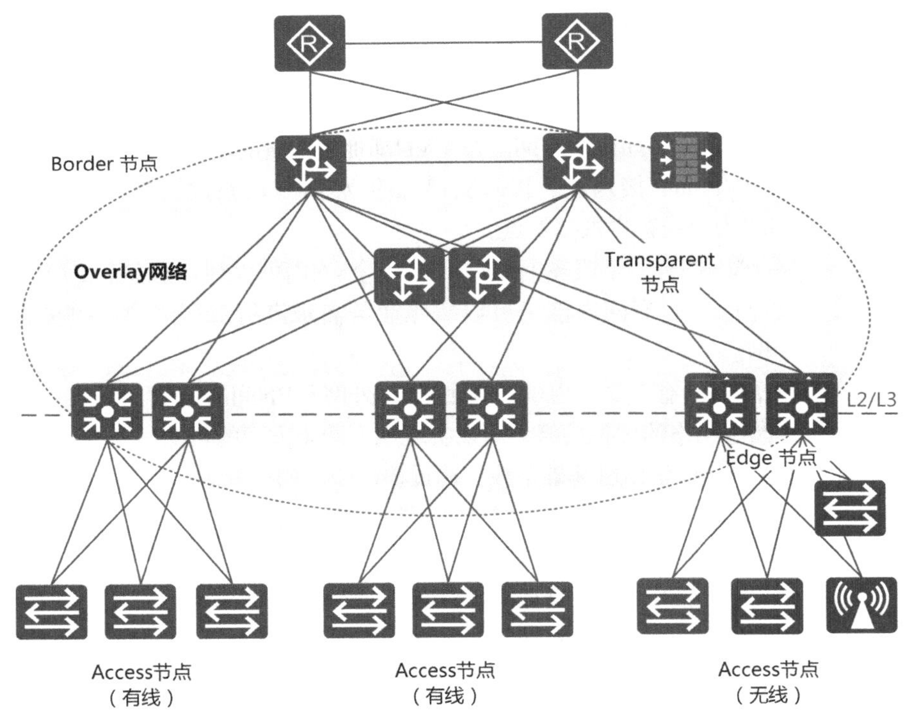

图 5-4　虚拟网络的组成角色

| 5.3　虚拟化的典型场景 |

云园区虚拟网络技术适用于多种园区网络，下面以科技园区、校园网、商业大厦3种园区场景为例分别说明。

5.3.1　科技园区通过网络虚拟化实现一网多用

某经济开发区新入驻一个高科技研发企业，有10栋独立的多层办公楼需要新建办公、物联、安防监控等多套业务网络。

如图5-5所示，企业只需部署一套物理网络，然后借助网络虚拟化技术以及SDN控制器构建3套彼此安全隔离的虚拟业务网络，统一管理，从而节省了网络整体的建设成本。

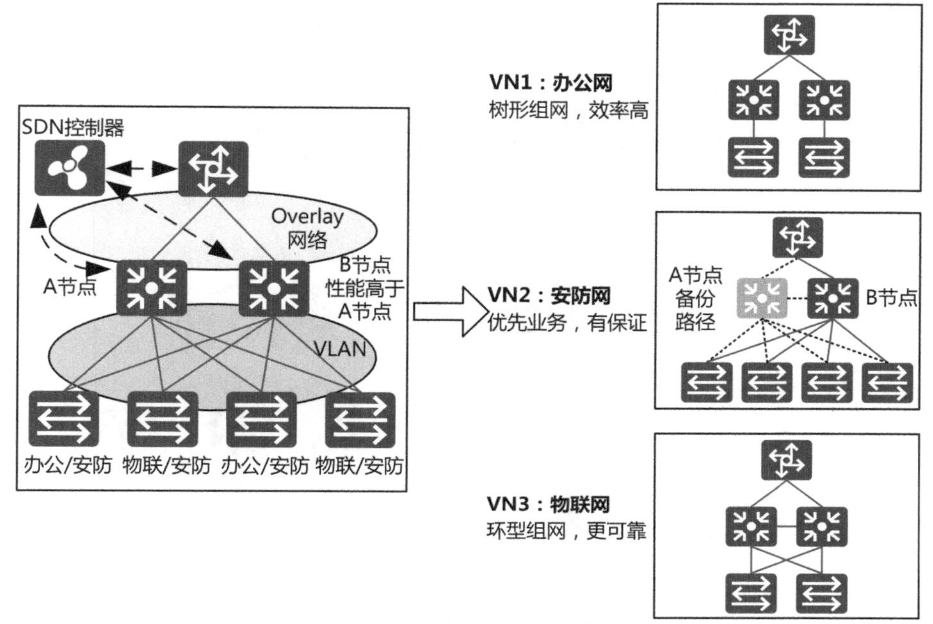

图 5-5　科技园区通过网络虚拟化实现一网多用

在Underlay网络上，采用CSS（Cluster Switch System，集群交换机系统）、VRRP等冗余保护方案，确保网络虚拟化后，充分保证所有业务网络的可靠性和用户业务的正常使用。在Overlay网络上，办公网是树形结构，安防网是主备结构，物联网是环形结构，3种网络在逻辑上互相独立，根据其业务特点灵活构建虚拟网络拓扑。

5.3.2　校园网通过网络虚拟化整合服务器资源

某高校有十几个院系、两万多名学生。由于历史原因，学校没有统一的数据中心，所有服务器资源分布在各个院系，不具备集中放置的条件。当前，部分院系的服务器资源不足，而学校整体的服务器资源利用率比较低，不足30%。校园网采用多个厂商设备混合的组网方式，网络改造存在困难。在校园网内部署虚拟网络，可以整合学校的服务器资源，使所有院系共享该资源，在不改变原有网络的情况下实现服务器资源的整合，同时提高资源利用率。

校园网通过网络虚拟化整合服务器资源的方案见图5-6。通过SDN控制器部署基于VXLAN的大二层服务器网络，使虚拟机（一台服务器虚拟化成多台虚拟机）可以在大二层网络中进行无障碍的动态迁移，从而对分散在各个院系的服务器资源进行集中管理，并进行利用。该方案仅需要将汇聚层设备和核心层设备替换为支持VXLAN功能的设备，其他设备均可以利旧，有效降低了客户的投入成本。

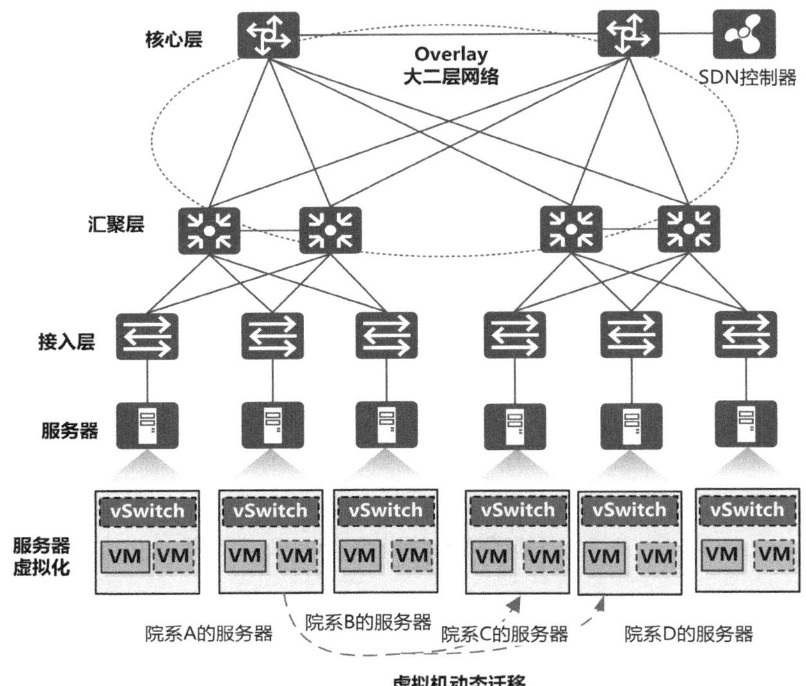

图 5-6　校园网通过网络虚拟化整合服务器资源

5.3.3　商业大厦通过网络虚拟化快速发放业务

某商业大厦为高层商业楼宇，对外出租用于企业的行政办公。大厦现有网络中每层部署1台接入交换机，每三层部署1台汇聚交换机，汇聚交换机双上行至核心交换机，经防火墙连接外网。租户入驻时存在共享接入交换机（企业租户1和企业租户2）、跨汇聚交换机（企业租户4、企业租户5、企业租户6、企业租户7）等多种情况。由于入驻企业规模不同，大中型企业租户承租多层，需要部署内部的小型数据中心，而小型企业只承租单层的部分面积，可访问外网即可。此外，租户网络间需安全隔离。传统模式下，每次新租户入驻都需要按其规模和需求重新规划、调试网络，效率低下，业务发放速度很慢。

借助网络虚拟化技术，无须对现有网络进行改造或复杂的配置，通过SDN控制器即可快速创建基于各类业务需求的虚拟网络，为新入驻租户提供服务。租户可自行管理所属的虚拟网络，具体方案示意见图5-7。

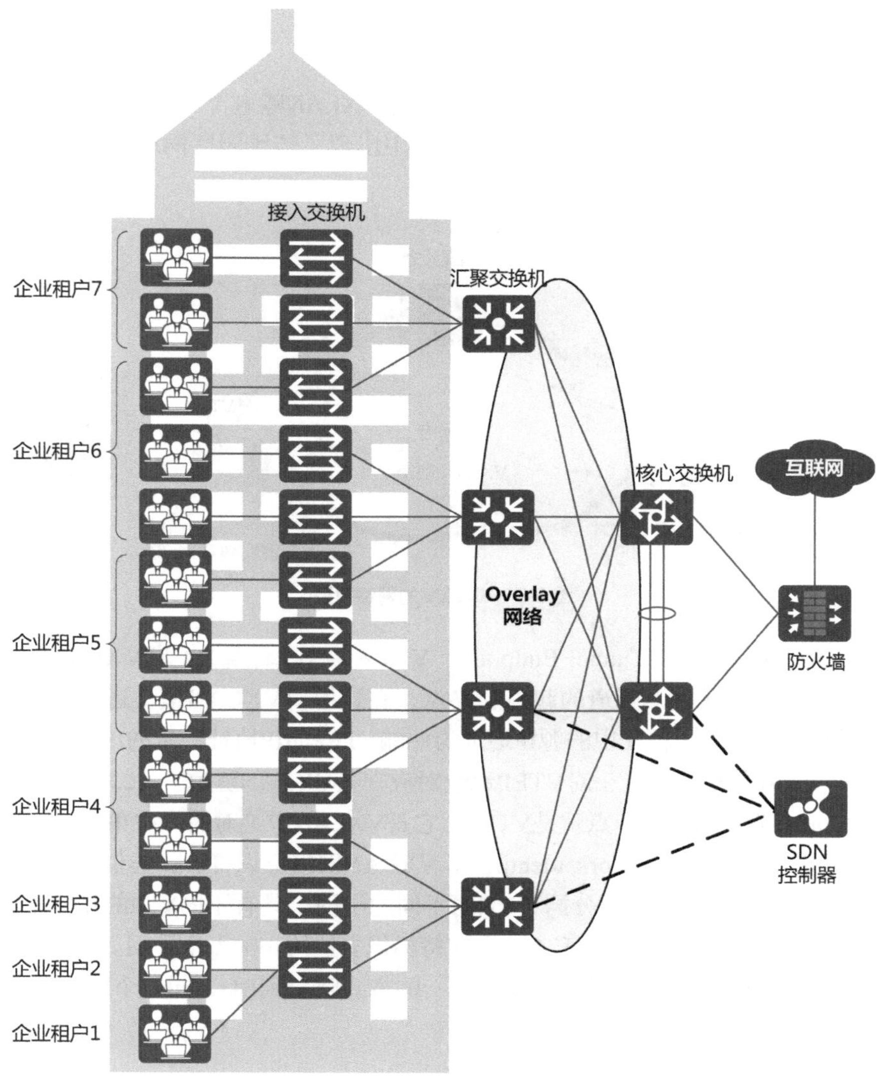

图 5-7　商业大厦通过网络虚拟化快速发放业务

| 5.4　VXLAN 技术基础 |

VXLAN是由IETF定义的NVo3技术之一，采用MAC in UDP的报文封装方式，将二层报文用三层协议进行封装，可在三层范围内扩展二层网络，本质上是一种隧道技术。

5.4.1 VXLAN 的基本概念

图5–8所示为VXLAN的网络模型，可通过VXLAN隧道（VXLAN Tunnel）在三层网络的基础上构建虚拟网络。VXLAN中出现了传统园区网络中没有的新元素，介绍如下。

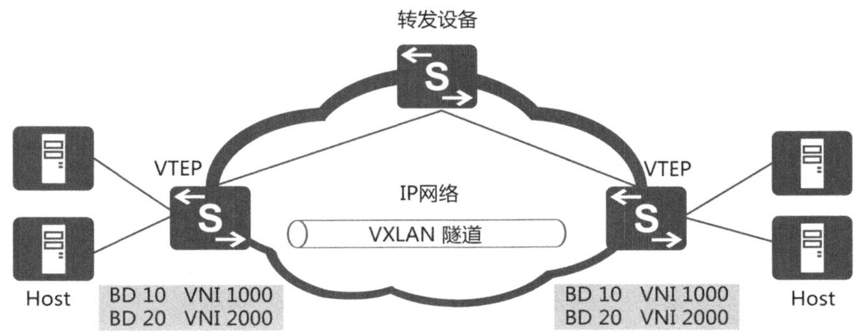

图 5-8 VXLAN 的网络模型

- VTEP（VXLAN Tunnel Endpoint，VXLAN隧道端点）：即VXLAN的边缘设备，是VXLAN隧道的起点和终点，在这里对VXLAN报文进行封装和解封装。VXLAN报文中的源IP地址为源端VTEP的IP地址，目的IP地址为目的端VTEP的IP地址。一对VTEP地址对应一条VXLAN隧道。5.2.2节中介绍的Border节点和Edge节点就是VTEP，它是VXLAN中绝对的“主角”。
- VNI（VXLAN Network Identifier，VXLAN网络标识符）：类似传统网络中的VLAN ID，用于区分同一VN内不同的子网，具有不同VNI的用户不能直接进行二层通信。VNI有24 bit，支持标识多达约1600万个子网。
- BD：在VXLAN中，将VNI以一对一的方式映射到BD，同一个BD内的用户就可以进行二层通信了。

5.4.2 VXLAN 报文结构

作为一种网络虚拟化技术，VXLAN的封装过程如下：在原始报文到达隧道源端VTEP后，先在主机发出的原始数据报文中添加一个VXLAN报头，再将其封装在UDP报头中，并使用承载网络的IP、MAC地址作为最外层报头进行封装。在隧道目的端VTEP上进行解封装，然后将数据发送给目标主机。VXLAN报文格式如图5–9所示。

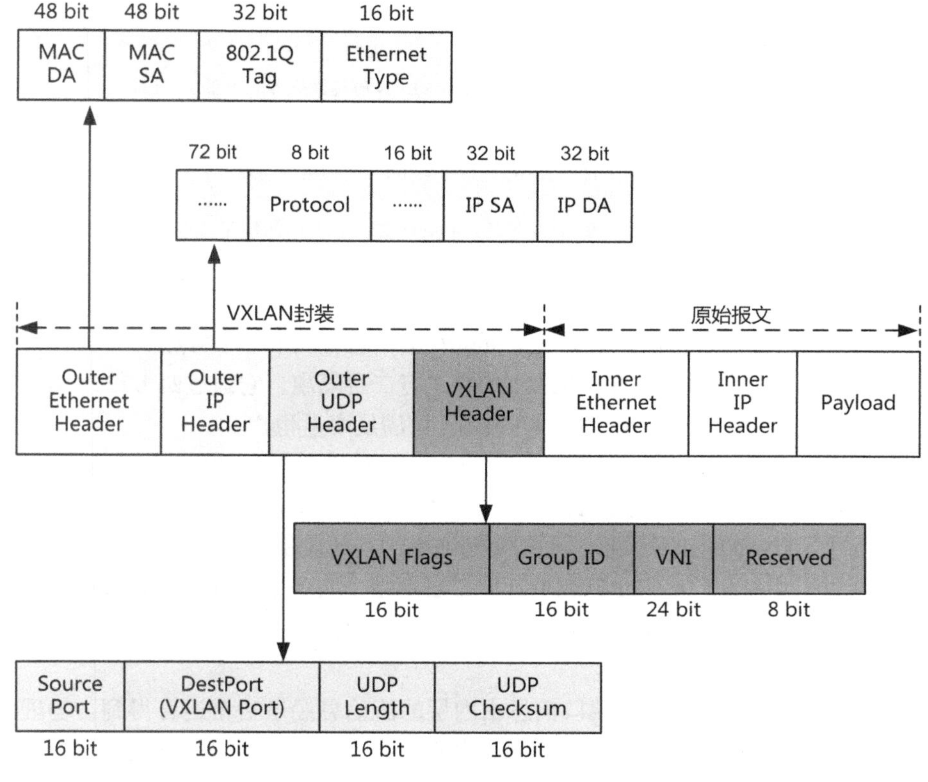

图 5-9　VXLAN 报文格式

VXLAN报文各字段的说明见表5–2。

表 5-2　VXLAN 报文各字段的说明

字段	说明
VXLAN Header（VXLAN 报头封装）	• VXLAN Flags：标记位，16 bit。 • Group ID：用户组 ID，16 bit。当 VXLAN Flags 字段第一位取 1 时，该字段的值为 Group ID；取 0 时，该字段的值为全 0。 • VNI：VXLAN 标识。 • Reserved：保留未用，8 bit，设置为 0
Outer UDP Header（外层 UDP 报头封装）	• Source Port：源 UDP 端口号，16 bit，根据内层以太报头使用哈希算法计算后得到的值。 • DestPort：目的 UDP 端口号，16 bit，设置为 4789。 • UDP Length：UDP 报文的长度，16 bit，即 UDP Header 加上 UDP 数据的比特数。 • UDP Checksum：UDP 报文的校验和，16 bit，用于检测 UDP 报文在传输中是否有错

续表

字段	说明
Outer IP Header（外层 IP 报头封装）	• IP SA：源 IP 地址，32 bit，VXLAN 隧道源端 VTEP 的 IP 地址。 • IP DA：目的 IP 地址，32 bit，VXLAN 隧道目的端 VTEP 的 IP 地址。 • Protocol：指出该数据报文携带的数据使用的是何种协议，8 bit
Outer Ethernet header（外层以太报头封装）	• MAC DA：目的 MAC 地址，48 bit，是到达目的端 VTEP 的路径上下一跳设备的 MAC 地址。 • MAC SA：源 MAC 地址，48 bit，发送报文的源端 VTEP 的 MAC 地址。 • 802.1Q Tag：可选字段，32 bit，该字段为报文中携带的 VLAN Tag。 • Ethernet Type：以太报文类型，16 bit，IP 报文中该字段取值为 0x0800

从VXLAN的网络模型和报文结构可以看出，它有以下几个特点。

- 相比当前普遍通过12 bit VLAN ID来进行二层隔离，它通过24 bit的VNI支持多达1600万个VXLAN段的网络隔离，可满足海量租户。
- VNI为VXLAN自有的封装内容，可以和其他业务灵活关联，比如和VPN实例关联，可以支持二层VPN、三层VPN等复杂业务。
- 除了VXLAN的边缘设备，不需要网络中的其他设备识别主机的MAC地址。
- 通过采用MAC in UDP封装来延伸二层网络，实现了物理网络和虚拟网络的解耦。租户可以规划自己的VN，不需要考虑物理网络IP地址和BD，大大降低了网络管理的难度。
- VXLAN封装的UDP源端口信息由内层的流信息经过哈希运算得到，物理网络不需要解析内层报文就可进行负载分担，从而提高了网络吞吐量。

5.5 VXLAN 的控制平面

最初的VXLAN方案（RFC 7348）中没有定义控制平面，要求手工配置VXLAN隧道，然后通过流量泛洪的方式学习主机地址。这种方式在操作上较为简单，但是会导致网络中存在很多泛洪流量，使网络难以扩展。

VXLAN的后续方案为了解决上述问题引入了EVPN（Ethernet Virtual Private Network，以太网虚拟专用网）作为VXLAN的控制平面。EVPN参考了BGP/MPLS VPN的机制，通过扩展BGP（Border Gateway Protocol，边界网关协议）定义了3种新的BGP EVPN路由，通过在网络中发布路由来实现VTEP的自动发现和主机地址学习。采用EVPN作为控制平面具有以下优势。

- 可实现VTEP自动发现、VXLAN隧道自动建立，降低了网络部署、扩展的难度。
- EVPN可以同时发布二层MAC和三层路由信息。
- 可以减少网络中的泛洪流量。

5.5.1　BGP EVPN 的基本原理

EVPN通过扩展BGP定义了3种新的BGP EVPN路由，这些BGP EVPN路由用于传递VTEP地址和主机信息，可以使VTEP的自动发现和主机地址学习从数据平面转移到控制平面。这3种主要的控制平面路由类型的作用如下。

- Type2路由——MAC/IP路由。用来通告主机MAC地址、主机ARP（Address Resolution Protocol，地址解析协议）和主机IP路由信息，以及进行ND（Neighbor Discovery，邻居发现）表项扩散。
- Type3路由——Inclusive Multicast路由。用于VTEP的自动发现和VXLAN隧道的动态建立。
- Type5路由——IP前缀路由。用于通告引入的外部路由，也可以用于通告主机IP路由信息。

1. Type2路由——MAC/IP路由

该类型路由的报文格式如图5-10所示。

Route Distinguisher（8 Byte）
Ethernet Segment Identifier （10 Byte）
Ethernet Tag ID（4 Byte）
MAC Address Length（1 Byte）
MAC Address（6 Byte）
IP Address Length（1 Byte）
IP Address（0、4或16 Byte）
MPLS Label1（3 Byte）
MPLS Label2（0或3 Byte）

图 5-10　MAC/IP 路由的报文格式

各字段的说明见表5-3。

表 5-3　MAC/IP 路由的报文各字段的说明

字段	说明
Route Distinguisher	该字段为 EVPN 实例下设置的 RD（Route Distinguisher，路由标识符）值
Ethernet Segment Identifier	该字段为当前设备与对端连接定义的唯一标识
Ethernet Tag ID	该字段为当前设备上实际配置的 VLAN ID
MAC Address Length	该字段为此路由携带的主机 MAC 地址的长度
MAC Address	该字段为此路由携带的主机 MAC 地址
IP Address Length	该字段为此路由携带的主机 IP 地址的掩码长度

续表

字段	说明
IP Address	该字段为此路由携带的主机 IP 地址
MPLS Label1	该字段为此路由携带的二层 VNI
MPLS Label2	该字段为此路由携带的三层 VNI

该类型路由在VXLAN控制平面中的作用列举如下。

（1）主机MAC地址通告

要实现同子网主机的二层互访，两端VTEP需要学习对方的主机MAC地址。通过交换MAC/IP路由，作为BGP EVPN对等体的VTEP之间可以相互通告已经获取的主机MAC地址。

（2）主机ARP通告

MAC/IP路由可以同时携带主机MAC地址和主机IP地址，因此该路由可以用来在VTEP之间传递主机ARP表项，实现主机ARP通告。此时的MAC/IP路由也称为ARP类型路由。主机ARP通告主要用于以下两种场景。

- ARP广播抑制。当三层网关学习到其子网下的主机ARP时，生成主机信息（包含主机IP地址、主机MAC地址、二层VNI、网关VTEP IP地址），然后通过传递ARP类型路由将主机信息同步到二层网关上。当二层网关再收到ARP请求时，先查找是否存在目的IP地址对应的主机信息，如果存在，则直接将ARP请求报文中的广播MAC地址替换为目的单播MAC地址，将广播转为单播，达到ARP广播抑制的目的。
- 分布式网关场景下的虚拟机迁移。当一台虚拟机从当前网关迁移到新网关之后，新网关学习到该虚拟机的ARP（一般通过虚拟机向网关发送免费ARP），并生成主机信息（包含主机IP地址、主机MAC地址、二层VNI、网关VTEP IP地址），然后通过传递ARP类型路由，将主机信息发送给虚拟机的原网关。原网关收到后，感知到虚拟机的位置发生变化，触发ARP探测，当探测不到原位置的虚拟机时，将撤销原位置虚拟机的ARP和主机路由。

（3）主机IP路由通告

在分布式网关场景中，要实现跨子网主机的三层互访，两端VTEP（作为三层网关）需要互相学习对方的主机IP路由。通过交换MAC/IP路由，作为BGP EVPN对等体的VTEP之间可以相互通告已经获取的主机IP路由。此时的MAC/IP路由也称为IRB（Integrated Routing and Bridge，整合选路及桥接）类型路由。

（4）ND表项扩散

MAC/IP路由可以同时携带主机MAC地址和主机IPv6地址，因此该路由可以用来在VTEP之间传递ND表项，实现ND表项扩散。此时的MAC/IP路由也被称为ND类型路由。ND表项扩散主要用于以下场景。

- NS（Neighbor Solicitation，邻居请求）组播抑制。当VXLAN网关收集到本地IPv6主机的信息后，生成NS组播抑制表，然后通过MAC/IP路由进行扩散，其他VXLAN网关（BGP EVPN对等体）收到该路由后生成本地的NS组播抑制表。当VXLAN网关再收到NS报文时，先查找本地的NS组播抑制表，查找到对应信息后就将组播转为单播，从而减少或抑制NS报文泛洪。
- 分布式网关场景下的IPv6虚拟机迁移。当一台IPv6虚拟机从当前网关迁移到另一个网关之后，该虚拟机会主动发送免费NA（Neighbor Advertisement，邻居通告）报文。新网关收到该报文后生成ND表项，并通过MAC/IP路由传递给原网关。原网关收到表项后，感知到IPv6虚拟机的位置发生变化，触发NUD（Neighbor Unreachability Detection，邻居不可达探测）。当探测不到原位置的IPv6虚拟机时，原网关删除本地ND表项，并通过MAC/IP路由传递给新网关。新网关收到后删除旧的ND表项。

（5）主机IPv6路由通告

在分布式网关场景中，要实现跨子网IPv6主机的三层互访，网关设备需要互相学习对方主机IPv6路由。通过交换MAC/IP路由，作为BGP EVPN对等体的VTEP之间可以相互通告已经获取的主机IPv6路由。此时的MAC/IP路由也称为IRBv6类型路由。

2. Type3路由——Inclusive Multicast路由

该类型路由是由前缀和PMSI（P-Multicast Service Interface，组播服务接口）属性组成的，报文格式如图5-11所示。

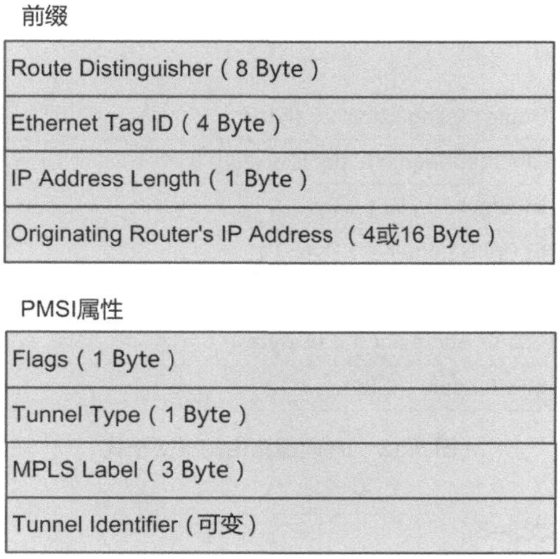

前缀

Route Distinguisher（8 Byte）
Ethernet Tag ID（4 Byte）
IP Address Length（1 Byte）
Originating Router's IP Address （4或16 Byte）

PMSI属性

Flags（1 Byte）
Tunnel Type（1 Byte）
MPLS Label（3 Byte）
Tunnel Identifier（可变）

图 5-11　Inclusive Multicast 路由的报文格式

各字段的说明见表5-4。

表 5-4　Inclusive Multicast 路由的报文各字段的说明

字段	说明
Route Distinguisher	该字段为 EVPN 实例下设置的 RD 值
Ethernet Tag ID	该字段为当前设备上的 VLAN ID。在此路由中全部设置为 0
IP Address Length	该字段为此路由携带的本端 VTEP IP 地址的掩码长度
Originating Router's IP Address	该字段为此路由携带的本端 VTEP IP 地址
Flags	该字段为标志位，标识当前隧道是否需要叶子节点信息。 在 VXLAN 场景中，该字段没有实际意义
Tunnel Type	该字段为此路由携带的隧道类型。VXLAN 场景支持的类型只有“6：Ingress Replication”，即头端复制，用于 BUM（Broadcast，Unknown-unicast，Multicast，广播、未知单播、组播）报文转发
MPLS Label	该字段为此路由携带的二层 VNI
Tunnel Identifier	该字段为此路由携带的隧道信息。在 VXLAN 场景中，该字段也是本端 VTEP IP 地址

该类型路由在VXLAN控制平面中主要用于VTEP的自动发现和VXLAN隧道的动态建立。通过Inclusive Multicast路由，作为BGP EVPN对等体的VTEP之间可以互相传递二层VNI和VTEP IP地址信息。如果对端VTEP IP地址是三层路由可达的，则建立一条到对端的VXLAN隧道。同时，如果对端VNI与本端相同，则创建一个头端复制表，用于后续BUM报文的转发。

3. Type5路由——IP前缀路由

该类型路由的报文格式如图5-12所示。

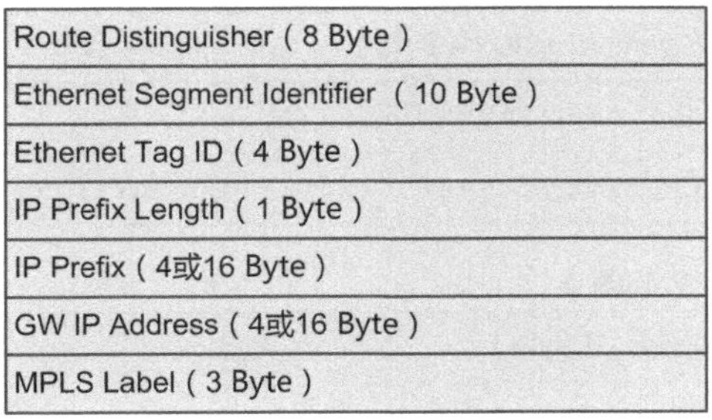

Route Distinguisher (8 Byte)
Ethernet Segment Identifier (10 Byte)
Ethernet Tag ID (4 Byte)
IP Prefix Length (1 Byte)
IP Prefix (4或16 Byte)
GW IP Address (4或16 Byte)
MPLS Label (3 Byte)

图 5-12　IP 前缀路由的报文格式

各字段的说明见表5-5。

表 5-5　IP 前缀路由的报文各字段的说明

字段	说明
Route Distinguisher	该字段为 EVPN 实例下设置的 RD 值
Ethernet Segment Identifier	该字段为当前设备与对端连接定义的唯一标识
Ethernet Tag ID	该字段为当前设备上实际配置的 VLAN ID
IP Prefix Length	该字段为此路由携带的 IP 前缀掩码长度
IP Prefix	该字段为此路由携带的 IP 前缀
GW IP Address	该字段为默认网关地址，在 VXLAN 场景中没有实际意义
MPLS Label	该字段为此路由携带的三层 VNI

该类型路由的IP Prefix Length和IP Prefix字段既可以携带主机IP地址，也可以携带网段地址。

- 当携带主机IP地址时，该类型路由在VXLAN控制平面中的作用与IRB类型路由是一样的，主要用于分布式网关场景中的主机IP路由通告。
- 当携带网段地址时，通过传递该类型路由，可以允许VXLAN中的主机访问外网。

EVPN路由在发布时，会携带RD和VPN Target（也称为Route Target）。RD用来区分不同的VXLAN EVPN路由。VPN Target是一种BGP扩展团体属性，用于控制EVPN路由的发布与接收。也就是说，VPN Target定义了本端的EVPN路由可以被哪些对端所接收，以及本端是否接收对端发来的EVPN路由。

VPN Target属性分为Export Target和Import Target两类。

- Export Target：本端发送EVPN路由时，将消息中携带的VPN Target属性设置为Export Target。
- Import Target：本端在接收到对端的EVPN路由时，将消息中携带的Export Target与本端的Import Target进行比较，只有两者相等时才接收该路由，否则丢弃该路由。

在两端VTEP之间建立BGP EVPN对等体，对等体之间利用BGP EVPN路由来互相传递VNI和VTEP IP地址信息，从而实现VXLAN隧道的动态建立。通过BGP EVPN动态建立隧道的方式既支持VXLAN集中式网关场景，同时也支持VXLAN分布式网关场景。下面主要以VXLAN集中式网关场景为例进行介绍。

5.5.2　VXLAN 隧道的建立

VXLAN隧道由一对VTEP IP地址确定，创建VXLAN隧道实际上是两端VTEP获取对端VTEP IP地址的过程，只要对端VTEP IP地址是三层路由可达的，就可以成功建立VXLAN隧道。通过BGP EVPN方式动态建立VXLAN隧道，就是在两端VTEP之间建立BGP EVPN对等体，然后对等体之间利用BGP EVPN路由来互相传递VNI和VTEP IP地址信息，从而实现VXLAN隧道的动态建立。

如图5-13所示，VTEP2上部署了两个主机（Host），VTEP3上部署了一个Host，VTEP1上部署了三层网关。为了实现Host3和Host2之间的通信，需要在VTEP2和VTEP3之间创建VXLAN隧道；为了实现Host1和Host2之间的通信，需要在VTEP2和VTEP1之间以及VTEP1和VTEP3之间创建VXLAN隧道。对于Host1和Host3之间的通信，虽然这两个主机都属于VTEP2，但由于它们属于不同子网，需要经过三层网关VTEP1，因此也需要在VTEP2和VTEP1之间创建VXLAN隧道。

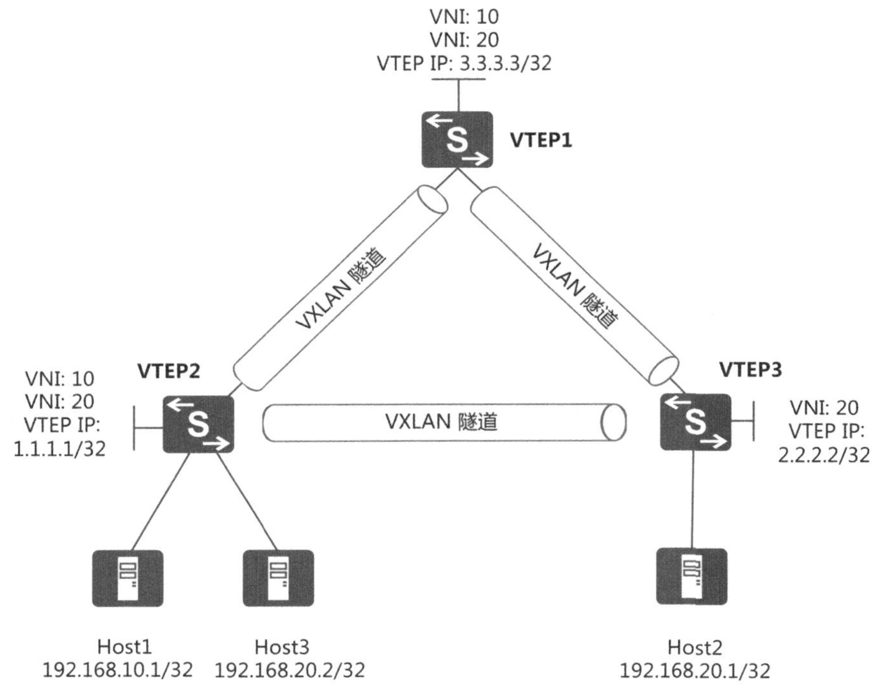

图 5-13　VXLAN 隧道的建立

下面结合图5-14，以VTEP2和VTEP3为例，介绍一下通过BGP EVPN方式动态建立VXLAN隧道的过程。

首先在VTEP2和VTEP3之间建立BGP EVPN对等体。然后，在VTEP2和VTEP3上分别创建二层BD，并在二层BD下配置关联的VNI。接下来在二层BD下创建EVPN实例，配置本端EVPN实例的RD、出方向VPN-Target

（ERT）、入方向VPN-Target（IRT）。在配置完本端VTEP IP地址后，VTEP2和VTEP3会生成BGP EVPN路由并发送给对端，该路由携带本端EVPN实例的ERT和BGP EVPN协议定义的Type3路由即Inclusive Multicast路由。

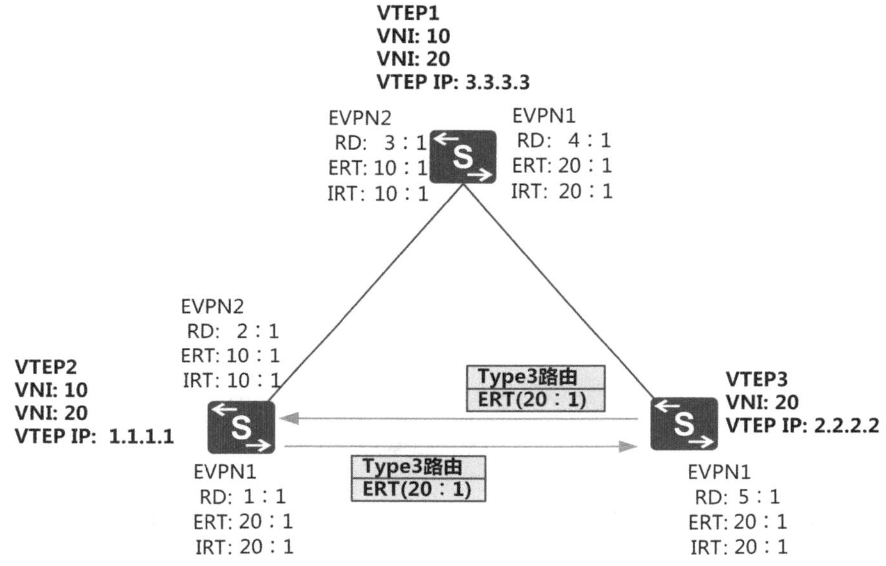

图 5-14　动态建立 VXLAN 隧道

VTEP2和VTEP3在收到对端发来的BGP EVPN路由后，首先检查该路由携带的EVPN实例的ERT，如果与本端EVPN实例的IRT相等，则接收该路由，否则丢弃该路由。在接收该路由后，VTEP2和VTEP3将获取其中携带的对端VTEP IP地址和VNI，如果对端VTEP IP地址是三层路由可达，则建立一条到对端的VXLAN隧道；同时，如果对端VNI与本端相同，则创建一个头端复制表，用于后续BUM报文的转发。

VTEP2和VTEP1之间、VTEP3和VTEP1之间通过BGP EVPN方式动态建立VXLAN隧道的过程与上述过程相同，这里不再赘述。

5.5.3　MAC 地址的动态学习

在VXLAN中，为了更简便地实现终端用户的互通，采用MAC地址动态学习，不需要网络管理员手工维护，大大减少了维护工作量。下面结合图5-15，详细介绍一下同子网主机互通时，MAC地址动态学习的过程。

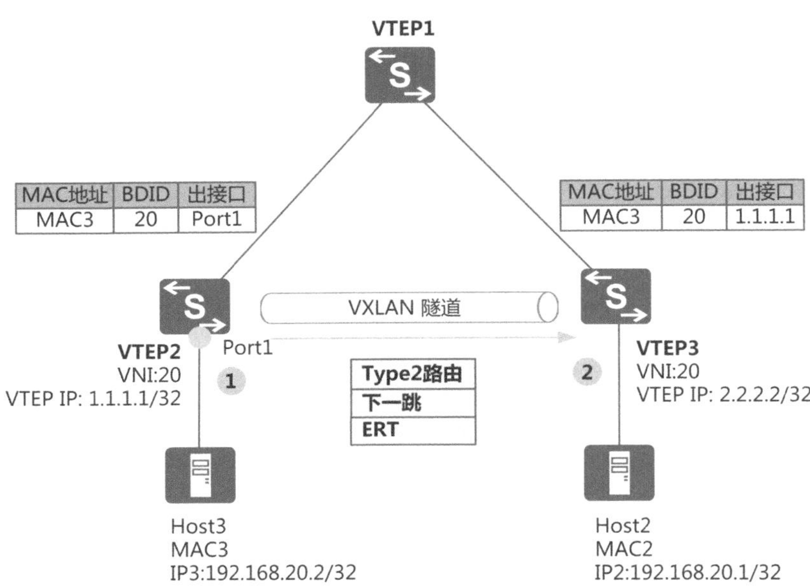

图 5-15　MAC 地址的动态学习

Host3首次与VTEP2通信时，VTEP2通过动态ARP报文学习到Host3的MAC地址、BD ID和报文入接口的对应关系，并在本地MAC表中生成Host3的MAC表项，其出接口为Port1。同时，VTEP2根据Host3的ARP表项生成BGP EVPN路由并发送给对等体VTEP3，该路由携带本端EVPN实例的ERT、路由下一跳属性以及BGP EVPN协议新定义的Type2路由即MAC/IP路由，其中，路由下一跳属性携带的是本端VTEP IP地址。MAC/IP路由的报文格式如图5-16所示，Host3的MAC地址存放在MAC Address Length和MAC Address字段中，二层VNI存放在MPLS Label1字段中。

Route Distinguisher (8 Byte)
Ethernet Segment Identifier (10 Byte)
Ethernet Tag ID (4 Byte)
MAC Address Length (1 Byte)
MAC Address (6 Byte)
IP Address Length (1 Byte)
IP Address (0、4或16 Byte)
MPLS Label1 (3 Byte)
MPLS Label2 (0或3 Byte)

图 5-16　MAC/IP 路由的报文格式

VTEP3收到VTEP2发来的BGP EVPN路由后，首先检查该路由携带的EVPN实例的ERT，如果与本端EVPN实例的IRT相同，则接收该路由，否则丢弃该路由。在接收该路由后，VTEP3获得Host3的MAC地址、BD ID和VTEP2上VTEP IP地址（下一跳属性）的对应关系，并在本地的MAC表中生成Host3的MAC表项，其出接口需根据下一跳属性进行迭代，最终迭代结果是指向VTEP2的VXLAN隧道。

VTEP2学习Host2的主机MAC地址的过程与上述过程类似，这里不再赘述。

Host3初次与Host2通信时，首先发送目的MAC地址全部设置为F、目的IP地址为IP2的ARP请求报文，请求Host2的MAC地址。默认情况下，VTEP2收到该ARP请求报文后将在本网段进行广播，为了减少广播报文，此时可以在VTEP2上使用ARP广播抑制功能。这样当VTEP2收到该ARP请求报文时，先根据目的IP检查本地是否有Host2的MAC地址，如果有，则将目的MAC替换为Host2的MAC地址，将ARP请求的广播报文变为单播报文，然后通过VXLAN隧道发给VTEP3。VTEP3收到后转发给Host2，Host2收到该ARP请求报文后学习到Host3的MAC地址，并以单播形式进行ARP应答。Host3收到ARP应答报文后学习到Host2的MAC地址。

至此，Host3和Host2互相学习到对方的MAC地址，后续双方将采用单播通信。

| 5.6　VXLAN 的数据平面 |

VXLAN数据平面其实就是VXLAN隧道机制，控制平面学习了地址映射信息后，数据平面负责转发实际的数据。VTEP为原始数据帧增加UDP报头，新的报头到达目的VTEP后才会被去掉，中间路径的网络设备只会根据外层报头内的目的地址进行数据转发。数据转发场景包括同子网已知单播报文转发、同子网BUM报文转发和跨子网报文转发。

5.6.1　同子网报文转发

1. 同子网已知单播报文转发

同子网已知单播报文转发只在VXLAN二层网关之间进行，三层网关无须感知。报文转发的流程如图5-17所示。

- VTEP2收到来自Host3的报文，根据报文接入的端口和携带的VLAN信息获取对应的二层BD，并在该二层BD内查找出接口和封装信息。
- VTEP2根据查找到的封装信息对数据报文进行VXLAN封装，然后根据查找到的出接口进行报文转发。
- VTEP3收到VXLAN报文后，根据UDP目的端口号、源/目的IP地址（SIP/

DIP）、VNI判断VXLAN报文的合法有效性。然后依据VNI获取对应的二层BD，进行VXLAN解封装，获取内层的二层报文。

- VTEP3根据内层二层报文的目的MAC（DMAC），从本地MAC表中找到对应的出接口和封装信息，对报文的VLAN Tag进行相应处理，转发给对应的主机Host2。

Host2向Host3发送报文的过程与上述过程类似，这里不再赘述。

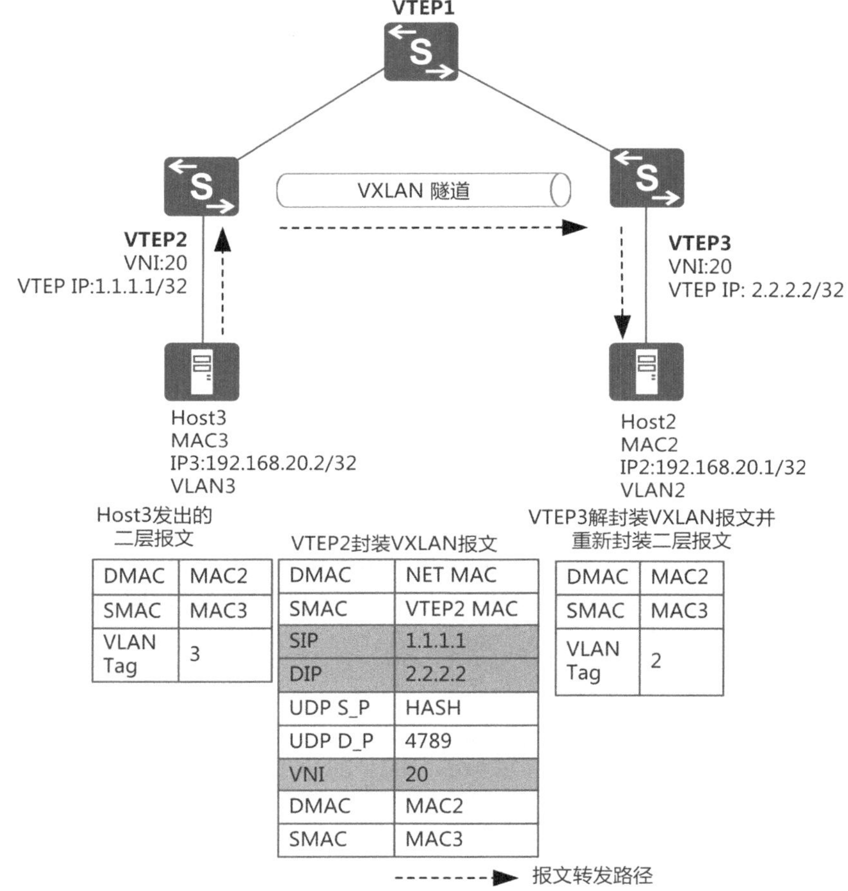

图 5-17　同子网已知单播报文转发的流程

2. 同子网BUM报文转发

同子网BUM报文转发只在VXLAN二层网关之间进行，三层网关无须感知。同子网BUM报文转发采用了头端复制的方式。

头端复制是指当BUM报文进入VXLAN隧道时，接入端VTEP根据头端复制列表进行报文的VXLAN封装，并将报文发送给头端复制列表中的所有出端口VTEP。BUM报文出VXLAN隧道时，出口端VTEP对报文解封装。BUM报文采用头端复制转发的流程如图5-18所示。

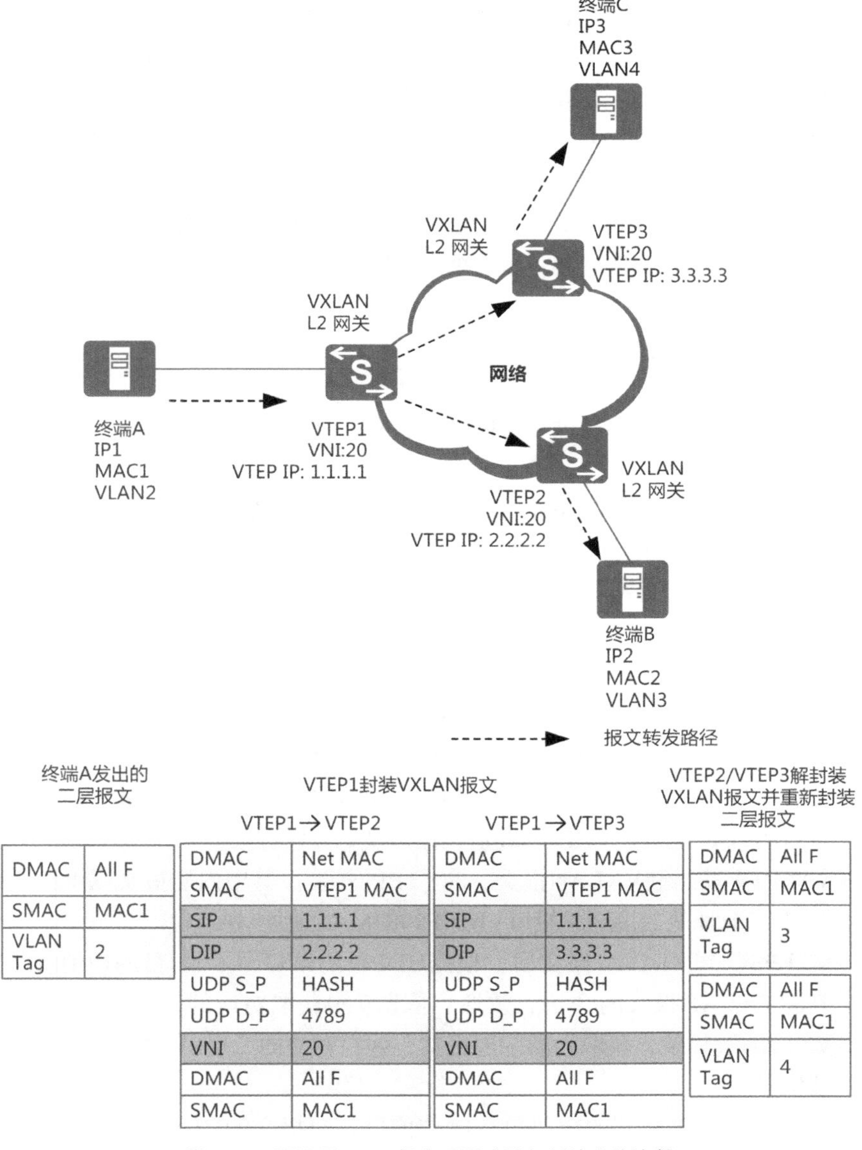

终端A发出的二层报文

DMAC	All F
SMAC	MAC1
VLAN Tag	2

VTEP1封装VXLAN报文（VTEP1→VTEP2）

DMAC	Net MAC
SMAC	VTEP1 MAC
SIP	1.1.1.1
DIP	2.2.2.2
UDP S_P	HASH
UDP D_P	4789
VNI	20
DMAC	All F
SMAC	MAC1

VTEP1封装VXLAN报文（VTEP1→VTEP3）

DMAC	Net MAC
SMAC	VTEP1 MAC
SIP	1.1.1.1
DIP	3.3.3.3
UDP S_P	HASH
UDP D_P	4789
VNI	20
DMAC	All F
SMAC	MAC1

VTEP2/VTEP3解封装VXLAN报文并重新封装二层报文

DMAC	All F
SMAC	MAC1
VLAN Tag	3

DMAC	All F
SMAC	MAC1
VLAN Tag	4

图 5-18　同子网 BUM 报文采用头端复制转发的流程

- VTEP1收到来自终端A的报文，根据报文中接入的端口和VLAN信息获取对应的二层BD。

- VTEP1根据对应的二层BD获取对应VNI的头端复制列表，依据获取的列表进行报文复制，并进行VXLAN封装。然后将封装后的报文从出接口转发出去。
- VTEP2/VTEP3收到VXLAN报文后，根据UDP目的端口号、源/目的IP地址、VNI判断VXLAN报文的合法有效性。然后依据VNI获取对应的二层BD，进行VXLAN解封装，获取内层的二层报文。
- VTEP2/VTEP3检查内层二层报文的目的MAC地址，发现是BUM MAC，在对应的二层BD内的非VXLAN隧道侧进行广播。即VTEP2/VTEP3分别从本地MAC表中找到非VXLAN隧道侧的所有出接口和封装信息，对报文的VLAN Tag进行相应处理，转发给对应的终端B/C。

5.6.2 跨子网报文转发

跨子网报文转发需要通过三层网关。在集中式网关场景中，跨子网报文转发的流程如图5-19所示。

- VTEP2收到来自Host1的报文，根据报文中接入的端口和VLAN信息获取对应的二层BD，在对应的二层BD内查找出接口和封装信息。
- VTEP2根据查找到的出接口和封装信息进行VXLAN封装，向VTEP1转发报文。
- VTEP1收到VXLAN报文后进行解封装，发现内层报文中的目的MAC是三层网关接口VBDIF10的MAC地址MAC3，判断需要进行三层转发。
- VTEP1剥除内层报文的以太报头封装，解析目的IP地址。根据目的IP查找路由表，找到目的IP地址的下一跳地址，再根据下一跳地址查找ARP表项，获取目的MAC地址、VXLAN隧道出接口及VNI等信息。
- VTEP1重新封装VXLAN报文，向VTEP3转发。其中内层报文以太报头中的源MAC地址是三层网关接口VBDIF20的MAC地址MAC4。
- VTEP3收到VXLAN报文后，根据UDP目的端口号、源/目的IP地址、VNI判断VXLAN报文的合法有效性。依据VNI获取对应的二层BD，然后进行VXLAN解封装，获取内层二层报文，并在对应的二层BD内查找出接口和封装信息。
- VTEP3根据查找到的出接口和封装信息，对报文的VLAN Tag进行相应处理，转发给对应的Host2。

Host2向Host1发送报文的过程与上述过程类似，这里不再赘述。

路由表

目的	下一跳	接口
192.168.10.1/32	192.168.10.10/24	VBDIF10
192.168.20.1/32	192.168.20.10/24	VBDIF20

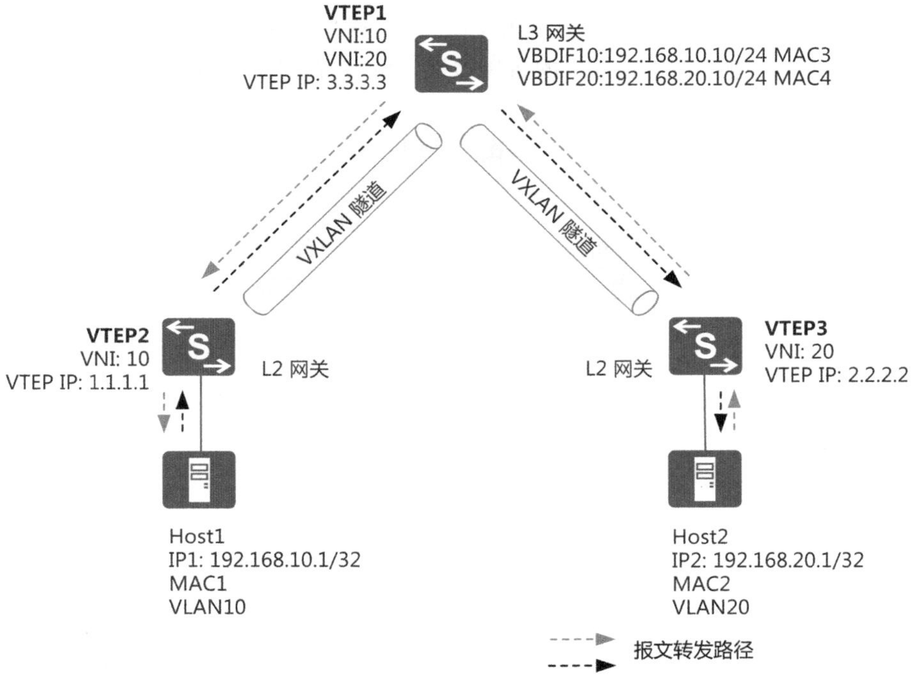

VTEP1
VNI:10
VNI:20
VTEP IP: 3.3.3.3

L3 网关
VBDIF10:192.168.10.10/24 MAC3
VBDIF20:192.168.20.10/24 MAC4

VXLAN 隧道

VXLAN 隧道

VTEP2
VNI: 10
VTEP IP: 1.1.1.1

L2 网关

L2 网关

VTEP3
VNI: 20
VTEP IP: 2.2.2.2

Host1
IP1: 192.168.10.1/32
MAC1
VLAN10

Host2
IP2: 192.168.20.1/32
MAC2
VLAN20

报文转发路径

Host1发出跨子网IP报文

DMAC	MAC3
SMAC	MAC1
SIP	IP1
DIP	IP2
Payload	

VTEP2封装VXLAN报文

DMAC	NET MAC
SMAC	VTEP2 MAC
SIP	1.1.1.1
DIP	3.3.3.3
UDP S_P	HASH
UDP D_P	4789
VNI	10
DMAC	MAC3
SMAC	MAC1
SIP	IP1
DIP	IP2
Payload	

VTEP1封装VXLAN报文

DMAC	NET MAC
SMAC	VTEP1 MAC
SIP	3.3.3.3
DIP	2.2.2.2
UDP S_P	HASH
UDP D_P	4789
VNI	20
DMAC	MAC2
SMAC	MAC4
SIP	IP1
DIP	IP2
Payload	

VTEP3解封装VXLAN报文

DMAC	MAC2
SMAC	MAC4
SIP	IP1
DIP	IP2
Payload	

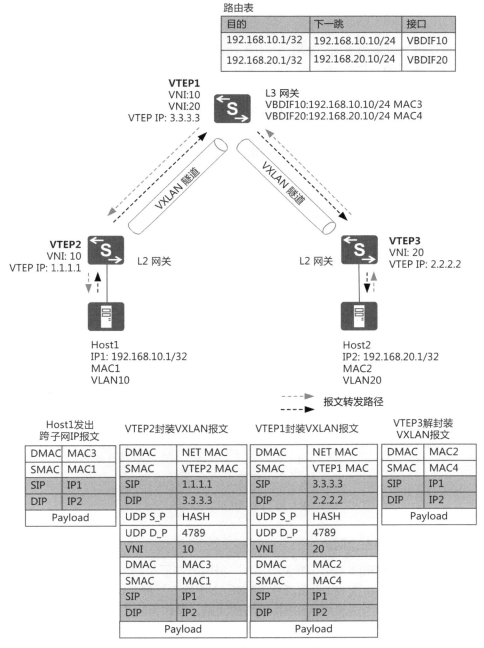

图 5-19　跨子网报文转发的流程

5.7 VXLAN的网络架构

根据网关位置的不同，VXLAN有不同的网络架构方案。类似于传统网络不同VLAN间的用户互通，在VXLAN组网中，不同BD间的用户也需要通过VXLAN三层网关实现互通。VXLAN三层网关接口一般为VBDIF接口，是基于BD创建的三层逻辑接口。通过VBDIF接口配置IP地址，可实现不同网段的VXLAN间以及VXLAN和非VXLAN之间的通信，也可实现二层网络接入三层网络。

VXLAN常用的网络架构包括集中式网关和分布式网关两种。

1. VXLAN集中式网关

VXLAN集中式网关是指将三层网关集中部署在一台设备上，如图5-20所示。所有跨子网的流量都经过三层网关进行转发，实现了流量的集中管理。

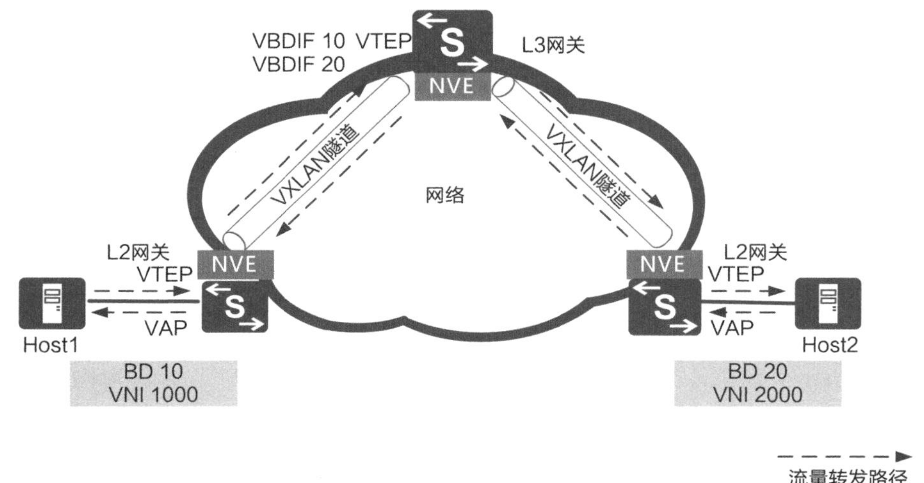

图5-20 VXLAN集中式网关

2. VXLAN分布式网关

VXLAN分布式网关是指将VXLAN二层网关和三层网关部署在同一台设备上，如图5-21所示。VTEP设备既作为VXLAN中的二层网关设备，与主机对接，用于解决终端租户接入VXLAN虚拟网络的问题，又作为VXLAN中的三层网关设备，实现跨子网的终端租户通信，以及外部网络的访问。

在VXLAN分布式网关中，VTEP节点只需学习自身连接服务器的ARP表项，而不必像集中式三层网关那样需要学习所有服务器的ARP表项，这解决了集中式三层网关带来的ARP表项瓶颈问题，网络规模扩展能力增强。但是相对而言，所有作为分布式网关的VTEP节点都需要进行三层业务的规划与配置，运维部署环节要比VXLAN集中式网关方案复杂。

图 5-21　VXLAN 分布式网关

第 6 章 云园区网络自动化部署

随着互联网技术的不断发展，应用软件的数量呈现爆发式增长，ICT领域正进入软件为王的时代，软件将超越硬件从而主导ICT的发展。因此，云园区网络也在这种趋势下逐渐转变，将网络的复杂性由网络本身转移到软件，通过SDN技术实现网络的自动化部署。

| 6.1 云园区网络自动化简介 |

按园区网络的规模，可以将园区划分为小型园区网络和大中型园区网络，这两种园区网络自动化部署的侧重点不同，分别介绍如下。

小型园区网络有如下特点：网络设备少，组网简单，业务相对简单，无专职网络管理员，往往具有多分支且期望能够为分支快速下发相同的配置。

对于多分支网络，分支的位置往往分布得很零散，小型园区网络没有专职网络管理员，不具备反复调测的条件。网络规模小，设备的安装、开局、业务调测可以很快完成。

针对小型园区网络，推荐云园区网络自动化部署的顺序是先预配置，后即插即用。网络管理员提前在SDN控制器上进行业务配置，调通一个站点后，创建新的站点并将已调通站点的配置复制到新的站点，快速完成新站点的业务配置。在开局时，工程师只需在现场将设备上电，通过手机App扫描设备，将设备加入对应的站点，等待设备在SDN控制器上完成注册，测试网络连通性即可。这样的开局策略对现场的工程师技能要求不高，但保证了高效的开局。

大中型园区网络有如下特点：网络设备多，组网复杂，业务复杂，有专职网络管理员，分支数量相对少。

大中型园区网络自动化部署是通过将网络中的复杂问题移交给SDN控制器解决来实现的，利用分层解耦、抽象的思想简化网络管理。智简架构将网络抽象成物理网络（Underlay网络）、虚拟网络（Overlay网络）和业务层，在每层对网络业务分别建模后将网络资源池化，再利用SDN技术实现从物理网络到虚拟网络，继而到业务层的自动化部署。针对大中型园区网络，推荐云园区网络自动化部署的顺序是先进行物理网络的自动化部署，再进行虚拟网络的自动化部署，最后进行用户接入的自动化部署。

大中型园区网络部署的周期较长。有两种可即插即用的使用场景：先规划后部署和先部署后检查。先规划后部署场景的即插即用，适用于要求在集中的时间段进行安装的情况，在SDN控制器上做好拓扑连线规划，添加设备到SDN控制器，安装工程师按照规划连线、上电、等待设备启动后，通过手机App检查连线是否正确，连线正确后结束工作。先部署后检查场景的即插即用，适用于要求在分散的时间进行安装的情况，开始不做规划，安装工程师先进行连线、上电，等设备全部安装完成后，通过SDN控制器检查拓扑的正确性，确认正确后将所有设备添加到SDN控制器上。即插即用实现了在SDN控制器上注册设备，为了在物理网络上构建资源池化的虚拟网络，需要通过路由打通，为了实现路由的自动打通，管理员需要在SDN控制器上配置路由使用的IP地址段，SDN控制器通过自动编排将IP地址段分发到相关的设备上。

VN需要使用一段独立的IP地址资源，避免跟物理网络冲突。管理员需要先定义用于VN的IP地址段，然后再创建VN并分配资源。管理员指定VN名称，并根据VN中可能的终端数量设置IP地址段，来实现VN的自动化部署。

VN是可以在任意位置通过有线网络或者无线网络接入的，因此需要为每个员工分配一个账号。在SDN控制器上配置账号，再指定账号的身份，例如，账号的身份属于研发部、市场部等。按照身份管理策略，配置研发账号可以访问哪些资源组、市场账号可以访问哪些资源组，通过策略自动化部署来实现用户接入的自动化部署。

| 6.2　物理网络自动化 |

物理网络的自动化部署简化了设备的安装，降低了对安装人员技能的要求，实现了园区网络的快速部署。本节将介绍与物理网络自动化相关的技术及部署。

6.2.1　设备即插即用

随着网络技术的飞速发展，企业的网络规模也在不断扩大，企业客户需要管理和维护少则几百台、多则上千台的设备，前期规划和部署阶段工作（设备安装与初始配置、设备升级等）的时间占到整个网络管理运维周期的1/3甚至更长，而且这些工作中很大一部分都是简单且重复的劳动（网管人员的工作时间占比分布见图6-1）。因此，客户对简化网络设备的安装、部署阶段的管理及设备软件的升级的需求越来越迫切。

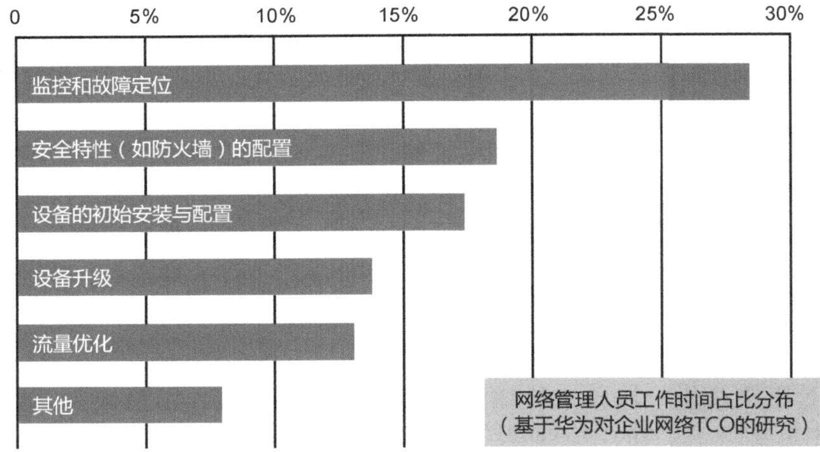

注：TCO 即 Total Cost of Ownership， 总拥有成本。

图 6-1　网管人员的工作时间占比分布

传统的网络开局也有一些设备空配置部署的方案，典型的流程可参见图6-2。

步骤①　管理员使用记事本等工具制作通用配置脚本和设备差异化配置信息，然后上传至文件服务器。

步骤②　工程人员从库房领取设备，并通知管理员ESN、MAC信息和布放位置。

步骤③　管理员记录ESN、MAC信息和布放位置，并按照布放位置指定对应的配置文件。

步骤④　工程人员在现场对设备进行安装、连线和上电。

步骤⑤　设备上电后通过DHCP获取管理IP地址和开局服务器交换机的地址信息。

步骤⑥　设备通过部署协议与开局服务器交换机交互，注册设备MAC、ESN信息。

步骤⑦　设备到文件服务器上下载相应的配置文件（设备差异化配置信息），完成部署。

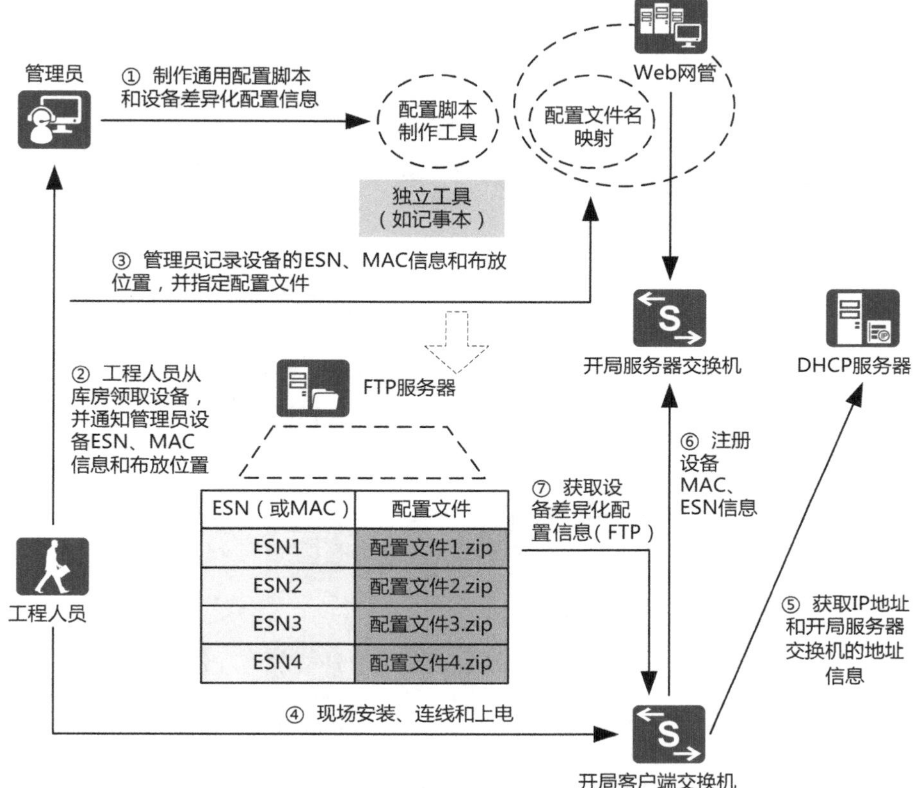

图 6-2 传统的手抄 MAC/ESN 的即插即用方案

但是传统的即插即用方案存在诸多问题，网络规划设计和软硬件安装、连线过程分离，需要人工通过MAC、ESN信息来关联待部署文件，易出现关联错误，另外，还需要手工逐台进行业务配置，开局效率非常低。因此，云园区网络提出了新一代自动化即插即用方案，旨在帮助用户简化网络安装流程，通过SDN控制器为需要部署的网络提供自动化的部署服务，而且实现了网络部署前期规划和后期维护的无缝衔接，大大提高了网络管理和运维效率，有效地减少了人工和时间成本，具体优势如下。

- 可视化：网络管理员、安装工程师通过全图形的操作界面完成工作，实现了配置界面可视化和网络规划可视化。
- 效率高：通过预先在SDN控制器上部署好业务，在实际开局过程中缩短了端到端的配置流程，原来人工部署要数天，该方案数小时就可以完成。
- 错误少：通过SDN控制器图形化界面进行配置，降低了通过命令行配置的高错误概率。可通过SDN控制器实时感知连线错误，快速排障。

如图6-3所示，我们以中小型园区网络的自动化部署为例，介绍一下云园区网络方案中设备的即插即用过程。

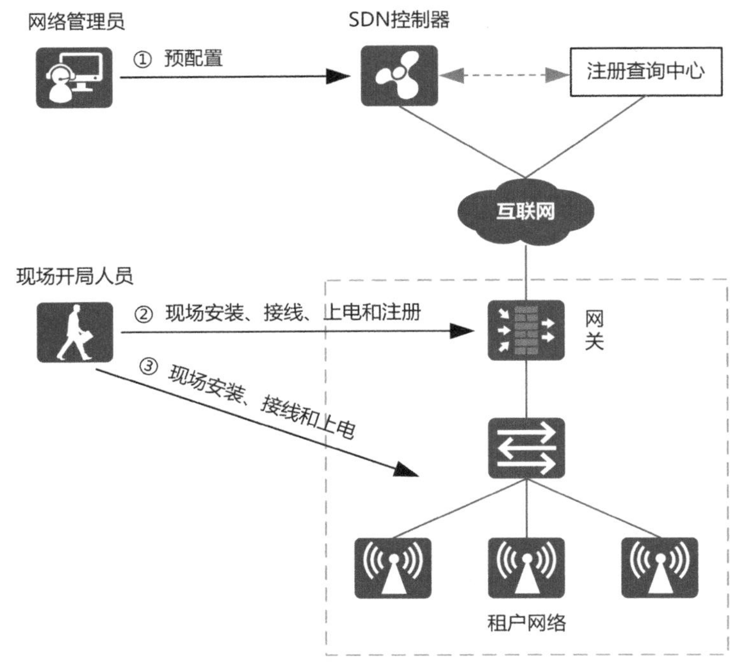

图 6-3　云园区网络即插即用方案工作流程

步骤①　网络管理员在SDN控制器上进行预配置，创建租户并绑定许可证，创建站点并导入设备，基于站点配置网络设备的业务，包括为出口网关设备配置安全域、VLANIF1、DHCP服务器、DNS、NAT等，为无线接入设备配置SSID等。

步骤②　现场开局人员对出口网关设备进行硬件安装、接线和上电，手工配置网关设备接入互联网。向SDN控制器注册纳管后，网关设备进入即插即用流程，同步SDN控制器下发的业务配置。

步骤③　现场开局人员对网关下挂的设备进行硬件安装、接线和上电，通过出口网关DHCP服务器获取IP地址、DNS后，下挂设备进入即插即用流程，同步SDN控制器下发的业务配置。

6.2.2　路由自动配置

通常情况下，大中型园区中需要部署三层互通的网络，通过IGP（Interior

Gateway Protocol，内部网关协议）来实现路由同步。园区常见的IGP是OSPF（Open Shortest Path First，开放式最短路径优先）协议，OSPF协议是一个常见的路由协议，是IETF开发的一个基于链路状态的内部网关协议。目前针对IPv4协议使用的是OSPF Version 2（RFC 2328）。OSPF协议计算路由的过程如下。

- 每台交换机根据自己周围的网络拓扑结构生成LSA（Link State Advertisement，链路状态公告），并通过更新报文将LSA发送给网络中的其他交换机。
- 每台交换机都会收集其他交换机发来的LSA，所有的LSA放在一起便组成了LSDB（Link State Database，链路状态数据库）。LSA是对交换机周围网络拓扑结构的描述，LSDB则是对整个AS（Autonomous System，自治系统）的网络拓扑结构的描述。
- 交换机将LSDB转换成一张加权的有向图，这张图便是对整个网络拓扑结构的真实反映。各个交换机得到的有向图是完全相同的。
- 每台交换机根据有向图，使用SPF（Shortest Path First，最短路径优先）算法计算出以自己为根的最短路径树，这张路径树图给出了到自治系统中各节点的路由。

当一个大中型园区网络中的交换机都运行OSPF协议时，交换机数量的增多会导致LSDB非常庞大，占用大量的存储空间，并使得SPF算法的复杂度增加，导致交换机负担很重。在网络规模增大之后，拓扑结构发生变化的概率也增大，网络会经常处于“动荡”之中，造成网络中有大量的OSPF协议报文在传递，降低了网络的带宽利用率。更为严重的是，每一次变化都会导致网络中所有的交换机重新计算路由。OSPF协议支持区域划分，通过将自治系统划分成不同的区域（Area）来解决上述问题。区域是指从逻辑上将交换机划分而成的不同的组，每个组用区域号（Area ID）来标识。区域的边界是交换机，而不是链路。一个网段（链路）只能属于一个区域，或者说必须指明运行OSPF协议的接口属于哪一个区域。

OSPF协议划分区域之后，并非所有的区域都是平等的关系。其中有一个区域的区域号是0，它通常被称为骨干区域。骨干区域负责区域之间的路由，非骨干区域之间的路由信息必须通过骨干区域来转发。对此，OSPF协议有两个规定：首先，所有非骨干区域必须与骨干区域保持连通；其次，骨干区域自身也必须保持连通。

如图6-4所示，所有的交换机都运行OSPF协议，并将整个自治系统划分为3个区域，其中交换机A和交换机B作为ABR（Area Border Router，区域边界路由器）来转发区域之间的路由信息。配置完OSPF协议的基本功能后，每台交换机都应学习到AS内自身到所有网段的路由信息，包括各接口所属VLAN ID、各VLANIF接口的IP地址。各交换机设备使用OSPF协议指定不同区域内的网段。

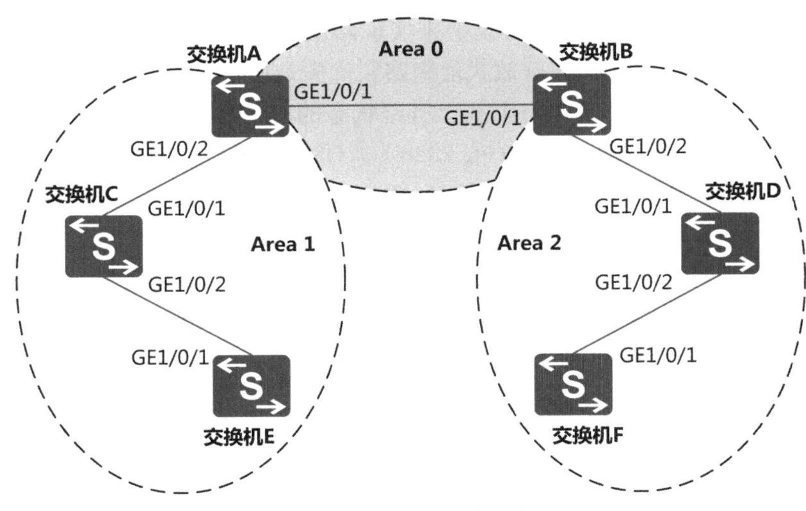

图 6-4 配置 OSPF 基本功能

但是传统部署过程存在诸多问题。首先，OSPF协议及OSPF协议依赖的接口IP地址配置条目有将近20条，逐台登录设备进行配置比较耗时；其次，每台设备通过命令行进行配置，容易出错，出错后难以排查；最后，网络变更会导致域变化，更改非常耗时，导致业务中断时间较长。

而路由自动化方案基于传统部署方案做了改进，在该方案中，用户只需在SDN控制器上规划拓扑，SDN控制器根据拓扑自动划域、自动生成配置，网络变更意图验证正确后再统一下发，并行执行。这种部署方式的业务中断时间短，可以有效提升路由配置的效率和正确性。

配置仿真验证技术用于验证网络的端到端行为是否符合配置预期（由其配置和状态决定），其过程如图6–5所示。管理员配置完业务后，SDN控制器先进行仿真验证，当验证正确后才将配置下发到设备；如果存在配置错误，SDN控制器会反馈给网络管理员，由网络管理员修改后，再继续进行仿真验证并下发配置。

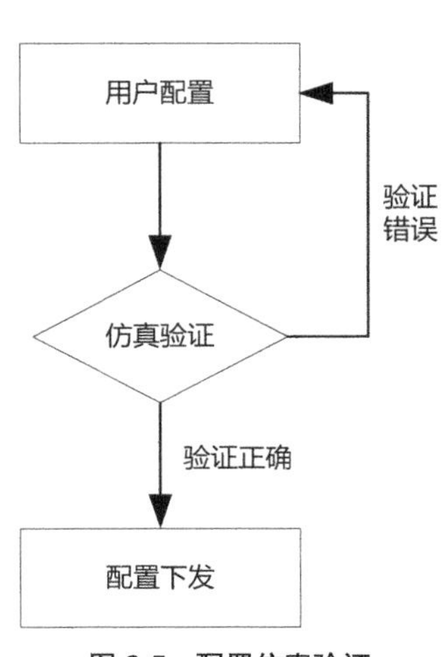

图 6-5 配置仿真验证

如表6–1所示，配置仿真可以对如下几种功能进行验证。

- 配置正确性验证：配置验证系统可以在部署之前对配置进行验证，在业务部署前就判断配置规划是否正确，如是否存在IP地址重复等问题。
- 转发正确性验证：网络验证系统可以对网络中所有可能的端到端路径进行数学分析，通过模拟所有可能经过网络的数据报文，将报文的行为分析与配置目的进行比较，判断配置是否正确。例如，网络中三层路由是否任意两点可达、MTU（Maximum Transmission Unit，最大传输单元）是否匹配。

表 6-1　配置仿真验证

内容	优点
配置正确性验证 原理：基于配置验证网络的行为是否符合预期	在部署之前对配置进行预验证，能够检测配置不当可能导致的潜在错误；支持 what-if 分析
转发正确性验证 原理：基于网络的快照（读取真实的状态）核查网络行为，主动分析，基于数学模型模拟流量	基于真实的数据，校验的是真实的状态

云园区网络通过SDN控制器进行仿真验证，将网络IT模型从被动应对问题的方式转变为主动应对问题的方式，其中对当前网络设计的自动分析可以消除人为错误和配置错误，从而在一开始就避免这些问题。验证所支持的自动化有助于IT工程师提升诊断故障、记录网络需求和验证修复方面的专业技能。

6.2.3　自动化过程中的安全保证

在自动化方案中，SDN控制器作为网络中枢，集中向设备发出各种控制指令，进而控制设备行为。如果攻击者仿冒SDN控制器向设备下发攻击性指令，将会导致网络故障，因此需要一种安全方案来保护指令和数据的机密性、完整性，需要对控制与受控双方进行严格的认证鉴权，避免控制指令的滥用和关键数据的泄露。为了保证SDN控制器和设备之间通信安全可靠，常用做法就是进行身份认证与鉴权。SDN控制器需要鉴定来自设备的消息是否属实，设备需要鉴定来自SDN控制器的指令是否属实，双方都需要严格的安全认证与授权机制，确保双方的身份可信。网络通信领域通常使用类似于驾驶证、护照电子副本的数字证书来确认通信双方的身份。

数字证书（Digital Certificate）简称证书，它是一个经CA（Certificate Authority，证书授权中心）进行数字签名的文件，包含拥有者的公钥及相关身份信息。数字证书可以说是互联网上的安全护照或身份证。数字证书技术解决了数字签名技术中无法确定公钥的指定拥有者的问题。通过使用数字证书，可以实现如下目的。

- 数据保密：通信双方通过握手协议协商得到加密密钥之后，传输的消息均为加密的消息。加密的算法为单钥加密算法，如AES（Advanced Encryption Standard，高级加密标准）等。
- 身份认证：通信双方的身份通过公钥加密算法[如RSA（Rivest-Shamir-Adleman，RSA加密算法）、DSS（Data Security Standard，数据安全标准）等]进行签名，杜绝假冒。

• 数据完整性：通信所传输的消息均包含数字签名，以保证消息的完整性。

数字证书的基本架构是PKI架构，即利用一对密钥进行加密和解密。其中密钥包括私钥和公钥，私钥主要用于签名和解密，由用户自定义，只有用户自己知道；公钥用于签名验证和加密，可由多个用户共享。数字证书的基本工作原理如下。

• 公钥加密又称为非对称密钥加密，当发送一份保密文件时，发送方使用接收方的公钥对数据加密，而接收方使用自己的私钥解密。加解密过程是一个不可逆的过程，即只有使用公钥对应的私钥才能解密。公钥的加解密过程如图6-6所示。

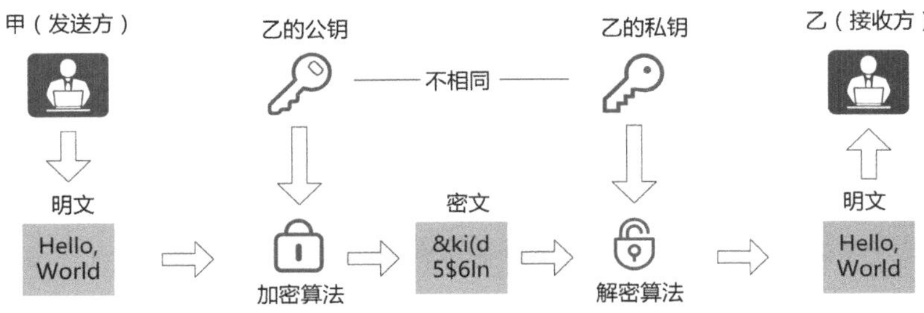

图 6-6 公钥的加解密过程

• 用户也可以使用私钥对发送信息加以处理，形成数字签名。由于私钥为用户独有，数字签名可以代表发送者的身份，防止发送者对发送信息的抵赖，接收方通过验证数字签名可以判断信息是否被篡改过。数字签名的加解密过程如图6-7所示。

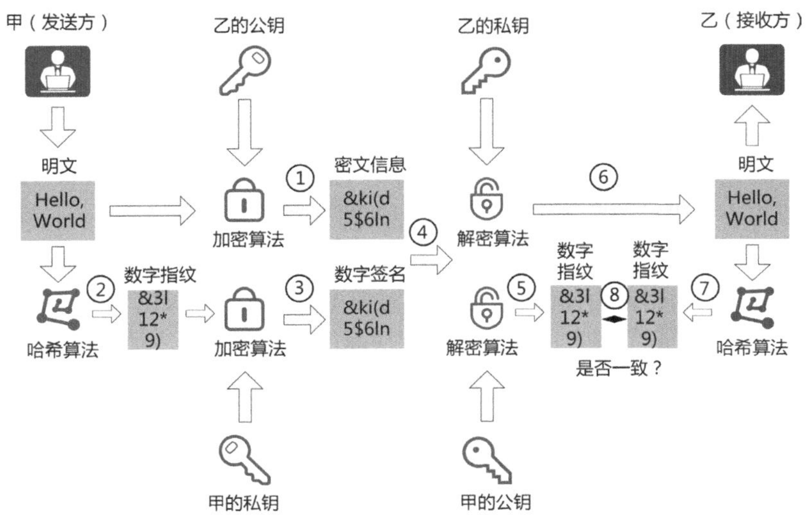

图 6-7 数字签名的加解密过程

数字证书有4种类型，如表6-2所示。

表 6-2　各类型数字证书的相关说明

数字证书类型	说明	使用说明
自签名证书	自签名证书又被称为根证书，是自己颁发给自己的证书，即证书中的颁发者和主体的名称相同	申请者无法向 CA 申请本地证书时，可以通过设备生成自签名证书，实现简单证书颁发功能。设备不支持对其生成的自签名证书进行生命周期管理（如证书更新、证书撤销等），为了确保设备和证书的安全，建议用户替换为自己的本地证书
CA 证书	CA 签发的证书。如果 PKI 系统中没有多层级 CA，CA 证书就是自签名证书；如果有多层级 CA，则会形成一个 CA 层级结构，最上层的 CA 是根 CA，它拥有一个 CA 自签名证书	申请者通过验证 CA 的数字签名从而信任 CA，任何申请者都可以得到 CA 的证书（含公钥），用以验证它所颁发的本地证书
本地证书	CA 颁发给申请者的证书	—
设备本地证书	设备根据 CA 证书给自己颁发的证书，证书中的颁发者名称是 CA 服务器的名称	申请者无法向 CA 申请本地证书时，可以通过设备生成设备本地证书，实现简单证书颁发功能

基于数字证书机制，SDN控制器和设备自动化通信机制的鉴权流程如图6-8所示。

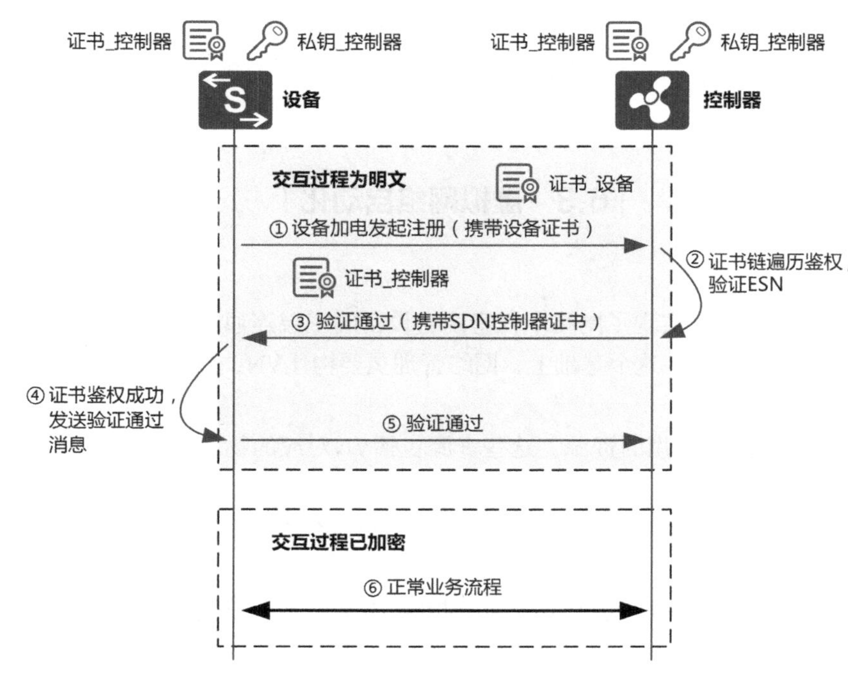

图 6-8　SDN 控制器和设备自动化通信机制的鉴权流程

设备出厂预置了设备证书、私钥对，设备证书与SDN控制器证书来源于同一个根证书。

步骤① 待注册设备上电后获取IP地址，向SDN控制器发送注册请求。注册设备向SDN控制器发送携带设备自身证书的注册请求报文。

步骤② SDN控制器获取设备证书后，进行证书链的遍历鉴权，同时验证ESN。

步骤③ SDN控制器验证通过后发送鉴权成功消息至设备，消息中携带SDN控制器证书。

步骤④ 设备获取SDN控制器证书后进行证书鉴权，如果鉴权成功，则向SDN控制器发送验证通过消息。

步骤⑤ 验证通过。

步骤⑥ 待双方验证通过后，SDN控制器和设备开始使用安全加密通道进行业务交付。

SDN控制器和设备以及周边系统网络通信通常采用SSL/HTTPS加密协议，而且在安装SDN控制器时通常会预置SSL证书，此证书仅用于安装后的临时通信，用户完成安装后通常需要对预置的证书进行更新。用户可以通过以下两种方式获取设备和SDN控制器双方对应的替换证书。

- 方式一：如果运营商或企业有自己的CA，建议向自有CA申请SSL用户和SSL服务器的身份证书，并获取对应的信任证书。
- 方式二：使用OpenSSL、XCA等工具自己制作需要的数字证书。

| 6.3 虚拟网络自动化 |

物理网络自动化实现了网络中任意两台设备的三层连通，物理网络具备网络虚拟化的基础条件，在这个基础上，网络管理员要构建VN，只需在SDN控制器上进行两步操作。

首先，指定VN使用的资源。这些资源包括VN对应的物理设备的角色、用户使用的IP地址段和VN接入的位置。这个步骤在云网络中叫创建Fabric。Fabric的本质是将网络当作一个整体资源进行池化，资源池化之后的网络可以通过VN的形式给业务使用。

然后，根据业务需要创建VN，包括指定VN名称、可以使用的IP地址段、接入端口等。

整个部署过程中，网络管理员不需要过多考虑网络的具体实现方式，这样能够大大减少业务需求和网络实现之间的耦合度，提高网络规划效率。这个过程之所以操作起来很简单，有SDN控制器编排的功劳。下面就分别介绍在网络管理员简单的两步操作中，控制器和网络设备上发生了什么。

6.3.1　VN 与资源的映射

SDN控制器通过对园区网络的抽象对相关资源进行池化处理，通过对网络服务的抽象实现FaaS，以支撑物理网络向Fabric的映射。创建VN时，将FaaS的资源按规则实例化，如图6–9所示。

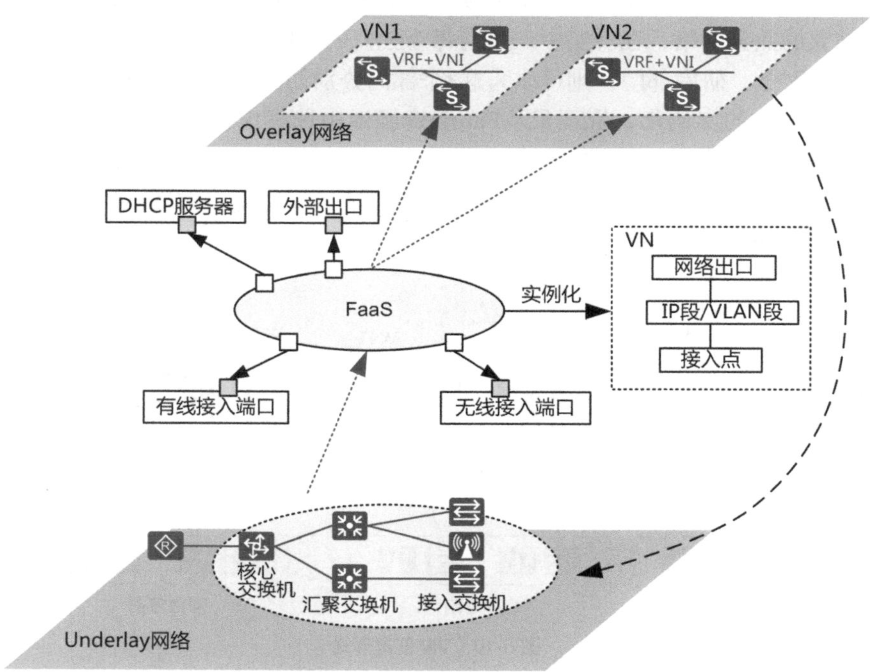

注：VRF 即 Virtual Routing and Forwarding，虚拟路由转发。

图 6-9　资源实例化

创建Fabric时，SDN控制器采用将业务模型抽象的方法将虚拟网络分为虚拟路由器池、接入端口池、子网池、外部出口池几部分，各部分的作用如下。

- 虚拟路由器池：虚拟路由器使用VPN创建一个独立的三层路由域，类似现实中的物理路由器。在创建VN时，每个VN会占用一个VPN资源。
- 接入端口池：接入端口池是指可以接入VN的端口的集合。这里的端口分为有线端口和无线端口。有线端口是指所有接入交换机的端口，无线端口是指

SSID。通过用户接入的自动化可以实现多个虚拟网络使用同一个物理端口。

- 子网池：子网池是指可以分配给VN使用的IP地址段，Fabric会首先圈定一大段地址（如B类网段），这一大段地址再分成更小的网段给各个VN中的用户使用。
- 外部出口池：外部出口池是指VN可以使用的外部资源，外部出口池可以是互联网公网，也可以是另一个VPN对应的私网。

6.3.2 VN的自动化部署

物理网络完成资源池化后，管理员就可以根据实际业务需要创建VN。VN是一个独立的业务网络，在现实中一般给每个独立的部门划分一个VN，如一个公司有市场、财务、研发部门，则可以为这3个部门分别创建一个VN。VN的自动化部署就是资源池的实例化，管理员从Fabric资源池中选择虚拟路由器、接入端口范围、子网就可以完成VN的创建。Fabric是一个大的资源池，可以在Fabric上以多种形式创建VN，根据VN接入的范围可以将其划分为3类，如图6-10所示，3类VN创建形式的对比如表6-3所示。

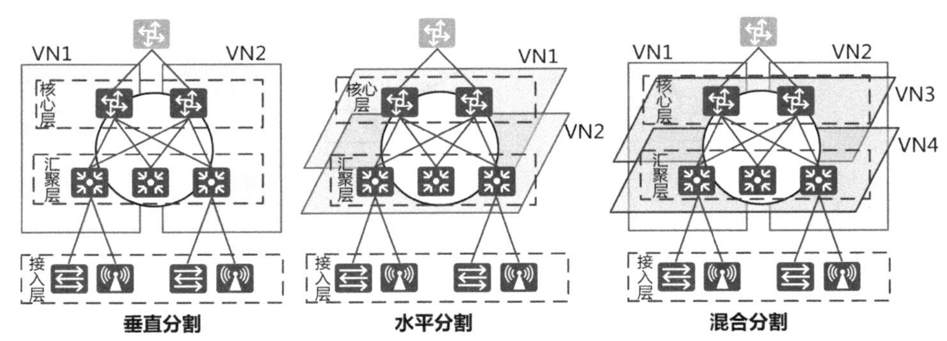

图6-10 VN创建形式

表6-3 3类VN创建形式的对比

创建形式	适用场景	资源分配
垂直分割	现网不支持动态授权用户VLAN，用户静态接入VN	创建VN时需要用户指定哪些汇聚交换机、接入交换机属于此VN
水平分割	现网支持动态授权用户VLAN，用户动态接入VN	创建VN时所有汇聚交换机、接入交换机都属于此VN
混合分割	用户静态接入VN和动态接入VN同时存在（改造迁移时存在这种情况）	• 创建水平分割的VN时，所有汇聚交换机、接入交换机都属于此VN。 • 创建垂直分割的VN时，需要指定哪些汇聚交换机、接入交换机属于此VN

每个VN都需要指定一个网络侧访问的出口，云园区根据不同的访问场景支持3种出口方式，如图6–11所示，它们分别适用的场景如表6–4所示。

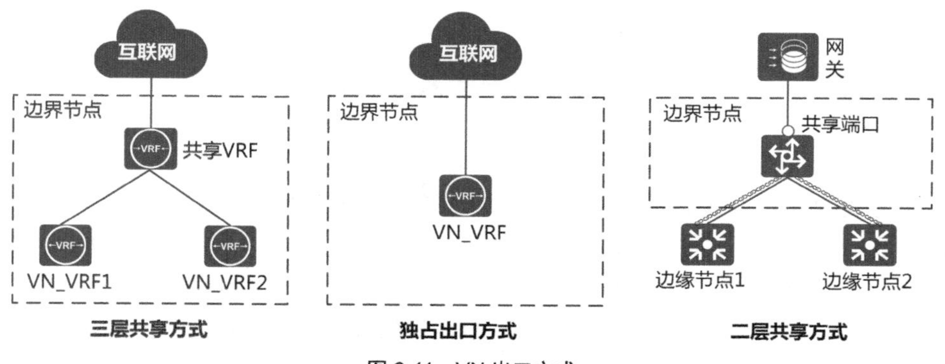

图 6-11　VN 出口方式

表 6-4　VN 出口方式适用的场景

出口方式	适用的场景
三层共享方式	• 多个 VN 都要访问互联网 /DC（Data Center，数据中心）。 • 多个 VN 采用统一的安全策略
独占出口方式	• 多个 VN 都要访问互联网 /DC。 • 每个 VN 采用个性化的安全策略
二层共享方式	Border 节点不作为用户网关的场景

VN之间有时候需要互访。VN间的互访有两种方案，如图6–12所示。

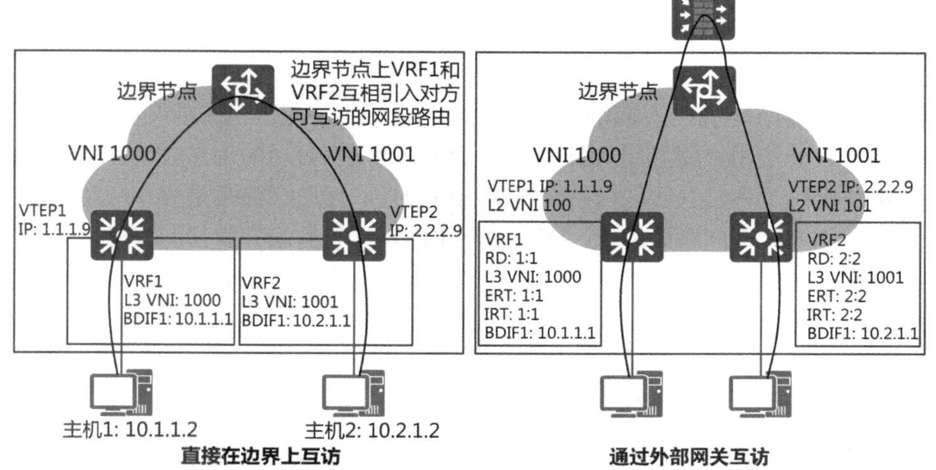

图 6-12　VN 互访

直接在边界上互访适用于不需要做应用级策略控制的VN间互访的场景。通过外部网关互访适用于需要做应用级策略控制的VN间互访的场景。

| 6.4 用户接入自动化 |

无线的接入方式和BYOD的需求打破了传统基于物理隔离的网络安全边界后，我们需要用新的技术手段去重构数字化网络的安全边界。用户接入技术包括用户接入身份识别和验证技术、用户权限管理技术以及用户账号管理技术。拨号上网、插入SIM卡使用手机等常见操作的背后是就是各种用户接入技术。但是，在将这些技术应用到园区网络时，它们还是表现出各种“水土不服”，我们不能要求员工在Pad上使用PPPoE（Point-to-Point Protocol over Ethernet，以太网点对点协议）拨号软件，也不能要求每台台式计算机都插一个SIM卡，这就需要对用户接入技术进行适应性改造，使之能符合园区网络的需求。

6.4.1 用户接入技术

为满足用户接入过程中的身份识别和权限管控等诉求，通常需要用到网络准入控制技术。

1. 网络准入控制技术

网络准入控制技术主要解决用户接入网络过程中的网络准入和策略管控问题。

（1）网络准入

开放的网络环境给人们带来便利的网络资源，也会让人们面临各种安全威胁，例如，非法用户随意接入公司内部网络，会危害公司的信息安全。接入园区网络的终端种类多，且园区内用户行为难以管控。因此，终端是安全威胁的主要来源。出于对安全问题的考虑，园区网络不能对所有终端开放访问权限，需要基于终端对应的用户身份和终端状态进行认证，不符合条件的终端不能接入网络。图6-13为网络准入的示意。

网络接入认证技术就像给网络“大院”建造一个“大门”，这个“大门”通常是网络的接入设备，终端必须满足一定条件，才可以穿过“大门”接入网络，所需满足的条件可以有很多种，比如时间（何时接入）、地点（在哪台设备接入）、身份（谁可以接入）等。

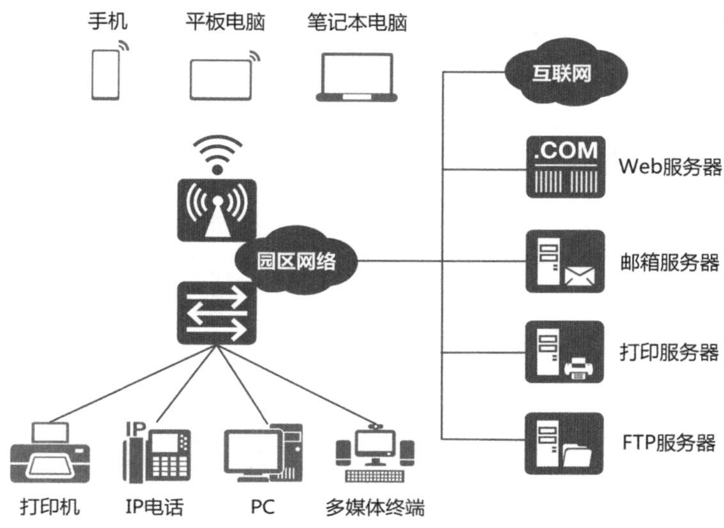

图 6-13　网络准入

（2）策略管控

即使终端通过认证接入网络，也并不意味着可以访问网络内的所有资源，而是需要基于用户身份对其加以区分，分别赋予其不同的网络访问权限，即策略管控。如图6–14所示，园区网络的访客可以访问园区的外部服务器和互联网，但不能访问园区的内部服务器和数据中心。

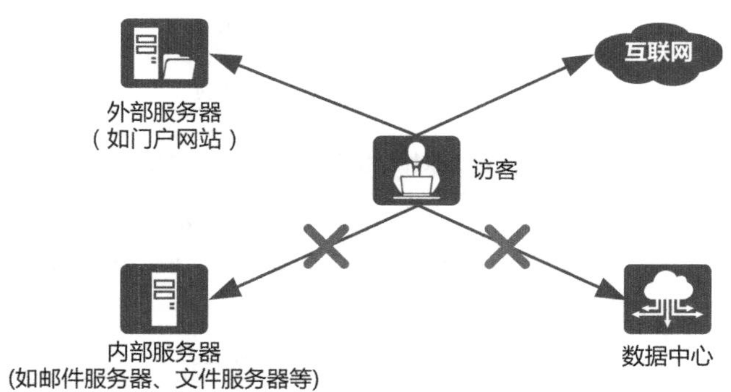

图 6-14　策略管控

如图6–15所示，不同的终端即使是在相同的地理位置，也可能需要接入不同的VN。

策略管控技术就好比一个“大院”内的不同“房间”，终端虽然进了“大门”，到了“大院”内，但是能进哪些“房间”，还是受到策略的管控。不同终端对网络的接入控制需求不一样，表6-5中列出了一些例子。

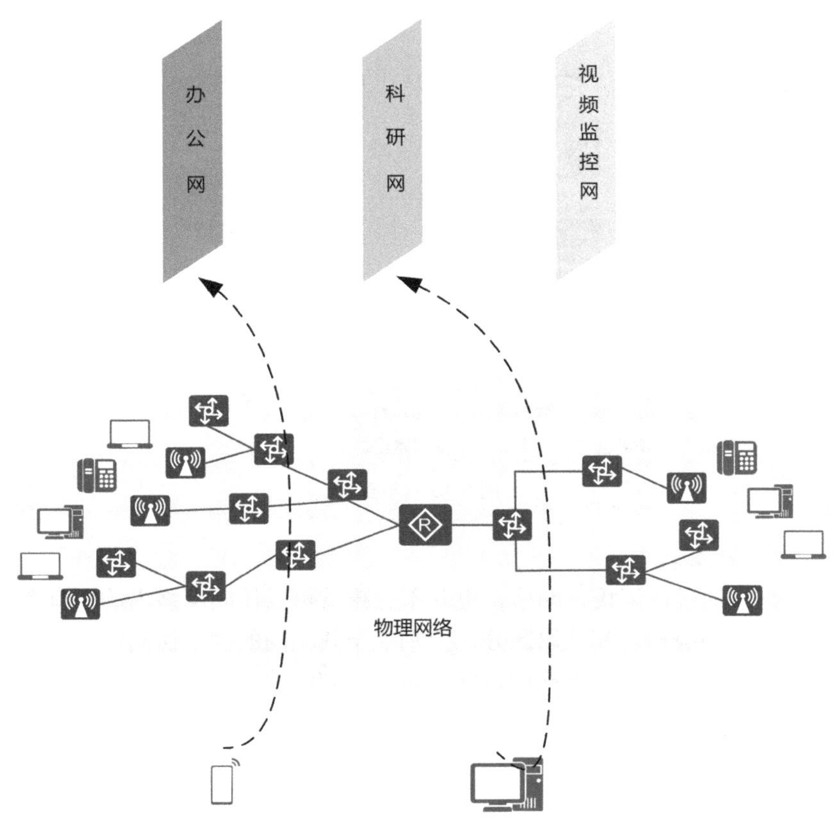

图 6-15　不同终端接入不同 VN

表 6-5　不同终端对网络的接入控制需求的例子

终端类型	接入控制需求
员工办公计算机	可以访问内部打印机、内部文件服务器、内部邮件服务器、内部公共资源。带宽限制为 100 Mbit/s
员工手机终端	只有互联网访问权限。带宽限制为 10 Mbit/s
访客计算机	能访问内部公共资源、互联网，不能访问邮件服务器、文件服务器等内部服务器。带宽限制为 100 Mbit/s
访客手机终端	只有互联网访问权限。带宽限制为 5 Mbit/s

2. 网络准入控制原理

网络准入控制系统通常由终端、准入设备和准入服务器组成，从而实现对用户的网络准入和策略管控，如图6-16所示。

- 终端：接入网络的各种终端，如PC、手机、打印机等。
- 准入设备：终端访问网络的认证控制点，准入设备对接入用户进行认证，是企业安全策略的实施者，按照网络制定的安全策略实施相应的准入控制（如允许接入网络或拒绝接入网络）。准入设备可以是交换机、路由器、无线接入点、VPN网关或其他安全设备。
- 准入服务器：准入服务器的功能是实现对用户的认证和授权，用于确认尝试接入网络的终端身份是否合法，还可以指定身份合法的终端所能拥有的网络访问权限。准入服务器通常有认证服务器（如RADIUS服务器）和用户数据源服务器（存储用户的身份信息）。

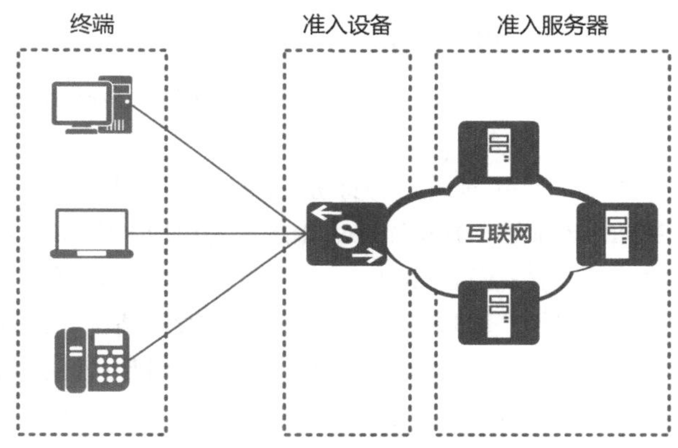

图 6-16　网络准入控制系统架构

网络准入控制的流程如图6-17所示，分为用户身份认证、用户身份校验和用户策略授权3个阶段。

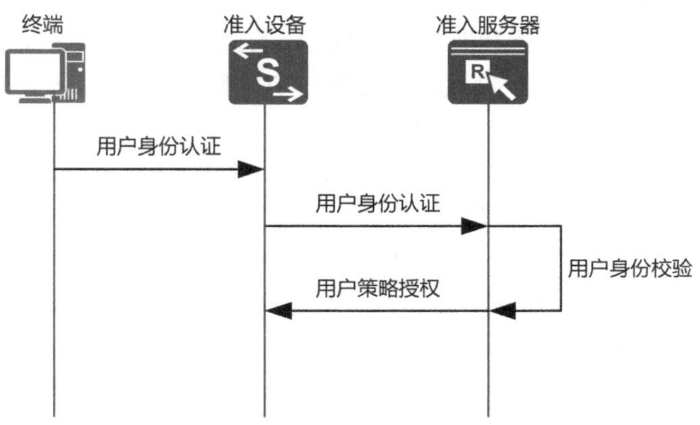

图 6-17　网络准入控制的流程

- 用户身份认证：当一个终端设备接入网络时，首先需要进行终端身份认证。终端发送自己的身份凭证给准入设备，准入设备将身份凭证发送给准入服务器进行身份认证。
- 用户身份校验：准入服务器存储用户的身份信息，提供用户管理功能。准入服务器收到终端的身份凭证后，进行身份校验，确定终端身份是否合法，并将校验结果及策略下发给准入设备。
- 用户策略授权：准入设备作为策略的实施者，根据准入服务器的授权结果对终端实施策略的控制，比如允许或者禁止终端访问网络；或者对终端进行更加复杂的策略管控，如提高或降低终端转发优先级、限制用户的网络访问速率、限制对某些服务器资源的访问、让其固定接入某个VLAN或VN等。

3. 网络准入关键技术：用户认证

园区网络常见的认证方式有MAC认证、802.1X认证和Portal认证。

（1）MAC认证

MAC认证是以终端的MAC地址作为身份凭据的认证技术。当终端接入网络时，准入设备获取终端的MAC地址，并将该MAC地址作为用户名和密码进行认证。

由于MAC地址很容易被仿冒，MAC认证方式的安全性较低。另外，需要在准入服务器上登记MAC地址，管理较复杂。对于某些特殊情况，终端用户不想或不能通过输入用户账号信息的方式进行认证时，可以采用此认证技术。例如，某些特权终端希望能“免认证”直接访问网络；又如，终端为某些无法输入用户账号信息的哑终端，如打印机、IP电话等设备。单纯的MAC认证技术安全性较低，通常需要叠加其他安全技术来满足网络安全的需要，比如针对哑终端网段配置静态ACL策略，或者在终端首次认证完成后与上线端口进行绑定。

（2）802.1X认证

802.1X认证系统使用EAP（Extensible Authentication Protocol，可扩展认证协议）来实现终端、准入设备和准入服务器之间的信息交互。EAP可以运行在各种底层，包括数据链路层和上层协议（如UDP、TCP等），而不需要IP地址。因此使用EAP的802.1X认证具有良好的灵活性。

- 在终端与准入设备之间，EAP报文采用EAPoL（Extensible Authentication Protocol over LAN，基于LAN的扩展认证协议）封装格式，直接承载于LAN环境中。
- 在准入设备与准入服务器之间，用户可以根据准入设备的支持情况和网络的安全要求来决定采用的认证方式。
  - EAP终结方式中，EAP报文在准入设备终结并重新被封装到RADIUS报文中，利用标准RADIUS协议完成认证、授权和计费。

- EAP中继方式中，EAP报文被直接封装到RADIUS报文中，以便穿越复杂的网络到达准入服务器。

802.1X认证需要在终端上安装认证客户端，在认证客户端上输入账号信息，通过终端（认证客户端）、准入设备以及准入服务器之间的协议交互，完成用户身份的认证。

802.1X认证方式的安全性最高，通常建议部署在接入层设备，适用于新建网络、用户集中、对信息安全的要求严格的场景。

（3）Portal认证

Portal认证通常也称为Web认证，一般将Portal认证网站称为门户网站。用户上网时，必须在门户网站进行认证，如果未认证成功，仅可以访问特定的网络资源，认证成功后，才可以访问其他网络资源。Portal服务器给终端推送Web认证页面，在认证页面上输入账号信息，如图6-18所示，通过终端（Portal服务器）、准入设备以及准入服务器之间的协议交互，完成用户身份的认证和校验。此外，Portal认证还可以实现和其他第三方服务对接，使用第三方账号进行认证，比如微信认证、使用微博账号登录等。

Portal认证不需要在终端上安装客户端软件，认证方式灵活，认证页面可定制，对访客和出差用户是很好的选择。

图 6-18　Portal 认证定制页面

4. 网络准入关键技术：策略管控

策略管控技术通常需要在准入服务器上定义用户的授权策略，然后把授权策略下发给准入设备，由准入设备对用户执行策略动作。华为SDN控制器产品支持作为准入服务器实现对用户的身份认证和授权策略。下面以华为SDN控制器为例，说明准入服务器授权策略的原理。

SDN控制器作为准入服务器时，一般采用基于ACL的策略授权。基于ACL的策略授权是指准入服务器将ACL编号授权给用户，这种授权方式需要在准入设备上配置ACL策略。

基于ACL策略授权的原理如图6-19所示。根据用户的策略需求，在准入设备上预配置授权策略（ACL编号、ACL匹配规则及对应的策略），在SDN控制器上定义用户的授权策略（用户与ACL编号的映射关系）。终端访问网络时在准入设备处进行身份认证，准入设备将用户身份凭证发送给准入服务器进行身份认证。准入服务器认证通过后，根据先前配好的授权策略，对准入设备返回该用户的

ACL编号，准入设备根据预先配置好的ACL策略执行相应的策略动作。

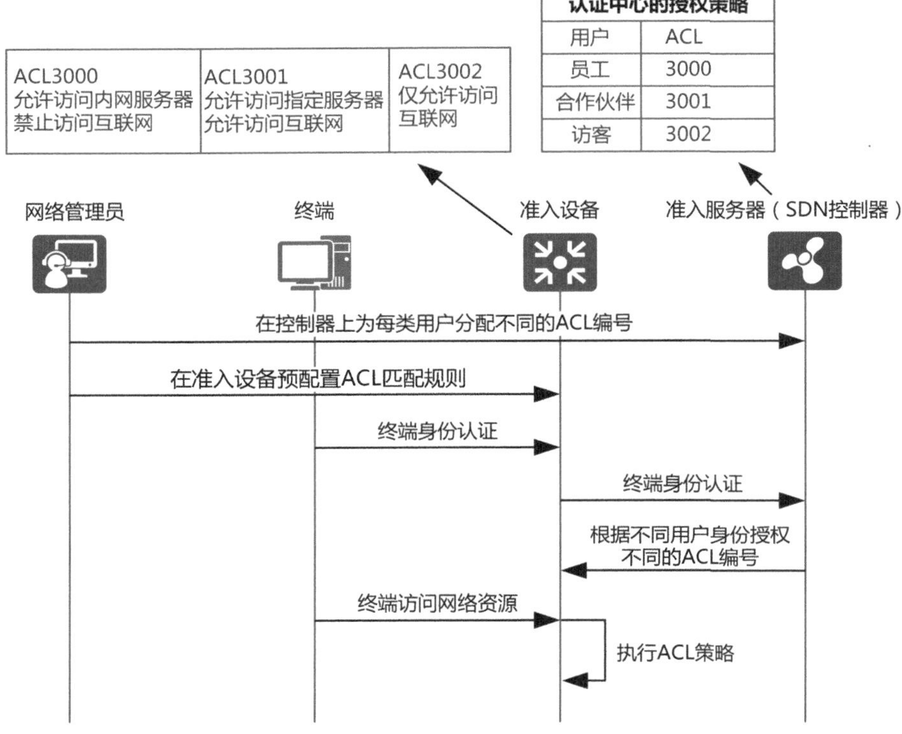

图 6-19　基于 ACL 策略授权的原理

基于ACL策略授权对用户策略进行管理，依赖于组网、IP和VLAN的规划，通常用在组网相对简单的中小型园区网络中。

6.4.2　用户接入面临的挑战与应对

在园区网络中，我们通常希望接入技术符合以下要求。

- 网络准入配置简单。网络管理员为了实现对用户接入的管控，通常需要购买一台网络准入服务器，并且要在准入设备上逐台、逐个端口进行对接配置，指定准入服务器地址、配置认证方式等内容。由于往往采用接入设备作为准入设备，园区内大量的接入设备为网络管理员带来了大量的配置工作，且配置过程中容易出错，业务调整也极其复杂，网络管理员迫切希望能够简化园区网络的准入配置并实现自动化下发。
- 账号管理系统使用方便。针对动态用户，网络管理员通常采用在网络中部署用户名+密码的方式进行认证，而针对哑终端，需要提前收集MAC地址，采用MAC认证的方式进行网络认证。这就为账号管理带来了极大的挑战，如何让管理员简单方便地进行账号管理，是接入管控过程中需要解决的问题。

- 身份识别无感知。出于对网络安全的考虑，用户认证过程中往往需要输入用户名和密码，这样就会导致用户每次接入网络时都需要重复进行账号认证，操作烦琐。用户需要无感知的身份认证。
- 策略定义灵活简单。终端认证成功后接入网络，网络管理员需要针对不同用户的终端采用不同的策略进行管控，比如赋予不同的优先级、不同的带宽、进入对应的VN、访问不同的资源。网络管理员希望园区网络的策略在满足各种业务诉求的同时方便管理。

云园区网络通过用户接入自动化技术来满足上述诉求，用户接入自动化技术可分为如下几个方面。

- 接入配置自动化：通过SDN控制器集中管控，满足简单的网络准入配置诉求。
- 账号管理自动化：通过SDN控制器提供北向API以及允许访客自注册，简化账号管理。
- 身份识别自动化：通过证书认证、MAC优先、终端识别等方式实现用户的无感知接入。
- 用户策略自动化：通过安全组技术，灵活管理用户策略。

6.4.3　接入配置自动化

要搭建网络准入系统，需要在设备和SDN控制器之间提前建立好认证通道。传统网络通常需要网络管理员手动添加双方地址，配置交互密钥，建立认证通道。而云园区通过接入配置自动化流程，可以实现设备上电后自动到SDN控制器注册、自动生成并下发认证对接配置等，从而降低用户操作的难度和复杂度，如图6–20所示，具体步骤如下。

步骤①　准入设备上电后自动到SDN控制器注册：利用设备即插即用技术，可实现准入设备自动到SDN控制器注册并被纳管。

步骤②　使能认证：网络管理员在SDN控制器上基于网络管理界面使能认证功能，可支持批量配置、按站点使能。

步骤③　自动生成并下发认证对接配置：SDN控制器集成网络准入服务器功能，SDN控制器可以通过设备注册信息自动生成认证对接配置，管理员无须人工配置SDN控制器以及准入设备IP便可完成自动对接。

步骤④　自动建立认证通道：配置下发到设备后，设备将会和SDN控制器自动建立认证通道。

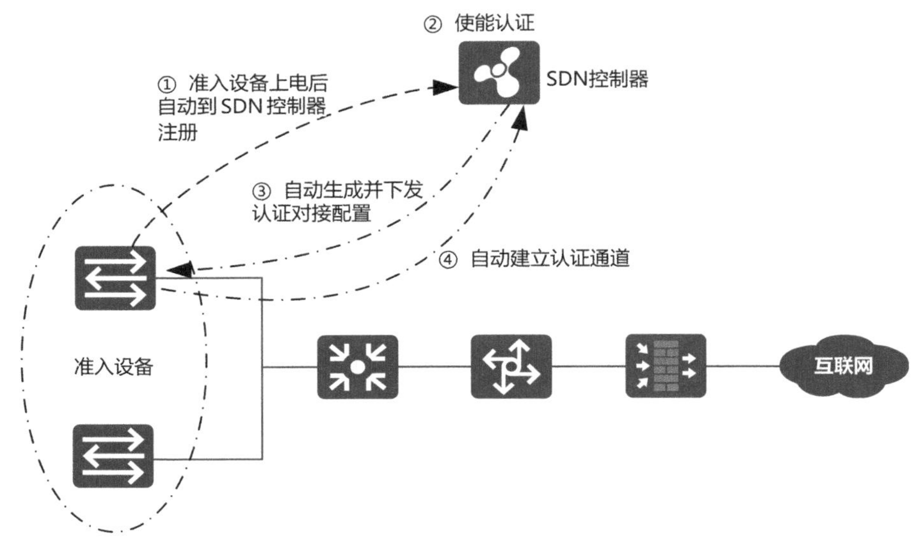

图 6-20　接入配置自动化流程

6.4.4 账号管理自动化

网络准入系统需要尽量降低网络管理员管理员工账号或者访客账号的复杂度。云园区通过如下方式实现账号管理自动化。

1. 访客账号自助注册

针对访客，可以通过SDN控制器提供账号自注册功能，当访客进入园区连接网络时，SDN控制器自动弹出页面供访客自行注册账号，如图6–21所示。同时，为了保障网络安全，还可以对用户注册的账号进行审批，审批过后，账号即注册成功，如图6–22所示。

2. 社交媒体系统对接

SDN控制器可以和第三方社交媒体系统进行对接，允许访客直接通过社交媒体账号接入园区网络，示例见图6–23。

3. 和第三方账号管理系统对接

针对企业员工用户，还可以和第三方账号管理系统同步，比如LDAP（Lightweight Directory Access Protocol，轻量目录访问协议）/AD（Active Directory，

活动目录）系统，从而实现和IT系统对接，提供更加强大的账号管理功能。通过IT系统可以方便地实现企业内员工的账号注册、分发、审批等工作，SDN控制器通过和IT第三方的账号管理系统对接，可以自动同步账号、组织结构等信息到控制器。用户认证时，账号密码自动到第三方账号管理系统验证，无须在本地维护复杂的账号密码信息。

图 6-21　用户账号注册

图 6-22　用户账号审批

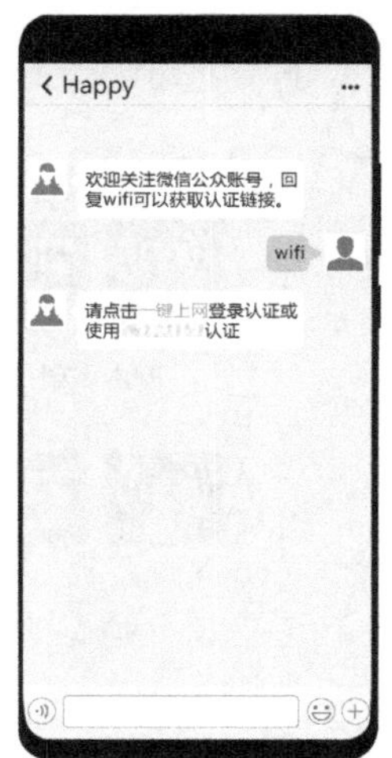

图 6-23　微信公众号认证

6.4.5　身份识别自动化

前面已经介绍了用户接入过程中的权限管控主要靠网络准入控制系统来实现。用户接入网络时，网络准入控制系统首先要做的就是识别用户身份，判断用户是否合法。云园区通过如下方式实现身份识别自动化。

1. MAC优先认证

用户首次认证时，可以通过Portal、802.1X方式接入网络。首次接入网络时，需要输入用户名和密码，当用户认证成功后，SDN控制器可以自动记录用户MAC地址，将用户MAC地址和身份绑定，当下次用户接入网络时，则优先通过MAC地址进行网络认证，实现用户无感知的身份识别，如图6-24所示。

2. 终端识别自动准入

对于打印机、IP话机、IP摄像头等哑终端设备，一般采用MAC认证接入网络。如果采用传统的MAC认证方式，管理员需要先在认证服务器上手工录入每一台终端的MAC地址，效率低下。尤其在大中型园区场景，规模庞大的哑终端会带来很大的工作量。终端指纹库方案可以实现终端自动准入。

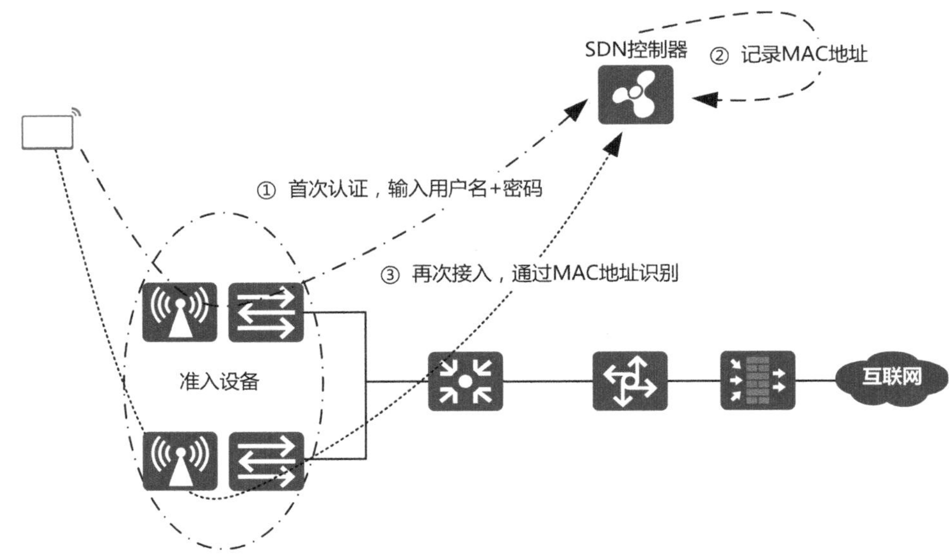

图 6-24　MAC 优先认证

终端指纹库方案是指通过网络设备采集终端报文的特征指纹，上报给SDN控制器，然后通过匹配SDN控制器自带的指纹库进行终端类型识别。这类终端识别方法包含MAC OUI（Organizationally Unique Identifier，组织唯一标识符）、HTTP UserAgent、DHCP Option、LLDP和mDNS。如图6-25所示，管理员在SDN控制器开启终端识别和自动准入功能，然后在准入策略和授权策略中指定需要进行MAC认证的终端类型即可。终端接入园区网络后，SDN控制器通过终端识别获取相应终端信息，如果终端信息匹配认证规则，会在用于MAC认证的后台数据库中自动录入MAC地址，实现终端自动认证授权。

3. 终端接入的异常管控与防仿冒

园区网络接入大量物联网终端后，MAC认证或者IP白名单等安全性低的终端接入方式让园区面临越来越高的安全风险。病毒传播方式从以往的互联网向园区内网的南北向传播，正逐渐转变为园区内网的东西向传播。目前典型的由终端接入引起的非法攻击包括如下两类。

- 终端仿冒：如图6-26所示，哑终端通过基于终端识别的网络准入（即插即用）、传统MAC认证或者基于IP /VLAN免认证等方式接入网络，容易被非法终端仿冒后访问、攻击网络。

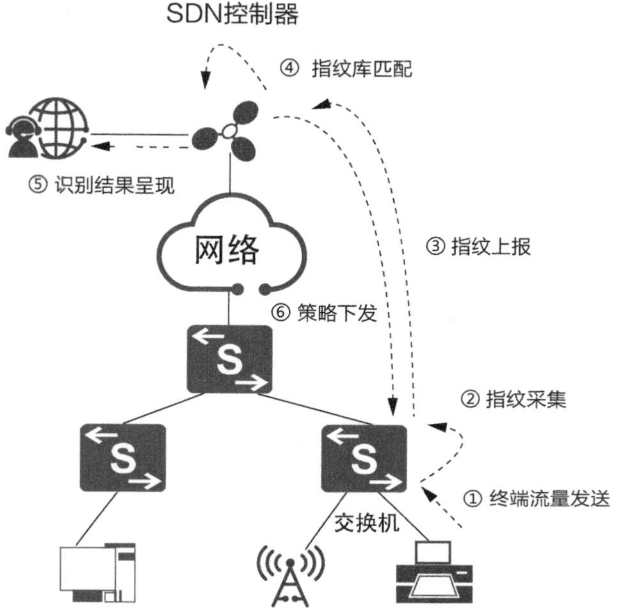

图 6-25　终端指纹库方案实现原理示意

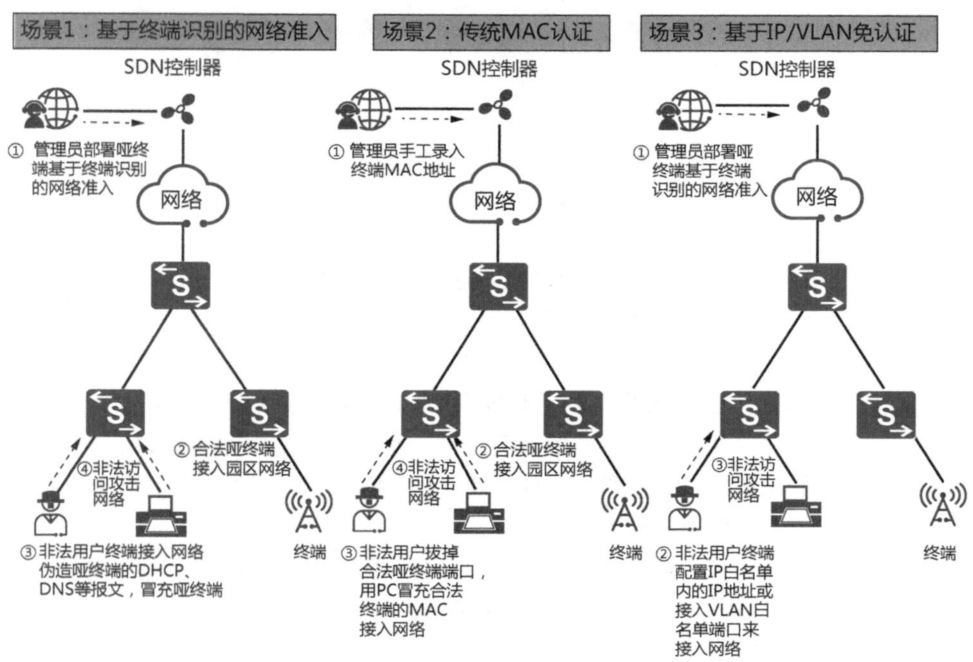

图 6-26　哑终端仿冒场景示意

• 终端异常：如图6-27所示，哑终端由于系统和软件版本老旧、漏洞多，缺乏定时杀病毒的习惯与机制，容易被非法用户攻击（如植入木马），从而导致终端异常，使得网络存在安全威胁。

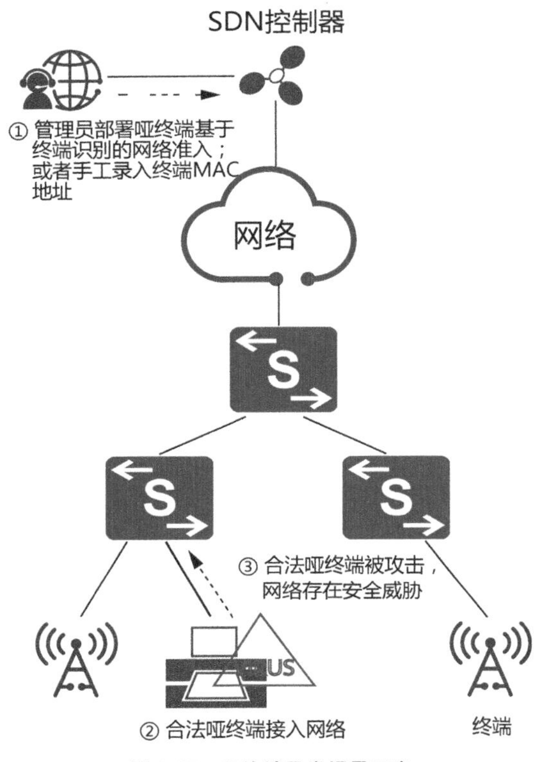

图 6-27　哑终端异常场景示意

针对上述两种终端接入的安全风险，通常采用的防范方法是首先识别网络中的非法仿冒哑终端和异常哑终端，然后通知管理员，对识别出来的异常哑终端进行网络访问权限的自动控制，防止对网络造成威胁，整个防范过程如下。

• 哑终端信息管理：管理员维护合法哑终端的终端信息（MAC、IP、VLAN、接入位置、终端类型）和流量模型，作为哑终端异常识别的基线数据。
• 哑终端异常识别：管理员开启哑终端的异常检测功能，对于识别出来的异常哑终端，系统发送告警通知管理员。
• 哑终端异常管控：管理员配置异常哑终端的隔离策略，对于识别出来的异常哑终端实施隔离策略，控制网络访问权限。

要实现上述过程，终端的流量模型匹配是非常关键的环节，通常可以分为预置流量模型和通过AI学习的流量模型两种。在预置终端流量模型的场景下，网络设备预置模型文件，网络部署后可以立即对上线终端进行终端异常检测。而在通过AI学习的流量模型的场景下，需要根据终端流量行为特征进行模型训练。根据终端数量和终端类型的业务流特点的不同，模型训练需要几小时到几十天的时间。

4. 证书认证

如果网络有更高的安全诉求，还可以采用证书认证方式进行终端准入管控，客户机可以自动申请和安装用户证书、配置接入参数，以“802.1X证书”的方式实现用户无感知接入网络，保证较高安全性的同时，简化终端用户操作。典型证书认证流程如图6-28所示。

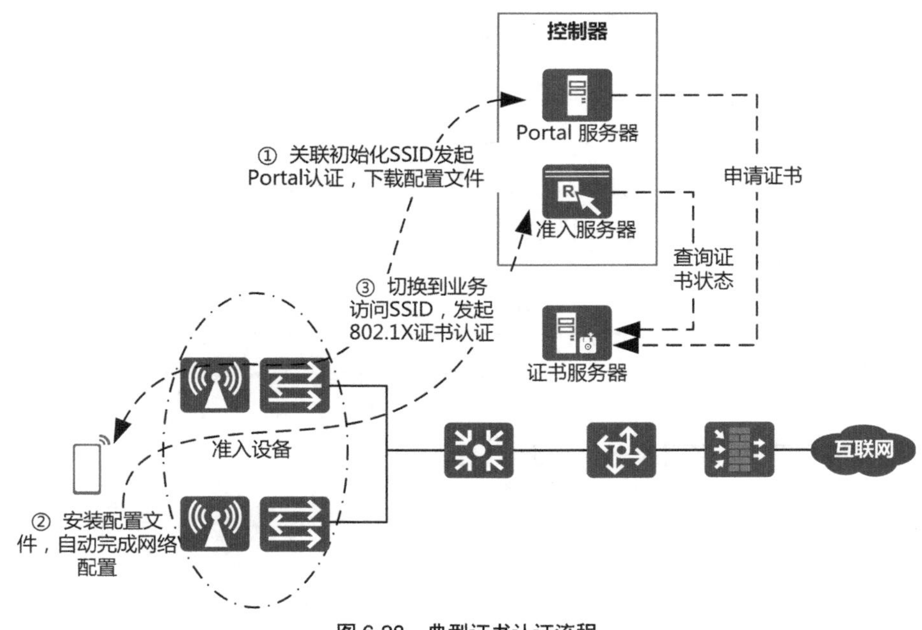

图 6-28 典型证书认证流程

6.4.6 用户策略自动化

传统园区网络主要通过ACL对用户的策略进行控制。基于ACL的策略配置依赖组网、IP和VLAN的规划，网络拓扑改变、VLAN规划改变、IP地址规划改变以及用户的位置变化都会导致ACL规则的变更。因此用户策略的配置无法与物理网络解耦，缺乏灵活性，可维护性差。随着移动化的发展，用户希望用不同终端、在不同位置接入网络时能够获得一致的体验。

1. 策略自动化的实现思路

在云园区网络中，传统的基于IP的策略管控技术遇到了瓶颈，用户希望基于用户身份进行策略控制，而不受限于物理网络的拓扑与IP地址。华为的业务随行技术实现了基于用户身份的策略控制，基于分层和解耦的思路，把用户的策略管控与物理网络解耦，摆脱IP地址、VLAN的限制。业务随行技术以业务、用户和体验为中心，采用SDN控制器集中管理，用业务化的语言和全局的用户组来替代VLAN/ACL/IP地址，实现策略随用户而“行”。

业务随行技术将园区网络从逻辑上分为不同的层，如图6-29所示，具体介绍如下。

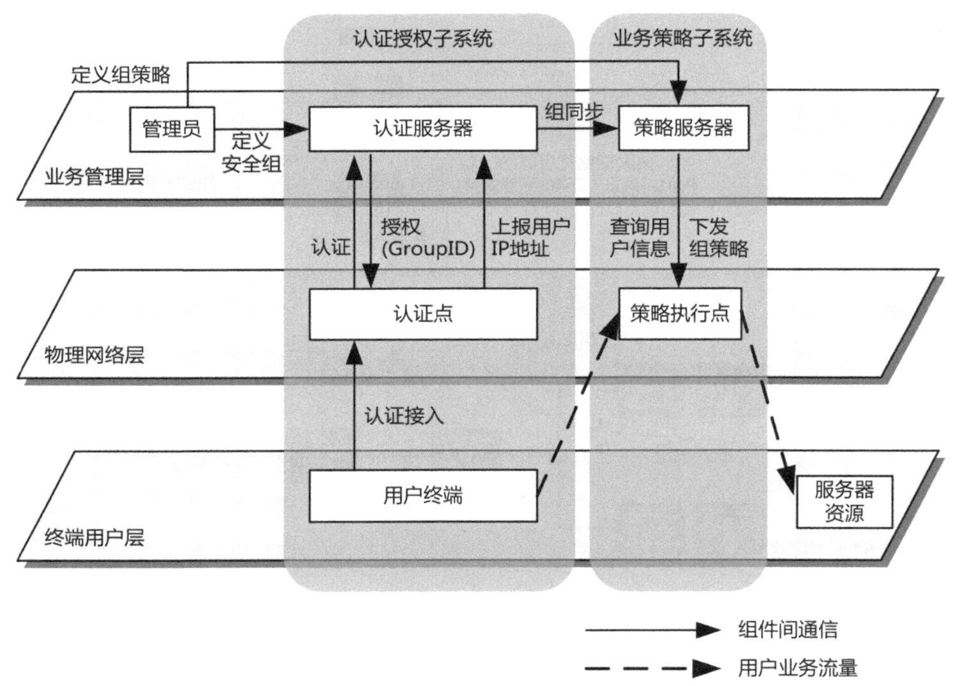

图 6-29 业务随行逻辑架构

- 终端用户层：用户终端，负责向用户提供人机接口，帮助用户进行认证和访问服务器资源。
- 物理网络层：响应用户终端发起的认证请求的网络设备，向认证服务器上报用户信息，并且对用户的业务流量进行策略控制。物理网络层需要配置认证点和策略执行点。其中，认证点负责响应客户机的认证请求，与认证服务器交互完成用户认证过程。策略执行点则负责执行用户的业务策略。

- 业务管理层：为网络管理员提供人机界面，由管理员制定基于全局的认证授权规则和业务策略。业务管理层由SDN控制器实现，负责与网络设备联动完成用户认证和策略管理，实现业务策略与IP地址的完全解耦。SDN控制器包含认证授权子系统、业务策略子系统。认证授权子系统负责完成用户的认证过程，并且收集和管理全网在线用户的信息。业务策略子系统负责在策略服务器和各策略执行点之间同步业务策略，完成策略的统一部署，并且基于执行点设备的功能，对用户流量进行基于安全组的控制。

2. 业务随行技术

业务随行技术将基于IP地址的策略抽象为基于“用户语言”的策略。“用户语言”的策略是基于安全组实现的。如图6-30所示，将相同类型和权限的网络对象抽象成安全组，安全组里的成员既可以是PC、手机等终端，也可以是打印机、服务器。例如，研发部门的用户访问网络资源的权限一样，可以把研发部门的主机定义为“研发主机组”，公司所有打印机的集合可以定义为“打印机组”，供研发部门员工访问的服务器可以定义为“研发服务器组”。

业务随行技术通过安全组完成了对网络对象的分类，通过安全组策略来定义该安全组能获得的网络服务。在SDN控制器中，管理员在二维矩阵上统一规划安全组所能获得的网络服务，包括访问权限、应用控制等。

业务随行技术通过安全组实现了策略和IP地址的解耦，能够让网络管理员无须知道用户具体的IP地址也可实现安全组间的策略管控。通过在SDN控制器上定义安全组间的策略，实现了策略的快速创建和自动发放。业务随行技术从以下3个方面入手，解决了传统园区网络遇到的问题。

- 业务策略与IP地址解耦。管理员可以在SDN控制器上，从多种维度将全网用户及资源划分为不同的安全组。设备在进行策略匹配时，先根据报文的源/目的IP地址去匹配源/目的安全组，再根据报文的源/目的安全组去匹配管理员预定义的组间策略。通过IP地址与安全组的动态映射，可以将传统网络中基于用户和IP地址的业务策略全部迁移到基于安全组间的策略上来。管理员在预定义业务策略时无须考虑用户实际使用的IP地址，实现了业务策略与IP地址的完全解耦。
- 用户信息集中管理。SDN控制器实现了用户认证与上线信息的集中管理，便于获取全网用户和IP地址的对应关系。
- 策略集中管理。SDN控制器不仅是园区网络的认证中心，同时也是业务策略的管理中心。管理员可以在SDN控制器上统一管理全网策略。管理员只需配置一次，就可以将这些业务策略自动下发到全网的执行点设备上。

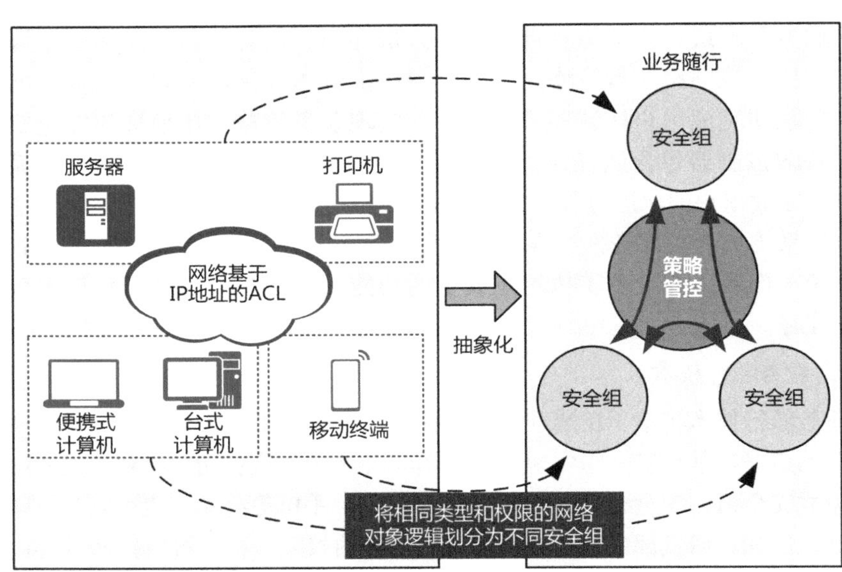

图 6-30　安全组原理

表 6-6 从网络体验一致性、部署和维护效率方面将业务随行与传统接入控制进行对比，从中可以看出业务随行有明显的优势。

表 6-6　业务随行与传统接入控制的对比

方案	网络体验一致性	部署和维护效率
业务随行	基于安全组实现策略与 IP 地址的解耦，无须关注网络拓扑和 VLAN、主机 IP 地址的分配规则，只需关注用户的身份，因此不管用户用什么终端，从哪里接入，都可以保证其权限、体验一致	以安全组为基础，只需基于用户身份定义安全组及组间策略，简化规划和部署工作量。 管理员在 SDN 控制器上基于用户身份统一规划安全组，统一管理业务策略，管理和维护方便
传统接入控制	基于 ACL 的策略与网络拓扑和 IP 规划强耦合，需要用户接入固定的 IP 网段，人员移动和网络变动时将需要重新配置业务策略。在用户移动的场景下，配置规划复杂，配置工作量大，难以保证用户网络权限一致	以 IP 地址为基础，需要在网络设计前期规划大量 VLAN、IP 地址、ACL 等规则，根据 VLAN 和 IP 地址的规划把用户策略映射到 ACL 规则，配置复杂。 管理员需要在设备上逐台进行手工配置，管理和维护复杂

3. 基于SDN控制器的策略自动化发放

下面结合SDN控制器上的部署流程来介绍业务随行的实现过程，如图6-31所示。

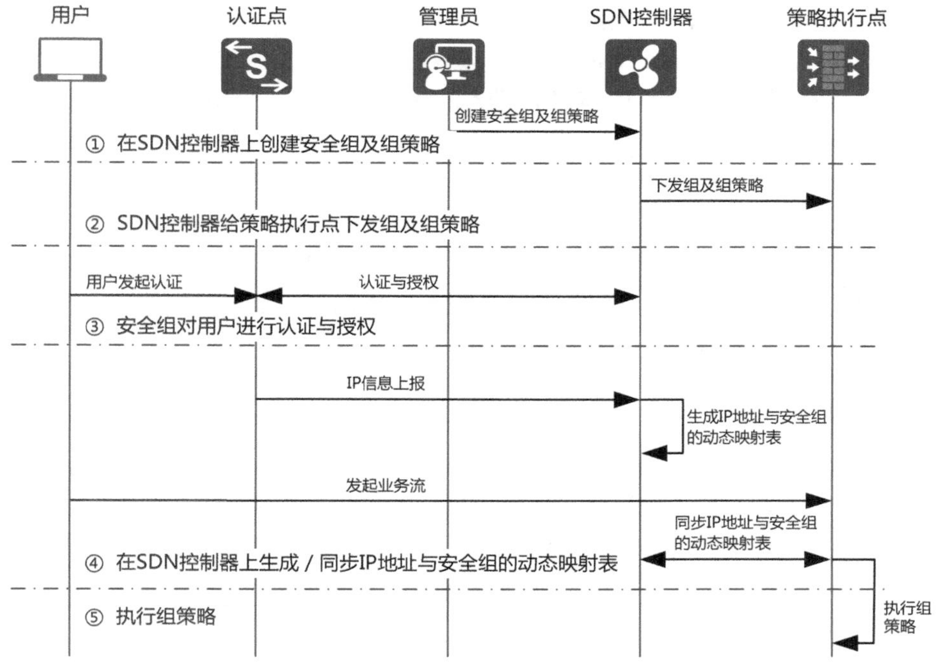

图 6-31　业务随行的实现过程

步骤①　在SDN控制器上创建安全组及组策略。

管理员通过控制器图形化界面定义安全组以及组间访问策略，统一管理用户及其策略。定义安全组的目的是把具有相同网络访问权限的一类用户规划为一组。定义组策略的目的是规划用户所能享受的网络服务策略。

步骤②　SDN控制器给策略执行点下发组及组策略。

组及组策略创建完成后，需要部署到设备上才能生效，设备收到SDN控制器指令后，会转换成对应的控制策略下发到设备上。

步骤③　安全组对用户进行认证与授权。

用户通过MAC、Portal、802.1X等多种方式进行认证（认证的原理同传统园区网络的认证流程一样）。SDN控制器通过校验用户名和密码信息确认用户的角色，通过预配置的授权规则将用户与安全组关联。认证成功后，将用户所属安全组授权给认证点。

- 授权条件：用各种登录条件来描述某类特定用户。
- 授权结果：满足授权条件的用户登录时，将其与授权结果中指定的安全组关联，即赋予该用户相应的身份和权限。

步骤④　在SDN控制器上生成 / 同步IP地址与安全组的动态映射表。

用户认证成功后，认证点设备可以通过终端的ARP等信息获取用户的IP地址，随后将IP地址发送给SDN控制器。SDN控制器获取终端的IP地址后，结合安全组授权信息生成IP地址与安全组的动态映射表，当终端移动或重认证导致IP地址发生变化时，SDN控制器通过报文交互自动刷新映射表。用户发起业务流时，策略执行点会从SDN控制器上同步IP地址与安全组的动态映射表。

步骤⑤ 执行组策略

当业务流经过策略执行点时，策略执行点解析业务流的源IP地址和目的IP地址，然后查询IP地址与安全组的动态映射表，查询到IP地址对应的安全组信息后，执行对应的组策略。

说明

实际应用中，策略执行点并不一定是认证点，比如用户在核心交换机上认证，在防火墙上执行流量管控。此时，防火墙作为策略执行点，需要从SDN控制器上同步IP地址与安全组的动态映射表。当策略执行点也是认证点时，策略执行点本身已经有该认证点下用户的IP地址与安全组的动态映射表，此时无须再从SDN控制器上同步。

针对东西向流量的策略管控，比如某安全组到某安全组的禁止访问管控，推荐选用交换机作为策略执行点。针对南北向流量的策略管控，比如某安全组到互联网的访问管控，推荐选用防火墙作为策略执行点。

第 7 章
云园区网络智能运维

传统的网络运维多数以设备为中心，需要登录单个设备进行维护或者通过网管集中管理多个设备，主要依赖设备本身提供的数据进行运维。网管只具备直接呈现数据或进行基础加工后呈现数据的功能，还需要对数据进行人工分析，耗时耗力，同时对操作人员的能力要求高，运维成本高。例如，在传统运维场景中，客户或者员工投诉网络存在看视频卡顿、无法认证、不能上网等问题，运维人员需要马上登录设备、查看日志，如果问题已经持续了较长时间，还要下载历史日志，在一堆历史日志中翻阅数据。即使有网管生成日志，日志也只是一条条数据的集合，管理员不一定能通过查看日志、统计就定位所有问题，还需要进一步分析数据才能确认问题的根因，这就要求运维人员对系统处理流程比较熟悉。同时，随着后续园区网络的扩容，海量的分支网络也必须统一管理。分支网络没有运维人员，需要总部统一维护，单纯依靠少数人凭经验来维护庞大的网络，对运维人员来说无疑是一种灾难性的工作。

此外，园区网络无线化程度日渐提高，手机、Pad、打印机、电子白板等大量的无线终端接入园区网络，无线网络的移动性和空口干扰会给园区网络带来新的运维问题。在无线环境中如何界定问题、如何快速恢复、如何保障体验，这些问题是园区的网络运维面临的新挑战。在万物互联的网络模型下，设备数量众多，数据更是海量，而传统的运维方式自动化和智能化能力严重不足，已经无法支撑用户对网络运维的需求。所以，在网络运维领域引入AI技术，利用网络产生的大量数据进行自动分析、智能处理，这是业界应对网络运维挑战的最佳思路。

7.1 初识智能运维

智能运维解决方案颠覆了传统聚焦资源状态的监控方式，将AI应用于运维领域，基于已有的运维数据（设备性能指标、终端日志等数据），通过大数据分析、AI算法及更多高级分析技术，将网络中的用户体验数字化，将网络运行状态可视化，辅助管理员及时发现网络问题，预测网络故障，保障网络的良好运行，提升用户体验。

7.1.1 以体验为中心的主动运维

传统的网络运维是一种“救火式”运维，都是在出现业务异常、有用户投诉后，才会去查找问题、解决问题。这种网络运维方式在大中型园区网络中越来越显得捉襟见肘，难以满足对快速、高效运维的诉求。

传统的运维方式主要存在如下问题。

- 故障被动响应：传统网络主要依赖设备告警或者用户投诉来发现异常或者故障，一般都是等故障发生了再做处理，网络运维人员需要随时被动响应，如果遇到重大节日或重要活动，更是需要24小时严阵以待。此外，随着有线网络、无线网络、物联网的融合，园区网络的边界不断延伸，网元数量不断增加，一旦出现问题，网络中将充斥大量的告警，运维人员疲于应付，陷入用户投诉越来越多的恶性循环中。
- 故障恢复慢：传统运维模式下出现业务异常时，运维人员一般第一时间查看网络拓扑，通过命令行登录设备定位故障。60%以上的故障还需要现场排除。针对已经消失的故障，需要等待故障再次出现或者尝试对故障进行复现。同时，无线化进一步加剧了故障修复的难度，因为无线环境的复杂导致90%以上的问题需要现场定位。然而面向生产和客户服务的数字化业务越来越多，客户对故障恢复时间的容忍度也远远低于普通的办公业务，比如医疗行业的自动分药系统、商业场所的无人支付系统、物流仓储的AGV等。这对传统的网络故障处理也是巨大的挑战。
- 业务体验难感知：传统的网管具备设备管理、拓扑管理、告警配置等功能，运维人员通过网管监控网络拓扑、告警来获知网络的异常。然而，网络设备的正常运行不一定代表网络承载的业务运行良好、用户体验流畅。随着移动需求的激增以及物联网的发展，会有海量终端接入网络，而且终端类型、操作系统类型、业务类型、流量模型也变得复杂多样，设备运行状态无法反映用户体验的问题会愈加凸显。例如，AP正常运转，但如果存在很强的同频干扰，将影响接入该AP的无线用户的上网质量；网络设备正常运转，但如果没有对某些时延敏感的业务做差分服务，将导致使用该业务的用户体验很差。

智能网络运维模式从以设备为中心转变为以用户体验为中心，见图7–1。基于预测性和智能化的网管提升了用户的业务体验，打破了传统依靠人工的、滞后的数据分析方式和运维模式。SDN控制器提供了一种智能化、自动化的主动网络分析系统，融入大数据分析能力、AI计算能力，可以对故障进行预测，提前对网络进行调整，降低故障发生的概率。

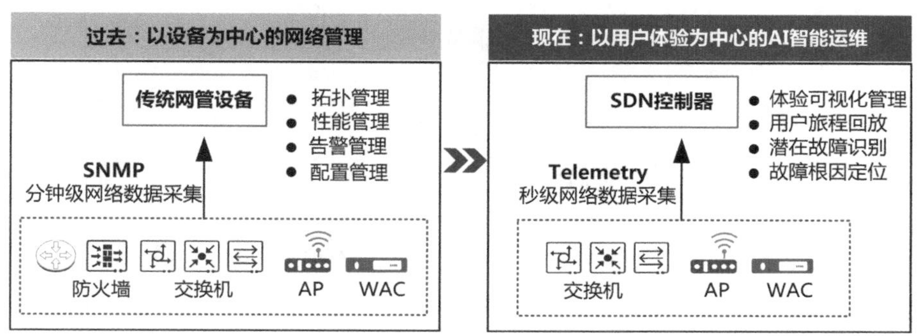

图 7-1　网络运维模式从以设备为中心到以用户体验为中心的转变

相对于传统的网络运维，智能网络运维能为客户带来的价值主要体现在如下几个方面。

1. 故障识别和主动预测

自动识别故障：通过大数据和AI技术，自动识别连接类、空口性能类、漫游类、设备类和应用类等问题，提高潜在问题的识别率。

发现潜在问题：利用机器学习历史数据，生成动态基线，通过和实时数据对比分析来预测可能发生的故障。

智能运维具有故障识别和主动预测功能，基于大数据的分析，可以提前预测网络中的某些故障，进行故障预警。例如，现在的网络大量通过光纤链路进行通信，使用光纤时必须要用光模块连接链路和设备，但光模块容易受到灰尘污染和静电的影响，造成其链路损耗增大，不正确的插拔也会导致光模块发生故障，影响业务。如图7–2所示，SDN控制器中的光链路故障预测功能可以呈现全网的光模块状态，结合大数据和机器学习算法对光链路进行故障检测以及故障预测，在业务受影响前就识别出光链路异常，这样可实现对网络故障的主动预测。

2. 故障定位和根因分析

快速定位故障：基于网络运维专家系统和多种AI算法，智能识别故障类型以及影响范围，协助管理员定位问题。

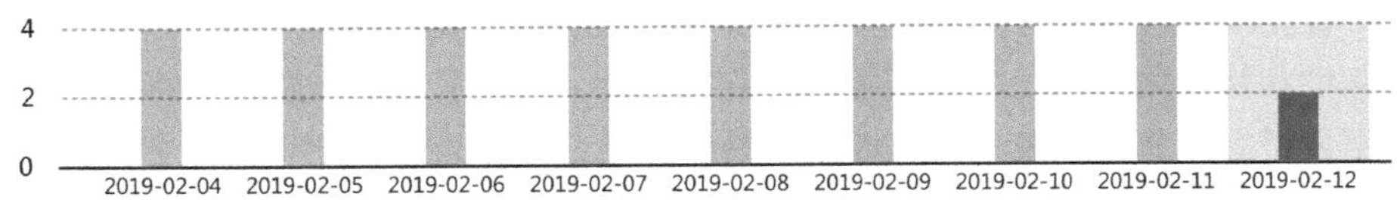

故障占比和分布

故障概率预测时间：2019-02-12 03:00:00

总计70条数据 < 1/3 >

光模块属性 ?

XXXXX 10GE1/0/1 位置	XXXXX 厂商	sfp 封装类型	N/A 华为认证
●active 管理态	●active 运行态	2014-12-09 生产日期	1000BASE_T 光模块类型

光链路拓扑

故障概率预测曲线

100%
80%
60%
40%
20%
0%
2019-02-02 2019-02-05 2019-02-08

图 7-2 智能运维的光链路故障预测

智能根因分析：基于大数据平台，分析问题可能发生的原因并给出修复建议。

网络运维人员的主要职责是看护好网络，维持网络正常的运行，当出现问题时，要能快速识别故障原因、解决问题。传统的问题定位方式，主要依靠人工分析海量的数据及个人经验，故障定位困难。例如，用户接入网络困难或者无法接入网络是网络运维人员经常遇到的问题。以传统方式处理时，多数情况下需要查看上线日志记录或者抓包，定位比较耗时。同时，用户的接入过程是非常复杂的，不同认证方式的接入过程相差很大，一般的运维人员难以掌握具体的接入流程，出现用户无法接入的问题时，要专业的工程师协助定位问题，同时还需要用户现场复现问题，处理难度进一步加大。

SDN控制器基于协议回放（如图7-3所示），实现用户接入问题的故障根因定位，以图形化的方式展示用户接入的每一个过程，成功或失败的状态直接在界面展示，能帮助运维人员迅速定位问题。协议回放实现用户接入3个阶段（关联、认证、DHCP）全流程可视，通过统计各个协议交互阶段的结果与耗时，提供用户接入过程的精细化分析，快速获取用户接入的异常点，从而实现问题的精准定位。

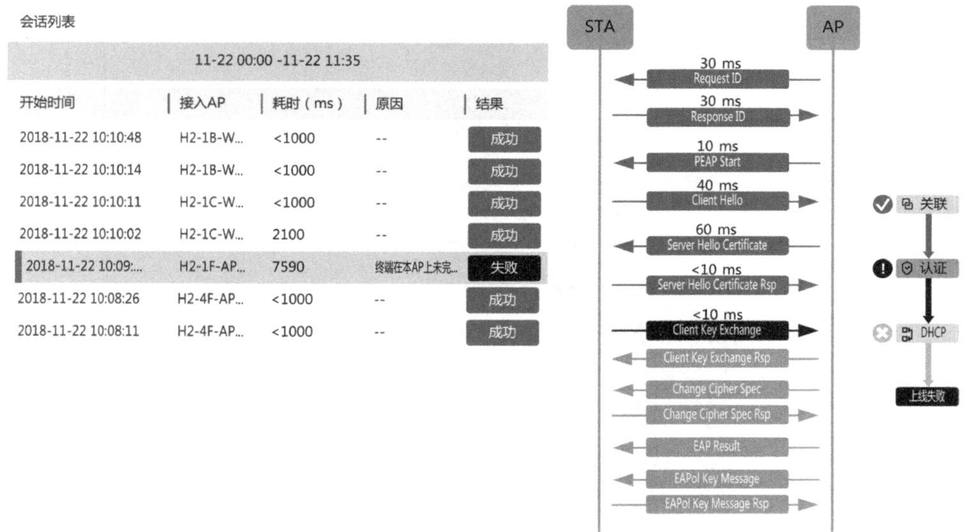

图 7-3　协议回放

运维人员接到用户反馈认证失败的信息以后，根据用户MAC信息查找该用户的会话记录，成功和失败的次数一目了然。运维人员根据失败的记录点查看失败的详细记录，详细展示用户接入认证的流程，便可以确认在哪个流程出现问题，并根据给出的故障修复建议修复故障。

3. 体验可视

SDN控制器可以真正地帮助运维人员感知网络，将网络的运行状态实时呈现给运维人员。基于Telemetry的实时传输技术，按业务所需的数据采集点和基于硬件的精确时刻下的数据采集，真实精准地呈现网络状态，从用户体验、应用真实的运行状态感知网络状态，对网络进行多维度的运维。

在传统的网络运维中，很难主动感知到用户的体验变差，运维人员无法知晓网络的真实运行情况，不能对网络做出实时的优化。同时，针对用户体验变差的问题也难以定位根因。SDN控制器基于历史KPI数据，使用动态学习算法学习指标劣化的阈值，判定用户是否为质差用户（体验质量差的用户），可以显示全网的质差用户，并基于大数据对每一个质差用户的参数进行分析，自动识别出影响用户质量的关键指标，给出质差的原因，帮助运维人员解决网络的问题。

如图7-4所示，系统自动分析全网用户，并给出质差用户的具体数据。发现质差用户时，可以查看该用户的数据，查看其质差时间及引起质差的原因。

经分析，用户XXXXXX表现为质差用户，总在线时长10小时15分30秒，表现质差时长3小时30分0秒，质差时间占比34.12%。

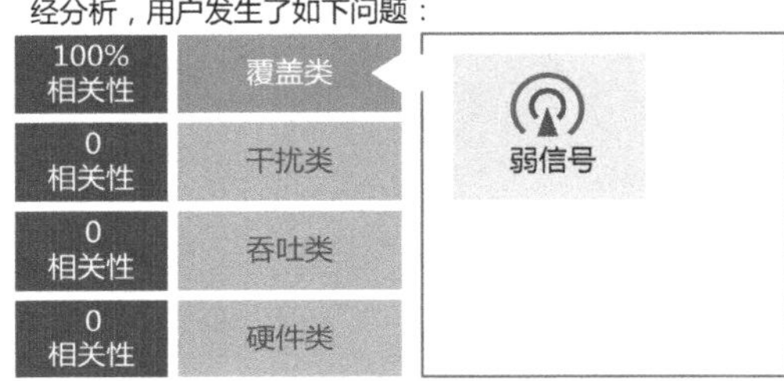

图 7-4　质差用户的具体数据

如图7-5所示，通过在质差时间内对网络状态进行采样，发现该用户长时间处于较弱的信号连接状态，从而确定终端的连接信号较弱是出现这一问题的主要原因。信号长时间较弱一般是由信号覆盖较差导致的，需要考虑增大AP功率或者在该区域额外部署一个AP。

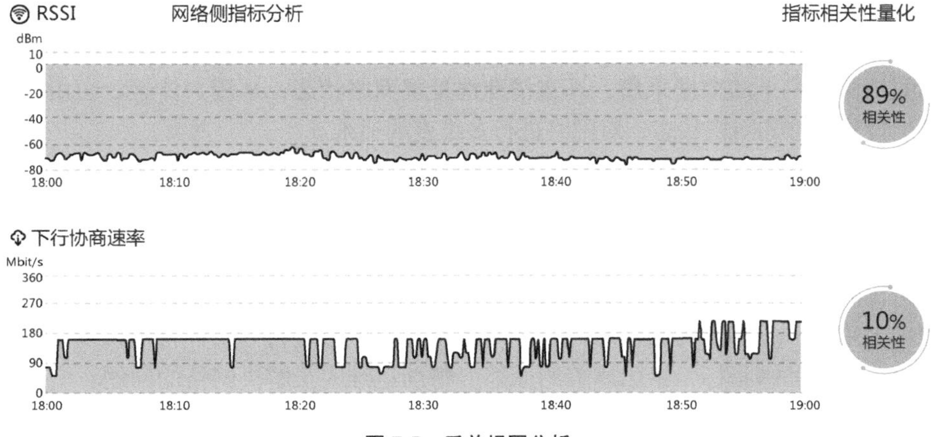

图 7-5　质差根因分析

7.1.2　可视化质量评估体系

随着企业的快速发展，业务可能遍布全球。企业的网络也需要在全球范围内部署，传统的运维方式没有统一的管理手段和呈现结果的方式，这可能会让运维人员整日疲于奔命，必须时刻关注全球各地的网络状况。SDN控制器可以建立一套可视的网络系统，提供从整体网络、分支网络到具体设备，甚至用户及应用的质量可视的网络评估、监控系统，直观地呈现网络的运行状态，并针对故障进行自动故障分析、问题根因定位。

巧妇难为无米之炊，基于大数据的智能故障分析体系亦如此。数据源是根本，必须要有足够的有效数据，才能保证分析结果的正确性，所以数据的获取就尤为重要。SDN控制器采用基于硬件数据采集的Telemetry上报机制，通过芯片采集数据，数据采集时间点可以精准到微秒级别。同时结合业务的需要，能够定制硬件的数据采集，从时效、数据满足度上建立最优的大数据支撑体系，实现智能运维。

智能运维解决方案支持有线网络、无线网络的故障识别和根因分析，所以必须要从无线设备、有线设备获取相关的KPI数据，设备通过Telemetry上报给SDN控制器，SDN控制器对这些大数据进行归类，并利用AI算法呈现整网的质量，进行故障识别。

1. 无线数据

如表7–1所示，无线侧KPI主要从AP、射频、用户3个维度评价无线网络的质量，结合AI算法，以及相关性分析、异常模式等功能自动识别弱信号覆盖、高干扰、高信道利用率等与空口性能及接入相关的问题。

表 7-1　无线网络设备采用 Telemetry 采集数据

测量对象	主要测量指标	支持的设备类型	最小采样精度 /s
AP	CPU 利用率、内存利用率、在线用户数	AP	10
射频	在线用户数、信道利用率、噪声、流量、反压队列计数、干扰率、功率	AP	10
用户	RSSI（Received Signal Strength Indicator，接收信号强度指示）、协商速率、丢包率、时延、DHCP、Dot1x 认证	AP	10

2. 有线数据

如表7–2所示，有线网络设备采用Telemetry采集设备、接口、光链路的性能指标数据，使用时序数据特征分解、非周期序列高斯拟合等AI算法对设备CPU利用率、内存利用率等指标进行基线预测，通过将实时数据和动态基线对比，在业务中断前识别网络指标的劣化。对于监测光纤连接的问题，可以基于逻辑回归、线性回归算法，呈现全网光模块状态（现有故障、可能故障以及故障概率分布），实现网络主动监控、预测网络异常，在故障发生前预警。

表 7-2　有线网络设备采用 Telemetry 采集数据

测量对象	主要测量指标	支持的设备类型	最小采样精度 / min
设备	CPU 利用率、内存利用率	交换机、WAC	1
接口	收 / 发包数、收 / 发广播包数、收 / 发组播包数、收 / 发单播包数、收 / 发丢包数、收 / 发错包数	交换机、WAC	1
光链路	收 / 发光功率、偏置电流、电压、温度	交换机	1

3. 可视化质量评估体系

SDN控制器根据设备提供的数据，建立可视化的园区用户体验质量评估体系，生成的质量评估报表如图7-6所示。基于接入体验、漫游体验、吞吐体验、网络可用性四大类指标的质量评估体系，直观地呈现全网整体质量，帮助运维人员"看网识网"、提高运维效率，提升用户体验。另外，SDN控制器可以提供专业的网络评估报告服务，基于"全网概况""指标详情""整改建议"，实时或周期性地自动生成网络质量评估报表，提供可量化的网络服务。

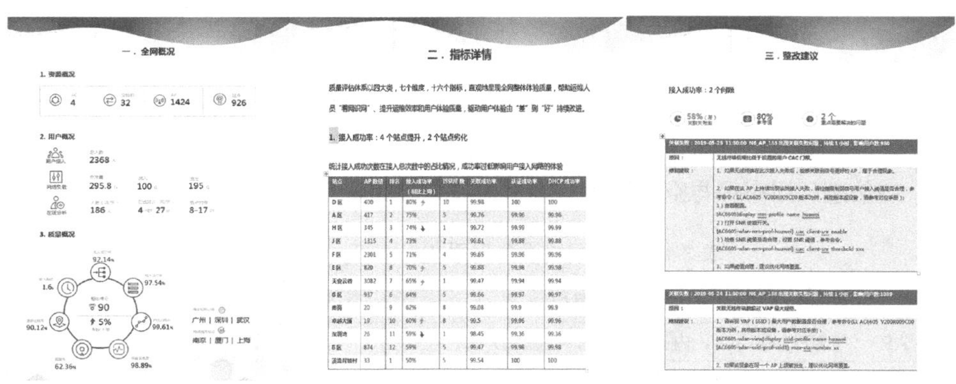

图 7-6　质量评估报表

| 7.2　智能运维的关键技术 |

智能运维解决方案通过Telemetry完成高性能、实时的数据信息的采集，通过AI算法对数据信息进行分析及呈现，实现用户体验可视化。另外，结合eMDI（enhanced-Media Delivery Index，增强型媒体传输质量指标）对音视频业务进行监控、质量感知，保证音视频业务的用户体验。

7.2.1 智能运维的架构

1. 智能运维的逻辑架构

SDN控制器通过Telemetry等机制采集网络设备的丢包、流量、状态、配置等信息，结合动态基线、高斯过程回归等AI算法，以及华为多年运维经验建立的故障库，通过机器学习自动建立故障基线，利用算法提高效率。通过场景化的持续学习和专家经验，构建业务流、转发路径、网络服务的多层次关联分析能力，将运维人员从大量的告警和噪声中解放出来，结构化地为用户显示应用行为以及网络质量，使运维更加自动化和智能化，从而主动评估网络服务状态。SDN控制器智能分析系统的逻辑架构如图7-7所示。

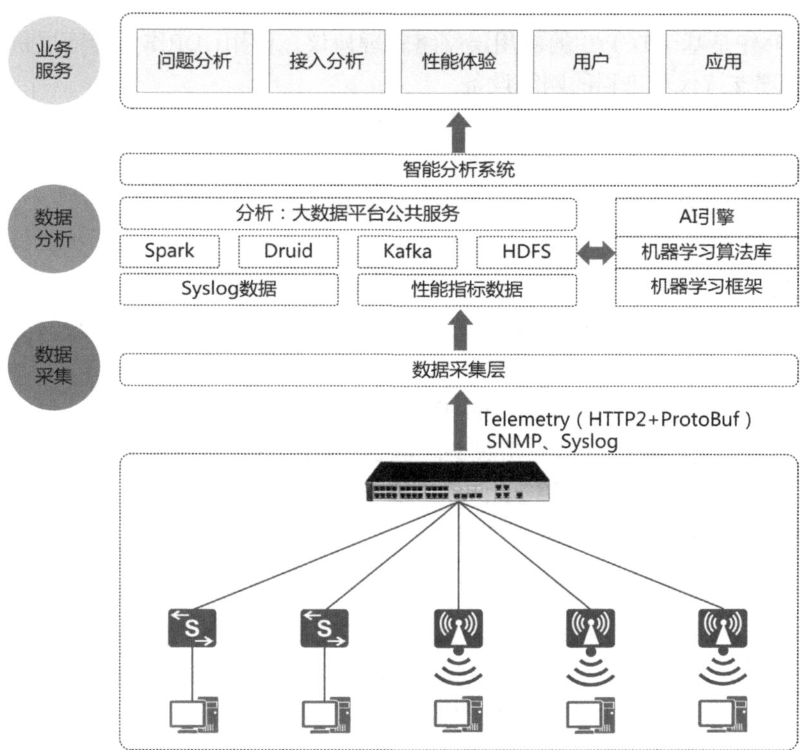

注：Kafka 是一个高吞吐、分布式、基于发布订阅的消息系统；
Spark 是专为大规模数据处理而设计的快速通用的计算引擎；
Druid 是一个快速的列式分布式数据存储系统，支持高速聚合和次秒级查询，同时支持每秒百万量级的事件接入；
HDFS（Hadoop Distributed File System，Hadoop 分布式文件系统）是一个提供高吞吐量的数据访问、适合大规模数据集的应用。

图 7-7　SDN 控制器智能分析系统的逻辑架构

（1）数据采集：SDN控制器的智能分析系统通过南向接口与设备的对接，完成对设备的管理。支持的南向接口类型包括采用基于Telemetry的HTTP2+ProtoBuf协议（即Google Protocol Buffer，指的是谷歌公司内部的混合语言数据标准）、SNMP、Syslog协议。

- HTTP2 + ProtoBuf协议：SDN控制器的智能分析系统采用基于Telemetry的HTTP2 + ProtoBuf协议采集设备性能指标的报文。ProtoBuf协议是一种数据序列化协议［类似于XML、JSON（JavaScript Object Notation，JavaScript对象表示法）、Hessian］，能够将数据序列化，并广泛应用在数据存储、通信协议等方面。HTTP2的安全层通过SSL、TLS进行通信信道的认证和加密。
- SNMP：SDN控制器的智能分析系统支持标准的SNMP V2C/V3接口，通过SNMP接口可以实现SDN控制器与网络设备的连接，用于接入网络设备。SNMP是基于TCP/IP的应用层网络管理协议，使用UDP作为传输层协议，能管理支持代理进程的网络设备。
- Syslog协议：Syslog（系统日志）协议是在一个IP网络中转发系统日志信息的标准，目前已成为工业标准协议，可用它记录设备的日志。SDN控制器的智能分析系统通过Syslog协议接收设备上报的日志数据。

（2）数据分析：大数据分析平台基于分布式数据库、高性能消息分发机制、分布式文件系统等，构建满足每分钟百万次数据采集的大数据分析能力。分布式数据库可以对海量实时数据进行分布式计算、汇聚、存储，具备秒级的多维度检索及统计查询能力。

（3）业务服务：SDN控制器的智能分析系统根据园区网络典型的运维排障场景，提供了大量的数据分析应用服务。例如，连接类、空口性能类、漫游类及设备类4类问题的智能识别，连接类问题以及空口性能类问题分析，用户旅程回放，AP详情分析，音视频业务的质量感知等。

2. SDN控制器数据处理流程

SDN控制器实现数字化、智能运维的关键是针对网络性能、日志等数据的处理过程，通过大数据和AI分析，将最终处理结果以符合网络管理员工作思路的显示方式呈现出来。SDN控制器采集的数据类型如图7-8所示。

当前SDN控制器采集的数据主要分为以下两大类。

- 用户接入类数据：用户在接入网络的过程中产生的接入类日志信息，主要包括关联、认证、DHCP IP地址获取3个阶段的日志，包含接入成功与失败的日志，以及接入失败的原因。设备采用Syslog协议上报日志数据。
- 用户性能类数据：与设备相关的数据，包括CPU利用率、内存利用率、设备状态等；与射频/AP相关的数据，包括信道利用率、干扰率等；与用户相关的数据，包括信号强度、丢包率等。设备采用ProtoBuf协议主动上报用户性能类数据。

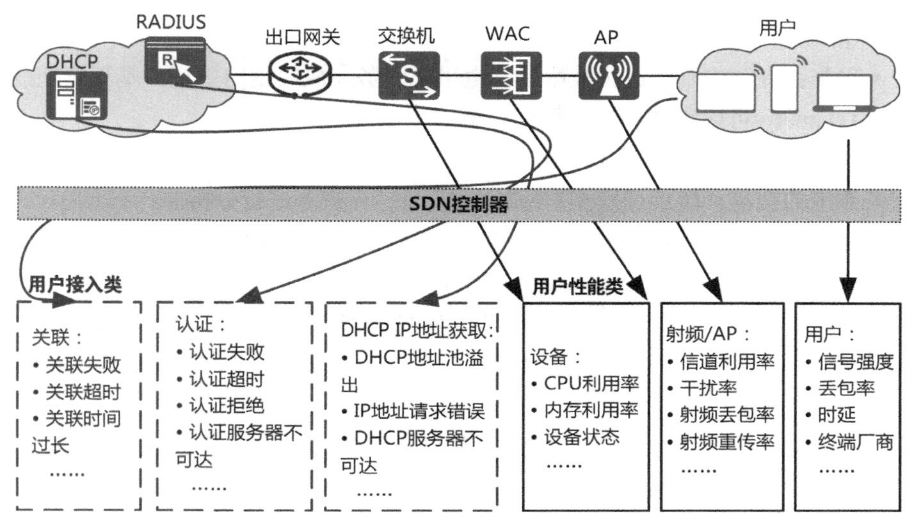

图 7-8　SDN 控制器采集的数据类型

SDN控制器的数据处理流程如图7–9所示，从设备数据上报到页面呈现，数据经过订阅、采集、缓存/分发、分析/AI运算（过滤、合并、专家库分析、AI机器学习）、存储/显示5个部分。

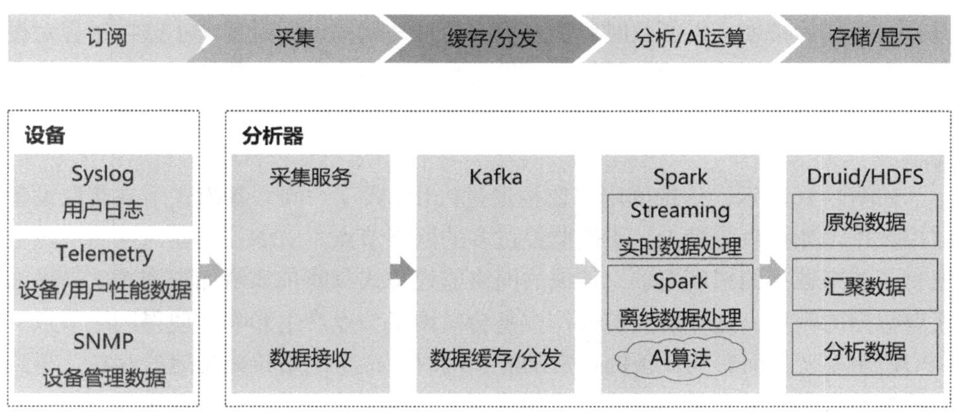

注：Spark Streaming 是 Spark Core API 的一个扩展，它支持对弹性的、高吞吐的、容错的实时数据流进行分布式计算处理。

图 7-9　SDN 控制器的数据处理流程

- 订阅：不同的设备、不同的运维逻辑，需要的数据是不同的，因此SDN控制器根据需要选择性地订阅设备的数据，设备数据可以通过多种方式的组合来获取，如Syslog用户日志、Telemetry设备/用户性能数据、SNMP设备管理数据等。
- 采集：SDN控制器订阅数据后，由采集服务完成数据的采集；基于高性能的Telemetry可以实现秒级的数据采集。
- 缓存/分发：海量的数据上传到SDN控制器，内部经过高吞吐的分布式消息系统的缓存，然后分发至对应的分析/AI运算服务进行分析。
- 分析/AI运算：SDN控制器根据采集的设备原始数据对数据做多维度的分析和处理，比如对接入日志按阶段分类、统计用户接入成功/失败的次数。由此，SDN控制器可根据用户性能评估终端用户的上网质量，并基于原始用户数据，结合AI机器学习的算法，离线分析识别典型的业务问题。
- 存储/显示：数据分析完成后，将处理后的数据保存至快速的分布式数据存储系统中，并完成功能展示。

7.2.2 基于 Telemetry 的数据采集

1. 为什么需要Telemetry

随着网络业务需求的不断增多、业务种类的不断增加，网络管理变得越来越复杂，对网络监控的要求也越来越高。在这种发展趋势下，就要求网络的监控数据具有更高的精度，以便及时检测到网络的异常状况，同时要减小监控过程对设备自身功能和性能的影响，以便提高设备和网络的利用率。传统的网络监控技术（如SNMP和CLI）存在诸多不足，导致管理效率越来越低，已不能满足用户的需求。

如图7-10所示，传统的网络监控通过Pull模式（一问一答模式）来获取设备监控数据（如接口流量），不能监控过多的网络节点。SDN控制器对网络节点数据有着越来越高的精度要求，传统的网络监控方式只能依靠增加查询频次来提高获取数据的精度，这导致监控操作本身会对网络节点产生影响，使得网络节点的CPU占用率变高而影响设备的正常功能。同时，由于网络传输延迟的存在，得到的网络节点数据并不是实时的，只能达到分钟级的粒度，达不到秒级甚至亚秒级的粒度。SNMP Trap和Syslog虽然是Push模式（推送模式）的，能够在设备产生告警和发生事件时及时推送数据，但是其推送的数据都是告警或者事件，不支持采集接口流量之类的监控数据。

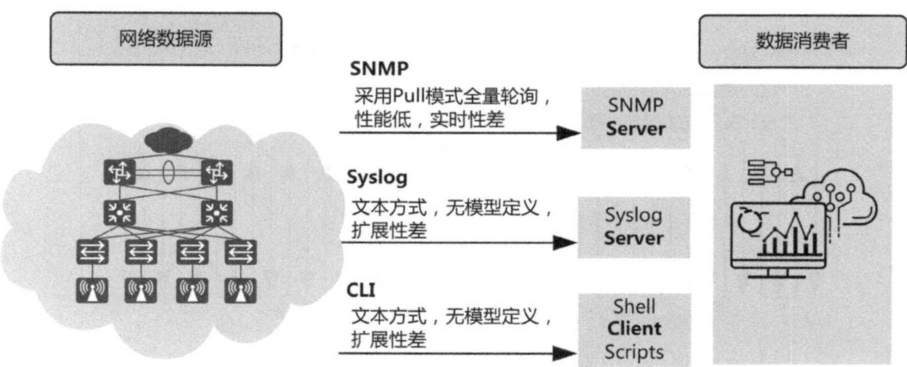

图 7-10　传统数据采集方式的不足

因此，对大规模、高性能网络的监控需求催生了新的网络监控技术——Telemetry。如表7-3所示，相比传统的数据采集技术，Telemetry的监控模式可以通过Push模式上报海量数据，支持秒级的采样周期，满足智能运维的模型。园区网络的SDN控制器采用Telemetry采集设备、接口、队列等的性能数据，并运用智能算法对网络数据进行分析、呈现，从而完成对网络的主动监控、对异常的预测，实现园区网络的智能运维。

表 7-3　传统的数据采集技术和 Telemetry 的对比

技术类别	监控模式	时间	多厂商情况下的使用方式
SNMP/Syslog/CLI	• Pull 模式：设备收到查询请求后才响应，采集器通过 SNMP 轮询方式查询网元。 • Push 模式：主动上报，例如 Trap、Syslog 等，不同厂商数据格式不一致，增加采集器分析数据的难度	采样周期最小支持分钟级	厂商自定义格式。例如，Trap 需要基于 MIB 树进行解析，而且字符串是非结构化的、厂商自定义的，需要逐条适配
Telemetry	Push 模式：即订阅模式的主动上报。订阅一次，持续定时上报，避免轮询对采集器和网络流量的影响	采样周期最小支持秒级	基于统一的数据流格式（ProtoBuf），简化采集器分析数据的难度

2. Telemetry的原理

Telemetry是一项快速地从物理设备或虚拟设备上远程采集性能数据的网络监控技术。Telemetry的出现使得SDN控制器可以管理更多的设备，为网络问题的快速定位、网络的优化调整提供了重要的基础，它将网络质量分析转换为大数据分析，有力地支撑了智能运维。图7–11示出了SNMP查询过程与Telemetry采样过程的对比。Telemetry通过Push模式实时高速地向采集器推送网络设备的各项高精度性能数据指标，提高了采集过程中设备和网络的利用率。

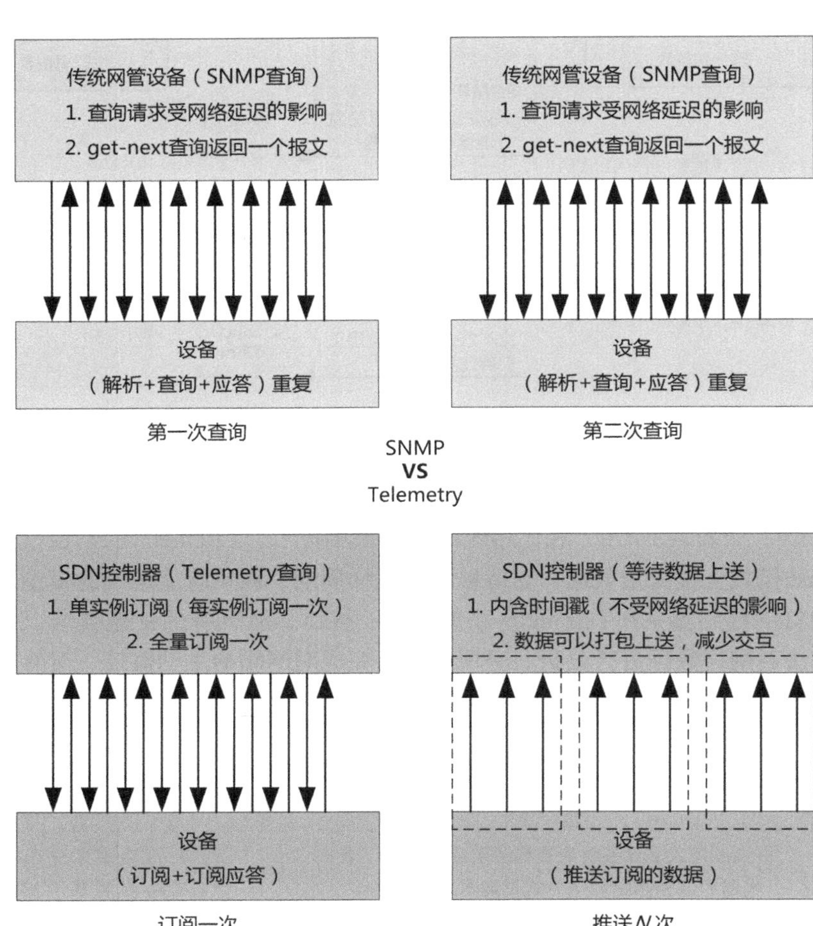

图 7-11　SNMP 查询过程与 Telemetry 采样过程对比

相比于传统的网络监控技术，Telemetry具有如下优势。

（1）通过Push模式主动上送采样数据，扩大了可被监控节点的规模

在传统网络监控技术中，网管与设备之间是一问一答式交互的Pull模式。假设第一次查询时，需要交互1000次数据才能完成查询过程，就意味着设备解析了1000次查询请求报文。第二次查询时，设备将再次解析1000次查询请求报文，如此持续下去。实际上，第一次和第二次查询时解析的查询请求报文是一样的，后续每次查询过程中，设备都需要重复解析查询请求报文。查询请求报文的解析需要消耗设备的CPU资源，因此，为了不影响设备的正常运行，必须限制设备被监控的频次。

在Telemetry中，网管与设备之间采用的是Push模式。在第一次订阅时，网

管向设备下发1000次订阅报文，设备解析1000次订阅报文，在解析订阅报文的过程中，设备将记录网管的订阅信息。后续每次采样时，网管不再向设备下发订阅报文，设备根据记录的订阅信息自动且持续地向网管推送数据。这样每次都节省了对订阅报文的解析时间，也就节省了设备的CPU资源，使得设备被监控的频次更高。

（2）通过打包方式上送采样数据，提高了数据采集的时间精度

Telemetry在进行一个订阅报文的交互时，可以通过打包方式上送多个采样数据，进一步减少了网管与设备之间交互报文的次数。因此，Telemetry的采样精度可以达到亚秒级甚至毫秒级。要维持高精度的数据展示就需要上报大量的数据，这样会占用网络的出口带宽。基于Telemetry的智能运维数据上报，支持对传输报文的压缩，采用高性能的压缩算法，减少报文的数据量，降低对网络出口带宽的占用。

（3）通过携带时间戳信息，提升了采样数据的准确性

在传统网络监控技术中，采样数据中没有时间戳信息，由于网络传输延迟的存在，网管监控到的网络节点数据并不准确。Telemetry的采样数据中携带时间戳信息，网管进行数据解析时能通过时间戳信息来确认采样数据的发生时间，从而避免采样数据的准确性受网络传输延迟的影响。

3. Telemetry流程关键技术

Telemetry处理流程如图7-12所示。SDN控制器中的Telemetry按照YANG模型描述的结构组织采集原始数据，使用ProtoBuf编码格式，通过加密的通道将原始数据通过GRPC（Google Remote Procedure Call，谷歌远程过程调用）协议上送给SDN控制器，从而实现了原始数据采集、数据模型、编码类型、传输协议的融合。

（1）硬件芯片数据采集

设备硬件功能决定了Telemetry的效果。华为云园区网络的设备如交换机、WAC、AP等，其芯片内置了Telemetry数据采集功能，所需数据直接从底层芯片上报，数据可以被定制开发，数据量大，实时性高。如设备芯片感知到环境发生变化后，立刻通过中断机制上报系统，系统可以在几微秒内获取数据，并获取发生变化的精确时间点，系统在分析异常时，就可以显示出精确的时间。如果以传统的查询方式，则查询到异常时已经比异常发生时滞后了几十到几百毫秒，时间误差比较大，可能会影响问题的定位。

（2）YANG模型

SDN控制器中的Telemetry使用华为的YANG模型组织采样数据，同时兼容OPENCONFIG定义的openconfig-telemetry.yang模型。

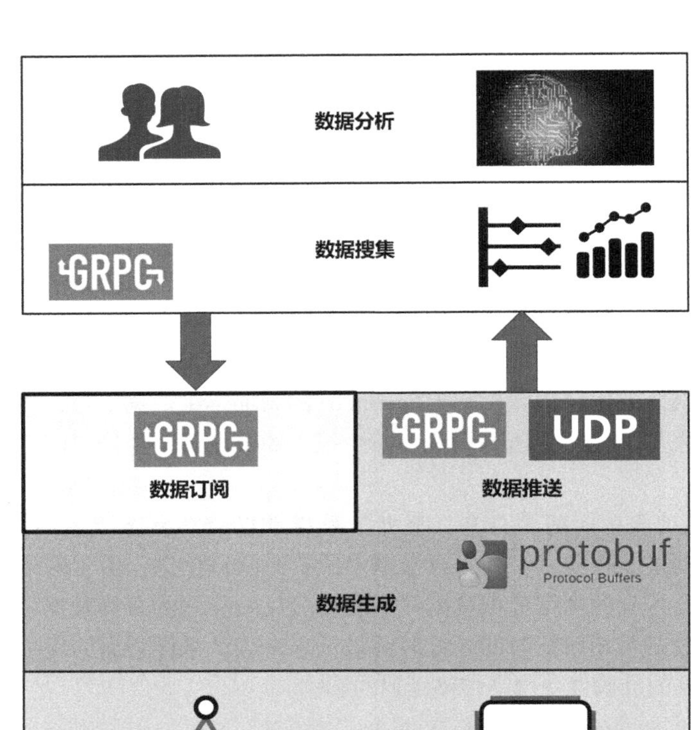

图 7-12　Telemetry 处理流程

（3）Telemetry的数据编码

ProtoBuf编码格式是一种独立于语言和平台的可扩展、序列化结构的数据格式，用于通信协议、数据存储等。它的主要优点是解析效率高，传递相同信息所占字节小。ProtoBuf的编解码效率是JSON的2～5倍，编码后数据的大小是JSON的1/3～1/2，既保证了Telemetry的数据吞吐性能，同时也节省了CPU和带宽资源。

和一般北向的输出格式XML、JSON相比，ProtoBuf是二进制格式，可读性比较差，所以ProtoBuf本身不是给人读的，而是给机器读的，以便可以更高效地传输。云园区网络运维系统按照“.proto”文件中定义的数据结构描述，对YANG模型描述的原始数据进行编码。表7-4为ProtoBuf编码解析前后的对比示例。

表 7-4　ProtoBuf 编码解析前后的对比示例

ProtoBuf 编码解析前	ProtoBuf 编码解析后

{
1:"HUAWEI"
2:"s4"
3:"huawei-ifm:ifm/interfaces/interface"
4:46
5:1515727243419
6:1515727243514
7{
1[{
1: 1515727243419
2 {
5{
1[{
5:1
16:2
25:"Eth-Trunk1"
}]
}
}
}]
}
8:1515727243419
9:10000
10:"OK"
11:"CE6850HI"
12:0
}
	{
	"node_id_str":"HUAWEI",
	"subscription_id_str":"s4",
	"sensor_path":"huawei-ifm:ifm/interfaces/interface",
	"collection_id":46,
	"collection_start_time":"2018/1/12 11:20:43.419",
	"msg_timestamp":"2018/1/12 11:20:43.514",
	"data_gpb":{
	"row":[{
	"timestamp":"2018/1/12 11:20:43.419",
	"content":{
	"interfaces":{
	"interface":[{
	"ifAdminStatus":1,
	"ifIndex":2,
	"ifName":"Eth-Trunk1"
	}]
	}
	}
	}]
	},
	"collection_end_time":"2018/1/12 11:20:43.419",
	"current_period":10000,
	"except_desc":"OK",
	"product_name":"CE6850HI",
	"encoding":Encoding_GPB
	}

（4）Telemetry的传输协议

Telemetry主要支持GRPC和UDP两种传输模式，在云园区网络设备中，Telemetry通过GRPC协议将经过编码格式封装的采样数据上报给SDN控制器进行存储。GRPC是一种高性能、开源和通用的RPC框架，面向移动应用和HTTP2设计，支持多语言，支持SSL加密通道。它本质上提供了一个开放的编程框架，不同厂商都可以基于此框架，采用不同语言开发自己的服务器处理逻辑或客户机处理逻辑，从而缩短产品对接的开发周期。GRPC协议栈分层如图7-13所示，各层的说明如表7-5所示。

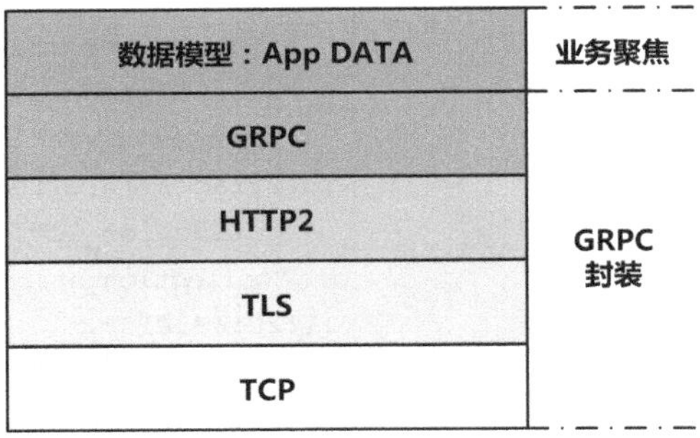

数据模型：App DATA	业务聚焦
GRPC	GRPC 封装
HTTP2	
TLS	
TCP	

图 7-13　GRPC 协议栈分层

表 7-5　GRPC 协议栈分层

分层	说明
TCP 层	底层通信协议，基于 TCP 连接
TLS 层	该层是可选的，基于 TLS 1.2 加密通道和双向证书认证等
HTTP2 层	GRPC 承载在 HTTP2 上，利用了 HTTP2 的双向流、流控、头部压缩、单连接上的多路复用请求等特性
GRPC 层	远程过程调用，定义了远程过程调用的协议交互格式
数据模型层	通信双方需要了解彼此的数据模型，才能正确交互

基于Telemetry的数据采集为SDN控制器提供了精准、实时、丰富的数据源，是整个智能运维的基础。基于Telemetry的数据上报系统，让整个园区的有线、无线设备可以真实有效地进行数据采集和数据呈现，从而促使运维系统的智能化、自动化得以真正实现。

7.2.3　基于 eMDI 的音视频业务的质量感知

假设20个员工正在进行视频会议，突然一个参会者的网络持续出现卡顿。事后该员工可能会投诉："公司网络太差了，开个视频会议频繁地出现卡顿，影响交流。"网络运维人员接到投诉后，网络卡顿现象已经不存在了，通过对当时的场景进行回访或者数据查询，发现大多数人开视频会议时网络都没问题，只有个别参会者的网络出现异常。此时需要调用历史数据进行分析，查看丢包，这个过程耗时久，而且不一定能够定位问题。如果能对视频会议实时监控，同时做历史记录，就可以快速查找到当时的情况，确定问题发生的时间点并查阅相关设备的数据，从而快速定位问题、解决问题。

华为SDN控制器针对上述视频异常的问题，建立了一套音视频监控系统，通过一定的算法对音视频流量进行监控，计算出音视频节目的质量指标，对音视频业务的质量进行展示，帮助运维人员快速查看音视频业务的指标、发现异常，并对网络进行修复。

1. 音视频帧报文

在介绍音视频业务的质量监控技术之前，首先要了解一些概念。

（1）I帧、P帧和B帧

当前音视频压缩编码主要采用MPEG（Motion Picture Experts Group，动态图像专家组）/H.26x标准。我们知道，每一段视频其实是由一系列连续的图像帧组成的。在MPEG/H.26x标准中，视频压缩编码定义视频流主要由I、P、B这3种帧组成。I帧含有自身图像所有的信息，通过帧内编码恢复自身图像；P帧是前向预测帧，根据前一个I帧或者P帧的编码结合算法恢复自身图像；B帧是双向预测帧，根据前一个I帧或者P帧和后一个I帧或者P帧的编码恢复自身图像。

（2）媒体流报文格式

以常用的MPEG–2标准为例，其报文格式如图7–14所示。每个帧一般采用一个PES（Packetized Elementary Stream，打包后的基本码流）头封装，在PES头中会记录该帧在视频播放时呈现的时间；每个PES包按照TS（Transport Stream，传输流）帧来进行切割和封装，一个TS帧为188 Byte（包括4 Byte帧头），TS头中包括TS序列号，通过TS序列号可以计算帧丢包率；MPEG–2标准一般通过UDP承载，基于RTP（Real–time Transport Protocol，实时传输协议）封装，RTP头中包括RTP序列号，通过RTP序列号可以计算IP丢包率。

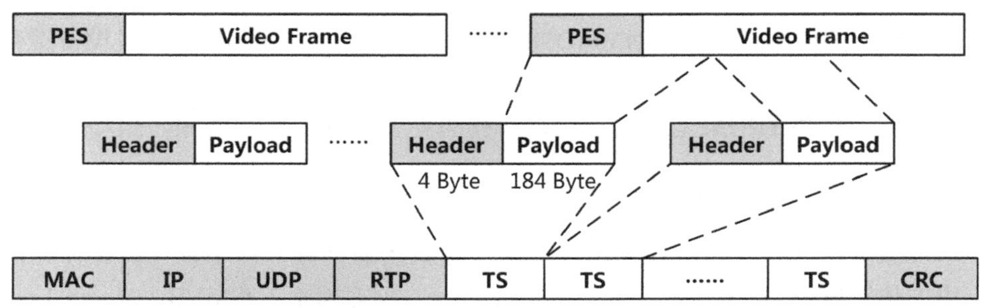

注：CRC 即 Cyclic Redundancy Check，循环冗余校验。

图 7-14　MPEG-2 的报文格式

RTP定义于RFC 1889，用来为IP网上的语音、图像、传真等多种需要实时传输的多媒体数据提供端到端的实时传输服务。一般来说，RTP是承载在UDP上的。RTP报头包括两个关键字段：每个分组的序号和时间戳。

TS是根据ITU-T H.222.0、ISO/IEC 13818-2 和ISO/IEC 13818-3协议定义的一种数据流，一般用于音视频流的存储和传送，码流信息中会包含时间戳、系统控制等。

2. 音视频业务的质量监控技术

业界对真实音视频业务的监控技术方案主要有VMOS（Video Mean Opinion Score，视频平均主观得分）、MDI（Media Delivery Index，媒体传输质量指标）和eMDI。

（1）VMOS

VMOS是一种从用户感知的角度来评价视频质量的主观评价方法。采用5分制评价，其中5分为很好（Excellent），1分为不可接受（Unsatisfactory）。VMOS主要和3个因素相关：监控点接收到的视频流的编码质量，视频流传输过程中的丢包情况，视频流传输过程中的抖动情况。

视频流的编码质量和视频码率、分辨率、帧率有关。码率越低、分辨率越小、帧率越小，则视频编码质量越差。视频流传输过程中的丢包对VMOS的影响，主要包括丢包率以及丢包的帧类型，丢包率越大，视频质量越差；当丢包帧为I帧时，对视频质量的影响最大，当丢包帧为B帧或者P帧时，影响相对较小。丢包率包括RTP丢包率以及TS丢包率，但是在VMOS算法中，主要考虑RTP丢包率，当视频里没有RTP封装的帧时，才采用TS丢包率。丢包率对视频质量的影响如图7-15所示。图7-15中，从左至右，在第一个圆圈和第二圆圈的位置都是I帧丢包，丢包率越高，VMOS越低，在第二个圆圈和第三个圆圈的位置，丢包率都是40%，但是在第二个圆圈的位置是I帧丢包，在第三个圆圈的位置是B帧丢包，在第二个圆圈的位置的VMOS更低。

视频流的传输抖动因素对VMOS的影响包括：报文来得过快，造成设备缓存溢出，最终的结果是丢包，造成节目花屏；报文来得过慢，造成设备缓存无视频流可播放，最终的结果是卡顿。评价卡顿的主要指标是抖动时间，抖动时间越长，VMOS越低。

（2）MDI

MDI提供了一个简明地判断流媒体传输质量的指标，用于量化流媒体在网络中的传输质量，MDI包括DF（Delay Factor，延迟因素）和MLR（Media Loss Rate，媒体丢包率）两个参数。

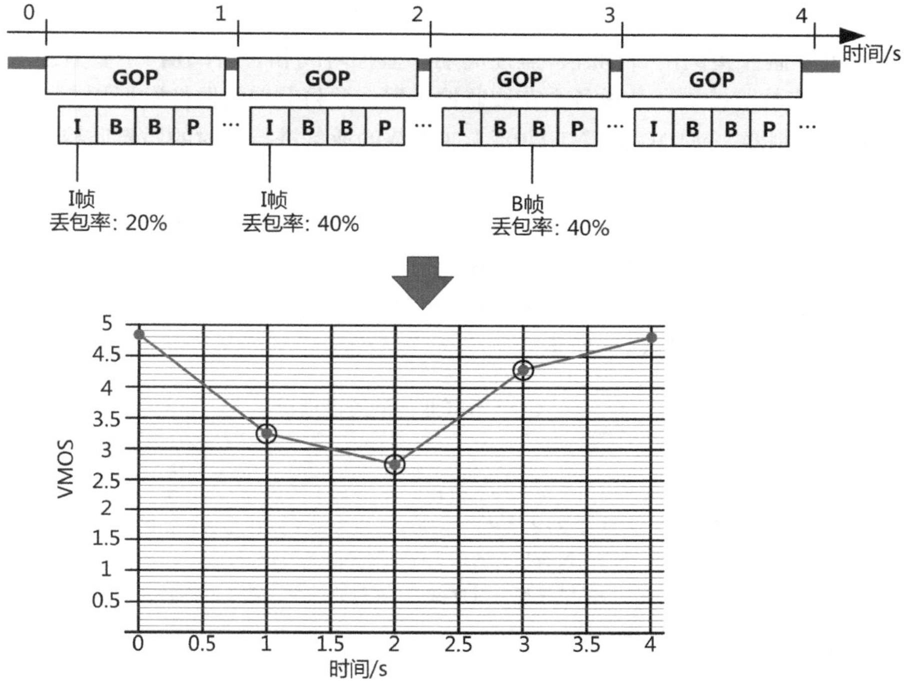

注：GOP 即 Group of Pictures，图像组。

图 7-15　丢包率对 VMOS 的影响

DF表示被监控视频流的延迟和抖动状况，单位是ms。DF将视频流抖动的变化换算为对视频传输和解码设备缓存的需求。视频流抖动越大，DF值越大。在WT126标准中要求传输过程中引入的DF不超过50 ms。

MLR是每秒媒体封包丢失的数量，该数值表示被监控视频流的传输丢包率。由于视频信息的封包丢失将直接影响视频的播放质量，理想的IP视频流传输要求MLR数值为零。每个IP报文通常有7个TS媒体封包，故丢失一个IP报文，相当于丢失了7个媒体封包（不包括空的媒体封包）。在WT126标准中规定，可接受的最大丢包为SD（Standard Definition，标清）或VoD（Video on Demand，视频点播）每30分钟丢5个包，或是HD（High Definition，高清）每4小时丢5个包。

（3）eMDI

eMDI是在MDI基础上开发的增强模式。相较于VMOS、MDI，降低了报文解析开销；针对UDP承载的音视频业务，在FEC/RET（Retransmission，重传）补偿机制下提出了有效丢包因子来准确描述丢包对音视频业务的影响，提高故障定位的准确性；支持针对TCP承载的音视频业务进行质量监测，通过分析TCP的序列号等信息，计算出TCP流上下游的丢包率、时延等信息，从而进行故障定位。

eMDI监控指标由监控实例进行统计。监控实例是eMDI收集监控指标的基本单位，每个监控实例由目标流、监控周期、监控时间和告警阈值4个要素组成。eMDI按一定的监控周期从设备上获取监控数据，并将获取的监控数据周期性地上送到SDN控制器。eMDI支持对UDP或TCP承载的业务进行实时的质量监控和故障定位。

对于UDP承载的业务，基于对RTP报文的分析计算监控指标。在对UDP监控指标的计算中，通过分析RTP报头中的特定字段来区分不同的业务，通过RTP报头中的序列号来计算丢包率和乱序率，通过RTP报头中的时间戳来计算抖动，UDP承载业务的监控指标如表7–6所示。

表 7-6　UDP 承载业务的监控指标

监控指标	计算方法
统计周期内的丢包率	统计周期内的丢包率 = 丢包数 /（收包数 + 丢包数 − 乱序数） 其中，若连续 RTP 报文的序列号差值大于 1 则计为丢包，RTP 报文的序列号小于所接收的所有报文的最大序列号则计为乱序
统计周期内的乱序率	统计周期内的乱序率 = 乱序数 /（收包数 + 丢包数 − 乱序数）
统计周期内的抖动（Jitter）	Jitter $=T_2-T_1$ 其中，T_1 表示发送端发送第一个报文和最后一个报文的时间差，T_2 表示接收端接收第一个报文和最后一个报文的时间差

对于TCP承载的业务，基于对TCP报文的分析计算监控指标。TCP是一种面向连接的、可靠的、基于字节流的传输层通信协议。计算TCP监控指标时，通过统计监控周期内传输的TCP报文长度来计算平均速率，通过TCP报头中的序号来计算上下游丢包率，通过TCP报头中的时间戳和序列号来计算上下游平均双向时延，TCP承载的业务监控指标如表7–7所示。

表 7-7　TCP 承载的业务监控指标

监控指标	计算方法
统计周期内的平均比特速率	统计周期内的平均比特速率 = 周期内收到的报文长度之和 / 实际有效流时间，单位为 kbit/s
统计周期内监控点的上游丢包率	在无丢包的情况下，当前发送的报文的序列号加上报文长度等于下一个报文的预期序列号。当报文序列号大于预期的序列号时，可判断为上游发生丢包。丢包个数可根据平均报文大小计算。 统计周期内监控点的上游丢包率 = 上游丢包数 /（接收到的总包数 + 总丢包数）
统计周期内监控点的下游丢包率	在无丢包的情况下，当前发送的报文的序列号加上报文长度等于下一个报文的预期序列号。当报文序列号小于预期的序列号时，判断为重传报文。重传报文数可认为是总丢包数。 下游丢包数 = 总丢包数 − 上游丢包数 统计周期内监控点的下游丢包率 = 下游丢包数 /（接收到的总包数 + 总丢包数）

续表

监控指标	计算方法
统计周期内监控点的下游平均双向时延	统计周期内监控点的下游平均双向时延 $=T_2-T_1$ 任意挑选接收的非重传报文，记录当前的时间戳为 T_1，并根据序列号和报文长度计算出下一个报文的预期的序列号。当下游设备发送的上行报文的序列号大于或等于预期的序列号时，记录当前的时间戳为 T_2

3. eMDI技术在园区音视频监控中的应用

eMDI技术在园区音视频监控中的应用如图7-16所示。园区网络中部署了基于eMDI技术的音视频业务的质量感知功能，可以实时检测到基于SIP（Session Initiation Protocol，会话起始协议）+RTP的音视频流，在园区网络中全流程地显示音视频流的质量，实时探测音视频会话的建立与结束，自动启用音视频业务的质量分析并显示结果，针对音视频业务质量差的会话进行根因分析，帮助运维人员定位和识别音视频业务的网络故障问题。

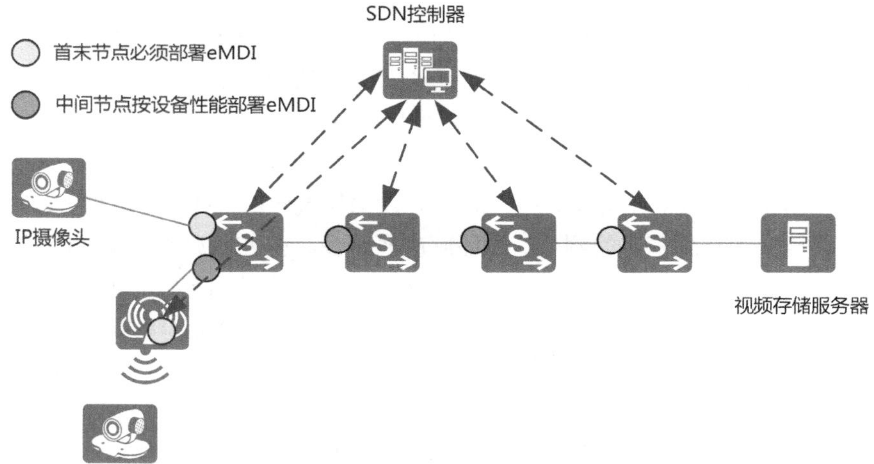

图 7-16　eMDI 技术在园区音视频监控中的应用

在园区网络中，有线的交换机和无线的AP都可以作为基于eMDI技术的音视频感知系统的检测节点。在实际部署时，为了能快速、有效地定位音视频问题，首末节点必须部署eMDI检测探针，可以有效地定位音视频故障的边界，对于网络中间的节点，按设备性能来部署eMDI探针，建议为支持的设备都部署探针，检测节点越多，路径就越详细，故障边界就更容易识别。

华为SDN控制器支持基于硬件进行eMDI检测，采样数据准确，实时性高。设备采集的数据通过Telemetry上报给SDN控制器，SDN控制器汇总各节点上报的eMDI统计数据，全流程地显示音视频业务的质量。同时对业务质量差的音视频流启用故障分析功能，对比UDP码流的RTP序列号，判断丢包/乱序发生在IPC（Inter–Process Communication，进程间通信）还是网络设备；针对TCP码流，对比TCP上下游丢包率判断故障发生在IP摄像头还是网络设备，从而精准识别故障点。再结合网络KPI的相关性分析，识别故障的原因，实现音视频流的质量感知可视化和故障定位。

7.2.4 基于 iPCA2.0 的云到端定界定位

企业网络在移动化办公和新业务快速扩张的背景下，网络质量对企业正常运营的影响越来越大，多样且复杂的业务对网络管理员的要求越来越高，定位网络质量问题也越来越复杂。例如，用户投诉应用体验差，很多时候是应用系统的问题，但网络常常成为“替罪羊”，网络如何自证清白成为令运维人员头疼的问题。影响IP网络业务质量的主要是丢包、时延和抖动。丢包是影响业务质量最主要的因素，对于网络中最主要的TCP流，丢包会引起重传和TCP快速收敛，严重影响网络传输速度、响应时间和网络链路利用率。对于UDP流（主要是视频和语音），丢包会造成业务质量严重受损。我们日常网络使用中感受到的上网慢、响应慢、视频马赛克、语音模糊等现象，几乎都是由丢包造成的。

而传统的网络业务质量检测技术对IP网络存在一些局限性。首先，传统检测技术[例如NQA（Network Quality Analyzer，网络质量分析）和Y.1731]是点到点的测量，无法实现点到多点的测量，不能解决多路径、多方向流条件下的测量。其次，传统检测技术（例如NQA）是间接测量技术，即通过插入检测报文、计算检测报文丢包率来间接模拟业务丢包率，而不是真实业务的丢包、时延，存在检测报文与业务路径不同等问题，不能真实反映业务的性能状况。

为此，华为推出了iPCA（Packet Conservation Algorithm for Internet，网络包守恒算法），iPCA是一种IP网络性能统计技术，通过直接对业务报文进行染色标记的方法，实现网络丢包和时延的统计。iPCA通过多入多出多点质量测量，不但实现了无连接网络的质量监控，同时也提供了精确定位故障的能力，帮助运维人员快速发现网络异常，并对网络进行修复。

为适应云时代，实现终端到云端的定界定位，华为在iPCA技术的基础上，推出了适用于云网络的iPCA2.0。iPCA2.0相比于iPCA，不仅能实现终端到云端的定界定位，在检测方法和配置模型等方面也做了改进。本节中我们将对iPCA和iPCA2.0技术进行详细的介绍。

1. iPCA技术

在iPCA技术中，有一个重要的概念：染色位。染色位又叫特征标识位，IPv4

报头中的ToS（Type of Service，服务类型）字段或者Flags字段都可以被用来作为染色位。ToS字段或者Flags字段在IPv4报头中的位置如图7-17所示。ToS字段共8 bit，前3 bit（bit 0～bit 2）为报文的Precedence字段标识了IP报文的优先级，bit 3～bit 7在实际的应用中使用较少，可以用来作为染色位。Flags字段共3 bit（bit 0～bit 2），为报文分片标志位，其中bit 0为保留位，可以直接用作染色位。设备用ToS字段还是Flags字段作为染色位取决于用户的配置，推荐使用Flags字段。

0 1 2 3 4 5 6 7 8 9 10 11 12 13 14 15 16 17 18 19 20 21 22 23 24 25 26 27 28 29 30 31 bit

Version	IHL	Type of Service	Total Length	
Identification			Flags	Fragment Offset
Time to Live	Protocol		Header Checksum	
Source Address				
Destination Address				
Options				Padding

图 7-17　iPCA 染色位的位置

（1）iPCA丢包检测原理

如图7-18所示，路径中的每个设备分别在入端口、出端口统计业务IP报文，在相邻的端口进行计算就能得出每段的业务流丢包的检测结果。例如：同一段时间内，图中的“2”端口统计到出去的IP报文数为1000个，“3”端口统计到进入的报文数为900个，则经过计算可以确定在2→3这条链路上发生了丢包，且丢包率达到了10%，根据此分析结果，运维人员对2→3这条链路进行修复即可。

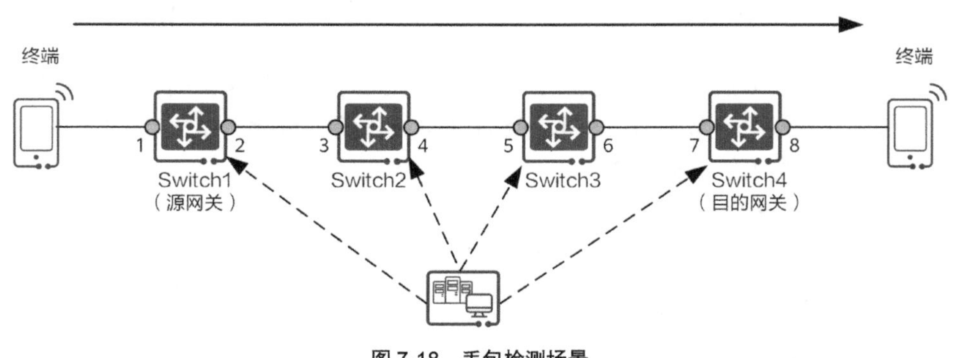

图 7-18　丢包检测场景

如上描述的，iPCA是如何对报文进行丢包检测统计的呢？在保证网络中每一跳的设备间时间同步（可以通过NTP或1588v2技术完成设备间时间同步）的情况下，iPCA通过周期性对报文进行染色和去染色的方式，对报文进行统计。iPCA的丢包检测方法如图7-19所示。

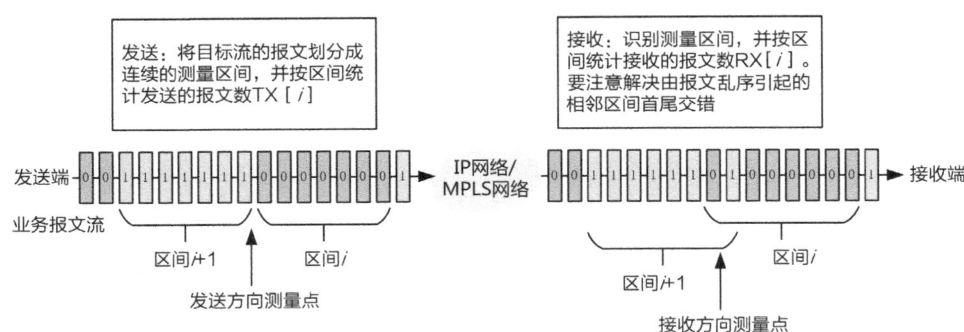

图 7-19　iPCA 的丢包检测方法

iPCA的丢包检测可以分为如下几步。

步骤①　在发送端对业务报头中某一个特征位进行周期性的染色（置位、复位）时，将业务报文按照特征置位属性划分为不同的测量区间。

步骤②　在发送端和接收端设置报文计数器和测量点，按测量区间统计发送和接收的报文数，如区间i的发送值为TX[i]，接收值为RX[i]。为了避免延迟的影响，保证接收端数据的正确性和完整性，在接收端，计数器可以通过延迟读取时间的方法设置测量点。另外，因为报文特征位染色不一样，即使在区间切换处有其他特征的乱序业务报文出现，也不会计入该特征的数量，从而保证计数的正确性与完整性。

步骤③　将TX[i]与RX[i]数据发送到对端或一个集中处理中心，对这些同一区间的收发数进行比较，即可得到该区间的丢包统计，对于测量区间i，丢包数LostPacket=TX[i]–RX[i]。

网络中存在多点入和多点出时，iPCA会将网络中同一测量区间的所有入报文计数和所有出报文计数相减，获取一个测量区间内的丢包数。如图7–20所示，一个测量区间内的丢包数=（PI1+PI2）–（PE2+PE3）。

（2）双染色位时延检测方法

双染色位时延检测方法就是对实际业务的报文进行抽样记录，测量其在网络中的实际转发时间，抽样方法是通过设置业务报文的特征位进行识别区分。

如图7–21所示，对于R1→R2方向，在R1上入端口处对业务流某一业务报文设置时延染色位，得到时间戳T_1；特征业务报文到达R2的出端口，得到时间戳T_2。对于R2→R1方向：在R2的入端口处对业务流某一报文设置染色位，得到时间戳

T_3；特征业务报文到达R1的出端口，得到时间戳T_4。然后R1、R2将本地信息及时间戳通过协议报文发送到对端或一个集中处理点，以一定的方式（同步周期、业务报头元组、时间范围等）将T_1和T_2、T_3和T_4分别配对，确定为同一业务报文测量的两个时间戳。此时，如果网络实现精确时间同步，两个方向的单向业务时延为：$1d(\text{R1}\rightarrow R2)=T_2-T_1$，$1d(\text{R2}\rightarrow \text{R1})=T_4-T_3$；如果网络没有精确地时间同步，双向时延为：$2d=(T_2-T_1)+(T_4-T_3)=(T_4-T_1)-(T_3-T_2)$。

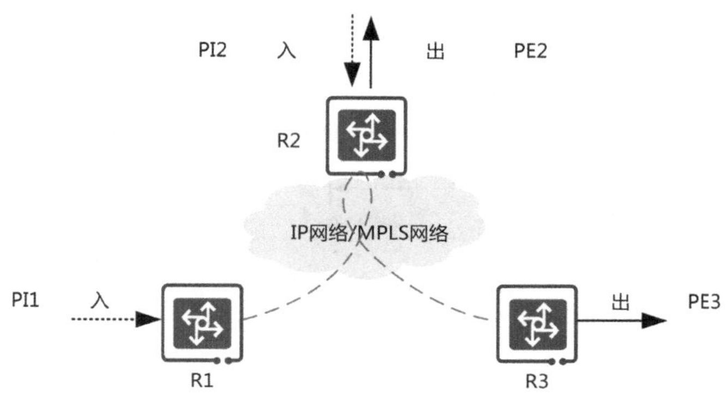

图 7-20　多入多出丢包检测方法

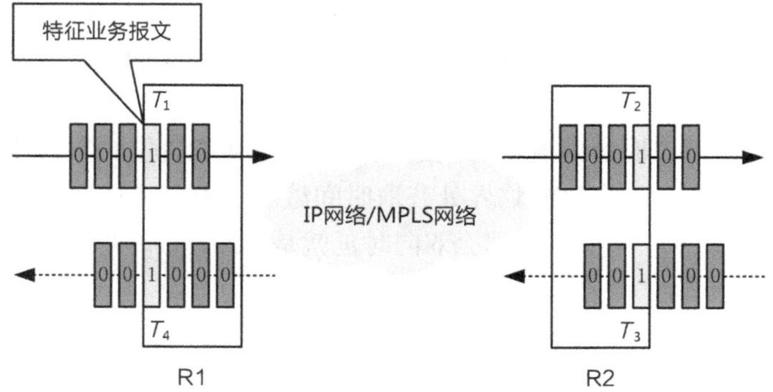

图 7-21　双染色位时延检测方法

2. iPCA2.0技术

相对于iPCA技术，iPCA2.0技术做了如下改进。

（1）iPCA2.0支持云到端的定界定位

iPCA2.0可以实现终端到网络设备的丢包和时延统计，而iPCA只能实现网络设备内和设备间的丢包及时延统计。如图7-22所示，iPCA2.0支持在终端（需要部署支持IPCA的软件）、AP、交换机、核心、出口、云端vCPE、服务器（需要部署支持IPCA的软件）进行端到端的故障定界。

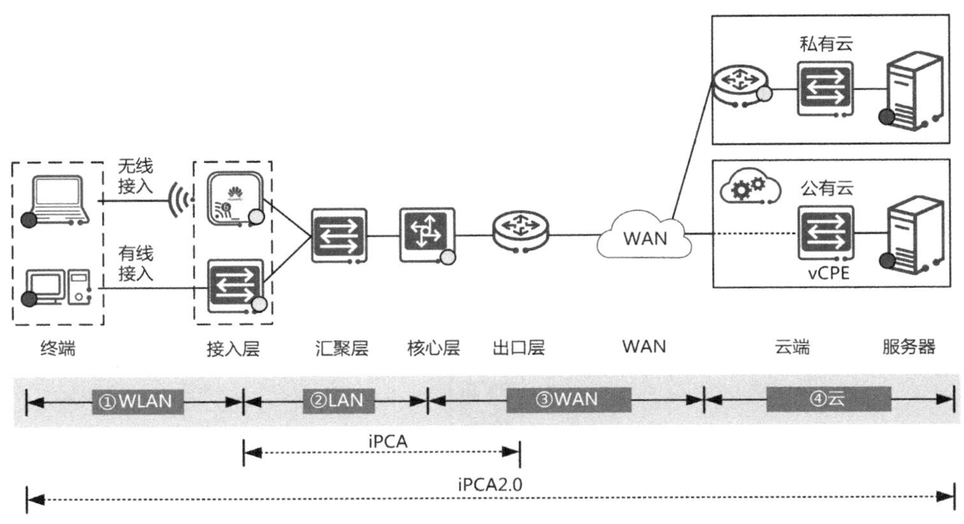

图 7-22　iPCA2.0 云到端定界定位示意

（2）iPCA2.0支持单染色位检测

iPCA2.0将丢包和时延统计的染色位统一，采用时延检测的染色位和丢包的染色位作为同一个染色位的方案。而iPCA同时检测丢包和时延时需要使用两个染色位，除了推荐的IP Flags染色位外，还要同时配置ToS的一个比特进行染色，可能会影响用户网络的DSCP（Differentiated Services Code Point，区分服务码点）规划，导致部署困难。

如图7–23所示，时延检测不再通过抽样设置报文染色位的方式获取时间戳，而是在每个周期染色位变化的临界处获取时间戳。图中，将周期1到周期0切换的时间戳记录为T_1、T_2、T_3、T_4，那么双向时延就是：$2d=(T_2-T_1)+(T_4-T_3)=(T_4-T_1)-(T_3-T_2)$。

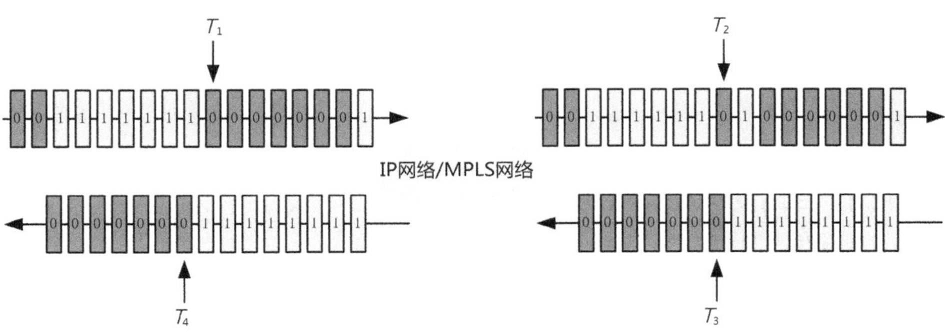

图 7-23　iPCA2.0 单染色位检测示意

（3）IPCA 2.0技术简化了配置模型

首先，iPCA只能通过在网络中每台设备上使用命令的方式进行配置，而iPCA2.0支持通过华为控制器使用可视化界面进行配置；其次，iPCA只能根据五元组识别业务报文，而iPCA2.0支持通过应用名称识别业务报文；最后，iPCA对某个应用进行故障定界时，必须对某个应用流经的设备全部通过五元组指定业务报文，而iPCA2.0支持仅在源头通过五元组或应用名称识别业务报文，下游设备通过自动检测的方式识别业务报文，不用每台设备都手动指定五元组信息。

如图7-24所示，根据网络中报文的转发流向，将设备网络节点分为In-Point节点、Out-Point节点和Mid-Point节点。其中In-Point节点进行染色和统计，Out-Point节点进行去染色和统计，Mid-Point节点进行统计即可。对某个应用进行质量监控或故障定界，可以按照如下思路部署iPCA2.0。

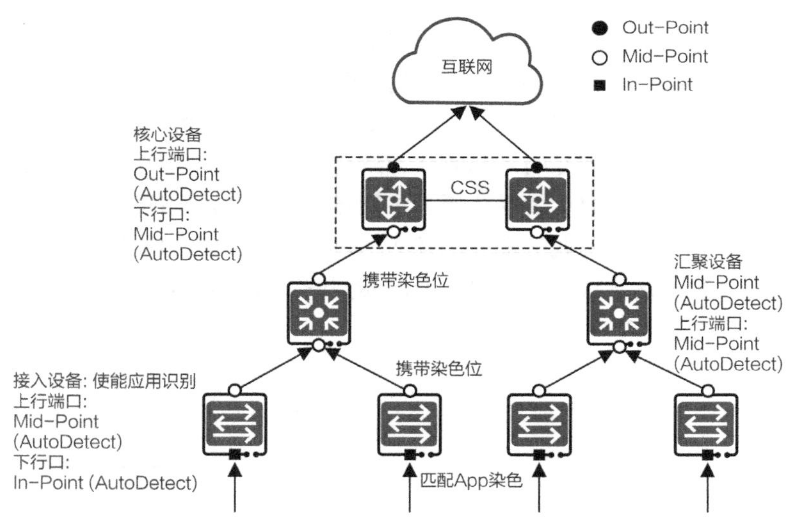

图 7-24　基于应用识别的故障定界部署

首先，统计起点In-Point节点部署的应用识别，通过应用识别的数据实现从应用名称到五元组的关联，再通过五元组匹配到流量。

其次，后续的Mid-Point节点和Out-Point节点开启自动随流检测（AutoDetect）功能，根据In-Point节点对报文的染色，自动识别需要检测的报文并触发建立统计流和统计。

最后，Out-Point节点如果是双向统计，由于没有应用识别数据，接收的反向流量也是没有经过染色的。只能根据正向流获取反向的五元组信息，自动下发表项匹配五元组，触发染色、建立统计流和统计。反向流经过染色后，与正向流的处理一样，后续节点识别染色位，触发建立统计流和统计。

（4）iPCA2.0技术支持定位丢包原因

iPCA2.0监控的流如果在设备内出现了丢包，设备则会将丢包的原因上报到SDN控制器，大大提高了网络运维人员故障诊断的效率。而iPCA只能定界故障在哪一段丢包，无法定界具体的丢包原因。

（5）iPCA2.0支持事前针对关键应用进行实时监控

iPCA2.0占用资源少，可以进行规模部署，实现事前全流监控，针对不复现的故障也能进行分钟级故障定界。而iPCA占用资源较多，无法进行规模部署，也就无法支撑针对关键应用进行事前的全流监控，只能在故障出现后进行事后的定界，对只是短暂丢包的音视频卡顿问题无能为力。

7.2.5 大数据和AI处理模型

传统的网络运维模型主要对采集的数据进行简单的展示，无法对数据之间的关系做深度的分析，从而自动发现问题的根因，只能靠人工排查网络的故障点、故障原因，对工程师的技能要求比较高。AI算法在智能运维中的应用如图7-25所示。智能运维的核心思想是引入AI算法，结合大数据的分析技术，让机器从海量运维数据中进行学习，自动关联分析、识别异常，自动识别网络的故障，或对潜在故障进行预测，给出问题的根因，推动网络故障的自愈。机器智能处理异常，需要建立自动化的运维模型，机器基于该模型进行数据分析、自我学习调整，以达到智能运维的效果。

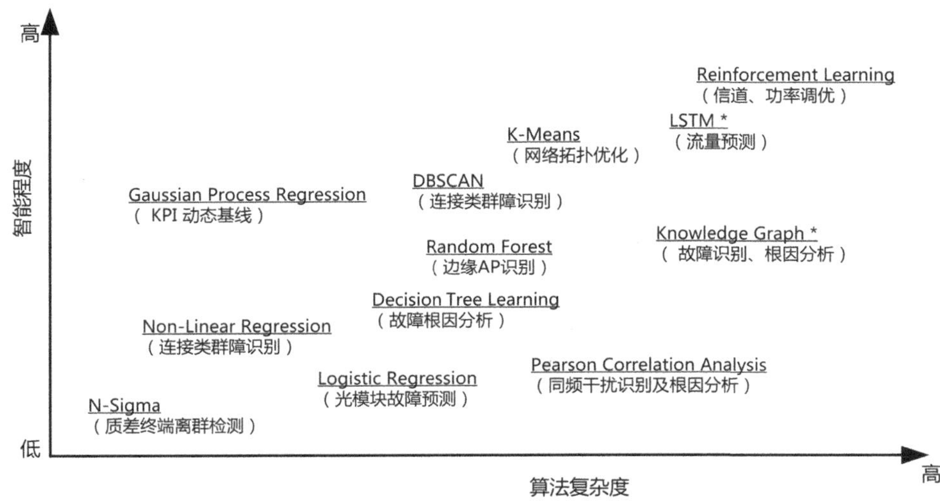

注：* 号标注为待实现的算法。

图7-25 AI算法在智能运维中的应用

1. 基于专家经验和机器学习的故障库模型

在华为多年的传统园区运维工作中，网络专家们也积累了相当多的故障排查经验，已经形成了丰富完整的故障库，涉及网络、设备、终端、应用四大类故障场景，基本涵盖了园区90%以上的故障场景。在智能运维中，需要利用这些知识让系统自动判别网络中是否存在异常，这样不仅大大提高了运维效率，也使前人的经验得以保留，把工程师的维护经验变成机器的维护经验。由此，基于专家经验的网络故障规则库应运而生，传统的网络故障模型会被逐步导入智能网络运维系统中，让系统具备网络运维专家的思想，智能化、自动化地识别问题，其基本实现原理如图7–26所示。

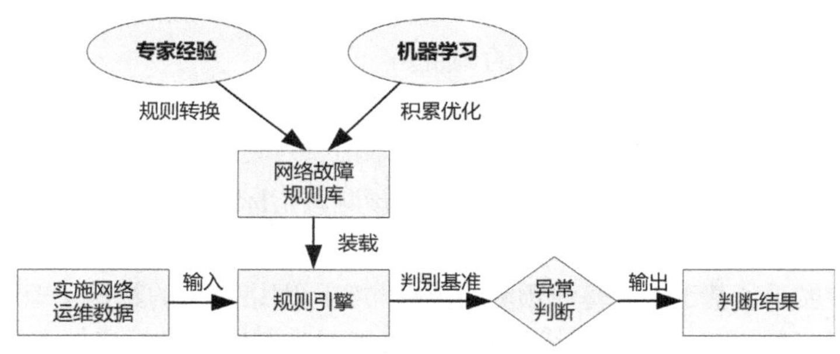

图 7-26　基于专家经验的网络故障规则库

首先，将网络专家的运维经验经过数字化转换成机器可以识别的规则，构建基本的网络故障规则库。

然后，将这些规则装载到规则引擎上。当系统接收到实时的网络运维数据时，就会根据规则制定的判别基准，判别网络是否有异常，并输出结果。

同时，系统通过机器学习，会不断地丰富网络故障规则库的规则，并优化判别基准，持续扩大故障识别的覆盖面，提升故障识别的准确性。

一个问题的产生可能有多方面的原因，需要从多方面来分析，需要经验。一个新手和一个经验丰富的专家，识别问题的成功率差距是非常大的。就像一个新从业的医生，可能忽视检测结果中的细枝末节而做出错误的判断；而一个经验丰富的专家医生，能够更迅速准确地从检测结果中找出病因并对症下药，这就是专家经验发挥的作用。针对网络故障的处理也同样如此，华为SDN控制器对华为多年积累的问题定位手段、故障识别方法进行总结与建模，将其作为网络故障规则库嵌入SDN控制器，让系统具备专家的能力，让每个网络运维者都可以共享专家的经验。

例如，网络中一个比较让人头疼的问题就是用户突然掉线，特别是无线用户掉线更为频繁。华为SDN控制器，将用户掉线作为一个故障建立网络故障规则库，将传统经验识别出的可以触发用户掉线的原因一一梳理作为故障点，如配置错误、配置超时强制用户下线、空口异常等一系列可能触发用户下线的原因都作为用户掉线的故障点。当发生用户异常下线时，通过收集网络的相关数据，结合网络故障规则库自动、快速地识别用户真正掉线的原因。

2. 基于监督学习的动态基线趋势预测

网络中出现的某些现象在不同场景下可能有着不同的解释，在有些场景下是异常现象，而在其他场景下可能就是正常现象。如对于AP终端接入容量，假设A场景正常接入终端数量为10～20个，而且长时间都是在15个终端以下，而场景B为高密办公场所，多数情况下接入数量都是30～40个。如果检测到AP的接入终端突然长时间维持在45个，对B场景来说，可能就是人员的稍微增加，不能算异常，但对A场景来说，可能就是个异常现象。网络终端数量突然增加，对网络容量和带宽的诉求都会发生变化，需要做对应的调整。

正因为如此，SDN控制器在建立网络异常检测基线时，需要通过对网络环境的学习，建立适合当前网络的动态基线。动态基线是对某一个指标构建随时间动态变化的基线，用以定义该指标的正常范围，并预测该指标的变化趋势。动态基线不像静态基准线那样固定不变，而是随时间动态变化，包含了对未来走势的预测。

图7-27展示了基于动态基线预测的范围与实际网络产生的数据（矩形图框内）的对比，对于数据超出动态基线的时刻，可以初步判定为异常事件，从而识别潜在故障。

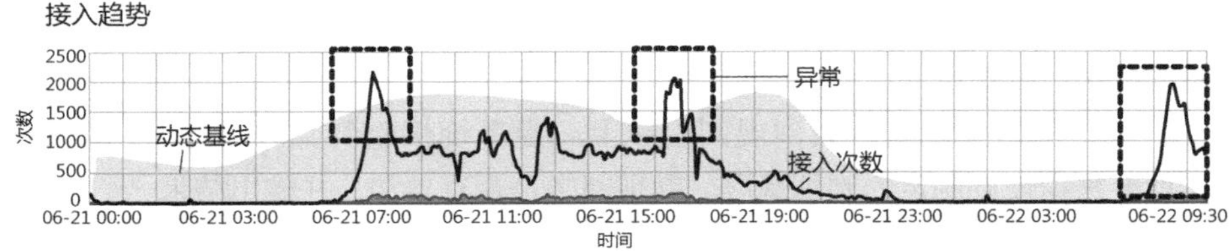

图 7-27　基于动态基线的异常检测

如图7-28所示，动态基线的算法流程包括3个环节：数据集预处理、动态基线生成和异常检测。

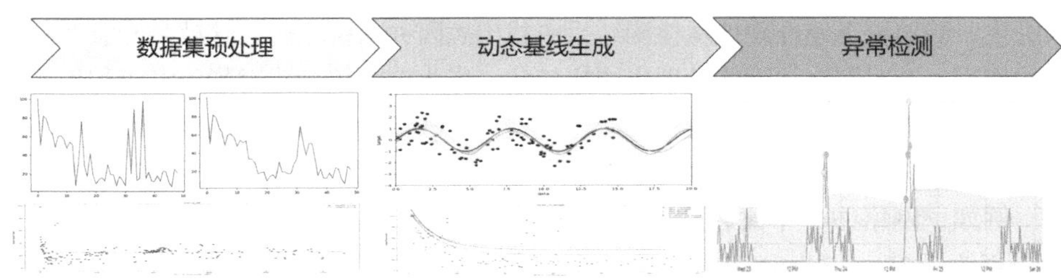

图 7-28　动态基线的算法流程

（1）数据集预处理

指SDN控制器对汇集的数据进行预先处理，使数据准确和完备，尤其要去除噪声数据。预处理过程包括基于专家经验构建初始数据、数据清洗和多维度合并、对丢失的数据进行补齐、去除不合理的异常数据、对尾部数据进行修正，以及对波动大的数据进行合理化处理。

（2）动态基线生成

指通过算法来构建动态基线。包括使用周期序列算法、高斯过程回归算法和多元幂指函数算法进行阈值模型训练与预测，并通过均值和方差计算调整阈值边缘，最后根据经验进行灵敏度修正。

（3）异常检测

采集当前的指标数据，基于生成的动态基线进行判断，数据超越基线即认为出现异常，并进行标识，通过多维度的组合识别问题。

3. 关联性指标根因定位

园区网络存在多类业务节点和网络节点，同一个节点有很多指标。这些不同的节点、不同的指标之间存在很多关联，使得网络的故障模式复杂多变。同一个现象可能有不同的根因，比如Wi-Fi网络中用户认证失败，可能是Wi-Fi信号覆盖弱，也有可能是证书错误。不同的现象可能指向相同的根因，比如Wi-Fi网络中带宽低体验差、信道利用率过高这两种现象可能都是相邻区域间同频干扰导致的。所以，针对这些节点的关联性，基于网络运维的海量数据设计数据关联关系系统，从运维数据的多关系图中找出不同业务节点间的关联、因果关系，可以有效地帮助运维人员寻找问题的根因。基本实现原理如图7-29所示。

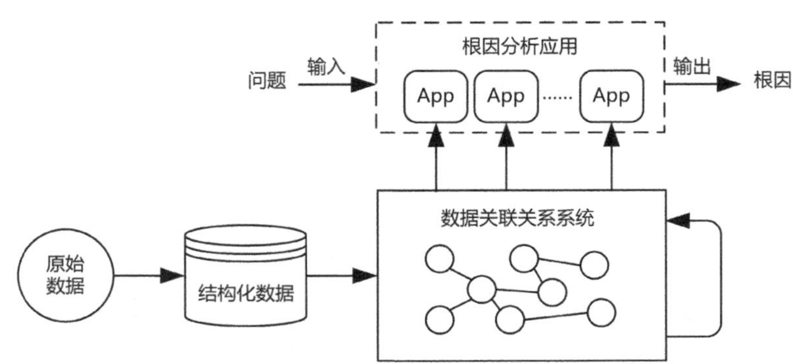

图 7-29　关联性根因分析基本实现原理

首先是对原始网络运维数据进行预处理，转换成结构化数据。然后根据网络业务关系设计数据关联关系系统，从多维度的数据来关联异常。数据关联关系系统设计好之后，就将可被使用的结构化数据加载到关联性指标定位系统中。业务层基于数据关联关系系统开发根因分析应用。当网络出现异常时，输入具体现象或者问题，就可以根据业务关系分析可能的根因了。

7.3 智能运维应用

网络部署完成、开始运行后，运维管理员就开始负责网络的运维工作，保证网络的可用性，出现问题要及时修复。对网络的运维主要包括日常的监控运维和网络发生故障时的快速诊断、恢复。日常的监控运维是指网络管理员通过监控网络设备的状态和运行指标，来了解整个网络的运行情况，可以通过简单的网络评估，实时掌握网络的健康状况，以便对网络进行及时调整。日常的监控运维并不是网络出现问题时才会执行的动作，而是一个日常、例行的工作，防患于未然，通过对网络的诊断提前发现潜在异常，并且对网络进行持续优化。

日常的监控运维只是对网络的运行状态做一个整体的了解，识别并发现一些常见的问题。对于系统性的问题或者流程性的问题，还需要专业人员介入，进行专门的故障分析。智能运维故障分析模型如图7-30所示。智能运维的故障分析改变了以往需要人工分析大量数据的状态，通过大数据和AI算法，结合专家经验和持续优化的对故障模型的学习，自动地对网络进行故障识别，同时做根因分析，让设备变得聪明、智能，让管理员从以前疲于定位问题的状态中解放出来，让网络运维变得轻松。

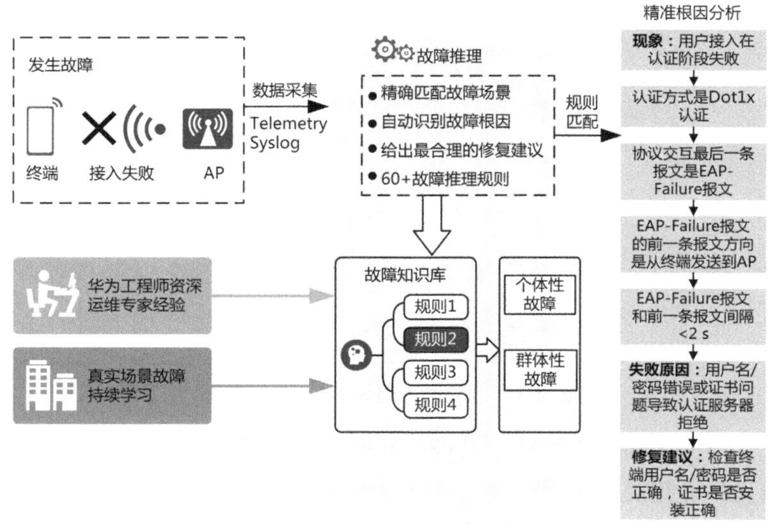

图 7-30 智能运维故障分析模型

7.3.1 基于 KPI 的实时健康监控

一个正常运行的网络不会时刻都发生故障的，运维人员所关注的还是整个网络系统的运行情况。一个大型的园区网络具有几百或者上千个分支的网络，可能存在几万台设备。运维人员在检查网络时，需要能直观地看到所有设备的状态，对整个网络系统的运行状态一目了然。

SDN控制器可比较直观地展示整个网络的健康度，如图7–31和图7–32所示，展示了网络健康度的多个维度，如站点、设备、用户等方面，我们可以直观地获取网络的运行状况。以用户易于理解的方式展示出设备运行质量评价得分、设备信号质量评价得分和终端体验评价得分，进而得出整体网络质量评价得分，给用户提供其看得懂的指标，帮助用户自主识别网络运行健康度。同时可以通过趋势图展示监控的各项指标，确保在故障定位时，可以对当时的网络及设备运行状态进行追溯。

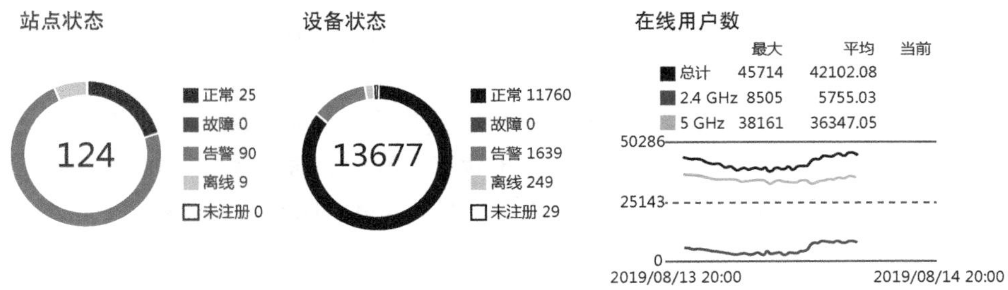

图 7-31　租户级别的网络状态

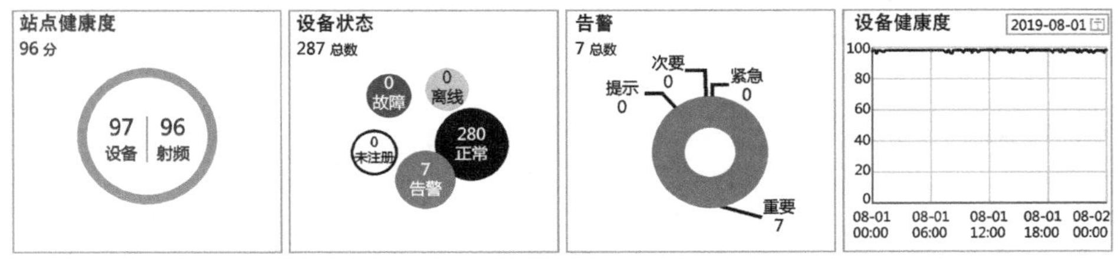

图 7-32　站点的健康度显示

管理员登录系统后，可以在租户的站点列表中查看各个站点的网络健康度评价，直观地查看该站点的健康度状况、设备注册状况等详细参数，对网络的运行状况一目了然。

- 可以展示租户站点网络健康度，健康度以标注不同颜色的分数分别显示优、良、中或差。该评价基于设备健康度、无线射频健康度的综合打分得到。

- 支持展示站点的正常设备数量、离线设备数量、未注册的设备数量、故障设备数量及告警的设备数量，可以快速查阅站点内设备的运行状况。
- 可以显示站点内告警的状况，展示紧急、重要、次要、提示的告警数量，管理员可以快速查阅对应的告警信息并处理告警。
- 可以显示整体设备的健康度曲线，获取设备的历史健康度。

SDN控制器还可以展示单个设备的运行数据，时刻记录设备的CPU、内存、流量、用户量的记录，并提供历史曲线的查询，可以回溯历史的数据。查询单个设备的运行数据，可以方便地监控设备的运行状态，结合网络中设备的健康度，识别出异常的设备，并及时调整网络。

园区无线化程度越来越高，WLAN日益增多，在网络维护上需要增加对无线射频的监控。无线网络和有线网络的差别比较大。无线网络使用的是电磁波传输数据，容易受到周围环境的干扰，特别是无线环境中存在大量的干扰设备（如蓝牙设备、微波炉或者私自搭设的个人无线AP）时，会对无线网络造成很大的干扰，所以针对无线射频的监控就特别重要，需要实时获取无线射频的运行状态、干扰情况，以便了解无线空口的运行情况，对网络做出及时的预判和调整，降低问题发生的概率。

对无线射频主要是监控其关键指标和射频趋势，分别如图7-33和图7-34所示。射频的关键指标包含信道利用率、干扰率、噪声、丢包率和重传率这5个指标，显示出站点所有设备的整体空口性能。例如，可以比较直观地看出干扰率非常高的射频，继而可以查看该射频的具体情况，根据AP的部署位置判断周围是否有干扰，并消除干扰源，提升空口的质量。从射频趋势上可以直观地看出繁忙射频比例、高重传率射频比例、高丢包率射频比例、高噪声射频比例、强干扰射频比例等射频指标趋势图线，获取网络的历史状态，并可以对网络未来的情况进行预判。

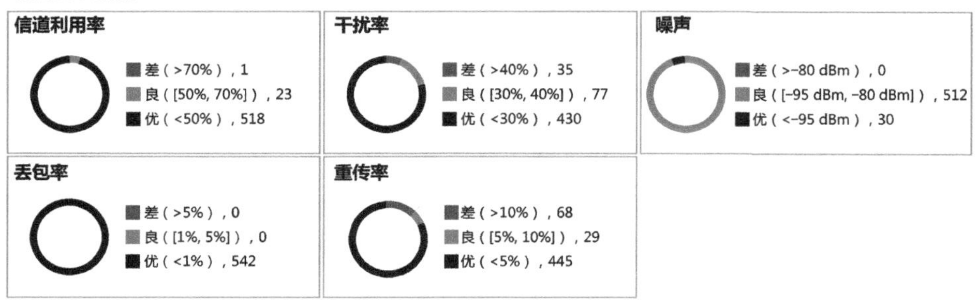

图 7-33　射频的关键指标

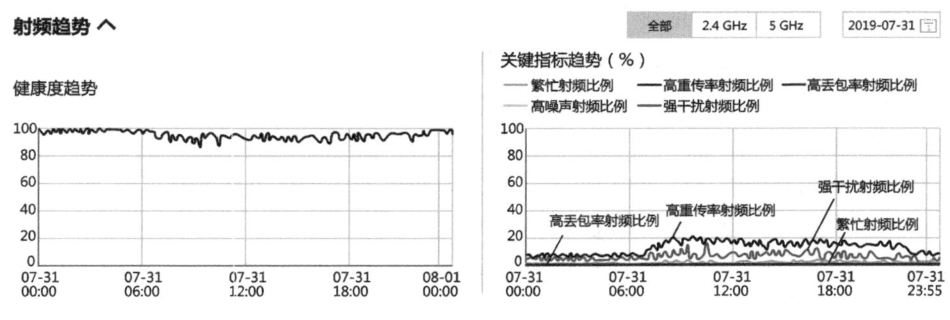

图 7-34　射频指标趋势图线

7.3.2　个体性故障分析

网络中出现的问题有一些是单点的问题，比如某个用户上线时，密码输入错误，导致无法上线，这个故障问题仅影响该用户。类似这种仅影响某个个体的问题被称为个体性故障。如图7-35所示，针对网络运维过程中遇到的用户个体性故障，SDN控制器主要从旅程分析、接入分析、体验分析、应用分析等4个方面入手，助力管理员运维网络，精准识别问题，并可保障关键用户的业务。

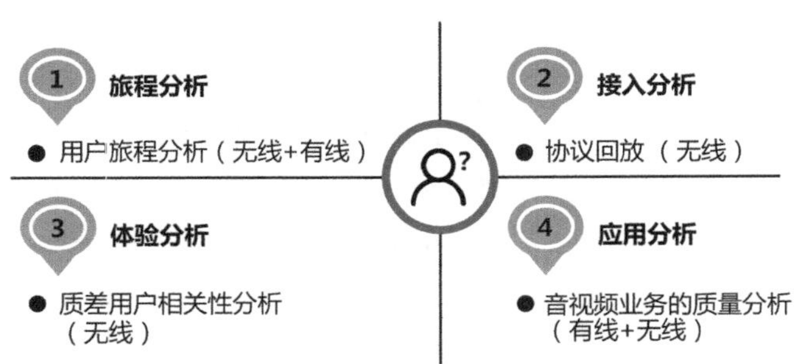

图 7-35　个体性故障分析

前文已对协议回放、质差用户相关性分析做了简单描述，本节主要介绍用户旅程分析和音视频业务的质量分析。

1. 用户旅程分析

当某个用户的业务出现异常时，用户一般不会立刻投诉，通常会在空闲时突然想起上网体验差、网页打不开或者无法上线的问题，然后才投诉网络有问题。运维人员接到问题投诉后，在传统运维模式下，需要翻看日志，在海量的日志中找到该用户的记录，还要翻看问题设备的相关信息。如果用户是在使用移动端的过程中遇到问题，需要确定用户所接入的AP有哪些，还要查看这些AP的日志数据。这种运维模式费时费力，而且容易遗漏关键的问题，导致无法确认问题的根本原因。

接入旅程示例见图7-36。SDN控制器通过Telemetry采集用户、设备的海量数据，并自动分析这些数据的相关性，同时为每个用户建立全旅程的可视数据，可以精准回放用户访问Wi-Fi网络的整个旅程，运维人员可以方便地获取某个用户遇到故障时产生的详细运维数据，何时接入网络、接入哪个AP设备、体验如何、遇到什么样的问题，一目了然，可以快速定位出现问题的精确时间点及发生问题的原因，进而发现网络的问题并进一步优化网络。

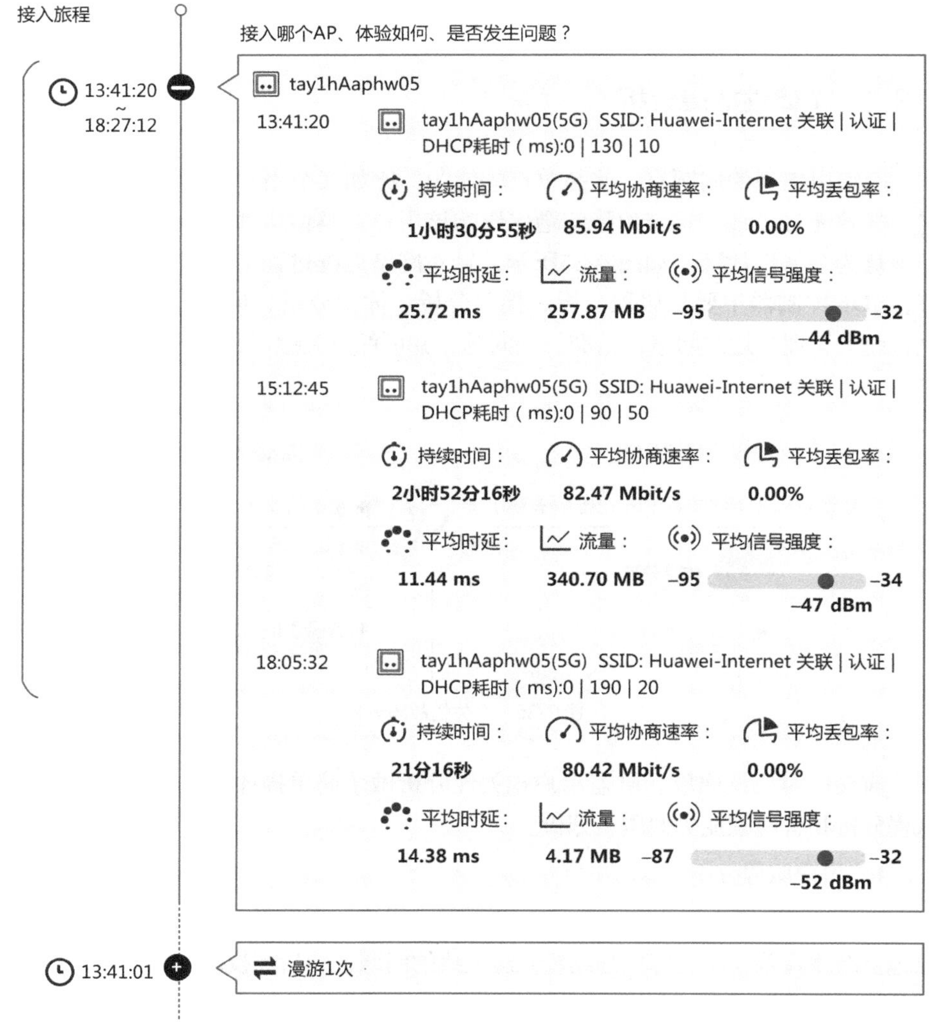

图7-36 接入旅程示例

用户体验示例见图7-37。用户体验界面呈现了该用户接入时的网络数据，如信号强度、协商速率、时延和丢包率，可以直观地看到用户是否有接入信号变弱的时刻。一般接入信号变弱，会导致协商速率变低，从而出现视频卡顿、网页打开得慢等问题，用户的体验就会变差。这时需要确认用户是离开了网络覆盖区域还是网络确实有覆盖盲点，可以进行现场工勘、测验，以便确认是否要进行盲点补位。

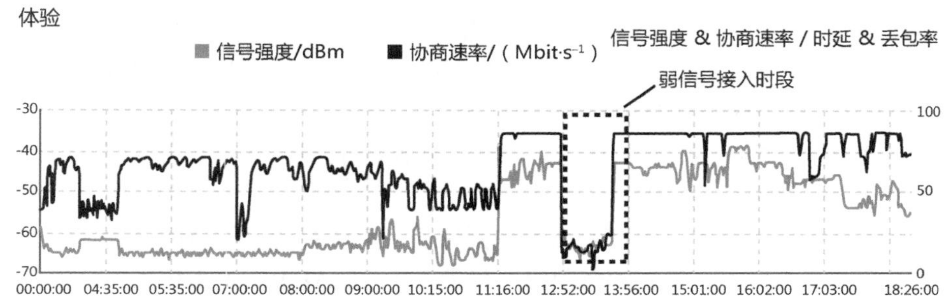

图 7-37　用户体验示例

2. 音视频业务的质量分析

SDN控制器基于Telemetry和eMDI技术，对网络中音视频业务的质量进行分析，并可视化显示音视频业务在网络中的会话路径、质量分析结果。运维人员可以快速地感知用户实际业务的体验，当音视频业务的质量下降时，音视频KPI也会发生相应的变化，同时显示出在哪段时间、哪个网络设备上业务的质量开始下降，然后根据相关性分析，获取故障根因，并根据恢复建议进行故障恢复。

音视频业务的质量分析示例见图7-38，质量可视化及故障分析主要采用如下3项关键技术。

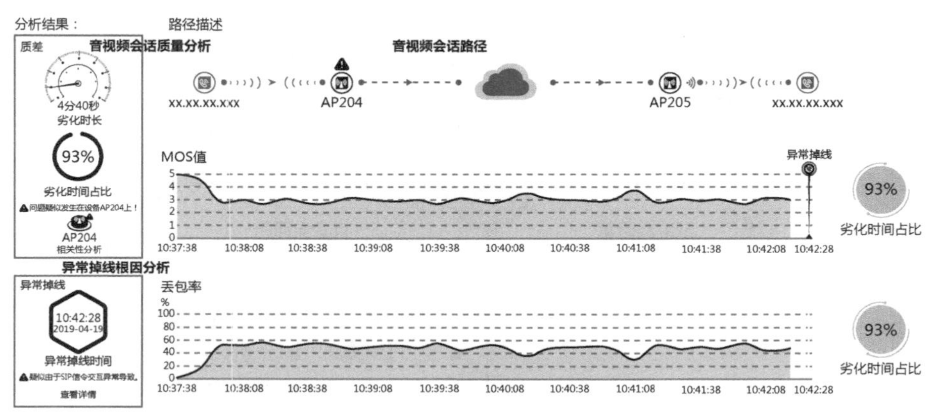

图 7-38　音视频业务的质量分析示例

（1）主动感知音视频业务的质量

通过SIP Snooping技术主动感知SIP+RTP音视频流，实时探测音视频会话的建立与结束，自动启用eMDI技术监控和分析会话过程中的音视频流质量，识别质差音视频流。

（2）质差音视频根因分析

分析音视频MOS（Mean Opinion Score，平均主观得分）值与空口指标（信号强度、干扰率、信道利用率、协商速率、反压队列计数等）、有线口指标（端口丢包率、缓存占用率等）、设备类指标（CPU、内存占用率）的相关性，识别质差根因。

（3）会话异常掉线根因分析

自动分析音视频会话异常掉线的根因，包括漫游异常、Wi-Fi去关联、网络侧指标劣化、信令交互异常等。

假设运维人员查看办公区音视频会话列表，发现有员工的会话质量较差。通过查看质差会话详情，定位到问题出现在员工接入的AP上。点击相关性分析，发现由于信道配置不合理，邻居AP对该AP造成了干扰。通过调整信道解决了空口干扰问题，音视频会话质量恢复正常。

7.3.3 群体性故障分析

群体性故障是指网络中存在的共性问题（如认证服务器异常）会影响所有用户，导致批量的用户认证失败，AP的覆盖不足，导致该区域的所有终端信号差。如图7-39所示，在SDN控制器智能运维的模型中，群体性故障可以分为连接类、空口性能类、漫游类、设备类四大类问题。

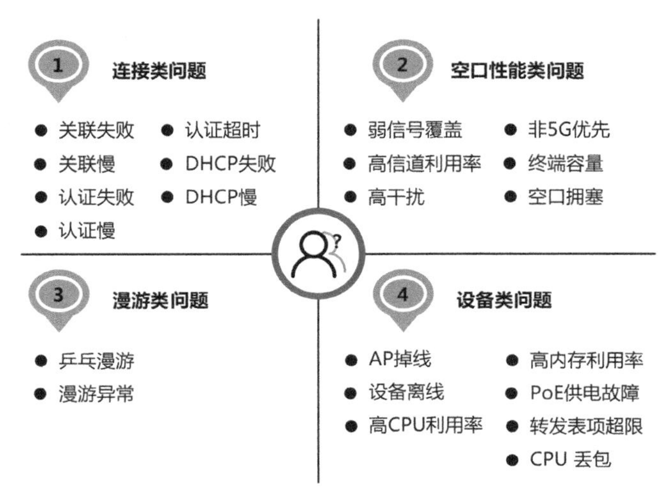

图7-39 群体性故障分类

1. 连接类问题

某个终端接入异常可能只是个体性的问题，如果有大批量的用户无法接入或接入慢，则可确定是一个群体性故障。群体性故障对网络影响范围比较大，特别是认证失败、无法接入等问题，需要尽快解决，否则会影响大量用户。

用户接入网络的过程中，会因各种各样的原因出现接入失败，但并不一定是网络故障所致。图7–40所示为SDN控制器的网络接入行为异常检测，使用机器学习算法，通过大量历史数据训练生成基线，智能检测异常，可以准确识别网络故障。

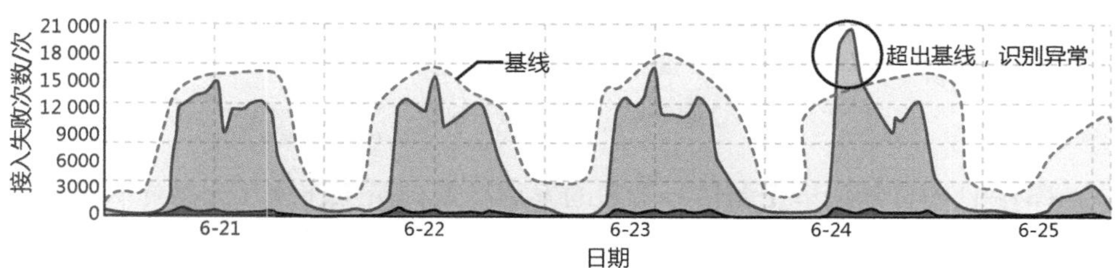

图 7-40　SDN 控制器的网络接入行为异常检测

SDN控制器基于历史大数据训练生成接入基线，正常在基线范围内的失败、异常被认为是个体性行为，当异常数量超过基线时，系统自动识别出异常，并进行模式识别和根因分析。对接入失败终端的相关特征进行抽象，运用聚类算法进行群体分析。最终基于终端上线日志、KPI等，提炼出可能的故障根因并给出修复建议，帮助运维人员解决问题。

2. 空口性能类问题

无线网络采用电磁波传输数据，信号暴露在空气介质中容易受到干扰，所以空口性能类问题是无线网络最常见的问题。SDN控制器基于大数据对空口性能类问题的6种模型进行建模，建立问题模型基线，同时收集设备上报的性能数据，实时进行数据检测，并和基线模型对比，发现异常时进行异常诊断和分析记录。

空口性能类问题中的弱信号覆盖，是无线场景中常会面临的问题，识别弱信号覆盖的关键技术是分析用户的RSSI，同时需要对数据集去噪，除去休眠的、短时接入的、业务量少的终端和业务量稀少（接入用户数很少）的AP，基于网络故障规则库，在秒级采集的用户性能数据中，自动识别信号强度的异常故障。弱信号覆盖分析如图7–41所示。

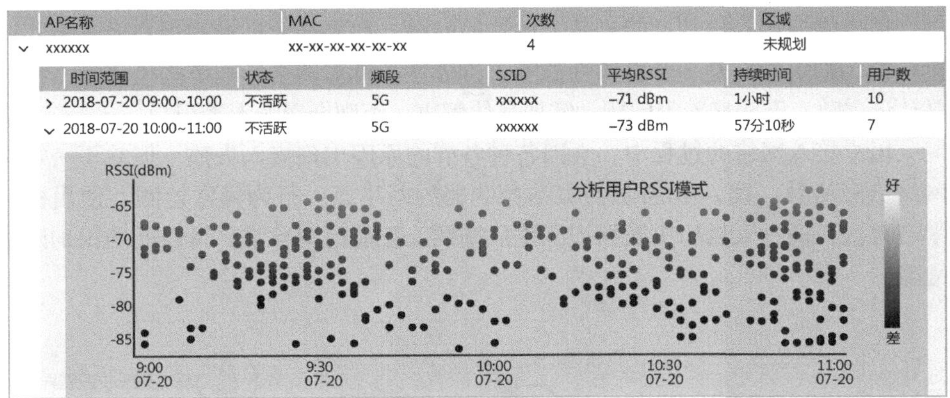

图 7-41　弱信号覆盖分析

图7-41的背景为一个弱信号覆盖的案例场景，员工连续几天感觉网速非常慢，信号也比较弱，语音会议有明显的延迟和卡顿。运维人员打开弱覆盖问题列表，查看当前AP下接入终端的信号强度分布，通过分析用户的RSSI，发现该区域很多用户的信号强度低于-70 dBm，明显小于平均值，于是可以通过调整功率或者补增AP的方式增强覆盖，减少弱信号终端，提升网络体验。

3. 漫游类问题

无线网络区别于有线网络的一个关键特征是无线终端的接入位置时刻都在发生着变化，不停地在设备间漫游。有线网络的用户基本都是在固定位置接入，位置不会随便变化。用户的接入位置发生变化时，需要先下线再上线，重新上线时间较长。而对于无线接入的终端，接入位置的变化就是常态，用户可能时刻都在移动，所以无线用户的漫游特性就是基本的业务特性。漫游涉及用户在多个设备间的交互流程，可能也会涉及用户重新认证，漫游过程比较复杂。同时漫游体验也和终端的自身性能有关，每个终端的漫游灵敏度不同，移动相同的位置，漫游灵敏度高、主动性强的终端就会优先漫游，而主动性差的终端则可能长时间黏在原来的AP上，导致用户体验比较差。因此无线终端的漫游是一个非常复杂而又容易出现异常的过程，需要SDN控制器对漫游类的问题进行分析，识别共性的问题，从而对网络做针对性的优化，提升整网用户的接入、漫游体验。漫游类问题主要分为乒乓漫游、漫游异常两类问题。乒乓漫游指用户在AP间短时间产生多次漫游记录，且漫游前后用户关键指标较差。漫游异常指漫游失败、漫游耗时过长等问题。

乒乓漫游主要是因为信号覆盖的问题，用户在某一区域内处于多个AP的信号覆盖内，但信号强度都不高，终端检测到信号太弱而触发漫游，但漫游后的信号依然较弱，速率低、丢包多，会触发终端再次漫游，如此循环，终端会在多个信号较差的AP间不停漫游，从而产生乒乓漫游的问题。运维人员必须尽快通过提高信号强度或者补增AP来解决问题。

群体性的漫游异常不是单一用户的某次漫游失败、异常。通过统计某个AP持续的漫游数据来判断大量的用户在该AP的漫游是否都存在问题，如果存在共性的漫游失败、漫游异常问题，则标记该AP存在群体性漫游异常问题，继而进一步从该AP的CPU、内存、信号覆盖等方面分析，识别根因，并修复问题。

下面通过一个具体例子进一步介绍乒乓漫游的问题。图7-42是一个乒乓漫游分析的例子。运维人员在进行故障统计时，发现AP213和AP218之间在4小时之内出现了172次漫游，这已经远超出正常漫游的行为次数，可以判断这里出现了乒乓漫游的问题。运维人员查看该区域的AP布放示意图，发现AP213和AP218并非相邻，中间还隔了两个AP，如图7-43所示。

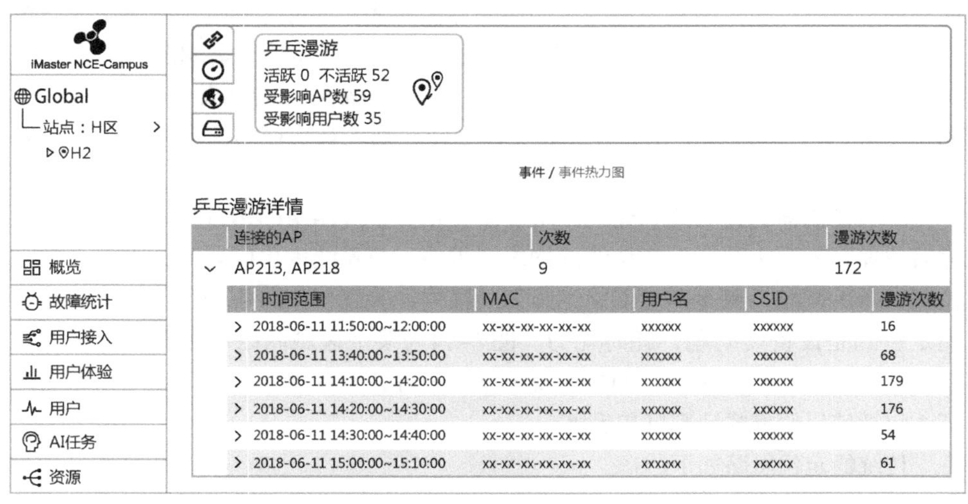

图 7-42　乒乓漫游分析

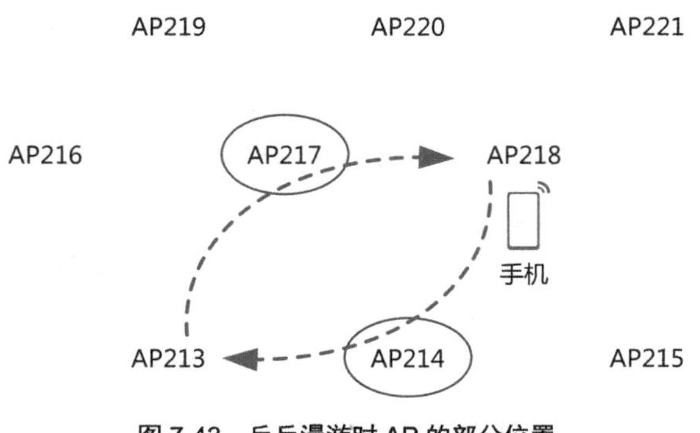

图 7-43　乒乓漫游时 AP 的部分位置

正常漫游时，终端从AP218 移动到AP213时，终端大概率会先漫游到AP214或者AP217，而不应该在AP218和AP213之间频繁地漫游。乒乓漫游问题的产生主要就是因为信号覆盖。运维人员查看AP的功率配置，发现AP213的发射功率为21 dBm，而周边其他AP的发送功率为16 dBm，AP218附近的用户单向检测到AP213的信号最强，移动过程中会首先接入AP213，但终端手机发射的功率是固定的，由于实际距离距AP213比较远，所以用户发送给AP213的报文信号比较弱，AP213收到用户的报文后，判定该用户的网络质量较差，又触发重新漫游至AP218，导致终端在AP213和AP218之间来回漫游。运维人员可以通过适当降低AP213的功率，消除乒乓漫游的现象。

4. 设备类问题

复杂的网络系统都是由大量的物理设备经过连线组网而成，连接用的介质可能是同轴电缆、以太网线或光纤，任何一点出异常，都可能影响到网络中的一批用户，特别是如果汇聚层或者核心层的设备连线出了异常，影响范围会更广。SDN控制器将设备类的问题分为设备离线、PoE供电故障、转发表项超限、高CPU利用率等7类，并以图形化的方式展现，方便运维人员快速解决网络故障、恢复网络。

SDN控制器通过有线和无线网络一体化拓扑呈现网络的运行状态，识别出故障后快速在界面上显示。在传统的网络运维中，当系统发生问题时，无法直接定位到设备的问题，而是需要网络运维人员根据经验逐步排除各个环节，最后才可能定位到是设备类问题，耗时耗力。图7-44为某个区域网络中出现大批量无线用户认证失败的故障示例。问题的现象是某一办公点反馈大部分无线用户无法认证，包括使用便携式计算机和手机。

传统的定位思路如下。

- 检查设备配置，没有发现问题。
- 检查认证服务器，其他区域认证正常，认证服务器没有发现问题。
- 根据用户的反馈，查看组网，确定出问题的区域，并根据区域的AP找到AP级联的汇聚交换机。
- 向上检查，发现汇聚交换机部分端口由于网线故障，存在CRC（Cyclic Redundancy Check，循环冗余检验）校验、错误码侦听、端口队列积压等大量误码，导致数据传输出现问题。故障定位累计耗时90 min。

换网线，清除误码，之后业务恢复正常。传统定位问题的方式因没有直观的拓扑和网络状态的显示，不能立即定位到发生问题的设备，需要逐步排查，因此效率就会很低。有线和无线网络一体化拓扑，主要针对上级节点（汇聚交换机等）故障引起的下级群障，将业务与物理拓扑融合叠加分析，通过分析群体故障模式，识别故障边界，将定位耗时缩短到分钟级。

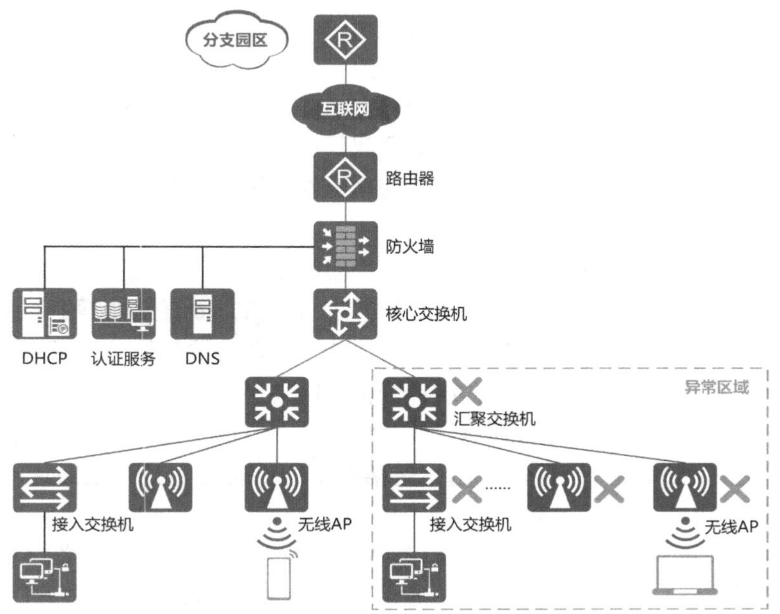

图 7-44　区域网络故障示例

有线和无线网络一体化设备群障检测如图7-45所示，SDN控制器基于拓扑显示网络的组网。当网络出现设备故障时，如一级汇聚交换机出现异常，其下行级联的所有AP都会出现用户接入失败率指标异常。通过提取异常特征值，进行模式匹配，推导出是上一层的一级汇聚交换机发生故障，缩小问题定位范围，进而对该设备进行故障排障，快速识别问题、恢复业务。

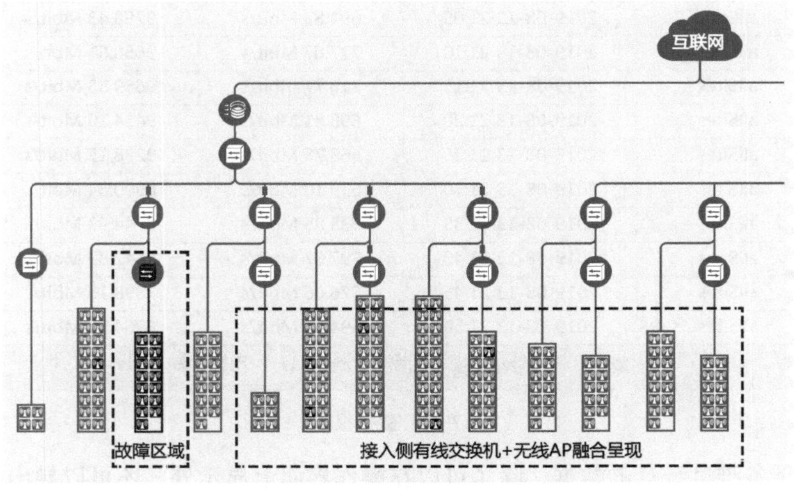

图 7-45　有线和无线网络一体化设备群障检测

7.3.4 基于大数据的数据报表

在企业的IT运维管理中，常常遇到如下问题：企业网络的带宽利用率如何，是否需要扩容？网络系统中哪些设备的负载长期过高，是否需要更换？哪一类的设备故障率最高，是否需要更换？哪些安全事件发生的频率较高，采取何种策略进行优化？

以上问题对任何一个运维人员都是棘手的问题，因为通过人工的方式统计一个涉及成千上万台设备的大型网络的数据并进行分析，简直无处下手，而且容易造成评估的差错。而利用网络数据报表的功能，这些问题都将迎刃而解。简单来说，数据报表的作用可以概括为“统计分析、网络评估”。这对企业的信息化建设有着极其重要的意义，只有通过统计分析才能知道信息化系统处于怎样的运行状态，通过网络瓶颈分析才能找出网络架构中的不合理之处，进而进行网络优化，提升网络的运行效率和体验。

运维系统可以基于租户或者某一个站点，从多个维度呈现网络的数据统计（数据报表如图7-46所示），灵活地展示数据和网络的运行状况。当前主要支持设备统计、终端梳理、流量统计、网络速率、在线用户数（峰值）、攻击检测等方面的数据统计和显示。可以查询TOP应用的流量，或者网络出口的流量和实时速率，以便了解网络整体流量，判断网络带宽是否够用，是否需要扩容，同时也可以指导新建网络出口带宽的选择。

A	B	C	D
站点	时间	上行速率	下行速率
allSites	2019-08-13 21:00	689.07 Mbit/s	10071.18 Mbit/s
allSites	2019-08-13 21:05	694.85 Mbit/s	9758.43 Mbit/s
allSites	2019-08-13 21:10	717.67 Mbit/s	9650.51 Mbit/s
allSites	2019-08-13 21:15	716.77 Mbit/s	9689.35 Mbit/s
allSites	2019-08-13 21:20	698.81 Mbit/s	9414.10 Mbit/s
allSites	2019-08-13 21:25	668.76 Mbit/s	9298.15 Mbit/s
allSites	2019-08-13 21:30	619.10 Mbit/s	8900.34 Mbit/s
allSites	2019-08-13 21:35	635.85 Mbit/s	8744.93 Mbit/s
allSites	2019-08-13 21:40	597.87 Mbit/s	8642.83 Mbit/s
allSites	2019-08-13 21:45	576.06 Mbit/s	7898.16 Mbit/s
allSites	2019-08-13 21:50	594.35 Mbit/s	6964.58 Mbit/s

流量统计 | 攻击检测 | 在线用户数（峰值） | 网络速率

图 7-46　数据报表

基于各维度统计的数据，除了可以在操作界面上显示外，还可以导出数据报表，以便对数据进行更灵活的对比和展示。报表可以灵活定制，按客户需要的站点、时间段、数据类型组织报表，按需导出数据。管理员可以根据生成的报表做二次数据开发，读取关心的数据，建立自己的数据运维模型，更灵活地对网络进行评估和优化。

| 7.4　无线网络智能运维 |

Wi-Fi系统和其他无线通信系统一样，都是一个自干扰系统，即不同的AP之间会互相产生干扰，最终影响整体的系统容量，因此需要通过射频调优来减少AP之间的干扰，以提升整体的系统容量和性能。例如，当相邻AP的工作信道存在重叠的频段时，如某个AP的功率过大，会对相邻AP造成信号干扰。同时，由于Wi-Fi网络使用的是ISM（Industrial，Scientific and Medical，工业、科学和医疗）免费频谱资源，该频段内也存在诸如蓝牙、ZigBee等短距离无线通信设备以及微波炉等电磁驱动的电器设备带来的非Wi-Fi干扰。通过射频调优功能，动态调整AP的信道和功率，可以使同一WAC管理的各AP的信道和功率保持相对平衡，同时对非Wi-Fi干扰进行避让，保证AP工作在最佳状态。

7.4.1　基础射频调优

1. 射频调优的基本概念

实际部署无线网络时，如果不对无线网络射频参数进行调整，所有的AP都工作在同一个工作信道，且功率全部为最大，此时就会出现AP之间相互干扰的情况，还可能因为AP的发射功率过高而使STA关联在远端AP上。在这种部署策略下，由于Wi-Fi网络固有的CSMA/CA机制和隐藏节点问题，STA的上下行通信将变得极其不可靠，时延高、接入困难等问题频发，严重影响用户的体验。

为了解决这些问题，在部署Wi-Fi网络之后，往往需要人工对如下几个关键的射频参数进行调整。

（1）发射功率（Transmit Power）

AP的发射功率决定了射频的覆盖范围和不同小区之间的隔离程度，发射功率越高，下行信噪比越高，越容易引导STA接入。但需要注意的是，STA的发射功率是有限的，并且显著低于AP，若AP的发射功率过高，则会导致STA能够收到AP发送的信息，但AP无法收到STA发送的信息。

（2）工作频段（Frequency Band）

AP的工作频段决定了射频的容量与覆盖范围。目前，WLAN包含两个工作频段，分别是2.4 GHz和5 GHz。2.4 GHz频段的信道资源较少、路损显著低于5 GHz频段，因此在部署比较密集的情况下，同频干扰比在5 GHz频段严重得多；且2.4 GHz频段上非Wi-Fi干扰（如无绳电话、蓝牙、微波炉等设备）较多，因此2.4 GHz频段上可以容纳的信息量明显低于5 GHz频段。

（3）工作信道（Channel）

AP的工作信道即频点，若两个物理距离很近的AP工作于同一信道，则它们之间会出现严重的竞争，导致吞吐量下降，且其他信道的资源会被浪费。

（4）工作带宽（Bandwidth）

AP的带宽决定了极限速率，即信道容量。20 MHz带宽与80 MHz带宽的信道容量有很大区别，因此必须合理分配带宽。

在规划射频参数的时候，需要清楚AP的位置分布情况、干扰情况和业务情况才能合理选择发射功率、工作频段、工作信道与带宽。人工配置的成本高，且在突发干扰的情况下无法及时处理。为了解决这些问题，自动运行的射频调优技术应运而生，由网络自动检测AP之间的邻居关系、每个信道上的干扰情况、一段时间内的负载信息，在这些信息的基础上自动计算出射频参数并下发给AP。

2. 射频调优的关键技术

（1）网络状态信息获取

首先介绍射频拓扑与干扰识别的过程。

在射频调优开始的时候，让所有射频扫描一段时间，即切换到其他信道发送Probe Request帧，接收Probe Response帧，并侦听Beacon帧和其他802.11帧，且通过AP之间空口报文交互获取发射功率（通过厂商自定义字段直接携带），这个时候我们已经获取了发射功率和接收功率，两个功率之差即为它们之间的路损。根据IEEE TGac给出的路损计算公式，可以计算出两射频间的物理距离。

AP在射频切换信道扫描期间，通过侦听802.11帧可以获取大量的报文，其中包括本WAC所管理AP的空口报文，还有其他AP（或无线路由器）的报文。此时，非本WAC所管理的AP/无线路由器的MAC地址、接收功率以及频点信息也会被当作外部的Wi-Fi干扰存储下来。

此外，AP在此期间还会开启频谱扫描功能，通过时域信号采集、时域信号快速傅里叶变换以及频谱模板匹配识别出非Wi-Fi干扰，和接收功率、频点信息一同进行存储。

如图7-47所示，每个AP会定期将采集的所有邻居信息、Wi-Fi干扰以及非Wi-Fi干扰上传至WAC，WAC通过滤波等手段处理之后生成拓扑矩阵、Wi-Fi干扰矩阵以及非Wi-Fi干扰矩阵。

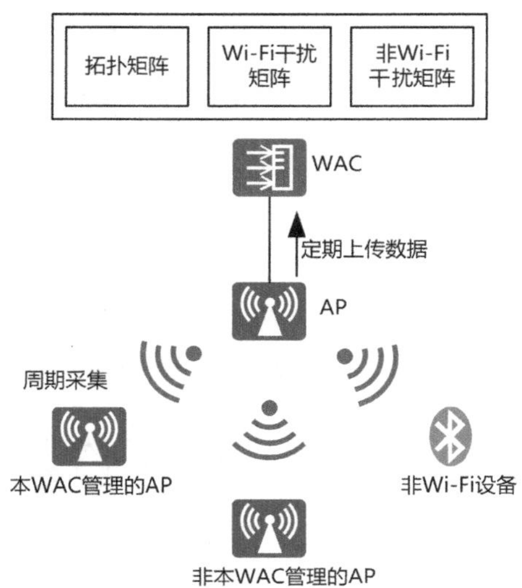

图 7-47　射频拓扑与干扰识别原理

接下来介绍射频负载统计的过程。

负载信息是最容易收集的，这是因为AP本身会记录并上传一段时间内的无线与有线流量统计信息，并且将用户数量信息也一并上传至WAC，此时WAC即可获取射频的负载信息。

通过上述扫描、解析802.11帧以及频谱扫描的动作，获取拓扑信息、信道干扰信息以及统计负载信息，即可分配信道与带宽。同时，在分配信道与带宽资源的时候可优先为负载重的射频分配干扰最少的信道和最大的带宽。

（2）发射功率自动调整

调整发射功率的主要目的是在多AP组网的场景下，通过调整每个射频的发射功率，防止出现覆盖盲区和较大的覆盖重叠区，并且在射频出现异常时由邻居AP完成补盲。覆盖盲区容易理解，即STA在该区域内无法感知到Wi-Fi信号，因此在实际使用中是必须避免的。

覆盖重叠区的影响主要在于产生干扰和影响漫游体验，若两个同频AP的覆盖重叠区面积较大，会加重同频干扰，影响吞吐量。例如，STA的物理位置已经在另一AP的核心覆盖区内时，原AP关联的信号依然很强，导致STA不会主动漫游，但由于上下行功率不对等，AP基本无法收到STA的上行报文，导致STA的体验非常差。

因此发射功率调整算法的核心就是在拓扑识别的基础上，按照一定的SNR指标确定本身的覆盖边界，进而调整自身的发射功率，选择一个能平衡覆盖范围和信号质量的最佳功率。

邻居数量增加时，原有的AP功率会减小。如图7-48所示，圆圈的大小代表AP的覆盖范围，增加AP4后，通过功率调整，每个AP的发射功率减小了。

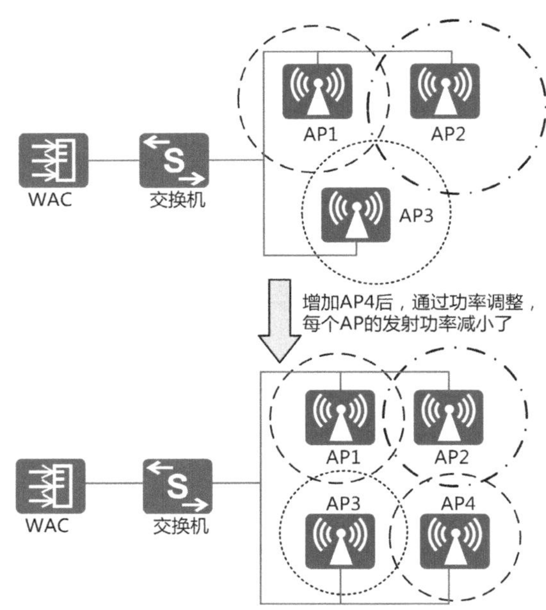

图7-48　邻居数量增加时，每个AP的发射功率会减小

在邻居AP离线或出现故障时，剩余AP的发射功率会增加，如图7-49所示。

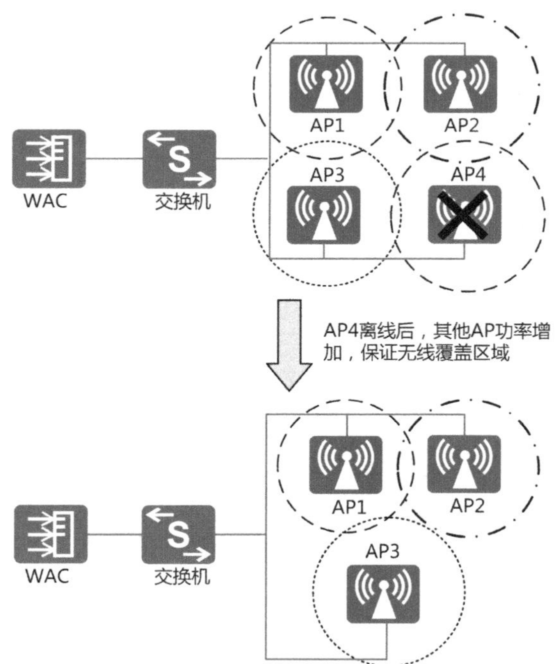

图7-49　邻居AP离线或出现故障时，剩余AP的发射功率会增加

（3）自动工作信道与带宽调整

在获得邻居关系拓扑、外部干扰和长时间统计的负载信息后，通过DCA（Dynamic Channel Allocation，动态信道分配）算法可以为AP分配信道与带宽了。其中，由于2.4 GHz的信道数量较少，一般固定使用20 MHz带宽。而在5 GHz频段信道逐步开放、信道资源丰富、IEEE 802.11标准支持更大带宽的情况下，应该充分利用信道资源，尽可能增大系统带宽，提高系统吞吐量，满足客户需求。因此，DCA算法还会根据拓扑、干扰以及负载的情况，动态地为AP分配5 GHz频段的信道带宽。

对于Wi-Fi网络，为了避免信号干扰，相邻AP只能工作在非重叠信道上。如图7-50所示，信道调整前，AP2和AP4都使用信道6，存在信号干扰；信道调整后，AP4使用信道11，干扰消除，相邻AP工作在非重叠信道。通过信道调整，可以保证每个AP能够分配到最优的信道，尽可能地减少和避免相邻或相同信道的干扰，保证了网络的可靠传输。

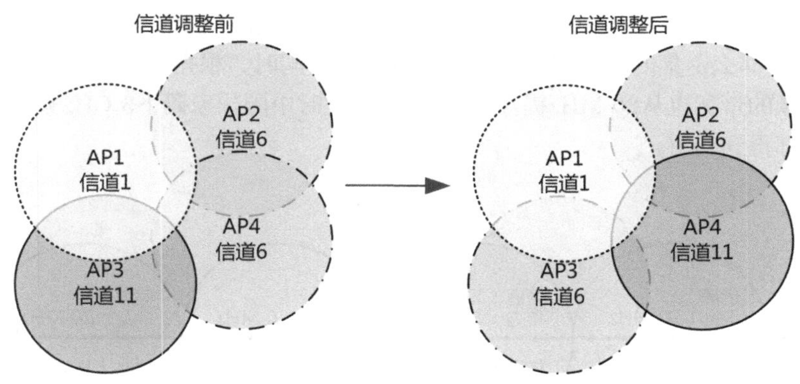

图 7-50　信道调整前后示意

在运行DCA算法后，以7个AP连续组网为例，它们的2.4 GHz和5 GHz频段的信道分配结果如图7--51所示。可以看出，2.4 GHz与5 GHz频段的信道经过自动调整后，2.4 GHz的同频干扰与邻频干扰的问题得以减少，5 GHz的同频干扰与邻频干扰的问题得以避免，DCA算法基本达到了预期要求。

但是在实际应用中，发现图中信道44的射频在过去一段时间内持续达到了流量的极限，同时，中心区域的流量显著高于边缘区域。此时需要对带宽进行动态调整。经过DBS（Dynamic Bandwidth Selection，动态带宽选择）算法调整后，可以为网内的AP动态分配带宽。

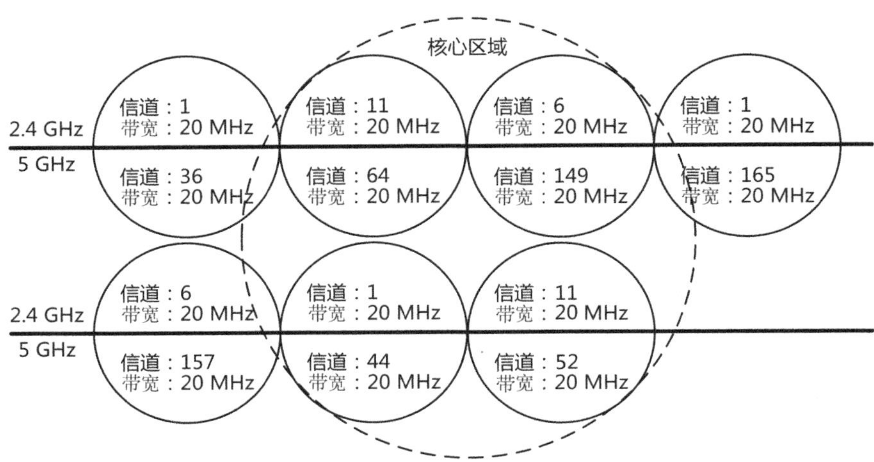

图 7-51　运行 DCA 算法后的信道分配结果

如图7–52所示，处于信道44的射频，其带宽变为80 MHz，如此一来，该射频承载业务的能力大大提升，不会再出现流量逼近极限的问题了。对用户来说，可以在AP不那么密集的情况下增加核心区域容量。同时，根据业务信息，其他核心区域射频的带宽也从20 MHz提高到40 MHz，此时中国国家码下5 GHz频段的13个信道全部得到利用。

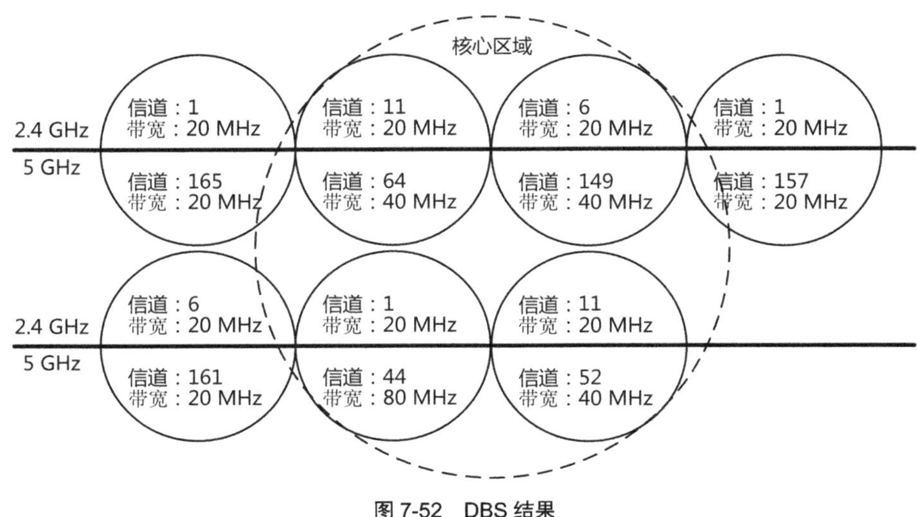

图 7-52　DBS 结果

（4）工作频段自动调整

在高密场景中，为了应对客户更高的容量需求，一般会部署同时支持2.4 GHz和5 GHz频段的双频AP，且AP的部署间距通常较小。但是由于AP之间的部署间距较小，而2.4 GHz频段上可用的非重叠信道组合只有4组，大量AP在2.4 GHz频段使用时有重叠的信道，在制约系统容量增加的同时，还导致AP间的同频干扰更加严重。

所以华为推出支持双5 GHz频段的新款双频AP，支持把2.4 GHz射频切换成5 GHz射频，避免了大量2.4 GHz射频重叠在一起，增加了整体的系统容量。而对不支持射频切换的款型来说，在2.4 GHz显著冗余的情况下，可以关闭2.4 GHz射频或将其切换为监控模式，从而降低系统的同频干扰。该技术称为DFA（Dynamic Frequency Assignment，动态频率分配）。

3. 射频调优的框架

结合上述射频调优关键技术的介绍，基础射频调优的框架如图7-53所示。

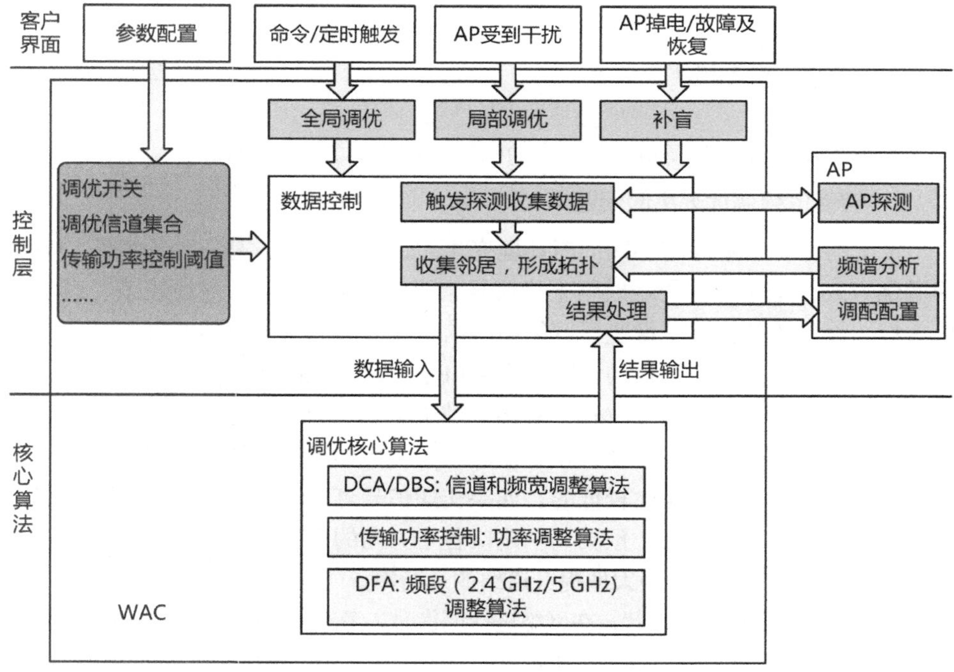

图 7-53　基础射频调优的框架

在客户界面上需要完成的基础射频调优相关的配置包括功能的开启、相关参数的配置下发等。设备侧调优启动（包括命令行或定时触发的全局调优、部分AP受到强干扰后启动的局部调优、AP设备故障/恢复后启动的补盲动作等）时，AP设备会启动空口扫描，将探测到的空口数据上送到WAC，经过WAC处理后得到网络的拓扑关系和射频负载统计数据信息。WAC将这些信息交付调优核心算法模块处理，得到调优的结果，以配置方式下发到AP上，完成整个调优的过程。

4. 射频调优的客户价值

随着射频调优在Wi-Fi网络中的应用越来越广泛，其在提升网络性能、降低运维成本和提高可靠性方面的优势也越来越明显。射频调优的价值主要体现在以下几个方面。

- 保持最佳的网络性能状态：射频调优能够实时智能地管理射频资源，使Wi-Fi网络能够快速适应环境的变化，保持最佳的网络性能状态。
- 减少部署和运维的人力成本：射频调优是一种自动的射频管理方式，使用射频调优可以降低对运维人员技能的要求，并减少人力的投入。
- 增加Wi-Fi网络的可靠性：射频调优能够及时消除网络性能恶化带来的影响，提供自动监视、自动分析和自动调整功能，可提升系统可靠性，给用户带来更好的体验。

7.4.2 智能射频调优

本小节介绍智能射频调优要解决的问题及相应的方案、AI算法。

1. 智能射频调优解决的问题

传统的基于射频探测感知周围环境变化而进行的调优，是一种周期性、被动的调优方式，采集的主要是射频干扰信号，而对实际QoS的针对性较差，容易形成古板、僵化的动作。就像交通网络中的信号灯，大的主干道路的红绿灯信号时长和小的分支道路是不一样的，同一个路口不同时间段的车流量也是不同的，如果都采用相同的红绿灯信号时长，势必会带来不必要的红灯等待时间，路口流通效率低。即便交通信号灯已经优化了信号时长，但如果没有结合道路中实际的车流量进行调整，效率还是比较低的。如果交通信号灯中纳入一种智能的道路车辆感知系统，可以实时统计、预测每个路口各个方向的车流量，根据车流量动态调整红绿灯信号时长，则会极大地提升道路的通行率。

无线网络的调优也是如此，在网络进行调优时，考虑网络中的负载，智能地预测网络中的用户数、流量，并结合历史数据，计算出最优的网络射频参数，保证空口能达到最优的收发效率。智能射频调优系统主要从以下几方面进行调优数据的优化。

（1）网络拓扑的完整性

由于拓扑的收集是在射频调优启动之后通过扫描射频实现的，此时所有AP都会随机地离开当前工作信道到其他信道上进行探测扫描，就会出现其他AP到某AP当前工作信道扫描时，该AP恰巧在其他工作信道扫描的情况，导致彼此无法发现空口邻居，进而导致收集的网络拓扑不完整或不准确。而基于大数据的拓扑收集是一种长期的、逐步稳定的拓扑收集方式，可以保证拓扑数据的真实可靠，基于真实的拓扑进行网络的调整。

（2）网络负载的预测

网络的调优是服务于业务的。传统的调优方式主要考虑的是消除干扰，但是当前干扰最小，不代表后续的业务体验也最好。智能调优系统增加了对流量、用户量等真实体验历史数据的评估和预测，将调优与实际业务结合，从而满足业务的需求。

（3）历史干扰数据的收集

由于频繁调优会对用户业务产生影响（有些STA的兼容性与协议遵从性不佳，在AP发送切换信道的指示后可能出现掉线的问题），对于运维中的周期性调优，需要适当拉长周期或者直接设定为定时模式，在夜间的某个指定时刻进行调优。当晚上进行定时调优时，由于网络中的业务流量较小，干扰源都已经消失了，无法体现白天网络中真实的负载情况，导致调优效果不准确。而基于历史数据的调优，可以真实地还原数据，利用更准确的数据进行计算。

（4）边缘AP的识别与处理

网络中一些处于逻辑拓扑边缘或者物理拓扑边缘的AP通常会成为“游牧终端”（终端经过网络时会接入网络，但不会产生流量，很快会离开网络）接入的对象，大量的“游牧终端”会影响网络的通信质量。因此，需要网络能够准确识别出边缘AP，并对边缘AP进行特殊处理，防止其对网络产生较大的影响。

2. 智能射频调优的方案

智能射频调优方案的框架见图7-54。它的总体思路就是SDN控制器通过大量分析设备上报的数据，准确识别出网络的拓扑和边缘AP，通过对历史数据的分析对下一个调优周期内的负载进行预测。系统启动调优时，以最新的预测数据作为调优算法的输入值，结合实时的网络质量进行调优计算，以便能够获得最佳的调优效果。

在此方案中，网络中不同的角色承担着不同的功能。

- 网络管理员：网络管理员需要在网络部署好之后开启大数据调优功能、定时调优功能，并开启AP设备KPI定时上报功能。
- SDN控制器：SDN控制器接收并存储AP设备上报的网络KPI信息、调优相关的参数信息，对历史数据信息进行分析计算和预测，得到调优预测数据并下发到设备上。
- 设备：AP设备通过Telemetry将网络KPI信息、调优相关的参数信息上报SDN控制器。设备周期性地从SDN控制器获取下一个调优周期内的调优预测数据，结合实时信道质量和调优预测数据进行调优运算。

3. 大数据调优方案中用到的AI算法

大数据调优方案中会用到如下的AI算法。

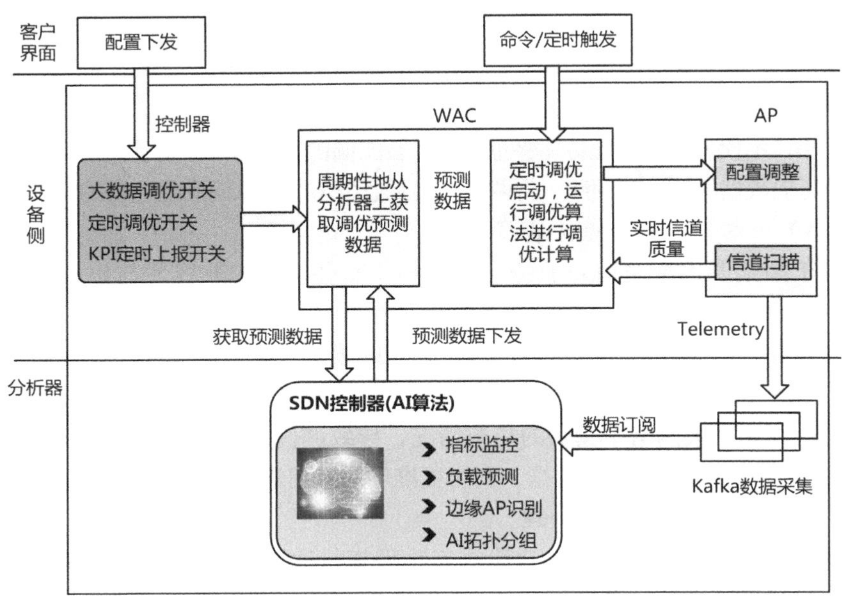

图 7-54 智能射频调优方案的框架

- 高斯过程回归算法：主要利用历史数据来计算和评估下一个调优周期内的AP负载预测值。
- 神经网络算法：主要利用历史数据来计算和评估下一个调优周期内的AP负载预测值。
- 聚类算法：主要利用大数据来计算和完善网络设备的拓扑分组信息，使得网络拓扑更加精确。
- 随机森林算法：主要通过对历史数据的分析来准确识别边缘AP。

7.4.3 智能无损漫游

在Wi-Fi网络中，用户终端经常从一个AP覆盖的区域移动到另一个AP覆盖的区域，如何保证用户在移动过程中仍然有良好的网络使用体验，是Wi-Fi网络需要解决的一个问题。无线漫游是指用户终端在移动到两个AP覆盖范围的临界区域时，与新的AP进行关联，并与原有AP断开关联的过程，在此过程中，用户需要保持不间断的网络连接。

1. 漫游的基本过程

在移动通信系统（例如3G/4G/5G）中，终端的漫游行为是受网络侧强控制的，切换参数的配置、切换判决、切换触发等都是由网络侧控制，终端只是一个执行者。这种切换机制有两方面的好处：一方面，可以有更全局的视野，带来更好的切换性能；另一方面，可以最大限度地屏蔽终端的差异。

但是，在Wi-Fi系统中，漫游机制却正好相反。传统的漫游是一种终端的自主行为，即切换参数的配置、切换判决和切换触发等这些都是由终端侧自己控制的。这是因为Wi-Fi网络最初定位成有线网络的补充，并没有期望实现连续组网，因此并没有着重考虑漫游的问题。当前，Wi-Fi网络逐渐成为主流，甚至出现了全无线组网的需求，Wi-Fi网络的漫游就逐渐成为一个亟待解决的重要问题。

如图7-55所示，传统的漫游技术中，当终端逐渐远离关联AP时，终端感知到信号强度逐渐下降，达到预设阈值后触发漫游，一般进行采取4个主要动作。

动作一：触发扫描。终端感知到关联AP的信号强度低于阈值之后便触发空口扫描。

动作二：邻居扫描。终端通过发送Probe Request报文来感知当前所在位置可见的邻居AP。

动作三：选择候选AP。基于周围AP回复的Probe Respond报文感知到AP的信息，综合选择一个信号最优的AP作为漫游目标。

动作四：漫游切换。按照终端自身算法，当终端感知到当前AP的信号降低到漫游门限以下，且与新旧AP信号强度差值达到阈值后，终端断开当前的连接，并接入目标AP，完成漫游过程。

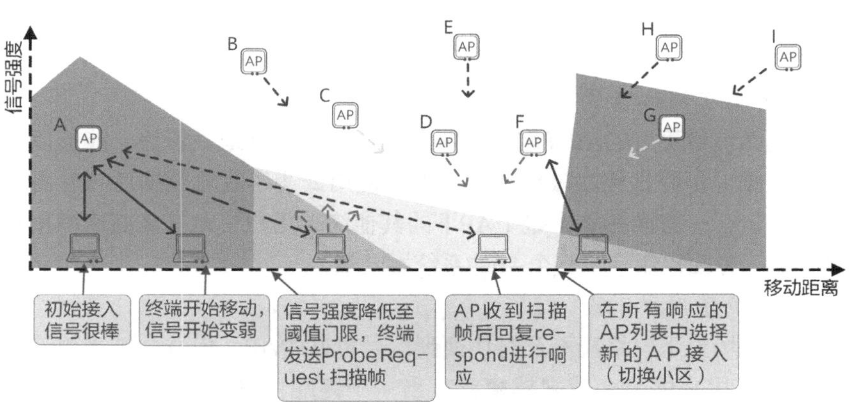

图 7-55　无线终端漫游的基本过程

上述过程完成后，用户还需要完成一系列认证和密钥协商过程才能完成漫游，这部分技术不在这里重点介绍。

2. 黏性终端及其对网络的影响

传统的漫游技术，由终端决定漫游何时进行以及漫游到哪个目标AP上面，由于各个厂家终端实现上有差异，终端表现出来的漫游行为也千差万别，部分终端在漫游过程中表现比较迟钝。如图7-56所示，这种迟钝表现在当可以接入信号更好的AP时，终端却一直关联在原来接入的AP，哪怕原来接入的AP信号质量已经非常差。这种现象被称为“黏性”，发生这种行为的终端被称为黏性终端。

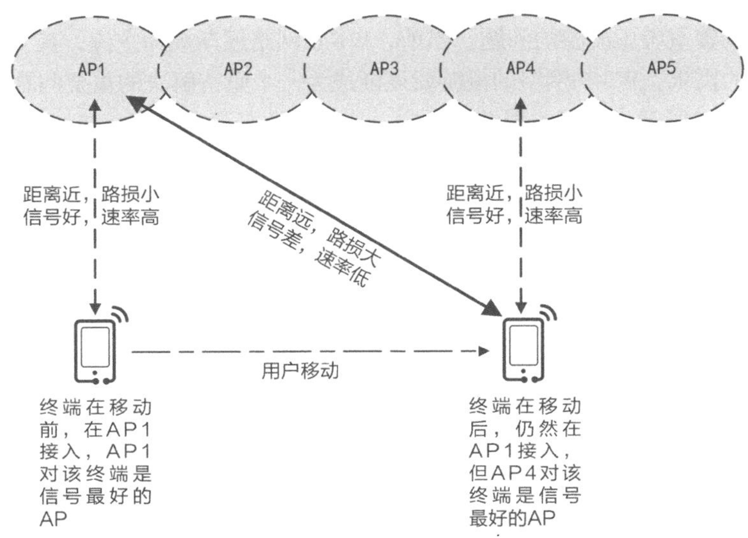

图 7-56　黏性终端的漫游表现

黏性终端对网络影响较大，主要体现在如下几个方面。

（1）降低了网络容量

终端选择信号更好的AP漫游，意味着终端可以更好地被覆盖，能够以更高的速率收发数据。但黏性终端破坏了这一点，使用低速率收发数据意味着需要更长时间占据空口，一方面影响了整个AP下的其他终端用户（尤其是高速率用户）的吞吐量，另一方面也影响了整个AP的系统吞吐量。

（2）影响了用户体验

终端移动场景下，终端不及时切换到信号更好的AP，信号会越来越差，速率会越来越低，用户体验会越来越糟糕。当一个终端“吊死”在某个AP上时，将最终导致业务体验差，甚至不可用。同时，低速率黏性终端会占用过多的空口时间，这也影响了其他用户的业务体验。

（3）破坏了信道规划

为了获得更大的容量，网络规划时需要对布放的多台AP做信道规划，以信道复用的方式减少AP间的信道干扰。但终端的黏性破坏了信道规划，将本不属于该区域使用的信道引入了该区域，而引入的信道可能与该区域规划使用的信道互相干扰。

3. 智能漫游的工作原理

为了识别黏性终端，并解决黏性终端带来的漫游体验差的问题，IEEE陆续制定了IEEE 802.11k、IEEE 802.11v、IEEE 802.11r等一系列标准，目的是在终端自主漫游的基础上再提供一系列上报、测量、引导等手段，让网络侧来控制终端的漫游行为。

华为也基于这些国际标准提供了成熟的漫游解决方案，网络侧通过测量收集信息以识别黏性终端、分析终端能力等，根据收集的信息和判决机制决定黏性终端是否要进行漫游以及漫游到哪个AP；同时，在漫游执行过程中帮助黏性终端选择更合适的AP。在这个过程中，漫游行为具备了一定的智能化特征，我们一般称之为智能漫游。智能漫游的工作原理如图7-57所示，具体介绍如下。

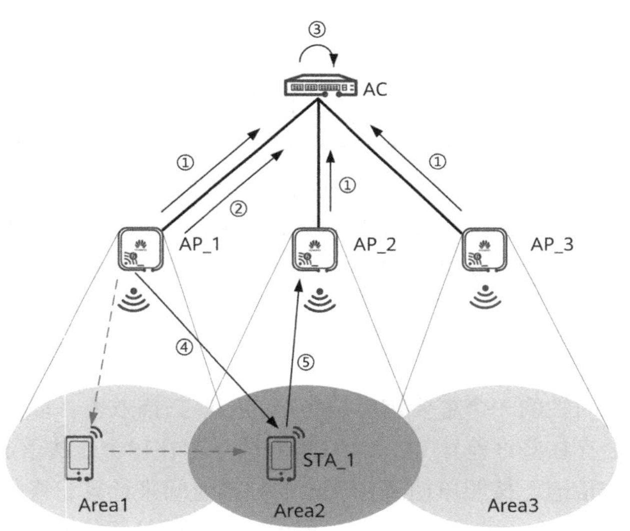

图 7-57　智能漫游的工作原理

步骤①　AP采集周边的终端信息，发现邻居AP，周期性地上报AC。邻居AP的发现有3种方式：AP侦听终端的Probe帧；AP周期性地切换信道，主动扫描终端；通过802.11k协议的Beacon report机制，要求终端上报它所看到邻居AP。AC通过AP上报的信息维护终端邻居表。终端邻居表主要记录每个终端的邻居AP和对应的RSSI、RSNI（Received Signal-to-Noise Indication，接收信号信噪比指示）。

步骤②　例如，STA_1关联AP_1时，AP_1会实时采集终端STA_1的信噪比和接入速率，并判断STA_1是否为黏性终端。如果AP_1认为此终端为黏性终端，则将此信息上报AC。判断终端为黏性终端的标准是：终端STA_1当前关联AP_1，如果在持续一段时间内检测到STA_1的信号低于阈值，则认为此终端为黏性终端。

在图7-57中，STA_1从Area1移动到Area2，AP_1在持续一段时间内检测到STA_1的信号低于阈值，此时AP_1认为STA_1为黏性终端。

步骤③　AC收到上报的信息后，在终端邻居表中选出STA_1最佳的邻居AP_2，并将其作为终端STA_1的漫游目标下发给AP_1。漫游目标的选择过程如下：AC查询终端邻居表信息，选出RSSI和RSNI超过当前关联AP的邻居AP，且超出程度要达到一定阈值，选出的邻居AP即为漫游目标备选；AC在备选的漫游目标中，根据信噪比、接入速率、负载均衡等因素，进一步选出最佳的目标作为触发终端漫游的目标AP。为防止在终端移动或信号波动的情况下频繁触发终端漫游，终端只有连续3次被检测为黏性终端后才会触发漫游。

步骤④　AP_1通过802.11v协议的BSS transition机制或者强制用户下线的方式，促使STA_1漫游到目标AP_2上。与发生漫游的终端（STA_1）断开关联时，原关联AP（AP_1）会临时抑制该STA的关联请求，防止它再次关联到信号差的原关联AP（AP_1）。

步骤⑤　终端STA_1漫游到目标AP_2上。

特别地，有部分终端由于个体差异，即使AP将其强制下线，也不会漫游到信号更好的AP上，而是“固执”地关联在上次关联的AP上，甚至不再发起关联。针对这类终端，AC将会进行记录，将其标记为“不可切换”终端。当一个“不可切换”终端被判断为黏性终端时，AP在一定时间内不再对其触发漫游，以防止终端业务中断。

4. 智能无损扫描

影响漫游及时性的一个重要指标是终端的信道扫描效率。以中国国家码为例（不同国家码会存在些许差异），2.4 GHz频段下存在13个合法信道，5 GHz频段下存在13个合法信道，按照单信道100 ms的扫描时间来计算，终端完成一次全频段扫描需要100×(13+13)=2600（ms），即2.6 s。终端处于信道扫描状态时，无法处理工作信道的报文收发，因此这样的长时间扫描必将会造成丢包和时延增大等现象，影响用户体验。

智能无损扫描主要是通过AP和终端间的802.11k Neighbor Report交互流程，让终端感知到周围AP的工作信道，根据实际的网络拓扑来提高终端的信道扫描效率，如图7-58所示。在网络部署完成后，WAC启动网络调优，获取整个网络拓扑，再将网络拓扑下发给AP，此时AP就能够感知到AP周边的邻居列表以及邻居AP的工作信道。AP获取邻居信道后，根据拓扑选出最近的6个邻居信道，用以向终端传递其所需扫描的信道集。这样，终端就只需扫描特定的工作信道，而不是扫描所有信道，从而减少了信道扫描的时间，减少了信道扫描期间的数据损失。

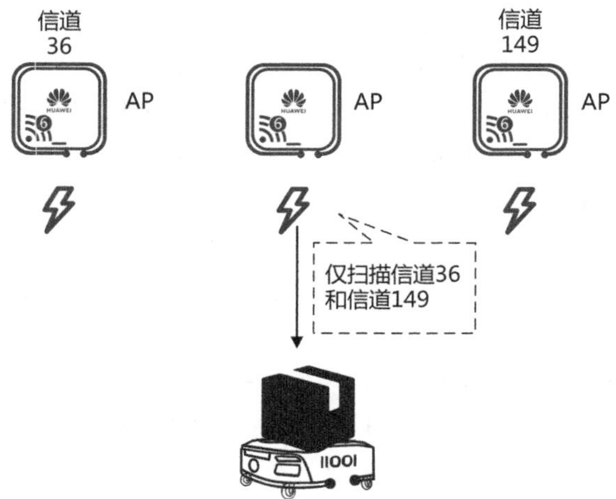

图 7-58　智能无损扫描示意

另外，如果终端是切换到DFS（Dynamic Frequency Selection，动态频率选择）信道，按照IEEE 802.11d的规定，需要先静默一段时期，确定静默期间DFS信道上没有雷达信号，才可以发送报文。因此终端在信道扫描时，对于处在静默状态的DFS信道是无法主动发送Probe Request扫描帧进行信道探测的。

华为推出的端管协同技术，在智能无损扫描技术的基础上，可以让支持华为iConnect生态标准的终端在Neighbor Report中携带DFS信道是否可用等相关信息，AP识别到该信息后，仅向终端传递处于非静默状态的邻居信息，然后终端可以不用等待，对DFS信道直接进行主动扫描，如图7–59所示。

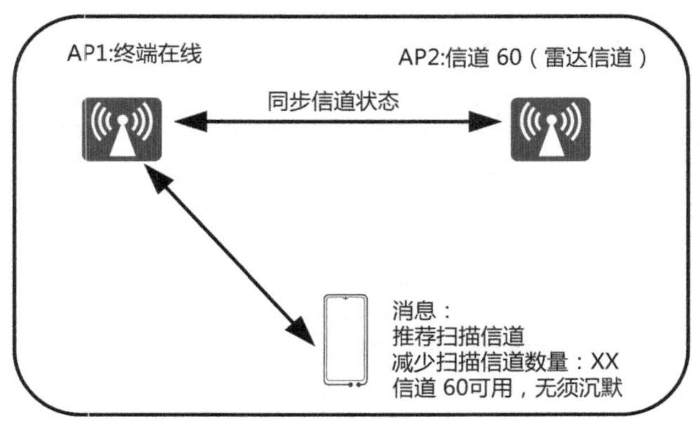

图 7-59　终端 DFS 信道扫描优化

5. AI Roaming：基于终端画像的漫游优化

智能漫游除了解决了黏性终端的问题，还提供了一种网络侧对终端漫游进行干预控制的机制，即网络侧通过收集终端类型等信息来选择一个最优的漫游AP，并且通过802.11v的方式牵引终端进行漫游。但是各个终端厂商的漫游实现机制不同，给网络侧牵引终端漫游的过程带来了挑战，具体表现在如下几个方面。

- 由于上下行信号存在互异性问题，网络侧基于终端上行信号选择出来的最优AP，从终端侧看有可能不是最优的。
- 不同类型终端触发扫描的时机不同，网络侧使用统一的漫游阈值进行牵引，不考虑终端漫游灵敏度的差异，可能会导致部分终端无法在漫游门限到来之前及时实现漫游。
- 不同类型终端选网逻辑不同，网络侧引导未考虑终端切换条件的差异，导致终端不接受网络侧的802.11v引导，漫游牵引成功率低。

AI Roaming技术通过大数据分析学习不同型号、不同操作系统的无线终端在漫游行为上的差异，并进行终端漫游画像。同时，利用Wi-Fi 6的独立扫描射频进行邻居AP协同扫描，使得网络侧快速获取终端视角的邻居AP的信号强度信息。这样，网络侧能够结合终端的上下行信号信息以及终端画像信息，准确地选择终端最优漫游AP列表，针对不同类型的终端制定差异化的漫游引导策略，提升终端在漫游过程中的用户体验。AI Roaming方案的整体架构如图7-60所示。

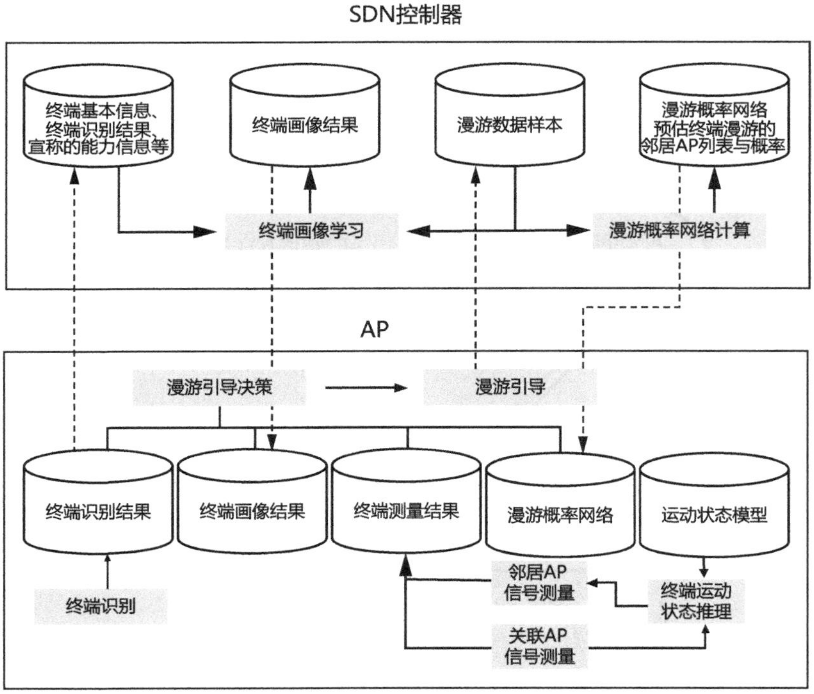

图7-60　AI Roaming方案的整体架构

在AI Roaming方案中，SDN控制器通过采集AP上送的终端识别结果信息以及漫游的日志信息，结合大数据分析和AI算法，学习终端漫游行为模型以及计算终端漫游邻居AP的概率网络，然后将结果推送至AP，作为漫游引导决策的依据。在AP上，首先通过终端识别技术感知终端类型和操作系统等摘要信息，选出与终端匹配的终端漫游行为模型；然后结合关联AP策略和邻居AP协同测量结果以及概率网络模型进行漫游引导决策，选出最优的漫游目标AP；最后，通过802.11v的方式引导终端漫游。

| 7.5　有线网络智能运维 |

虽然园区网络的接入层逐渐无线化，但是AP以上的部分仍然是有线网络，有线网络仍然是园区网络最核心的部分，一旦发生故障，通常会引起群体性的故障。本节结合华为IT的运维实践，介绍有线网络健康度评估的模型和原理，并结合有线网络的典型故障给出智能运维的解决方案。

7.5.1　有线网络健康度评估模型

以华为IT运维实践为例，某年发生的端口问题有172起，例如线缆串扰问题导致电话会议卡顿、端口拥塞问题导致发送图片很慢、线缆水晶头老化问题导致大量无线用户认证失败等。从园区交换机运维实践来看，出现最多的故障为端口拥塞丢包、误包、闪断、网络环路等，如图7-61所示。因此，需要有一套科学的方法，对有线网络的健康度进行系统全面的检查和评估，以便能主动预防问题的发生。

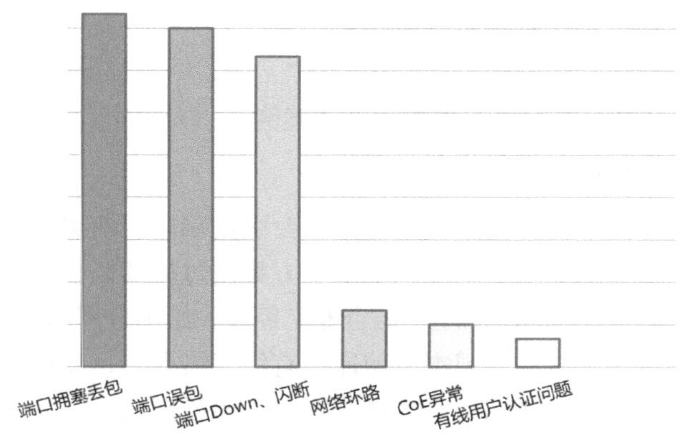

图 7-61　园区交换机运维 TOP 6 问题

图7-62所示为有线网络健康度评估效果图。智能运维解决方案从设备环境、设备容量、网络状态、网络性能4个维度综合评估有线网络的健康度。通过整合网络中的表项数据、日志数据、KPI性能数据，实时发现网络中设备与网络层面的问题和风险，检测覆盖设备状态异常、网络容量异常、器件亚健康异常等范围，直观地呈现全网整体体验质量，从而帮助运维人员“看网识网”。

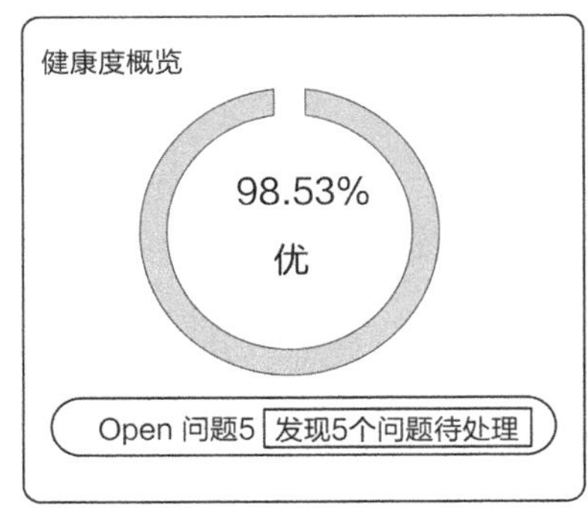

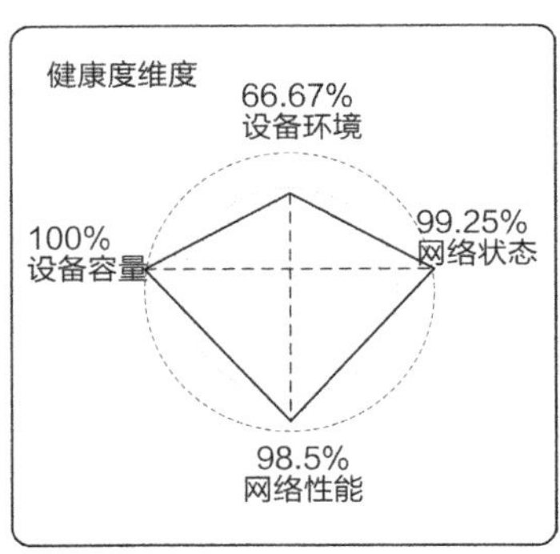

图 7-62 有线网络健康度评估效果图

- 设备环境：识别设备物理器件是否存在异常，比如整机故障、单板、风扇等故障等。
- 设备容量：感知设备资源数量或容量是否够用，比如ARP表项、MAC表项、存储器容量等。
- 网络状态：检测网络端口状态，看端口是否可用，比如端口闪断、光模块异常、端口假死等。
- 网络性能：检测网络中数据传输是否异常，是否存在吞吐量较低的问题，比如端口拥塞、队列拥塞、端口误包等。

7.5.2 有线网络典型故障处理案例

本小节介绍几种有线网络典型故障处理案例。

1. 端口闪断问题

在有线网络中，端口协商或线路老化等会引发端口闪断类问题，导致网络频繁中断，无法正常提供业务。智能运维解决方案通过持续监控设备端口状态，及时准确识别网络中端口闪断的问题，结合专家经验，给出合理的修复建议。

例如，某公司员工使用笔记本电脑连接有线网络办公，发现笔记本电脑频繁断网，严重影响日常办公。网络管理员收到员工的投诉之后，登录SDN控制器，发现员工笔记本电脑接入的交换机存在端口闪断故障，如图7-63所示。

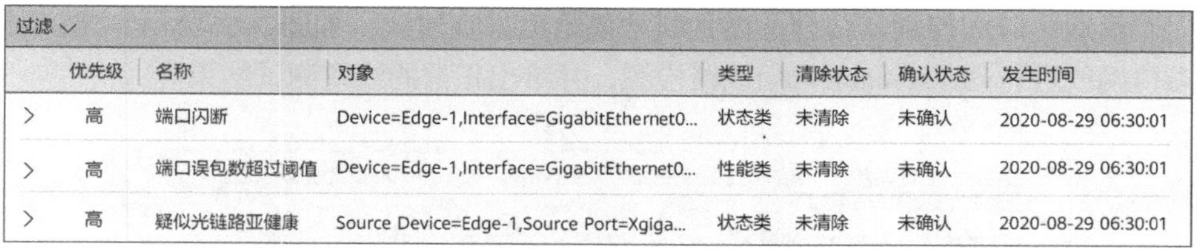

过滤 ∨

	优先级	名称	对象	类型	清除状态	确认状态	发生时间
>	高	端口闪断	Device=Edge-1,Interface=GigabitEthernet0...	状态类	未清除	未确认	2020-08-29 06:30:01
>	高	端口误包数超过阈值	Device=Edge-1,Interface=GigabitEthernet0...	性能类	未清除	未确认	2020-08-29 06:30:01
>	高	疑似光链路亚健康	Source Device=Edge-1,Source Port=Xgiga...	状态类	未清除	未确认	2020-08-29 06:30:01

图 7-63　SDN 控制器识别出端口闪断故障

首先，点击展开“端口闪断”的问题分析，查看端口Down次数的趋势统计，如图7–64所示，发现此端口频繁发生端口Down事件，且持续时间较长。

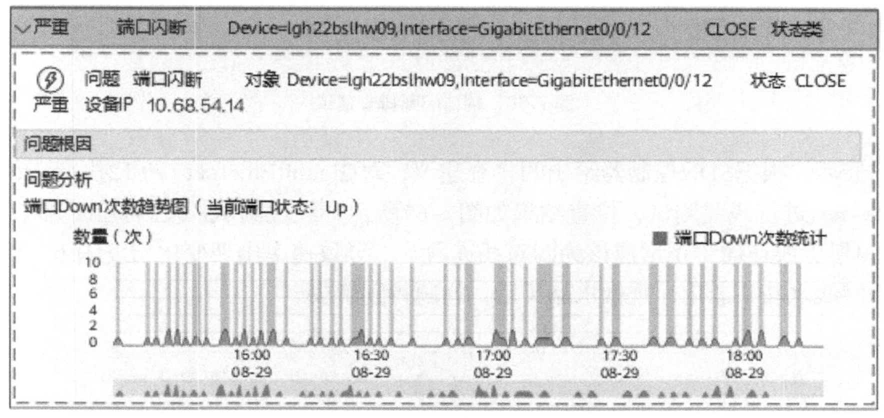

图 7-64　端口 Down 次数的趋势统计

接着，对端口Up/Down与端口状态时间维度的相关性进行检查，如图7–65所示，可以看到端口闪断时间段内，端口上的协商速率出现多次跳变，端口不停地进行端口协商，进而引发端口闪断。

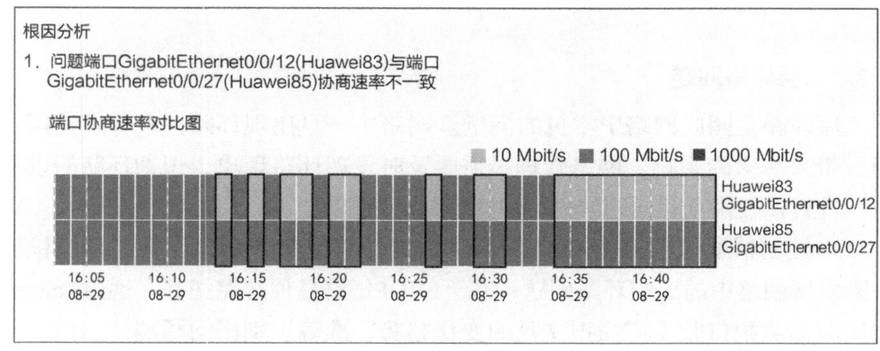

图 7-65　端口闪断根因分析

然后，SDN控制器结合上述判断结果给出排查建议，如图7-66所示，建议对端口网线进行virtual-cable-test线路检测，并给出正常的线缆测试结果。

1. 请检查线缆是否老化、水晶头是否产生松动。通过virtual-cabe-test命令测试线缆质量，正常的线缆测试结果如下：

```
<Huawei83> system-view
[Huawei83] interface gigabitethernet 0/0/12
[Huawei83-GigabitEthernet0/0/12] virtual-cable-test
Warning: The command will stop service for a while. Continue? [Y/N]y
Info: This operation may take a few seconds. Please wait for a moment.........done.
Pair A length: 189meter(s)
Pair B length: 189meter(s)
Pair C length: 189meter(s)
Pair D length: 189meter(s)
Pair A state: Ok
Pair B state: Ok
Pair C state: Ok
Pair D state: Ok  Info: The test result is only for reference.
```

图 7-66　端口闪断排查建议

最后，根据SDN控制器给出的排查建议，对GigabitEthernet 0/0/12执行virtual-cable-test进行线缆测试，排查结果如图7-67所示，经过测试，发现此网线只有两对（4根）线连通（正常应该为四对线连通），导致速率出现变化引发闪断，经检查为网线水晶头老化，重做水晶头后，问题得到解决。

```
Warning: This command may cause a configuration conflict in NETCONF mode.
Continue? [YN]:y
Warning: The command will stop service for a while. Continue? [YN]:y
Info: This operation may take a few seconds. Please wait for a moment... done.
Pair A length: Unknown
Pair B length: Unknown
Pair A state: Ok
Pair B state: Ok
Info: The test result is only for reference.
```

图 7-67　端口闪断排查结果

2. 二层环路问题

二层环路是园区网络中常见的问题。网络中一旦出现环路，会导致整网业务中断，带来恶劣的影响。网络管理员需要及时发现环路现象，识别环路的设备和端口，进行根因排查和问题修复，快速消除环路影响。

SDN控制器通过检测全网设备MAC地址漂移记录，结合设备的环路检测日志，来发现网络中的二层环路问题；基于LLDP链路复原环路拓扑，通过Telemetry机制实时监测端口收发广播报文数的变化趋势，准确识别出问题端口，结合专家经验，给出问题修复建议。

例如，某园区网络的某设备端口流量突发冲高，端口负载快速上升，导致端口下业务中断，无法正常运行，需要尽快定位处理并恢复业务。如图7-68所示，通过SDN控制器的业务影响分析，发现网络中存在二层环路，并且引发了广播风暴，Switch2-GigabitEthernet 0/0/1接口存在广播报文突增的现象。

业务影响分析

Switch2-GigabitEthernet0/0/1端口问题引发广播报文突增（接收报文增长5倍）

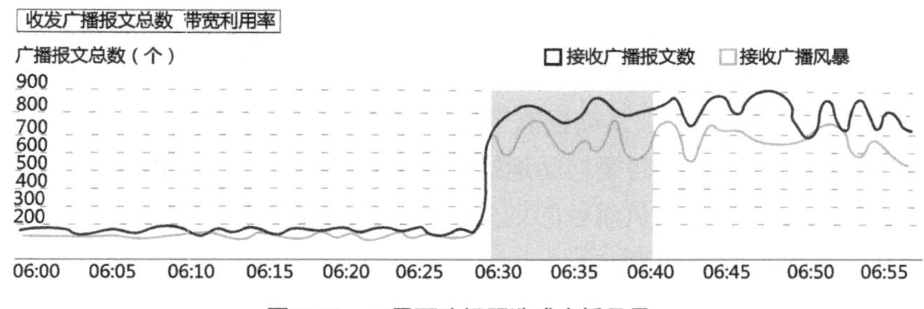

图 7-68　二层环路问题造成广播风暴

首先，经过SDN控制器的分析，如图7-69所示，定位Switch2、Switch3、Switch4三台交换机之间形成了二层环路，给出环路的详细拓扑，通过网络管理员的紧急隔离处理，使业务得到快速恢复。

对象 Device=Switch2,Switch3,Switch4,Vlanid=100

高　问题 二层环路

设备IP 10.2.1.2，101.1.1.2，102.1.1.2

状态：未清除

问题根因

根因分析

VLAN 100检测出二层环路，选中设备接口查看影响性分析

端口	设备名称	设备IP
GigabitEthernet0/0/1	Switch2	10.2.1.2
GigabitEthernet0/0/1	Switch4	102.1.1.2
GigabitEthernet0/0/10	Switch3	101.1.1.2
GigabitEthernet0/0/10	Switch2	10.2.1.2
GigabitEthernet0/0/12	Switch4	102.1.1.2

共6条　5 条/页　1 2

发生环路

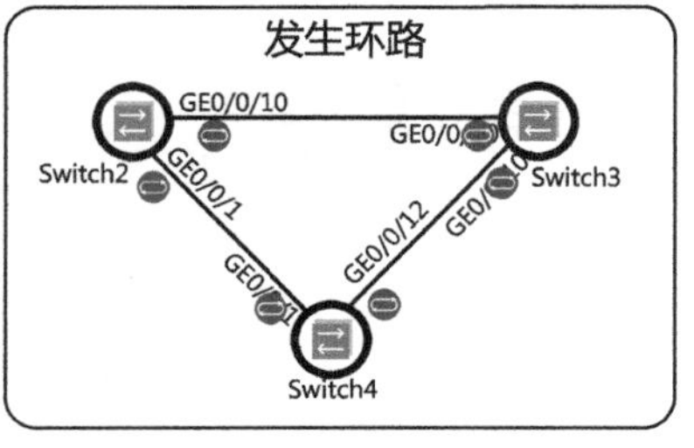

修复建议

1. 端口退出已成环的VLAN：在已经成环的网络上，将其中一个端口退出成环VLAN，属于影响面最小的破坏方法。
2. Shutdown已经成环的端口：执行此动作之前，需要确保在接口视图下执行Shutdown命令关闭接口后不会影响正常数据业务，即端口两端设备在所有VLAN内仍能通信。
3. 拔出成环光纤破环：该方法可以使用Shutdown端口代替，只有在设备无法远程登录时才使用。

图 7-69　二层环路问题处理定位及处理建议

7.6 无处不在的移动运维

在大型园区的网络中，一般都有专业的IT运维人员。这些运维人员有专业的运维技能和运维工具，可以在现场或者远程维护网络。但一些具有海量分支的场景，如商超连锁店、汽车4S门店，可能在全国范围内有成千上万家门店，如果每个门店都需要专业的运维人员来开局部署、运维管理，那将带来巨大的人力、财力的投入，一般企业是无法承担这种成本的。因此，需要有一种简便灵活的智能移动运维模式，减少网络运维对运维人员专业技能的依赖，安装设备的工人就可以完成网络的开局、验收，从而提高了网络运维的效率。

为了更好地理解何时需要移动运维、如何应用移动运维，需要先介绍一下在园区的网络维护过程中人员角色的划分。从运维的角度看，运维人员一般可以分为如下几类角色，如图7-70所示。

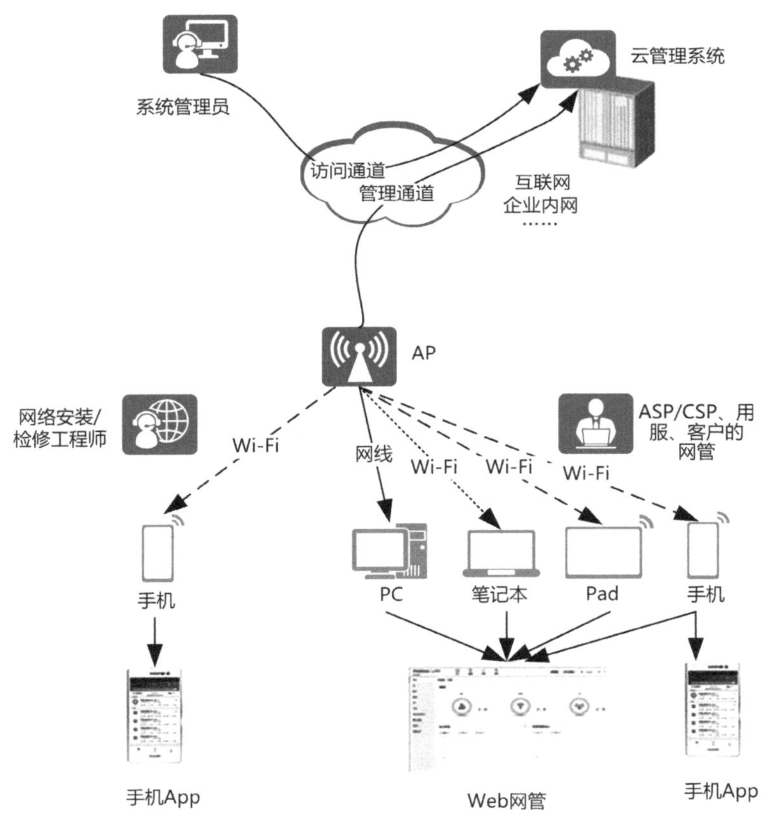

图 7-70 移动运维场景

- ASP/CSP：ASP（Authorized Service Partner，授权服务伙伴）和CSP（Certified Service Partner，认证服务伙伴）是工程承包商，项目初期负责辅助安装设备或直接安装设备，后期还需要进行项目运维。
- 网络安装/检修工程师：现场的安装施工人员。对于规模大的工程，ASP/CSP会找专门的施工队。对于规模小的工程，由ASP/CSP的员工直接安装或客户自己安装，他们一般只在开局与替换设备时参与，主要负责网络物理设备的部署、连线。
- 用服人员：设备/系统服务商的专业技术服务人员。较大规模的工程需要用服人员到现场支持，较小规模的工程就由ASP/CSP的员工直接负责。
- 客户的网管：客户的网管一般只对本地设备进行简单的维护，可以解决常见的问题，对于比较难处理的异常和故障，则需要ASP/CSP解决或者求助用服人员。

专业的技术运维人员如用服人员、部分ASP/CSP运维人员，维护技能高，维护工具也齐全，但租户的维修人员或者网络维护/检修工程师，一般专业技能不高，也缺乏维护、检测工具。所以为这些维修人员提供简洁、易获取、易操作的维修工具就显得非常重要了。因此，移动运维App应运而生。移动运维App主要具备如下优势。

- 方便性和简易性：手机相对于PC，操作界面简单、易于理解。
- 可移动性：无论人在什么地方，可随时使用手机进行查看。
- 与设备近端连接：对于无线场景，无论设备在线还是离线，手机都可以与设备连接进行近端操作。

移动运维App当前主要服务于无线网络，后续会逐步将有线运维纳入。App的主要功能有扫码录入、App开局、网络诊断和App监控。

1. 扫码录入

在部署网络设备时，要做到即插即用的前提是设备必须先被录入控制器，控制器对应的租户、站点有该设备的注册信息，以保证上线设备的合法性。同时对Wi-Fi网络规划后得到的仅是输出点位图，只有点位的信息，而没有点位和AP位置对应的信息，需要考虑如何方便地把设备标注到正确的位置上。对于少量的设备，可以在AP上线后由管理员直接拖动到相应的位置，但设备量比较大时，难以获取点位和AP实际位置的对应关系，无法依靠简单的拖动来完成AP的标注。目前常规的开局步骤流程如下。

（1）进行工勘和网络规划，出具网络规划报告，报告中会有详细的楼层图，图中标出每个布放AP的点位、AP型号、使用的天线类型、天线方向、功率值、天线增益信息，对每个点位的AP进行编号。

（2）根据分工可将开局的人员分为两类。一类是工程施工人员，由分包商管理，只负责AP的安装和布线。另一类是开局配置人员，如ASP/CSP、授权的渠道或原厂工程师，会对AP做一些开局业务的部署。

（3）工程施工人员根据网络规划报告出具的图纸安装AP，需要把安装的AP的MAC信息记录下来，标注其对应点位图中AP的编号。

（4）开局人员把施工人员记录的信息导入控制器，然后再根据记录的点位信息在控制器上标注AP，并对这些AP进行业务配置。

目前此流程存在如下几方面的问题。

- 施工人员需要把MAC与AP编号的信息记录下来，人工记录容易出错。
- 开局人员需要把MAC与AP编号的对应关系录入设备中，录入工作比较烦琐，易出错。
- 开局工作由硬件安装和开局配置的两批人来处理，需要进行额外的沟通工作。

通过手机App扫码开局，扫描录入界面如图7-71所示。在利用手机开局时，通

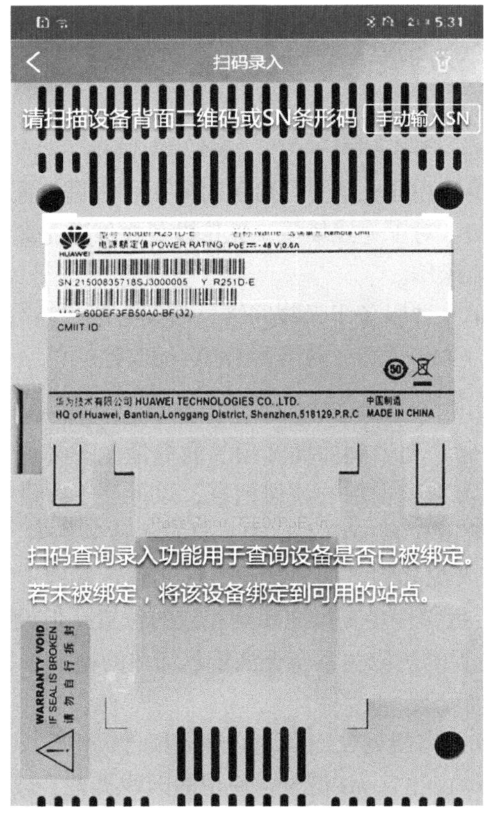

图7-71　扫描录入界面

过扫码自动识别ESN和MAC信息，同时准确标注AP的位置信息，在AP安装时就直接将AP的信息和点位信息上传到控制器，简化了开局配置人员的工作，同时也降低了对施工人员的操作要求和出错的风险。

2. App开局

在小微分支场景，部署一个AP即可满足网络的需要，网络的上行一般是运营商提供的互联网线路，通常需要配置PPPoE账号进行拨号上网。传统的方式是通过便携式计算机或者PC登录AP，通过打开设备的Web网管的方式进行账号、业务的配置。但当部署门店数量较多且施工部署人员基本无网络运维技能和工具时，需要再配备专门的开局人员进行配置，整体开局时间较长，成本较高。如图7–72所示，手机App连接设备，通过简单的界面设置即可完成设备的开局，对开局人员的技能要求低，普通的安装工人就可以操作，安装部署、设备上线可以一起完成，提高了开局的效率，同时降低了开局的成本。

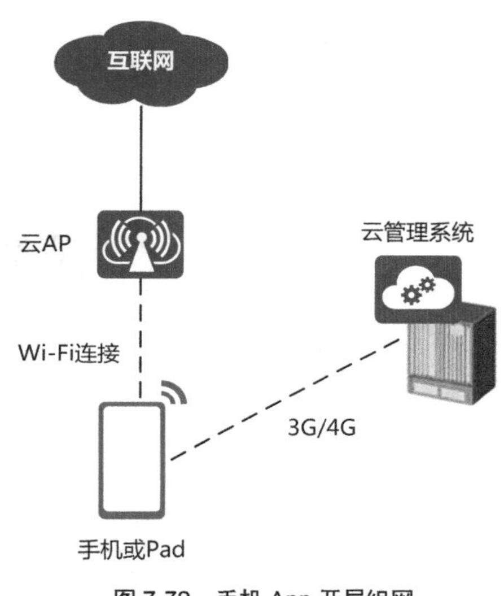

图 7-72　手机 App 开局组网

通过手机App开局，需要手机安装移动运维App。通过手机的3G/4G网络或者现场的Wi–Fi网络连接到控制器，同时需要登录控制器的账号。当前App开局只适用于对AP设备的开局配置，可以在同一个流程中完成AP扫码录入、开局配置。App开局流程如图7–73所示。

3. 网络诊断

设备开局注册之后，在网络管理员的配合下完成业务的配置，或者管理员提前进行业务配置。至此，网络可以正常运行。开局人员可以对网络进行简单的网络验收或网络诊断，确保网络的业务是正常运行的，如确认是否可以连接无线信号、访问外网确认网络的通畅性，也可以做漫游测试，检查网络覆盖的情况。如果网络出现问题，本地的兼职IT运维人员也可以通过移动App测试网络，通过测试网络的连通性，进行视频和游戏的效果验证，初步排除网络的问题，可以快速处理简单的网络问题。网络诊断界面如图7–74所示。

App的网络诊断主要是利用设备上自带的诊断功能，通过App远程调用和回显进行网络诊断，主要包含如下功能。

• AP ping用户，AP ping其他设备，检查本地网络或者与外网的连通性。

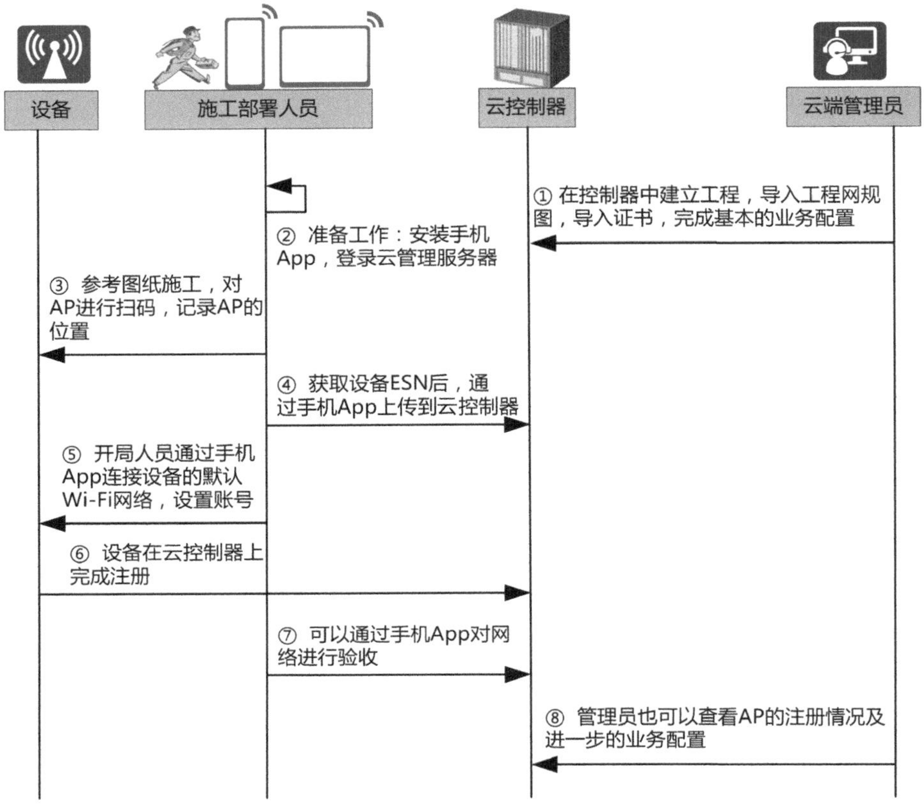

设备

施工部署人员

云控制器

云端管理员

① 在控制器中建立工程，导入工程网规图，导入证书，完成基本的业务配置

② 准备工作：安装手机App，登录云管理服务器

③ 参考图纸施工，对AP进行扫码，记录AP的位置

④ 获取设备ESN后，通过手机App上传到云控制器

⑤ 开局人员通过手机App连接设备的默认Wi-Fi网络，设置账号

⑥ 设备在云控制器上完成注册

⑦ 可以通过手机App对网络进行验收

⑧ 管理员也可以查看AP的注册情况及进一步的业务配置

图 7-73　App 开局流程

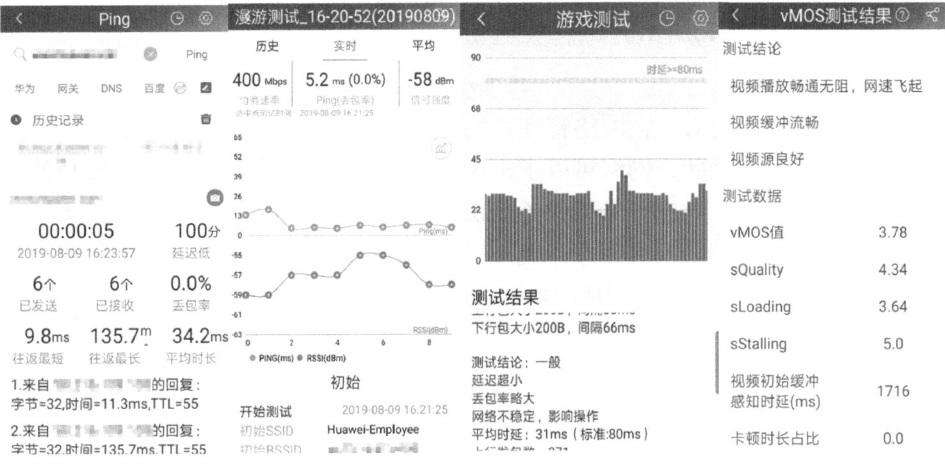

图 7-74　网络诊断界面截图

- 管理系统ping AP，检查设备和控制器的连通性。
- 吞吐量测试，测试AP或者网络的吞吐量，检查网络性能。
- 漫游测试，测试网络漫游性能，包括漫游时间和漫游效果。
- 游戏测试，测试当前网络的游戏效果，App模拟游戏进行网络测试，并给出网络评估。
- 视频测试，测试当前网络的视频传输性能，访问一段网络视频，测试视频播放效果。
- 智能诊断，可以针对具体设备的CPU、内存异常及其他异常进行诊断。

4. App监控

运维人员登录管理系统进行网络维护，一般需要在PC或者便携式计算机上登录系统。运维人员不在岗或者正在出差，不方便在PC上登录时，就可以通过手机打开移动运维App，方便地查看网络的基础数据，随时随地对网络进行监控。App监控设备及流量界面如图7–75所示。

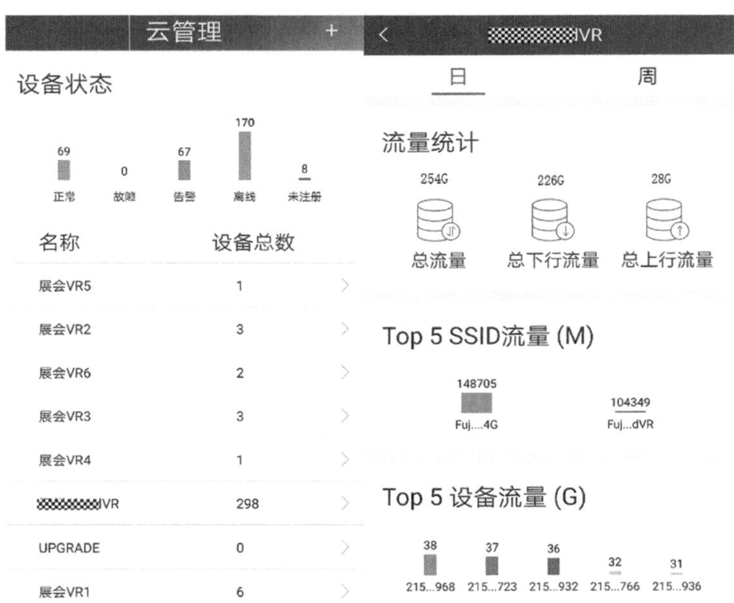

图 7-75　App 监控设备及流量界面

移动运维App提供了如下基本监控数据的查看功能，可以随时随地查看网络，及时关注网络的状态。

- 站点设备状态：展示租户所有站点设备的注册情况及运行状况。

- AP信息：如IP地址、版本号、运行状态、连接的终端等信息。
- 流量数据：当日或者本周的总流量统计、TOP SSID的流量统计及TOP AP的流量统计。
- 终端信息数据，主要包含IP地址、接入时间、接入时长、信号强度、累计流量、重传率等用户数据指标。

第 8 章 云园区端到端网络安全

网络安全是指保护网络信息的硬件、软件及其系统中的数据，使其不因偶然的或恶意的原因而遭到破坏、更改、泄露，以保证系统持续、可靠、正常地运行，信息服务不中断。园区网络是一个复杂的信息系统，保障网络的安全是系统工程。任何单点设备、节点、技术、配置都不足以保证整个网络的安全。网络安全是由一系列的物理设备、安全技术、安全解决方案等通过合理的配置组成的有机整体。

8.1 园区网络安全威胁的趋势与挑战

当前，智能手机、Pad等终端除了被用于满足人们随时随地上网的需求外，还被更多地应用到移动办公中；移动应用程序、Web 2.0、社交网站被应用到互联网的方方面面；云计算以及SDN技术加快业务部署，使网络随需而变……这些ICT的变革极大提高了企业的沟通效率。然而，从企业信息安全的角度考虑，移动办公使企业网络的边界变得模糊，黑客能够轻易地通过移动终端入侵企业IT系统；传统的安全网关通常只能通过IP地址和端口进行安全防御控制，难以应对层出不穷的应用威胁和Web威胁，企业园区的信息安全问题面临前所未有的挑战。

8.1.1 网络安全威胁的发展趋势

20世纪90年代，随着互联网的蓬勃发展，网络攻击从实验室走向了互联网，并不断发展。攻击手段在持续升级，防御攻击的技术也在不断提高，两者以“魔高一尺，道高一丈”的方式不断演进。如图8-1所示，攻击手段从简单的扫描、溢出攻击发展到APT攻击；同时，防御技术也从简单的畸形报文过滤发展到基于大数据和AI的全网智能安全防御。

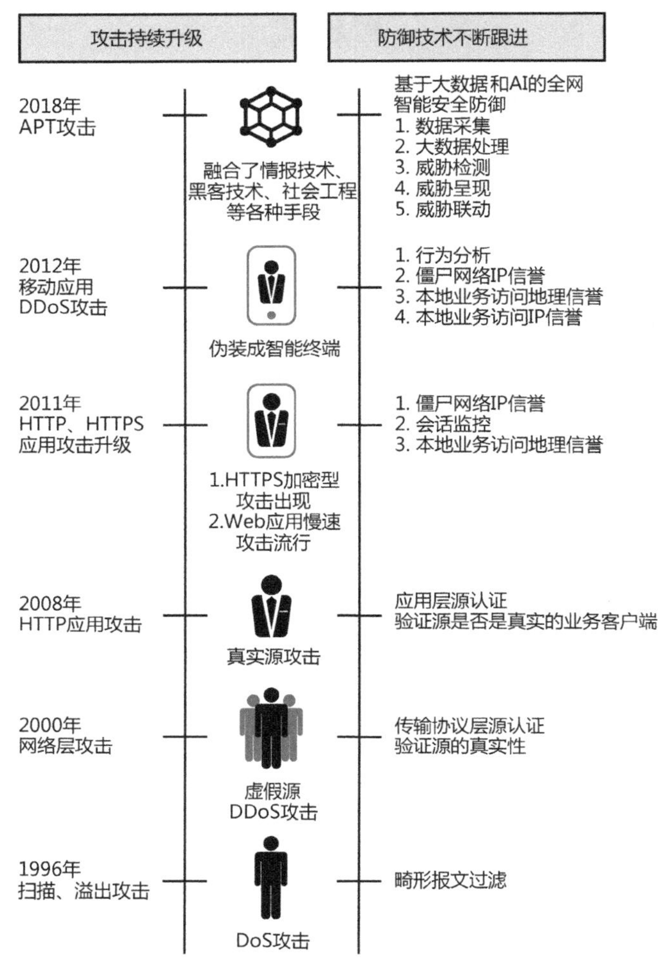

注：DoS即Denial of Service，拒绝服务；
DDoS即Distributed Denial of Service，分布式拒绝服务。

图 8-1　网络攻击和防御技术发展史

近几年，网络威胁的种类、网络攻击的强度均呈几何速度增长，针对HTTP、HTTPS、SIP、DNS等应用层协议的攻击类型不断更新。园区网络作为企业主要的业务运作网络，其安全性至关重要，需要部署专门应对来自外网的海量攻击和应用层攻击的安全防御解决方案，以保证园区网络的安全。

8.1.2　基于安全区域的传统安全防御模型

安全区域（Security Zone），简称区域（Zone），是一个或多个接口的集合。

同一安全区域中的用户具有相同的安全属性。防火墙通过安全区域来划分网络及标识报文流动的“路线”，当报文在不同的安全区域间流动时，会触发防火墙进行安全检查，并实施相应的安全策略。

需要配置安全业务时，必须先创建相关的安全区域，并根据不同安全区域间的优先级关系来确定安全业务的部署。通常情况下，在网络数量较少、环境简单的场合中，可划分出3个安全区域，分别是Trust区域、半信任区域和Untrust区域。

- Trust区域：该区域内网络的受信任程度高，内部用户所在的网络通常被划分到Trust区域中。
- 半信任区域：该区域内网络的受信任程度中等，内部服务器所在的网络通常被划分到半信任区域中。
- Untrust区域：该区域代表的是不受信任的网络，互联网等企业外部的网络通常被划分到Untrust区域中。

如图8-2所示，假设接口1和接口2连接的是内部用户，则可被划分到Trust区域中；接口3连接内部服务器，则可被划分到半信任区域中；接口4连接互联网，则可被划分到Untrust区域中。当内部网络中的用户访问互联网时，报文在防火墙上的路线是从Trust区域到Untrust区域；当互联网上的用户访问内部服务器时，报文在防火墙上的路线是从Untrust区域到半信任区域。

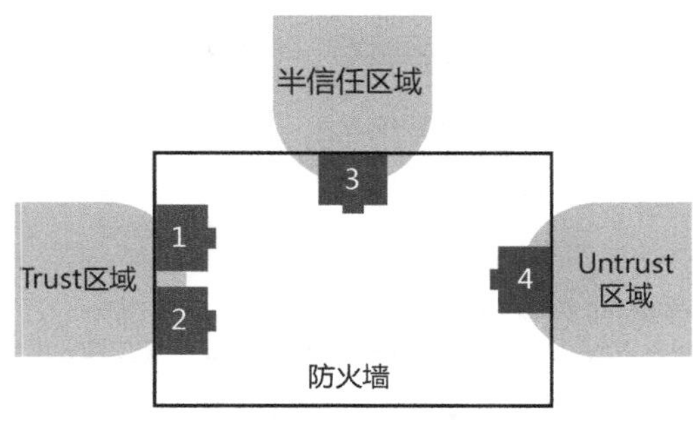

图 8-2　安全域的划分

防火墙通过安全区域对网络进行了等级分明、关系明确的划分，并成为连接各个网络的节点。以此为基础，防火墙就可以对各个网络间流动的报文进行安全检查和实施管控策略。定义安全区域的步骤是：首先，根据业务和信息敏感度定义安全资产；其次，对安全资产定义安全策略和安全级别，安全策略和安全级别相同的安全资产可以被认为属于同一安全区域；最后，根据不同安全区域可能存在的风险设计不同的安全防御能力。

通常建议在不同区域间用防火墙等安全设备做边界防御隔离，如图8-3所示。一般可以认为园区内网是安全的，安全威胁主要来自外网，所以把互联网划分到

Untrust区域中，把园区内网划分到Trust区域中，在园区出口部署安全设备来隔离内外网，抵御外网威胁。一般把数据中心区域划分到半信任区域中，在半信任区域部署安全设备来隔离园区内网与数据中心各服务器之间的流量。另外，在园区内部需要对某些区域进行重点安全防御时，也可以针对内部做更细的分区，并在区域出口部署安全设备。

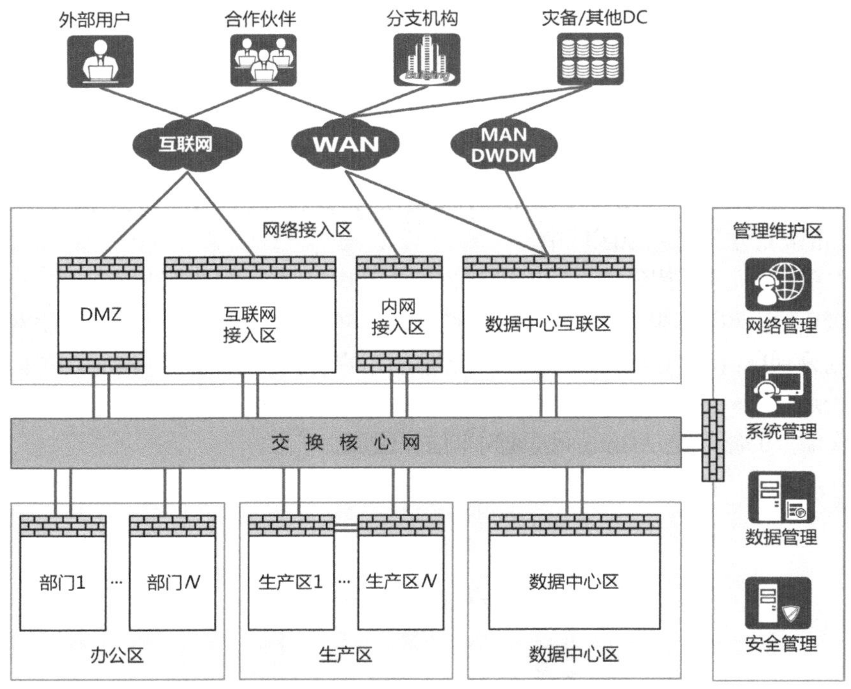

注：MAN 即 Metropolitan Area Network， 城域网；
DWDM 即 Dense Wavelength Division Multiplexing，密集波分复用。

图 8-3 基于安全区域的边界防御

完成安全区域设计后，再对每个区域受到的安全威胁进行分析，部署相应的安全防御特性，表8-1给出了防护对象的可信度和常见区域的风险防御设计建议。

表 8-1 防护对象的可信度和常见区域的风险防御设计建议

接入区域	访问源	可信度	风险防御能力建议
互联网	外部用户	不信任	安全策略控制、NAT、IPSec VPN/SSL VPN 安全接入、入侵检测、DDoS 攻击防御、URL（Uniform Resource Locator，统一资源定位符）过滤、文件过滤、内容过滤、邮件过滤、应用行为控制
	出差员工	中	

续表

<table>
<tr><th>接入区域</th><th>访问源</th><th>可信度</th><th>风险防御能力建议</th></tr>
<tr><td>WAN</td><td>企业分支</td><td>中</td><td>包过滤访问控制、入侵检测、病毒过滤</td></tr>
<tr><td rowspan="2">内网</td><td>内部员工</td><td>高</td><td rowspan="2">包过滤访问控制、入侵检测、病毒过滤</td></tr>
<tr><td>访客</td><td>低</td></tr>
</table>

8.1.3 APT 攻击让传统安全防御模型捉襟见肘

近些年来，安全威胁变化巨大，黑客攻击从传统的恶作剧与技术炫耀逐步向利益化、商业化转变。2017年5月12日20时左右，全球范围内爆发了大规模的勒索病毒WannaCry感染事件，十几小时内病毒感染了74个国家（或地区）的4.5万台主机，造成直接经济损失高达数十亿美元。当前，大多数企业认为数据泄露和APT攻击是其面临的最大威胁。有数据表明，APT攻击对企业造成的平均损失高达近千万美元，且APT攻击次数的年增长率非常高。近年来，APT攻击已成为业界关注和讨论的热点。

APT攻击是黑客以窃取核心资料为目的，针对企业发动的网络攻击和侵袭行为。APT攻击融合了情报技术、黑客技术、社会工程等各种手段，对特定目标进行长期持续性网络攻击，其目的是访问企业网络、获取数据，并长期秘密监视目标计算机系统。表8--2给出了传统安全威胁与APT之间的对比。

表 8-2　传统安全威胁与 APT 之间的对比

对比项	传统安全威胁的特征	APT 的特征
攻击者身份	机会主义者、黑客或网络犯罪分子	专业且有组织的犯罪分子、不法公司、黑客、敌对者，有强有力的组织性和资源保障
目标用户	通常无明确的目标用户	目标明确，以国家安全数据、商业机密等为目标数据
攻击动机	金钱收益、身份盗用、欺诈、垃圾邮件、声誉	操纵市场、取得战略优势、损坏关键基础设施、政治因素驱使
攻击频率	主要以一次性攻击为主	潜伏时间长，持续攻击
攻击手段	利用现有的恶意文件，通过大规模扩散以增加获得利益的机会	通常利用 0-Day 漏洞或定制的恶意文件，关注目标是否达成
攻击特征	攻击特征已知，容易被捕获，检出率很高	样本通常存在较长时间的空白，难以检测

APT攻击的过程一般可分为搜集信息、渗透驻点、获取权限、实施破坏或者数据外传4个步骤，如图8–4所示。

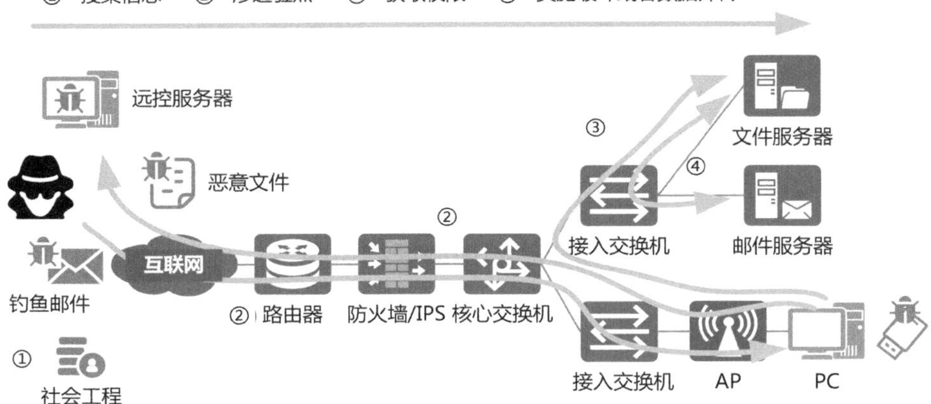

注：IPS即Intrusion Prevention System，入侵防御系统。

图 8-4 APT 攻击的过程

步骤① 搜集信息。攻击者收集所有与目标有关的情报信息。这些情报涉及目标的组织架构、办公地点、产品及服务、员工通信录、管理层邮箱地址、高层领导会议日程、门户网站目录结构、内部网络架构、已部署的网络安全设备、对外开放端口、企业员工使用的办公和邮件系统、公司Web服务器使用的系统和版本等。

步骤② 渗透驻点。攻击者利用钓鱼邮件、Web服务器、U盘等，通过社会工程等手段将提前制作好的恶意程序植入目标网络的内部，然后耐心等待目标用户打开邮件中的附件、URL链接、U盘中的文件，或访问已经潜伏了“鳄鱼”的“水坑”网站。

步骤③ 获取权限。一旦“潘多拉魔盒”被打开，恶意程序便会“借尸还魂”，例如把RAT（Remote Access Trojan，远程访问特洛伊木马病毒）安装在目标系统中，或向攻击者指定的服务器发起加密链接，致使其下载更多的恶意程序并安装运行。这些工作完成之后，恶意程序还会“谋权上位”，即提升权限或添加管理员用户，还可能把自己设置为开机启动，或作为一个系统服务来开启，有些恶意程序甚至还会在后台悄悄修改或关闭主机防火墙的设置，以使自己尽可能不被发现。当攻击者成功地在目标网络内部建立据点，并获得了相应的权限，被攻击的计算机就随之变成了傀儡，等待攻击者进一步利用。

步骤④ 实施破坏或者数据外传。所有准备完成后，攻击者待时机成熟时就会实施破坏或者外传数据。由于RAT具备键盘记录和屏幕录像功能，因此可轻松获取用户的域密码、邮箱密码及各类服务器密码。有了这些密码，黑客就可以经由傀儡主机远程登录公司内部的各种平台或服务器，比如内部论坛、团队空间、文件服务器、代码服务器等，任何有价值的东西都会被黑客轻松获得并传递出去。

以APT为代表的高级威胁给业界带来了前所未有的挑战，迫切需要新的威胁检测和防御技术以弥补传统的威胁防御手段在如下几方面的不足。

（1）威胁检测周期长

在不解密的情况下，传统的安全检测工具很难应对隐藏在加密流量下的恶意威胁。此外，恶意代码形态的加速变异，以及攻击者对传统的安全防御技术的有意躲避，都使防御方需要花费更长的时间周期才有可能发现威胁。

（2）单点被动防御

传统的安全防御系统往往部署在网络的边界处，当威胁发生时，只能各自为战。另外，传统的安全防御系统通常只能单独调度网络设备或者安全设备，遭受攻击或病毒突破安全边界后，病毒很容易在企业内网泛滥而难以被控制。

（3）安全业务管理复杂

过去对于安全网元的管理，各个厂家的标准不统一，配置依赖手工操作，易用性较差。同时，安全网元的管理复杂，需要IP地址、端口、物理位置等信息，用户上手难度较大。此外，传统的安全网元的管理也无法提供基于租户的个性化定制的安全防御。

8.2　大数据安全协防的核心理念和总体架构

相对于传统的安全防御，基于大数据和AI的安全协防是从离散的样本处理转向全息化的大数据分析，从以人工为主转向以自动化分析为主，从以静态特征为主转向以动态特征、全路径、行为与意图分析为主，为客户提供全面的、系统的安全防御体系，来保证园区网络和业务的安全。

8.2.1　安全协防的核心理念

通过对比分析传统安全威胁和新型安全威胁的特点，可以发现两者在攻击方式上有明显的差异，因此，面对新型安全威胁，必须以全新的理念和策略进行应对。

传统安全威胁类似强盗，往往以相对暴力的方式对网络实施破坏，因此也会在网络中产生比较明确的异常现象，这些现象比较容易被捕捉和识别。应对强盗相对比较简单，警察可以敏锐地发现并制止强盗的暴力破坏行为。在网络中，防火墙等安全设备相当于警察，应对传统安全威胁还是绰绰有余的。

新型安全威胁类似骗子，往往以看似文明的方式实施破坏，“犯罪”证据在网络中隐藏得比较深，如果不借助多方面的信息对其加以分析和印证，往往较难被发现。应对骗子相对就比较难了，单纯依靠警察的力量往往是不够的，一般需要大力发挥人民群众的作用，发现异常及时举报，再通过警察的综合分析，就能逐渐发现骗子的行为，并制止其行为。分布在网络中每一个角落的网元（路由器、交换机等）相当于人民群众，可以提供大量的、有价值的线索或情报。

大数据安全协防的核心理念其实就是从每个网元中收集大量与安全相关的源数据信息，同时依靠大数据分析平台进行综合分析，进而可以准确地识别出安全威胁事件，然后联动网络控制器进行安全处置，让企业园区网络在攻防较量中占据主动，具备主动安全防御能力。

图8–5展示了如何基于大数据和AI的智能安全协防体系对抗APT攻击。该体系是目前业界对抗APT攻击的最佳方案。首先，在时间上，该方案能够对APT攻击的各个阶段进行监控，对获取的信息进行分析；其次，在空间上，能够对整个网络的每个角落进行监控，对获取的信息进行分析；最后，基于大数据分析技术，能够对收集到的信息、攻击的行为和意图进行分析，并进行智能判断以及联动处理动作。因此，该方案能够全天候、无死角地对整个网络进行监控分析，并最终实现对APT攻击的防御。

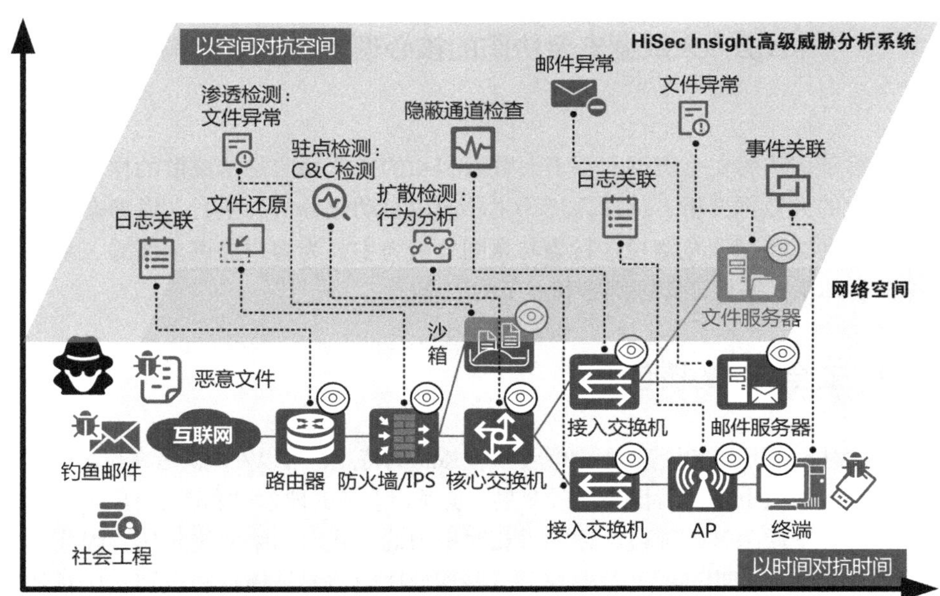

注：C&C即Command and Control，命令与控制。

图 8-5　基于大数据和 AI 的智能安全协防体系对抗 APT 攻击

8.2.2　安全协防的总体架构

图8-6显示了企业园区网络基于大数据和AI的安全协防总体架构。相比传统防御方案，大数据安全协防方案通过数据采集、威胁分析，及时下发策略并闭环处置，帮助客户提升安全分析和运维的智能化、自动化程度，使客户的关键基础设施稳固，业务永续。

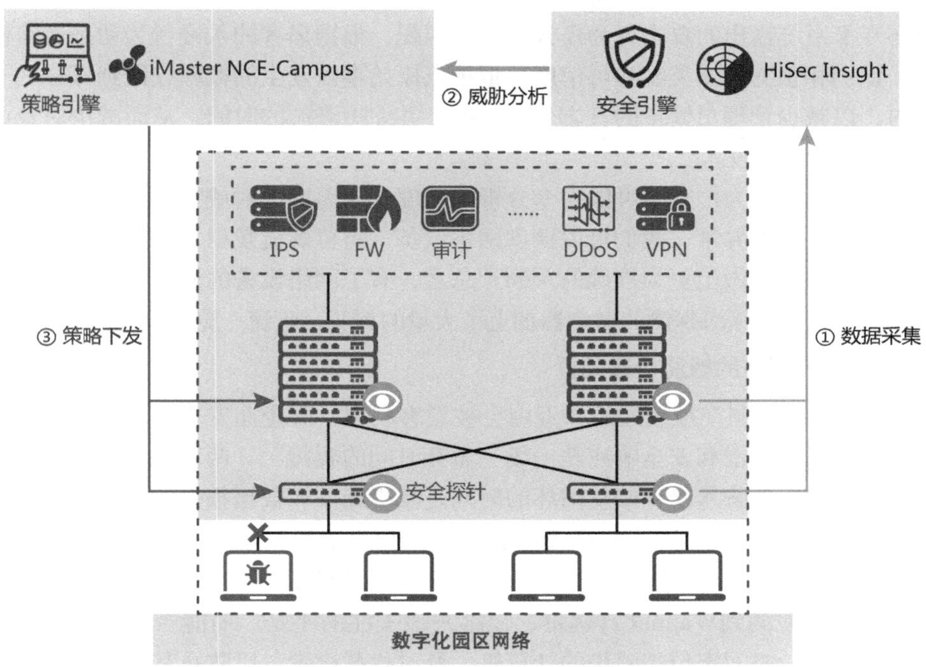

图 8-6　企业园区网络基于大数据和 AI 的安全协防总体架构

1. 依托网络威胁的精准识别

一个“武装完备”的企业通常部署了从网络边界到终端的所有安全防御设备，但是单点防御设备彼此孤立，没有形成防御体系联合作战，仍无法准确判断威胁事件，无法有效监测未知威胁，单点检测效果也不尽如人意。在全网多点异常分析上，企业还在依赖SIEM（Security Information and Event Management，安全信息和事件管理）设备通过对全网日志的监控来掌控整网威胁。市面上成熟的SIEM产品擅长日志采集，覆盖广，适配和解析能力强，但日志分析能力很弱。且这些日志都是基于单点事件的告警，对入侵和攻击链的全局缺乏多点异常关联。

大数据安全协防方案通过建立基于AI和大数据的安全分析器，把网络基础设施转化为安全检测的传感器。作为传感器，交换机、路由器、防火墙等网络设备为分析器提供流量、NetFlow、Metadata、日志、文件等信息，同时基于网络拓扑和威胁场景制作“剧本”，研究黑客入侵的意图和传播路径，以此来构建威胁检测模型和规则，并依托大数据分析工具完成海量信息的多维威胁综合分析，帮助管理员收敛海量的原始事件日志，自动准确地发现威胁，甚至预测威胁。大数据安全协防方案依靠全网多场景多维综合分析模型，将鱼叉钓鱼、Web渗透、黑客远程C&C、账号异常、内部流量异常、数据窃取等子场景串起来进行综合分析，综合计算每个攻击行为的威胁类型、级别、可信度，以理解黑客的攻击意图，然后与专家系统输出的攻击行为模式库进行匹配，根据黑客的入侵行为动态调整模型，识别和预测攻击类型和可信度，把单点原始事件发生的概率收敛到万分之一以内，以减少管理员繁重的日志分析工作，并缩短溯源的时间，从而减少对专业安全分析的人力投入。

网络设备作为传感器可供安全分析器调度，从而助力对威胁的检测。例如，当网络某处发生异常，我们可以调度网络设备，将可疑流量引入分析平台，做进一步分析，从而做出更为准确的判断。总之，有了网络设备的配合，对威胁的检测和识别就像为深海探测的潜水器加上了大量的探头，暗流一览无余。

2. 协同网络的威胁快速处置

42%的新漏洞在被披露的30天内会被黑客利用，而企业安全响应的时间远大于30天，威胁入侵和安全响应是一场“争夺时间的赛跑”，两者的主要冲突就是时间差。缩短威胁入侵到修复破坏的时间是减少经济和数据损失的关键。勒索软件WannaCry让超过24万受害者遭受损失，而相比于“震网”这类高度复杂的攻击，WannaCry本身的技术性不强，但其传播快、感染范围广。尽管所有厂商都纷纷宣称可以检测到WannaCry病毒，但客户最关注的不是厂商能否“检测”到，而是能否第一时间定位被感染的计算机，及时拦截病毒，以防止其向内部横向扩散，并对其进行快速修复。因此，自动化响应和修复能力是客户关注的焦点。

大数据安全协防方案是通过控制器协同网络设备来实现威胁的快速处置。该方案首先通过基于AI的威胁分析能力快速检测未知的病毒，并快速做出响应，例如，封堵出口防火墙和路由器的445端口，升级IPS特征库等。接下来更关键的是，将网络设备作为执行器，通过控制器联动接入交换机来及时隔离已经被感染的计算机，利用网络的各个神经末梢来采集流量，定位感染路径，并联动终端软件自动清除病毒，批量推送补丁作为辅助来配合运维人员修复漏洞，同时自动发布工具来恢复加密文件。

3. 服务网络的策略自动化运维

企业的规模越大，其网络越复杂。扼守在网络中关键节点的安全设备在保障企业安全的过程中，往往累积了海量的安全策略，安全策略的运维一直是大中型组织和企业的头号难题。以某金融客户的网络为例，仅数据中心的防火墙策略就有几万条，全网的防火墙设备数量大于500台，每次业务更新都需要调整防火墙策略，因而每天的策略更新量达上千条，对策略的运维十分困难。同时，业务下线、IP地址回收等通知均不能及时下发到网络安全部门，由此导致大量过期的安全策略堆积，无人敢动。另外，网络搬迁时，安全策略的迁移也是"老大难"的问题，需要重新配置策略，如通过手工操作，则需要花费数周时间才能完成。

大数据安全协防方案实现"以业务驱动的安全策略"，从基于IP的机器语言升级到基于应用的高级语言，并建立应用到IP的自动映射，通过控制器将安全策略与业务的生命周期紧密捆绑，在业务上线、变更和下线时，实时感知业务变化，将"业务的策略"自动翻译成终端设备可执行的IP策略，从而省去了人工干预的过程。

更重要的是，大数据安全协防方案通过控制器对应用互访关系进行可视化分析，在机房搬迁时自动生成策略白名单，可免去繁重的人工重置工作；通过观察，分析应用的互访流、策略的命中率等，对全网策略进行动态的调整和优化，可及时删除重复的策略、下线过期的策略；通过动态流量分析，验证预上线策略的有效性，可确保策略的定义和实际执行的一致性。

8.3　基于大数据的智能安全威胁检测

8.3.1　大数据分析的流程

安全协防方案的核心是大数据分析平台，下面以华为HiSec Insight高级威胁分析系统（以下简称HiSec Insight）为例，其安全协防的大数据分析流程如图8–7所示。

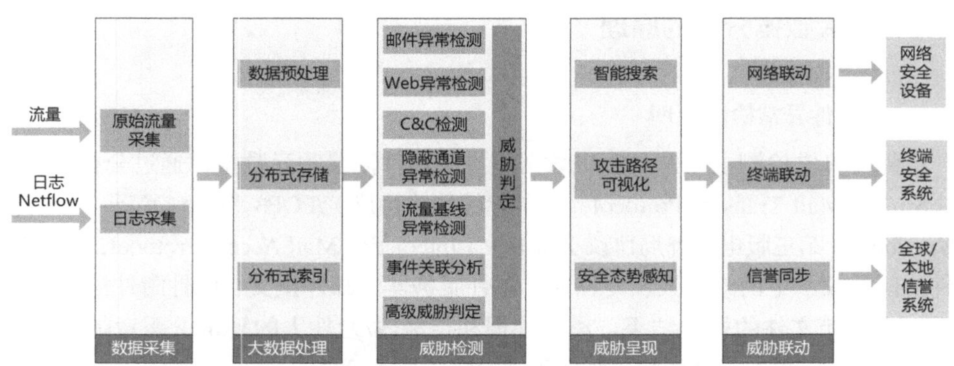

图 8-7　安全协防的大数据分析流程

1. 数据采集

数据采集包括日志采集和原始流量采集，分别由日志采集器和流探针负责。日志采集的流程包括日志接收、日志分类、日志格式化和日志转发。流量采集的流程包括流量采集、协议解析、文件还原和流量元数据上报。

2. 大数据处理

大数据处理包括数据预处理、分布式存储及分布式索引。数据预处理负责对采集器上报的归一化日志和流探针上报的流量元数据进行格式化处理，补充相关的上下文信息（包括用户、地理位置和区域），并将格式化后的数据发布到分布式总线；分布式存储负责存储格式化后的数据，对不同类型的异构数据，比如归一化日志、流量元数据、PCAP（Process Characterization Analysis Package，过程特性化分析软件包）文件等进行分类存储，存储的数据主要用于威胁检测和威胁可视化，分布式索引负责对关键的格式化数据建立索引，为可视化调查分析提供基于关键字的快速检索服务。

3. 威胁检测

分析器对采集到并经过大数据处理的数据展开多个维度的威胁分析，并对分析结果进行威胁判定。

4. 威胁呈现

分析器将判定结果通过图形化界面呈现出来，帮助客户直观理解全网的安全态势。此外，部分安全威胁需由人工进行进一步分析判断。

5. 威胁联动

分析器将可疑的分析结果形成联动策略，由分析器下发给全网网元。全网网元设备接收精确的控制指令后，对可疑的威胁执行适当的安全阻断。

8.3.2 大数据分析的原理

1. 邮件异常检测原理

邮件异常检测主要是从历史数据中提取邮件流量的元数据，通过分析SMTP（Simple Mail Transfer Protocol，简单邮件传输协议）/POP3（Post Office Protocol Version 3，第三版电子邮局协议）/IMAP（Interactive Mail Access Protocol，交互邮件访问协议）中的收件人、发件人、邮件服务器、邮件正文、邮件附件等信息，并结合沙箱文件的检测结果，离线挖掘和检测收/发件人的异常、恶意邮件的下载、邮件服务器的异常访问、邮件正文的URL异常等。

2. Web异常检测原理

Web异常检测主要用于检测通过Web进行的渗透和异常通信，从历史数据中提取HTTP流量元数据，通过分析HTTP中的URL、User-Agent、Refer和上传/下载的文件MD5（Message Digest Algorithm 5，消息摘要算法第五版）等信息，并结合沙箱文件的检测结果，离线挖掘和检测恶意文件的下载、不常见网站和非浏览器流量的访问等异常。

3. C&C异常检测原理

C&C异常检测主要通过对协议（DNS/三层协议/四层协议/HTTP）的流量进行分析来检测C&C通信异常。基于DNS流量的C&C异常检测是采用机器学习的方法，通过样本数据进行训练，从而生成分类器模型，并在客户环境中利用分类器模型识别访问DGA（Domain Generation Algorithm，域名生成算法）域名的异常通信，从而发现僵尸主机或者APT攻击在命令控制阶段的异常行为。基于三层协议/四层协议流量的C&C异常检测是基于C&C通信的信息流与正常通信的信息流的不同，通过分析C&C木马程序与外部通信的信息流的特点，识别它们与正常信息流的差异，通过流量检测，发现网络中存在的C&C通信的信息流。基于HTTP流量的C&C异常检测是采用统计分析的方法，记录内网主机访问同一个目的IP地址和域名的所有流量中的每一次连接的时间点，并根据时间点计算每一次连接的时间间隔。通过定时检查每一次时间间隔是否有变化，可监测内网主机周期外联的异常行为。

4. 隐蔽通道异常检测原理

隐蔽通道异常检测主要用于检测被入侵主机通过正常的协议和通道传输非授权数据的异常，检测方法包括Ping Tunnel检测、DNS Tunnel检测和文件防躲避检测。Ping Tunnel检测是通过分析和比较一个时间窗内同组源/目的IP地址之间的ICMP（Internet Control Message Protocol，互联网控制报文协议）报文的载荷内容，从而发现Ping Tunnel异常通信。DNS Tunnel检测是通过分析一个时间窗内同组源/目的IP地址之间的DNS报文的域名合法性和DNS请求/应答的频率，从而发现DNS Tunnel异常通信。文件防躲避检测是通过分析和比较流量元数据中的文件类型，从而发现文件类型与实际扩展名不一致的异常。

5. 流量基线异常检测原理

流量基线异常检测主要用于检测网络内部的主机与区域之间（包含内外区域之间、内网区域与互联网之间、内网主机之间、内网主机与互联网之间、内网主机与区域之间）的异常访问。流量基线是指网络内部的主机之间、区域之间或者内外网之间的访问规则，包括指定时间段内是否允许访问、允许访问的频次范围、允许访问的流量大小范围等。

流量基线有两种来源：系统自学习和用户自定义配置。系统自学习是指系统自动统计一段时间内（比如一个月）网络内部各主机、区域以及内外网之间的访问和流量信息，并以此访问和流量信息为基础（对于流量数据，还会自动设置合适的上下浮动范围）自动生成流量基线。用户自定义配置是指用户手工配置网络内部各主机、区域以及内外网之间的访问和流量规则。流量基线异常检测是将自学习和用户自定义配置的流量基线加载到内存中，并对流量数据进行在线统计和分析，一旦网络行为与流量基线存在偏差，即输出异常事件。

6. 事件关联分析原理

事件关联分析主要通过挖掘事件之间的关联和时序关系来发现攻击。事件关联分析采用了高性能的流计算引擎，直接从分布式消息总线上获取归一化日志装入内存，并根据系统加载的关联规则进行在线分析。系统预置了一部分关联分析规则，用户也可以自定义关联分析规则。当多条日志匹配了同一关联分析规则时，就认为它们之间存在对应的关联关系，此时输出异常事件，同时将其匹配的原始日志记录到异常事件中。

7. 高级威胁判定原理

高级威胁判定是将多个异常进行关联、评估来判定是否产生高级威胁，并为威胁的监控和攻击链路的可视化提供数据。具体来说，是依据攻击链的阶段来标识各种异常或为其分类，并按异常发生的时间，通过主机IP、文件MD5和URL建立异常的时序和关联关系，根据预定义的行为判定模式判定异常是否为高级威胁，同时根据关联异常的严重程度、影响范围、可信度进行打分和评估，从而判定高级威胁。

8.3.3 深度机器学习助力安全威胁检测

在恶意文件分析领域，传统技术基于的是文件特征码的匹配，俗称静态签名。不过，随着恶意文件的种类越来越多，逃逸手段越来高明，业界普遍意识到使用传统的一对一的静态签名技术已经无法应对新型恶意文件的检测。于是，出现了专门用于恶意文件识别的沙箱产品，恶意文件分析开始逐步向动态检测演进，且主要用于防御未知威胁，其工作机制的核心是通过检查恶意文件运行期的实际动作来识别威胁。通常，沙箱厂家会在后台写出一些恶意行为的规则库（也称为行为序列）来辅助恶意文件的判定。比如是否调用加密API产生密钥，打开多个文档类文件读操作，然后改写这些文档等，这些行为序列与勒索软件类似。

以上行为序列的确有效，但是，仅靠行为序列显然是不够的。为了更为精确地判定恶意文件，数据分析专业的研究人员提出机器学习技术，并尝试将其应用在恶意文件分析领域。然而，研究人员虽然具备丰富的数据分析基础，但往往缺乏对传统安全的二进制的逆向理解能力，他们在隔离恶意文件后，仅仅提取了文件Metadata的静态特征，比如PE头的字段大小和数据，并送入统计算法进行恶意分类。这种对固定一段时间的样本采用K-Fold交叉验证的方式看似很有效，但在现在的网络环境中，往往因为文件加密/加壳等情况使实际检测效果受影响。

如图8-8所示，上述机器学习实际上是采用了对静态行为的计分来判定恶意文件，比如改写注册表计5分，向磁盘写入文件计2分，添加Windows注册表自启动计5分，有联网行为计5分等，分数总和超过70分，软件就被认为是高危的。这种方式的致命缺陷就是通过一条事先人为划定的全局直线来对未来的威胁做判断，若得分总和在直线的上方，表明存在威胁；反之，则不存在威胁。这种方式的检出率和误报率的可信度低。

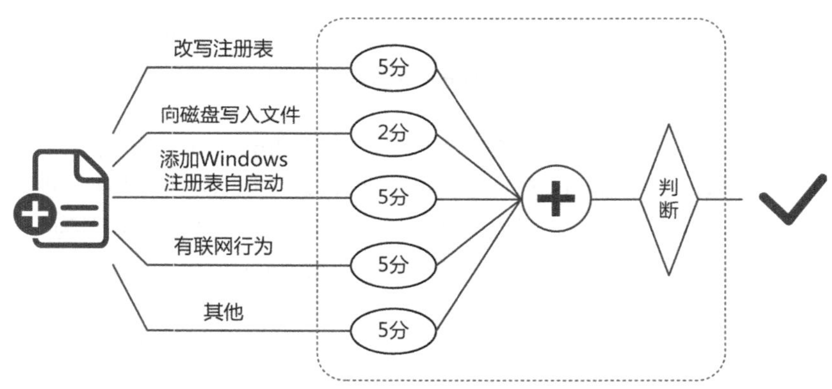

图 8-8　采用静态行为计分来判定恶意文件

为了改变这种状况，华为安全团队在仔细分析了动态行为和静态数据的优劣后，尝试将动态行为加入机器学习的技术路线，并为其取名为动态行为的机器学习。简单来说，就是结合安全专家的经验，通过概率统计的方式将动态行为（包括函数名、各个参数、返回值等）数字化，以形成特征向量，采用监督学习的办法，加入随机森林的机器学习算法，并建立每个家族的检测模型，这样就提高了检出率。

但是，在不断提高检出率的过程中，随机森林算法也同样遇到了瓶颈，即该如何应对非线性问题。专家团队尝试了深度学习路线，采用基于BP（Back Propagation，反向传播）的卷积神经网络算法（如图8-9所示），通过对卷积参数的精心设计和探索，以及对每层过滤器的选择，最终获得了很好的效果。

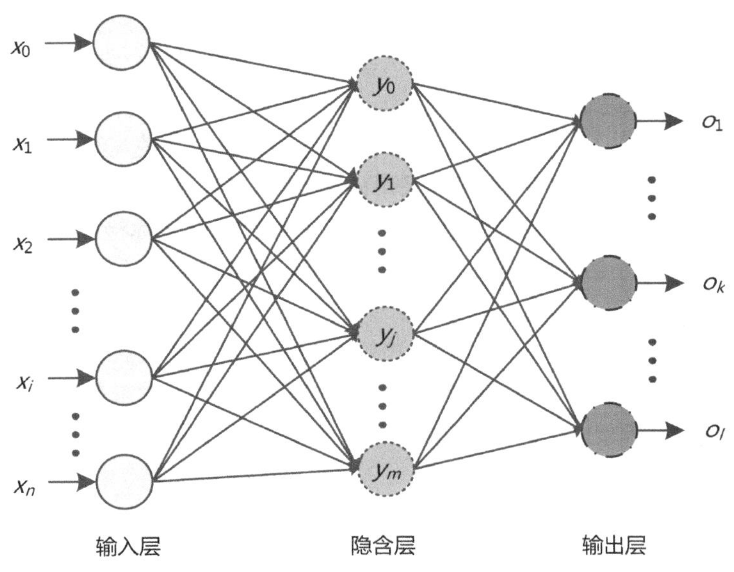

图 8-9　基于 BP 的卷积神经网络算法

随着样本的增多，更多的通用GPU（Graphics Processing Unit，图形处理单元）被投入计算，每层神经网络的参数也更加开放，基于BP的卷积神经网络算法具备了可扩展、自动提升的特性。比如，如图8-10所示，通过动态行为的机器学习，该算法把威胁判断的标准从业界的一条直线转为一条曲线甚至多维空间的曲面。样本越多，通用GPU的计算能力越强，曲面的拐点就越多，拐点的维度就越高（二阶导数、三阶导数等），参数位于曲面的上方表示文件是恶意的，位于下方则为非恶意的。

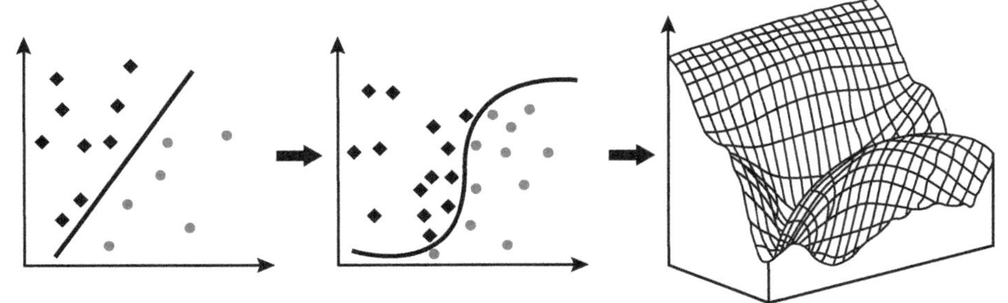

图 8-10　通过曲线或者多维空间的曲面进行威胁判断

在高维度多拐点的*N*维空间的曲面下，对样本空间里的“黑白标定”可能更精细，分类也更准。简单来说，第一步是特征向量的收集和标定，运行数百万个恶意样本的行为序列，然后通过数字化形成数百万个特征向量，标定这些特征向量为黑的，用同样的办法运行非恶意样本的行为序列可得到数百万个白的特征向量。第二步是设计算法模型，在TensorFlow框架下，设计神经网络的层数，相邻的层之间的神经元存在线性关系，就像一个多项式，需要确定每个参数，这样一个神经网络模型就设计好了。第三步是训练，其实就是寻求这些多项式参数的最优解。把数百万个样本的特征向量送入第二步的算法模型框架，每层的神经元之间都是多项式关系，多层神经网络就意味着一个Tensor从第一层开始经过第二层，直到最后一层输出结果，以这样的方式将数百万个特征向量反复迭代。Tensor在神经网络算法框架里流动类似Flow，对于黑的（恶意的）特征向量，期望最后的输出值为1；对于白的（非恶意的）特征向量，要求输出值为0。在这个要求下，将数百万个黑的和白的特征向量都送入这个算法框架，约束输出值为1或者0，通过迭代多项式的每个参数，求得每个多项式系数的最优解，这样就可以和传统数据分析的曲线拟合类比了。

如何才能最高效地计算出最优的参数呢？要采用深度学习的BP技术。打个比方，BP技术就是通过引入反馈机制，让Tensor的流动以及多项式参数的迭代能够快速收敛，快速求出优化的参数。综上，沙箱技术是非常适合深度学习的，最核心的工作是安全专家和AI专家一起设计特征向量，根据经验设计深度学习的算法模型框架，获取高质量的样本，让算法进行深度学习。效果不好的时候，安全专家和AI专家一起来检查样本和调整算法模型以及参数，反复迭代测试，得到最优的模型，最后用于产品发布。

此外，需要强调的是，机器学习本身不是单个算法，也不是单个软件，它更像一个流程，需要收集样本、设计特征向量、设计算法模型、反复迭代调优，而且随着时间推移，还有老化问题。此技术目前以监督学习为主，就是根据以往标定好的历史数据训练出模型，用于对未来的数据进行标定分类。

8.4　ECA 技术实现恶意加密流量的识别

伴随着数字化转型，大量企业开始采用加密技术来保护数据和应用服务的安全。例如，使用HTTPS服务代替传统的HTTP服务等。加密能够保护我们的数据不被窥探，能够防止犯罪分子窃取我们的信用卡信息、应用的使用习惯或密码等。加密俨然已经成为保护隐私的重要手段之一，对于特定类型的流量，加密甚至已成为法律的强制性要求。2019年，有统计数据显示，已有超过70%的流量是经过加密的。

但不可忽视的是，流量的加密在无意之间也为网络安全带来了新的隐患。站在发送方的角度，对流量加密能够有效防止其通信数据被黑客窃取甚至是恶意篡改；但站在接收方的角度，接收方无法百分之百确信接收到的加密流量都是安全的。这是因为加密技术同样也给恶意文件提供了藏身之地，黑客们可以利用加密技术将其推送的恶意文件、传达的恶意命令都藏匿于加密流量中，从而规避安全检测，以便实施恶意行为。

8.4.1 如何发现加密流量中的威胁

当前针对加密流量进行检测的主要解决方案是利用中间人技术对流量解密，分析其中的行为和内容，再次加密后发送。但这样的解决方案存在如下的局限性。

- 加密技术旨在保护数据的隐私性，利用中间人技术解密则违背了这个初衷，同时利用中间人技术解密也在通道完整性方面带来了风险。
- 中间人技术解密通常使用诸如更高性能的防火墙等设备来查看流量，但这种方法耗时较长，且需要在网络中添加额外的设备。
- 如果加密流量持续增加，解密将会消耗大量资源，同时也将会造成现有网络性能的下降。

尽管无法嗅探加密流量的内容，但通过对加密流量的分析和研究，无论是在客户机端，还是在服务器端，正常的加密流量和恶意的加密流量在数据包上的时序关系方面仍然存在着很大差别。例如，正常的加密流量通常会采用较新和较强的加密算法和参数；而恶意的加密流量通常会采用较老和较弱的加密算法和参数。将诸如此类的有区分度的特征提取出来，利用机器学习算法训练模型，就可以对正常加密流量和恶意加密流量进行分类。

8.4.2 ECA 技术的逻辑架构

ECA（Encrypted Communication Analytics，加密通信检测）是一种流量识别和检测技术，它能够在不破坏数据完整性和隐私性的前提下，识别网络中的加密流量和非加密流量，提取加密流量的特征并发送至HiSec Insight进行恶意流量检测，帮助客户快速发现隐藏在加密流量中的威胁，并进行及时有效的处理。图8-11所示为加密通信检测系统的逻辑架构。该架构分为ECA流探针和ECA分析系统。

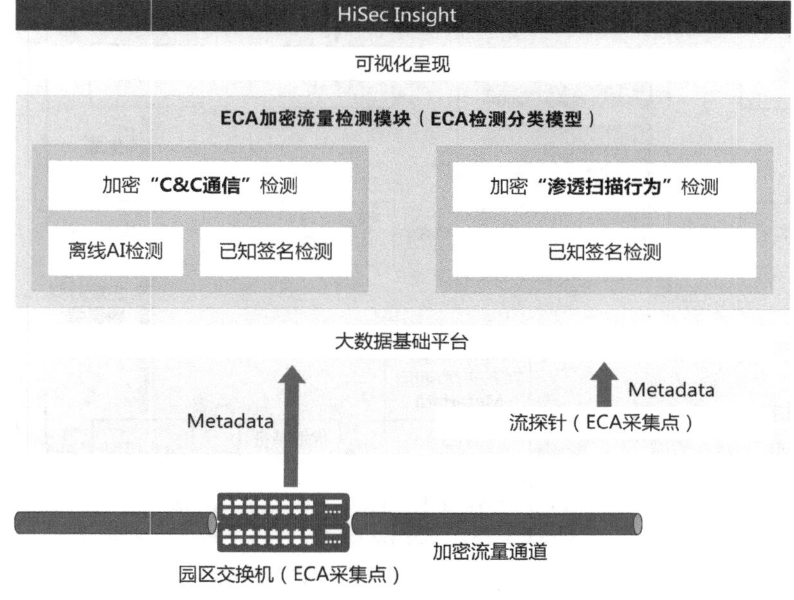

图 8-11　加密通信检测系统的逻辑架构

ECA流探针主要负责提取加密流量的特征，然后发送至ECA分析系统进行判定。ECA流探针可以通过独立方式、防火墙内置以及交换机内置3种方式进行部署。

ECA分析系统集成于HiSec Insight中，通过结合ECA检测分类模型发现恶意加密流量。

8.4.3 ECA 技术的工作原理

加密通信检测系统的实现原理如图8–12所示。具体可分为如下几个步骤。

首先，采集并获取数百万个黑样本和白样本，结合开源的威胁情报，提取其特征信息，包括TCP流统计特征、TLS握手信息特征、关联的DNS/HTTP信息特征等。基于以上特征信息，再采用机器学习的方式，利用样本数据进行训练，从而形成ECA检测分类模型。

其次，通过部署在各个网络关键节点的ECA流探针提取现有网络的加密流量中的特征信息，并统一发送至HiSec Insight。

最后，HiSec Insight通过内置的ECA检测分类模型，对ECA流探针发送的加密流量特征信息进行大数据处理和分析，即可判别是否存在恶意加密流量，并通过联动处置实现威胁闭环。

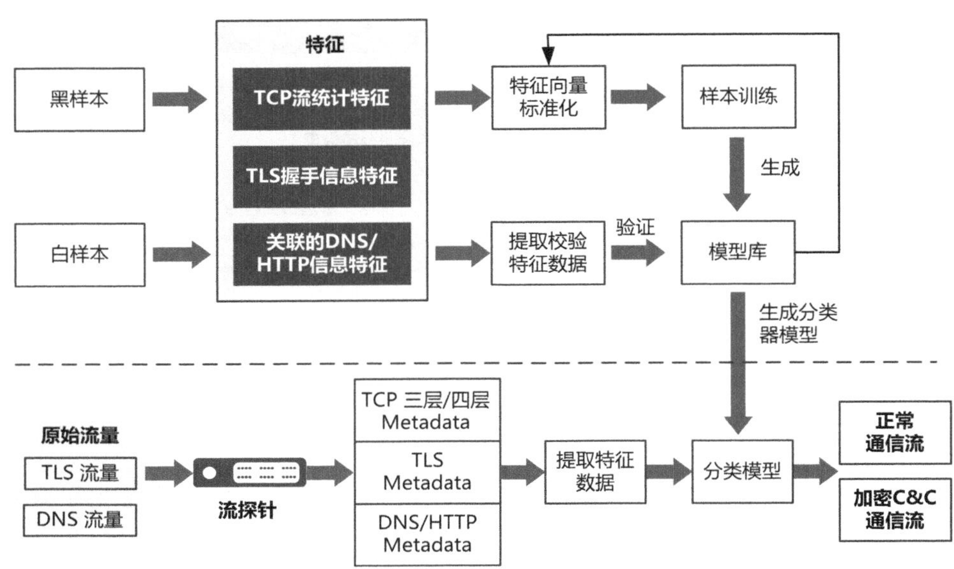

图 8-12　加密通信检测系统的实现原理

8.4.4　ECA 提取的数据特征

在形成ECA检测分类模型的过程中，最重要的就是对黑白样本的数据特征进行提取和分析，通过对比研究，得出黑白样本的典型特征模型。另外。ECA流探针会将提取到的现有网络数据流量的特征发送至HiSec Insight，HiSec Insight结合ECA检测分类模型进行分析判断，从而识别出恶意加密流量。ECA流探针主要提取报文中的TCP流统计特征、TLS握手信息特征、关联的DNS/HTTP信息特征等。下面以TLS握手信息特征为例进行介绍。

图8-13展示了TLS协商过程。在TLS协议中，除TLS的握手信息外，其他信息都是加密的。因此只能从TLS握手信息和其他上下文信息来提取特征。TLS握手阶段都是明文的，从这个阶段可以提取证书信息和双方选择的加密方法。因此，TLS握手信息流中未加密的元数据包含黑客无法隐藏的数据指纹，可用于训练检测算法。

将握手阶段的信息分为客户机指纹信息和服务器证书信息两部分。

对于客户机指纹信息，以TLS握手时客户机使用的加密套件信息为例来分析。图8-14是部分加密套件在黑白样本中的比例分布。从图中客户机使用的加密套件的分布情况可以看出，加密套件在黑、白样本中的使用存在明显的差异。正常情况下，每个客户机都会由几个加密套件组合而成，结合表8-3对加密套件中算法的说明可知，在黑样本中SSL现有版本不推荐的套件（000a、0005、0004、0013）占比较大。

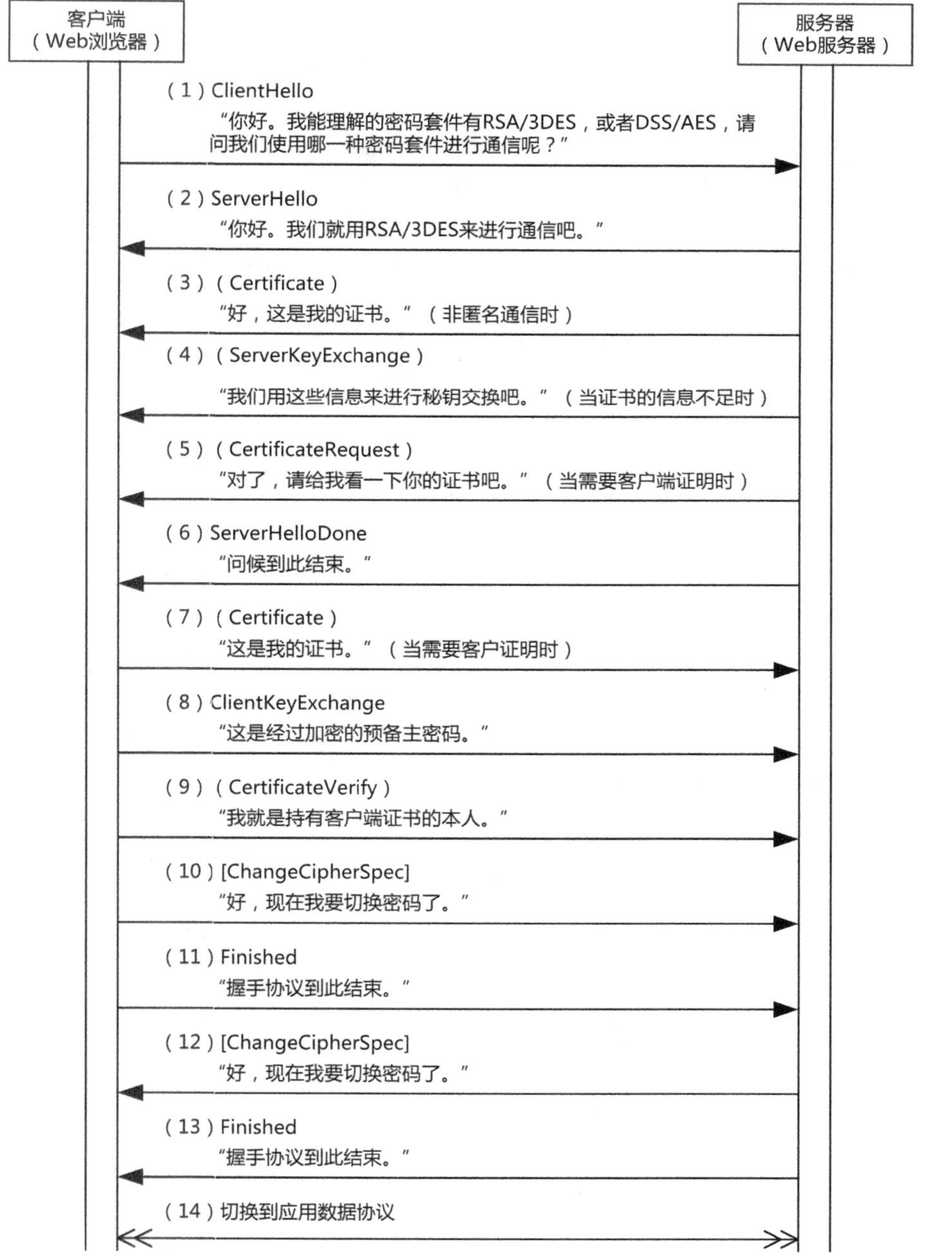

图 8-13　TLS 协商过程

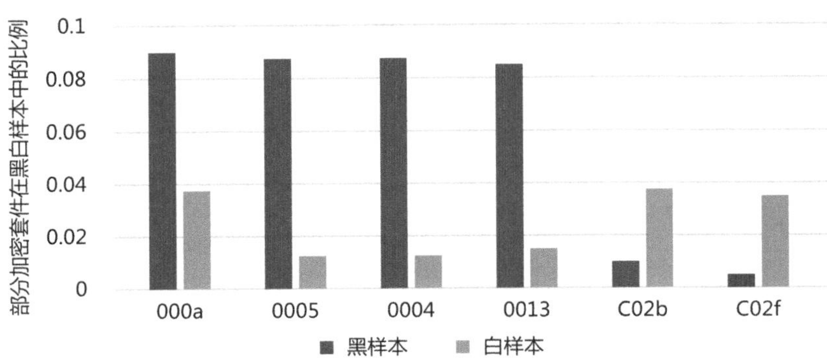

图 8-14 部分加密套件在黑白样本中的比例分布

表 8-3 加密套件中算法的说明

加密套件	套件算法
000a	TLS_RSA_WITH_3DES_EDE_CBC_SHA
0005	TLS_RSA_WITH_RC4_128_SHA
0004	TLS_RSA_WITH_RC4_128_MD5
0013	TLS_DHE_DSS_WITH_3DES_EDE_CBC_SHA
C02b	TLS_ECDHE_ECDSA_WITH_AES_128_GCM_SHA256（推荐）
C02f	TLS_ECDHE_RSA_WITH_AES_128_GCM_SHA256（推荐）

黑样本的服务器证书信息也有很多特殊的特征。如图8-15所示，根据华为对大量黑白样本证书的统计分析，黑样本证书中空字段大于等于3个的比例高，而白样本证书中空字段少于3个的比例高。

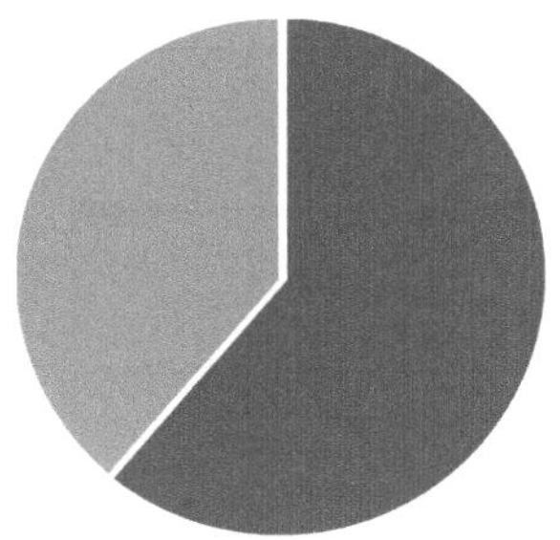

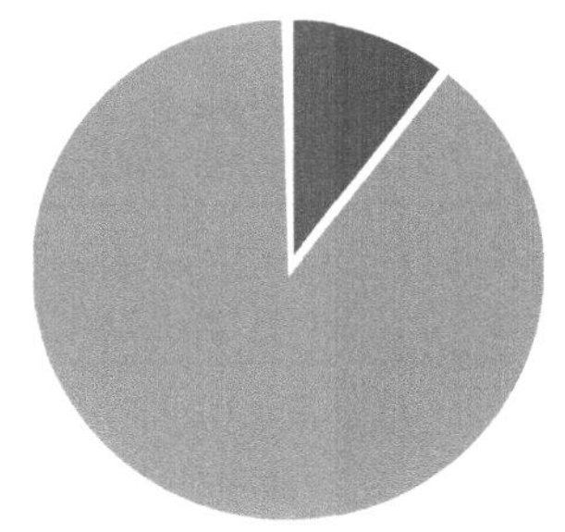

图 8-15 黑白样本证书的统计分析

8.5 网络诱捕技术实现主动安全防御

为了防范黑客的入侵活动，保障信息系统的正常运转，大部分企业在网络中都构建了基于“纵深防御”理念的网络安全体系。这种防御方式在过去很长时间里都发挥了巨大的作用，但随着以APT为代表的高级安全威胁快速增多，该方式也显露出薄弱性。纵深防御体系是以“识别安全事件”为主的防御方式。无论是基于特征的威胁防御，还是利用大数据的威胁检测，该体系都是在安全事件发生后才开始工作并发挥作用。

因此，一种新的安全防御思路应运而生——欺骗防御技术。该技术在黑客对目标网络的认知过程中，通过在网络中构造欺骗陷阱，主动进行干扰、误导和摆脱黑客，从而及早发现、延迟或阻断黑客的入侵活动。该技术连续3年被Gartner评选为顶尖网络安全技术之一。

8.5.1 诱捕技术的架构和原理

基于“欺骗防御”的理念，华为推出了网络诱捕技术。该技术可以与攻击源进行主动交互，通过网络欺骗和业务仿真，在攻击源发起内网扫描阶段时即将其识别出来，并通过联动处置将其快速隔离，以避免真实业务受到影响。图8-16是网络诱捕技术的架构图，该技术的关键组件包括诱捕探针、诱捕器、HiSec Insight等，各组件的功能说明如表8-4所示。

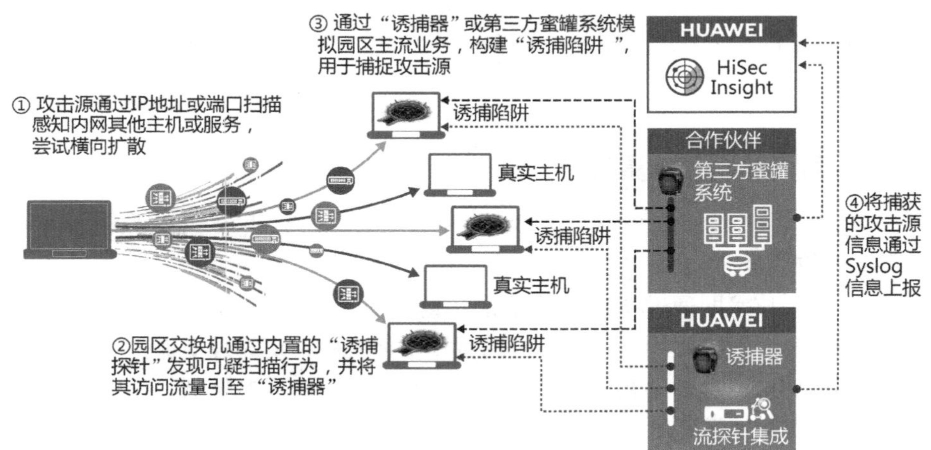

图 8-16　网络诱捕技术的架构

表 8-4 网络诱捕技术关键组件功能说明

关键组件	功能说明
诱捕探针	诱捕探针内置于园区交换机或防火墙中，用于识别针对未使用的 IP 地址或未开放的端口的扫描行为，并对这种攻击行为进行代答，诱导攻击者攻击诱捕器
诱捕器	诱捕器用于模拟园区的主流业务，构建诱捕陷阱。例如模拟 HTTP、SMB（Server Message Block，服务器消息块）、RDP（Remote Desktop Protocol，远程桌面协议）、SSH 等服务，与攻击行为产生交互，记录交互过程，捕获 Payload 脚本等。可以使用集成在 HiSec Insight 中的诱捕器，也可以使用第三方蜜罐系统来代替
HiSec Insight	根据诱捕器上报的告警、协议交互文件行为等进行关联分析、威胁呈现，并联动网络控制器进行威胁处置

网络诱捕技术是一种主动的安全防御技术，其防御过程如下。

- 诱捕探针以内置在交换机或防火墙上的方式实现全网部署，使黑客从任何网络位置发起攻击前的扫描嗅探行为都可被诱捕探针捕获。
- 如果是恶意扫描行为，诱捕探针会以报文代答的方式构造虚假网络，从而迷惑黑客的认知，延迟对真实业务的攻击时间窗。
- 如果黑客访问的是虚假网络中的IP地址或端口，诱捕探针认为该行为具有攻击意图，在黑客访问流量到达诱捕探针时，诱捕探针会将该流量引流至诱捕器以进一步确认攻击意图。
- 诱捕器会对企业的主流业务进行模拟仿真，这些仿真业务会带有明显的安全漏洞。当黑客流量到达诱捕器时，黑客会将这些仿真业务误认为是用户实际的业务系统，进而采取攻击行为，但其所有行为均会被诱捕器捕捉到，并形成攻击者画像。
- 诱捕器将攻击者画像提交给HiSec Insight，并由其通过联动处置实现安全隔离。

8.5.2 网络混淆和仿真交互

1. 网络混淆

网络混淆技术即通过向攻击者展现大量虚假资源，使攻击者无法获得真实资源和漏洞信息。此方案中，诱捕探针内置于交换机中，更靠近受保护的网络，同时可在网络中广泛部署。相比部署传统蜜罐系统，它的成本更低、密度更高、覆盖面更广、防御效果更佳。

诱捕功能开启后，交换机上的诱捕探针在网络中展现了大量虚假资源，对攻击者的网络扫描行为进行响应，向攻击者展现虚假拓扑，实现虚假网元与真实网元的混合组网，有效迟滞了扫描器、蠕虫等自动攻击程序的攻击行为，达到了干扰攻击者采集系统信息与进行脆弱性判定的目的。

以端口资源利用为例，攻击者进行端口扫描时，如果被扫设备的端口未开放，诱捕探针会代替这些端口响应扫描请求，诱骗攻击者对这些端口进行访问。如果攻击者真的访问未开放的端口，诱捕探针将其流量引流到诱捕器进行应用层的诱骗，来进一步确认攻击者的意图。

2. 仿真交互

仿真交互技术即通过虚假资源实现攻击交互，来准确识别攻击意图，使攻击者暴露。诱捕器能根据周边环境模拟出相似的仿真业务，而这些仿真业务带有较明显的漏洞。攻击者无法分辨业务的真假，于是诱捕器会诱使攻击者对仿真业务发起攻击。一方面，通过攻击交互过程，能准确识别攻击意图。比如正常的扫描器、爬虫的行为，会响应扫描到的资源，但不会有针对性地对漏洞发起攻击；另一方面，仿真业务通常会诱导攻击者进攻其他仿真业务，导致攻击者陷入连环陷阱，为防御攻击争取更多的时间。同时，通过仿真交互过程，网络诱捕系统可以捕获更多的攻击信息和情报，便于HiSec Insight分析并采取更准确的防御行为，降低真实系统被攻击的概率，最大限度地减少损失。

诱捕器当前支持对HTTP、SMB、RDP、SSH应用的仿真交互。以HTTP为例，诱捕器可模拟生成与真实业务相似的Web服务，但是相比真实系统，开放了更多服务，且某些服务未做安全加固。如果攻击者发现并攻击仿真系统的漏洞，致使诱捕器上的漏洞被触发，则可以确认攻击的发起者是恶意的。

第 9 章
云园区网络的开放生态

数字化时代，企业园区网络的开放能力决定了办公、生产效率，甚至关系到业务决策和执行的成败。随着数字化转型的深入，网络和上层业务系统变得密不可分，客户迫切需要更贴近各种行业场景的应用。对网络平台而言，开放性显得愈加重要。因此能否通过开放的网络平台，基于园区网络定制开发更有效的增值应用，是每个客户及其合作伙伴都非常关注的问题。

| 9.1 园区网络开放的驱动力 |

对高校而言，园区网络不但需要支撑教学、办公、学生上网等业务，还需要承担对网络技术的研究和创新。学术界针对网络的各种大胆创新都可以先在校园网上进行试验。现有的网络技术创新多数都是从校园网走向世界的，例如，SDN和OpenFlow的概念就是由美国斯坦福大学的教授和学生首先提出并实现的。一个开放的校园网架构可以为高校的科研创新提供极大的便利。

对向中小企业提供SaaS的服务商而言，要想从众多的竞争者中脱颖而出，需要不断提升自身业务的竞争力。服务商可以选择引入更多的合作伙伴，提供更多的软件和服务，从而成为“最好”的服务商；也可以选择差异化竞争，不断针对细分市场进行功能和服务的差异化开发，从而成为细分市场的领导者。这些都要求云服务软件架构具备良好的开放性，以支撑服务商不断完善自己的软件和服务。

对企业网络的运维团队而言，不断出现的新业务需要运维团队能够在不调整网络架构的前提下，将各种业务快速整合到网络中。大多数场景下，传统的网络解决方案供应商有能力快速提供整合方案，但是仍会出现传统供应商的解决方案不能满足业务需要的情况。此时，运维团队就需要自主整合或者求助于第三方进行整合。为了加快新业务整合的进度，企业需要一个开放的园区网络架构。

对网络解决方案供应商而言，要不断提升解决方案的竞争力，满足各类细分市场的不同需求，不可能仅依赖自身的软硬件产品。解决方案供应商必须以开放的方案作为基础，构建起完善的生态圈，从而吸引更多有实力的第三方合作伙伴共同打造端到端的解决方案。

同样，对第三方开发者而言，出于收益最大化的原则，其会选择具备良好生态环境的解决方案搭建合作平台，各种新功能特性会首先发布在这些合作平台上或者只在这些平台上发布。

综上所述，园区网络不仅仅是一个提供基础网络的业务平台，更是一个网络操作系统。操作系统之间的竞争更多是开放生态的竞争。对园区网络的操作系统来说，开放生态包含了以下3个方面的能力。

- 网络架构全面开放能力。园区网络架构的开放能力对外以API的方式体现。一般来说，API数量越多，则开放能力越强。如果更进一步考虑，则还需要关注API开放的广度和深度。广度上，关注园区网络架构是否提供全面的、不同类型的API，如网络类、增值业务类、认证类等API。深度上，关注网络架构模型中各层，特别是网络层资源的抽象模型和开放程度，是否支持上层应用通过API调用网络层资源，以实现端到端的业务管理。
- 园区网络生态构建能力。重点是解决方案现有的生态环境是否完善，对外提供的第三方功能和应用是否完备。解决方案供应商首先会利用自己的开放能力尝试构建良好的生态环境。解决方案的生态环境好、生态链中的合作伙伴多，则解决方案中集成的第三方功能和应用会更加完备。从解决方案使用者的角度看，解决方案需要更加完整和易于使用。
- 基于开发者社区联合创新能力。重点在于是否具备良好的平台开发和支撑环境，以及是否具备良好的商业变现能力。

网络操作系统不同于单机版操作系统，开发环境复杂得多。对于单机版操作系统，我们可以轻易搭建出开发测试环境；但是网络操作系统面向的编程对象是整个网络，对个人开发者甚至是中小型开发团队而言，开发和测试环境的搭建成本将会非常高。因此，对于网络解决方案的支撑服务，除了提供传统的知识方面的支撑以外，还需要提供相应的开发环境，例如在线远程实验室。

从商业变现的角度看，不同于单机版操作系统，网络操作系统的第三方应用赢利极其依赖于网络解决方案供应商。因此，网络解决方案供应商需要提供完善的运营营销平台，帮助开发者推广和销售第三方应用，才有可能吸引开发者持续投入开发平台应用。

9.2 园区网络架构全面开放

云园区网络解决方案提供了全层次、全业务、全场景的开放能力，行业伙伴可以基于该开放能力快速地开发相关行业应用。第三方的应用可以作为组件运行在云园区解决方案中的应用层，完善应用层已有的面向各行业的标准应用。

9.2.1 云园区网络的开放能力

1. 北向开放能力（应用侧的开放能力）

云园区网络的平台层向应用层提供四大类、超过150个API，涉及基础网络API、增值业务API、第三方认证API和位置服务API，如图9-1所示。

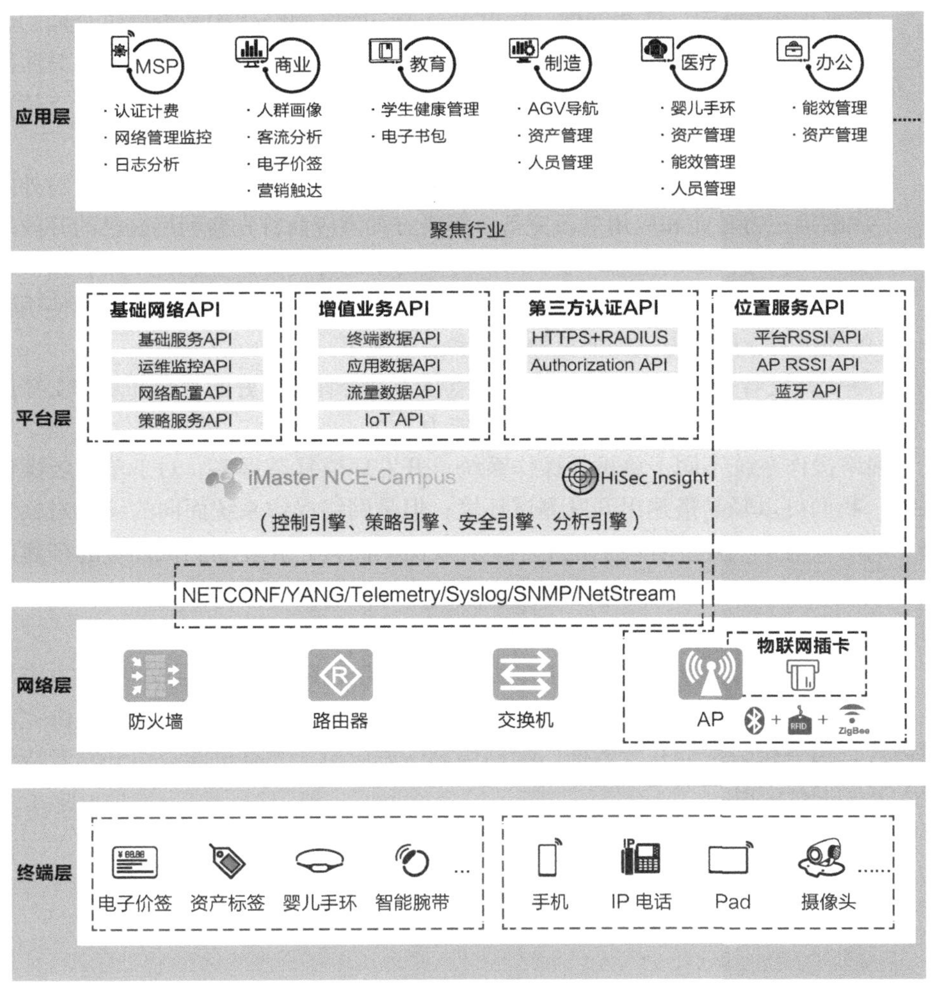

图 9-1 云园区网络的开放能力

（1）基础网络API

基础网络API主要提供园区网络类业务的管理、控制和维护。通过基础网络API，上层应用可以调用封装后的网络资源，实现网络和业务的互动，如视频类业务可以调用网络资源实现端到端的质量保证。基础网络API也可以对网络进行配置、管理和维护，如高校或者其他科研机构通过基础网络API验证网络架构和应用创新，基础网络API会直接调用南向NETCONF接口，对网络层进行控制。

（2）增值业务API

增值业务API主要提供对园区内部大数据的访问。平台层内置大数据引擎，通过南向的Telemetry接口、NetStream接口，并整合传统的Syslog、SNMP等接口，全方位地采集和存储网络大数据，包括终端大数据、应用大数据、流量大数据等。第三方应用可以通过增值业务API访问和分析大数据，从而提供各类增值业务。例如，商业机构可以通过大数据挖掘实现商业智能化应用，典型的包括人群画像、客流分析、电子价签、营销触达等。增值业务API还提供了IoT API，IoT应用可以运行在应用层，通过IoT API访问和控制内嵌在AP内部的IoT模块，实现各种基于IoT的智能应用。例如，企业可以通过内置的ZigBee模块，实现办公室的自动能效管理。

（3）第三方认证API

第三方认证API主要提供与认证信息对接的接口。第三方认证API主要用于用户管理，可以实现各种用户身份管理。例如，酒店管理系统可以调用第三方认证API，实现基于房间号和住客姓名的接入控制。

（4）位置服务API

位置服务API提供的位置服务作为伴随着Wi-Fi网络和IoT出现的一类业务，赋予了园区网络对人和物的感知能力，成为实现各种自动化和智能化的关键。例如，基于位置信息可以实现工业场景下的各种导航服务。另外，定位技术的核心指标是定位精度，它决定了位置服务的应用范围。低精度的定位仅仅能够用于园区保安的远程管理，而高精度的定位则可以实现工业自动化中的各种AGV导航、电子围栏等。

2. 南向开放能力（终端侧的开放能力）

云园区网络的网络层向终端层提供了统一的标准，为整个园区生态系统定义了统一的语言，让终端明确告知身份，然后网络精准化识别终端，最终与物联网应用产生协同，形成云管端高效协同的体系方案。华为iConnect解决方案（见图9-2）就是端管协同方案的一个典型代表，该方案有助于大力推动行业数字化转型，提升园区ICT系统的整体效率和业务体验。

在华为iConnect解决方案中，物联终端出厂预置符合华为iConnect生态定义的电子身份规约信息。该类终端通过Wi-Fi、有线IP等方式接入园区网络后，在与AP、交换机交互的协议报文中携带电子身份规约信息。SDN控制器根据电子身份规约信息对终端进行首次认证，例如允许其接入园区公共网络、申请证书等。首次认证通过后，SDN控制器再通过从物联网平台同步终端的扩展信息、策略模型等，对物联终端进行二层认证、策略授权，允许其接入承载物联网业务的园区网络。二次认证授权完成后，当物联网平台对物模型的操作指令通过园区网络下发到物联网关时，物联网关就可以通过园区网络再编排下发到物联终端。

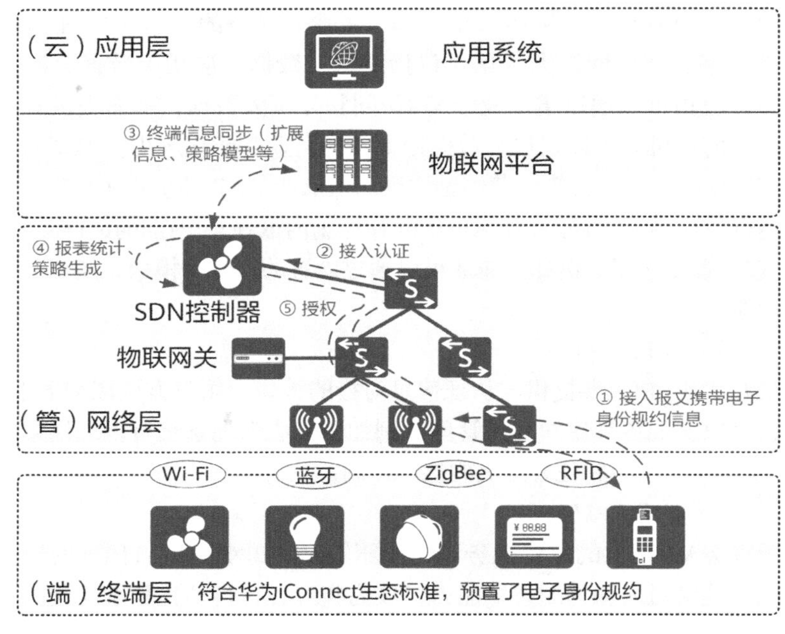

图 9-2 华为 iConnect 解决方案

相比于传统终端准入管理方案被动推测终端是什么，端管协同方案可以让终端主动精准地告知网络管理员它是什么、它需要什么。不仅如此，端管协同方案还通过各个体系的协议标准，统一了云管端的交互语言，构建了设备即插即用、策略精准控制、业务协同、安全可信的园区ICT基础架构体系。

9.2.2 云园区网络典型的开放场景

认证授权、位置服务、人群画像、网络运维、智慧物联是园区网络典型的几个业务功能。例如，商超客户希望知道用户在哪个区域停留的时间最长，哪个区域的人流密度比较大，则会用网络位置服务感知园区内用户终端的位置；高校客户希望对园区的物联终端进行管理，能够对重要资产进行盘点，对部分资产进行位置定位等，则会用到智慧物联。下面就以这几个常见的开放场景来介绍如何基于云园区网络的开放能力实现相关的应用。

1. 认证授权

在某些场景下，客户希望对园区网络的接入终端进行控制，比如部分商超客户希望给访问商超网络的用户推送门户广告。这些需求都可以通过基于第三方认证API开发的应用实现，如图9–3所示。

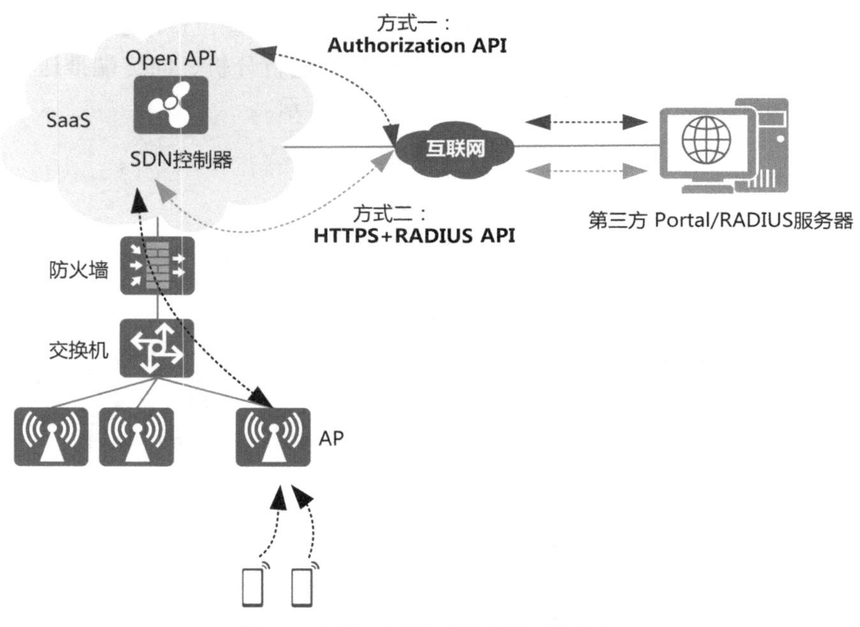

图 9-3　与第三方认证授权平台对接方案

认证授权场景的合作方案包括以下两种。

- 与第三方认证授权平台对接，通过Web页面进行网络接入认证，包括用户身份信息验证、授权，以及广告页面推送。
- 与第三方认证授权平台对接，对已经上线的用户终端，根据网络使用时长和流量进行计费。

认证授权场景的对接支持两种方式，商超客户可以根据自己的情况做出选择。

- Authorization API：第三方的平台对用户终端进行认证后，可以调用API通知

SDN控制器授权用户终端。

- HTTPS+RADIUS：SDN控制器作为RADIUS客户端和第三方平台，基于RADIUS进行认证交互，完成功能对接。

2. 位置服务

在商超场景中，Wi-Fi网络增值业务的核心是获取用户终端的位置，有了终端位置信息，商超客户就可以向顾客提供LBS（Location Based Service，基于位置的服务），一是为到访顾客提供导航等便利的服务，二是可以通过终端位置数据的分析，更好地了解顾客的购买习惯，有针对性地进行消费引导，提升经营业绩。针对终端位置，一种是精准的终端位置（x，y）坐标，另一种是AP设备探测到的终端RSSI信息。云园区网络平台将这些位置信息通过API发给上层LBS应用平台，使商超客户可以对客流情况进行分析，向终端推送信息，提供导航和排队等应用。位置服务架构如图9-4所示。

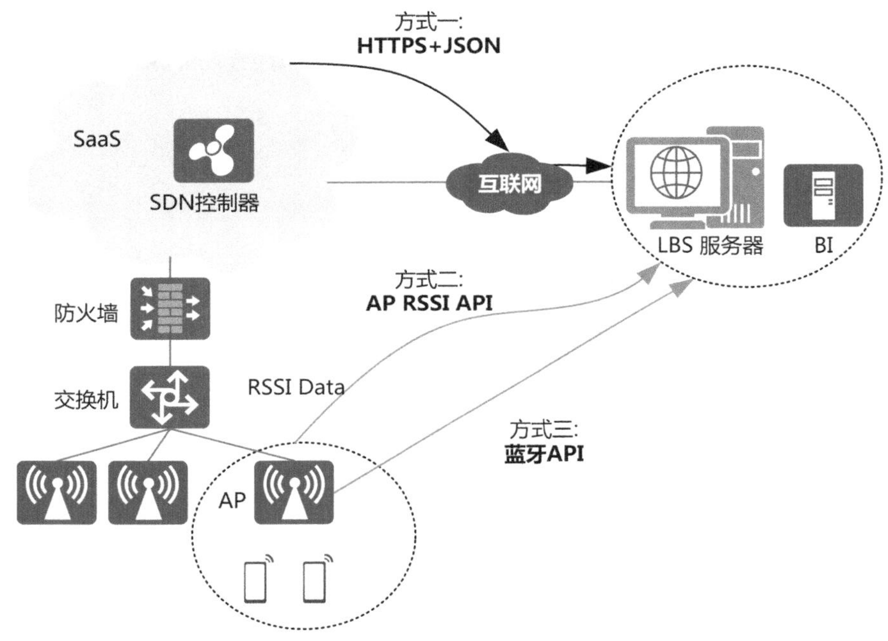

注：BI即Business Intelligence，商业智能。

图9-4 位置服务架构

SDN控制器支持将AP采集的终端位置数据汇聚起来，周期性地发送给第三方合作伙伴LBS分析平台，由其解析位置数据后，通过一系列算法对数据进行分析，最终为商超客户提供热力图、轨迹跟踪、客流分析等增值业务应用。可以通过3种方式提供位置数据。

- HTTPS+JSON：AP探测到的RSSI信息，统一发送给SDN控制器，由SDN控制器向第三方发送RSSI位置信息。
- AP RSSI API：由网络设备AP周期性地发送给第三方合作伙伴LBS分析平台。
- 蓝牙API：AP通过蓝牙技术获取用户终端的位置，周期性地发送给第三方合作伙伴LBS分析平台。

3. 人群画像

零售等行业需要做精准营销，精准营销的前提是获取人群画像，给特定人群打上标签，根据这些标签进行个性化服务、信息推送等。人群画像需要两部分数据，一部分是人群在线上留下的数据，这部分可以通过线上系统收集；另一部分是人群在实体店留下的数据，这部分数据如果与网络有相关性，就可以通过Wi-Fi探针或网络进行收集。人群画像架构如图9-5所示，云园区网络平台通过增值业务API与位置服务API，将与终端相关的线下数据提供给大数据分析平台。

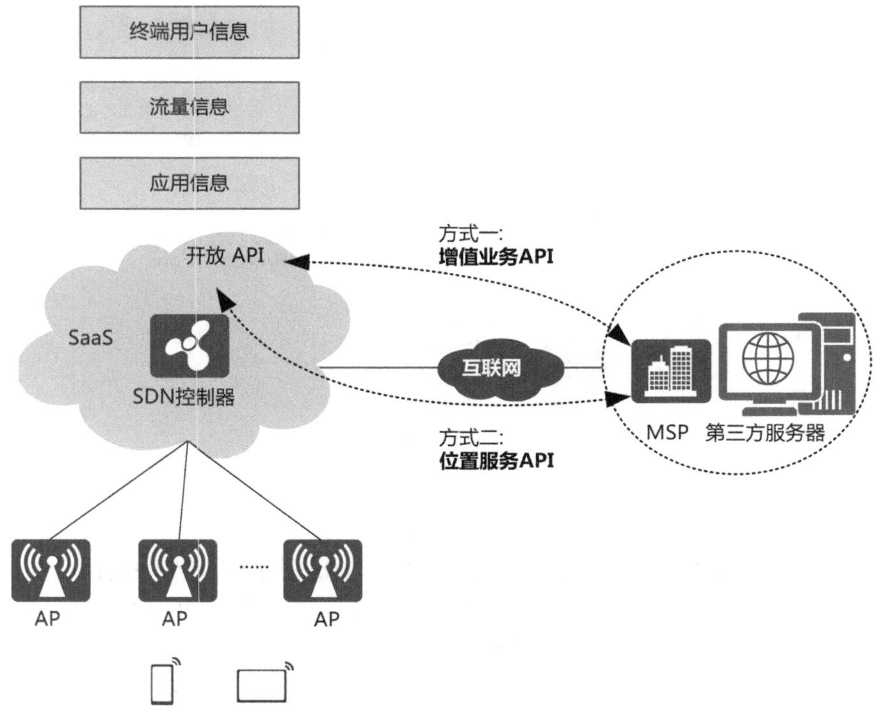

图 9-5　人群画像架构

4. 网络运维

在某些场景中，客户或者MSP可能需要用第三方网络管理平台去管理或监控云平台管理的设备。例如，创建租户管理员账号、管理设备、给指定设备进行网络配置，监控设备状态和告警等。对于这种场景，目前有两种方式实现网络业务运维，如图9-6所示。

- 基础网络API：第三方网络管理平台通过RESTful类型接口与SDN控制器对接，完成设备的管理和监控。
- NETCONF/YANG/Telemetry/SNMP等传统设备接口：网管类软件可以通过设备侧接口直接对设备进行配置管理及运维。

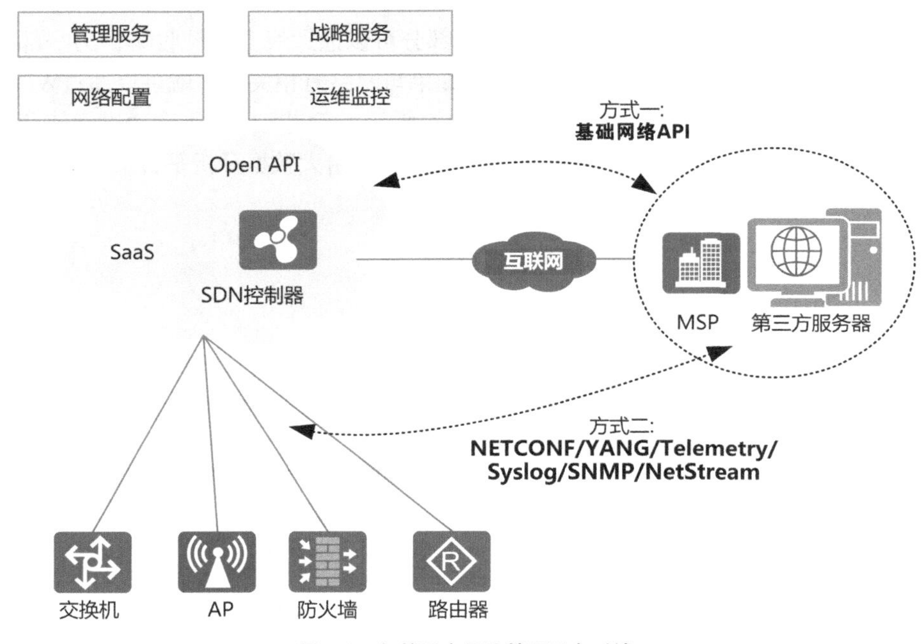

图 9-6　与第三方网络管理平台对接

5. 智慧物联

有时候合作伙伴希望在部署物联网应用（如电子价签、物联定位、能效管理、资产管理等）时，可以通过网络基础设施协助其完成物联网信号（ZigBee、蓝牙、RFID等）的覆盖，避免部署第二套网络，为客户降低CAPEX，如图9-7所示。

这种场景中，华为提供基础网络设施，开放AP硬件，提供IoT插卡的基础管理和监控功能；合作伙伴完成IoT插卡应用开发、插卡管理软件开发、物联业务软件开发等。AP和IoT插卡之间通过串口或者网口进行通信。这样通过华为与合作伙伴的合作，就可以在基础网络设施的基础上提供物联网业务服务了。

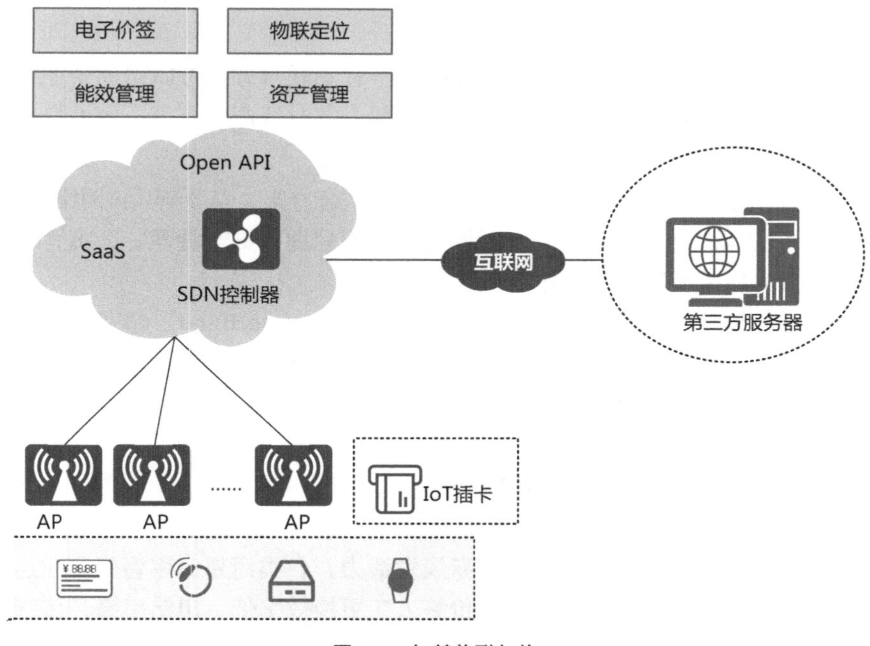

图 9-7　智慧物联架构

| 9.3　园区产业生态持续建设 |

企业的数字化转型要求构建开放式的创新生态系统。各个企业应该以园区网络作为可靠的数字基础设施构建开放的园区生态平台。该平台有助于推动各个行业紧密合作，激发跨行业创新，快速构建面向行业的端到端解决方案。

9.3.1　云园区网络生态方案概览

华为云园区网络生态系统基于云园区全面开放的网络架构，通过结合丰富的行业经验以及与客户、合作伙伴的联合创新，在成立之初就拥有30多个行业伙伴和50多个行业应用，覆盖了零售、教育、企业办公、制造等领域，未来还会与更多的伙伴携手打造更多行业的云园区网络应用和解决方案。

在零售领域，华为和合作伙伴的电子价签联合方案通过在AP上集成IoT插卡，帮助零售门店实现免人力的商品价格标签实时更改，避免单独部署一套专用的价签网络，为客户节约了运维成本。

在企业办公领域，华为和合作伙伴的资产管理联合方案可以帮助企业运营人员远程管理企业的资产，如精确跟踪资产位置、实时资产盘点等，大大提高了企业运营效率。

在教育领域，华为和合作伙伴的智慧校园联合方案，基于Wi-Fi网络与IoT的融合实现了校园内的智慧教室、互通课堂、能源管理、资产管理、公寓管理等典型应用，大大加速了校园网信息化转型。

在制造领域，华为和合作伙伴的UWB（Ultra Wide Band，超宽带）定位方案，通过亚米级的定位能力，满足了仓储行业的精准定位诉求，大量应用于工业车辆导航、智能制造等场景。

9.3.2 电子价签方案打造智慧零售

随着新零售的发展，线下门店重新焕发活力，各类商超、零售门店在运营过程中面临诸多问题。例如，传统纸质价签人工更换效率低、出错率高，传统电子价签网络和Wi-Fi网络分别独立部署，投资成本高、运维效率低等。华为和合作伙伴联合打造的新电子价签方案可以实现电子价签网络与Wi-Fi网络融合部署，降低投资成本，提高运维效率，可广泛应用于大型商超、零售门店、机场购物店等商业场景中。

图9-8所示为电子价签方案的架构。ESL（Electronic Shelf Label，电子货架标签）管理系统与客户ERP（Enterprise Resource Planning，企业资源计划）系统对接；物联网AP提供内置PCI插槽对接ESL插卡；ESL管理系统获取商品对应标价信息，通过AP内置的ESL插卡发送无线报文信息给ESL；ESL接收信息后以点阵的方式显示商品价格。实际应用中，零售商会在总部或者分支部署ESL管理系统，在门店部署ESL电子价签。客户在ERP系统调整商品价格，其结果同步至ESL管理系统，ESL管理系统根据ERP的调价结果和预置的调价计划执行价格调整。同时还可以在价签上显示商品的其他信息，如有效期、优惠说明、产品详细参数。电子价签方案的优势和具体应用如表9-1所示。

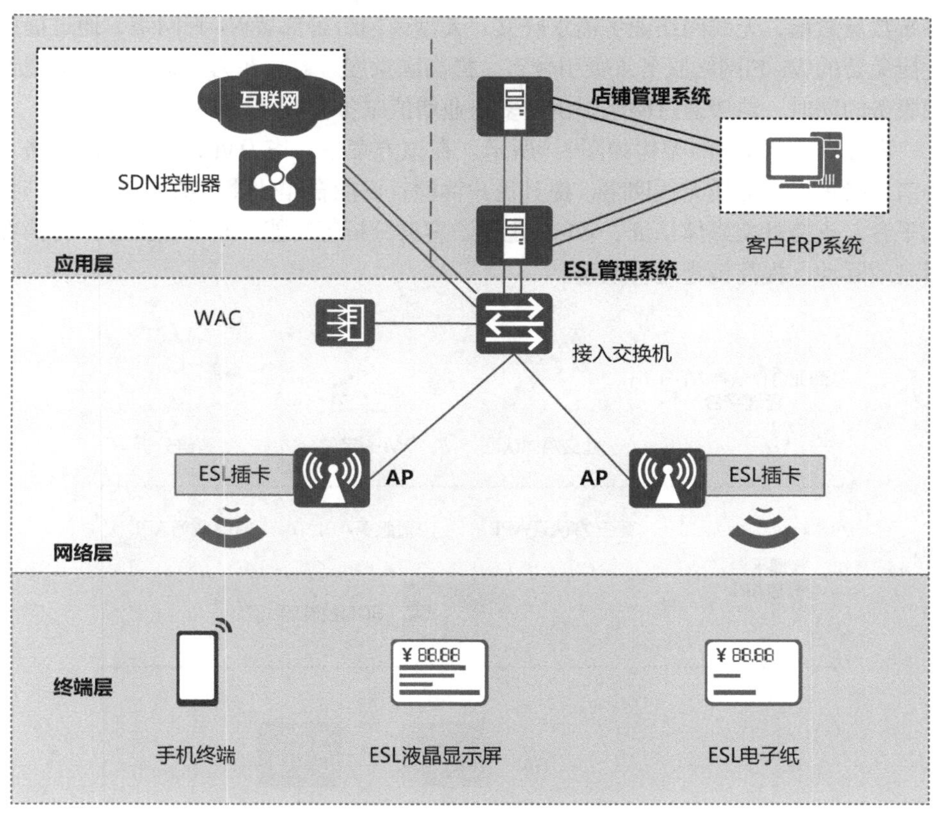

图 9-8 电子价签方案的架构

表 9-1 电子价签方案的优势和具体应用

优势	具体应用
高品质的无线覆盖	• Wi-Fi 网络无缝覆盖，保障用户流畅体验。 • 支持传统方案和云管理方案
多网融合、集中运维	• 有线网络、无线网络、电子价签网络多网合一，办公网络、应用网络一网融合。 • 智能干扰避免技术，降低 Wi-Fi、RFID 传输干扰，提高价签数据更新成功率，延长价签寿命。 • 统一工勘网络规划，集中运维管理，减少投资，提高效率
电子价签、数字化营销	• 电子价签对接 ESL 管理系统，价格实时刷新。 • 取代人工更新，节约人力成本，提高刷新的准确性

9.3.3 商业 Wi-Fi 方案打造智慧商场

随着移动互联网的快速发展和智能终端的普及，商超场景下需要接入网络的终端数量激增，无线网络业务需求旺盛。大型商超纷纷部署Wi-Fi网络，通过提供便捷免费的Wi-Fi网络服务来吸引顾客，提高满意度。商超在为消费者提供免费上网服务的同时，希望通过网络提供更多商业增值服务。

商业Wi-Fi方案的架构如图9-9所示。在该方案中，华为负责搭建基础网络，为消费者提供高品质无线网络，提升用户体验；商业合作伙伴提供可视化Wi-Fi管理平台，支持社交媒体认证、Wi-Fi定位、客群分析等功能，帮助商业客户与消费者高效互动，提高销售运营效率。

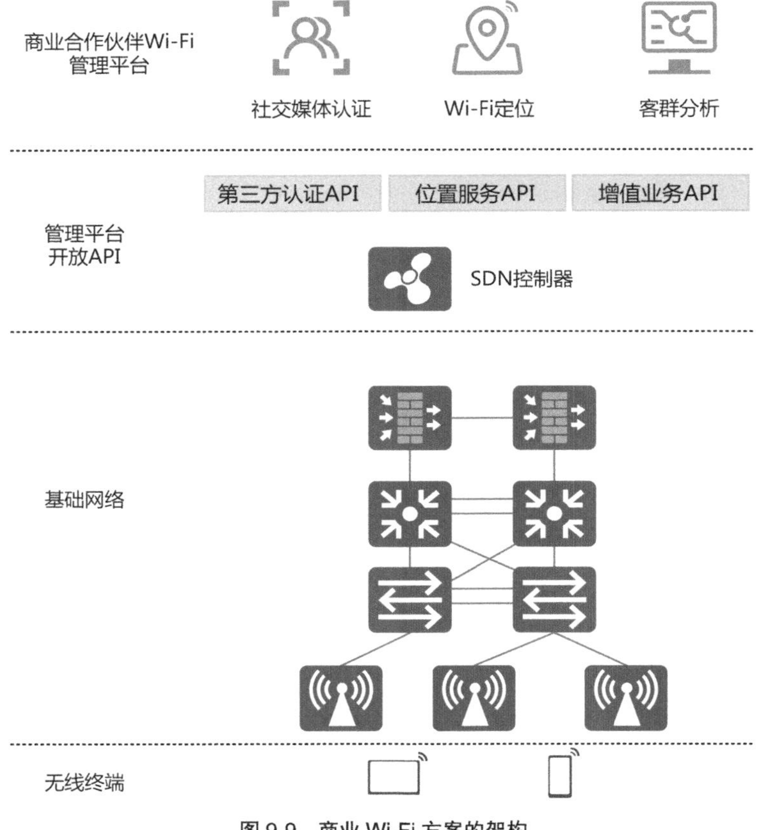

图 9-9　商业 Wi-Fi 方案的架构

围绕"提升用户体验"和"运营增值"两大核心目标，商业Wi-Fi方案通过深入挖掘网络中数据的价值，对大量数据进行提炼、对比、分析，可以帮助大型商超、零售门店、机场、酒店等商业场景的客户准确感知用户消费行为、消费偏好等。基于相关分析结果，商业客户可以了解消费者的消费习惯，了解哪些店铺或商品对消费者更有吸引力，从而为消费者提供个性化的消费体验。通过分析数据，准确把握商业动态，商业经营客户能够获取更多商业价值，提高销售效率，促进商业成功。商业Wi–Fi方案的优势和具体应用如表9–2所示。

表 9-2　商业 Wi-Fi 方案的优势和具体应用

优势	具体应用
高品质的无线覆盖	• Wi-Fi 网络提供无线信号的无缝覆盖，保障用户使用 Wi-Fi 网络的流畅体验。 • 云管理方案提供面向多分支的集中网络运维管理功能，提高运维效率
面向用户的 Wi-Fi 网络管理	• 提供免费的 Wi-Fi 网络覆盖，集成 Wi-Fi 管理平台。 • 提供认证计费的功能，定制化 Portal 界面
客流分析和精准营销功能	• Wi-Fi 网络数据分析，了解用户消费习惯。 • 识别目标受众，制定个性化营销方案，提升商业价值

9.3.4　UWB 定位方案助力工业智能化

在移动互联网时代，GPS定位功能成为智能手机的标配，已经在地图导航、网约车等应用中广泛使用。而随着物联网技术的发展，很多行业数字化、自动化需要更高的定位精度，特别是在工业智能化领域，这一诉求更加迫切。表9–3展示了典型定位场景对定位精度的要求，从表中可以看出，在物联网时代，亚米级的高精度定位将成为刚性需求和基础服务。

表 9-3　典型定位场景对定位精度的要求

市场	典型定位场景	定位精度要求
移动宽带 / 商业应用 低速移动 / 区域室内 + 室外	人（主动定位）：高精度导航、LBS 应用、AR/VR 游戏	米 / 亚米级
	人（被动定位）：定点服务（滴滴司机定位乘客）、商场等导购 / 信息推送	亚米级
	物（低成本低功耗）：物流追踪、宠物追踪、共享单车	20 m
车联网 / 无人机 高速移动 / 广域室外	汽车：高精度导航、车联网、车辆编队、自动驾驶	亚米级
	无人机：电力线巡检、快递	亚米级
工业应用 低速移动 / 区域室内 + 室外	工厂：工业可视化产品、AGV 小车、机器人、工人	亚米级
	码头：智能调度、吊车、叉车、操作员	亚米级
其他	精细农业、坡道监测预警	厘米 / 毫米级

UWB定位方案的架构如图9–10所示。在该方案中，华为负责搭建基础网络，为消费者提供高品质的无线网络，生态伙伴通过SaaS或者本地系统提供UWB定位服务。生态伙伴提供的IoT插卡，集成到华为AP中作为物联基站；IoT插卡感知到定位标签信息后，将数据传递给AP；AP将数据传递给第三方UWB定位平台；第三方UWB定位平台基于定位算法进行定位。

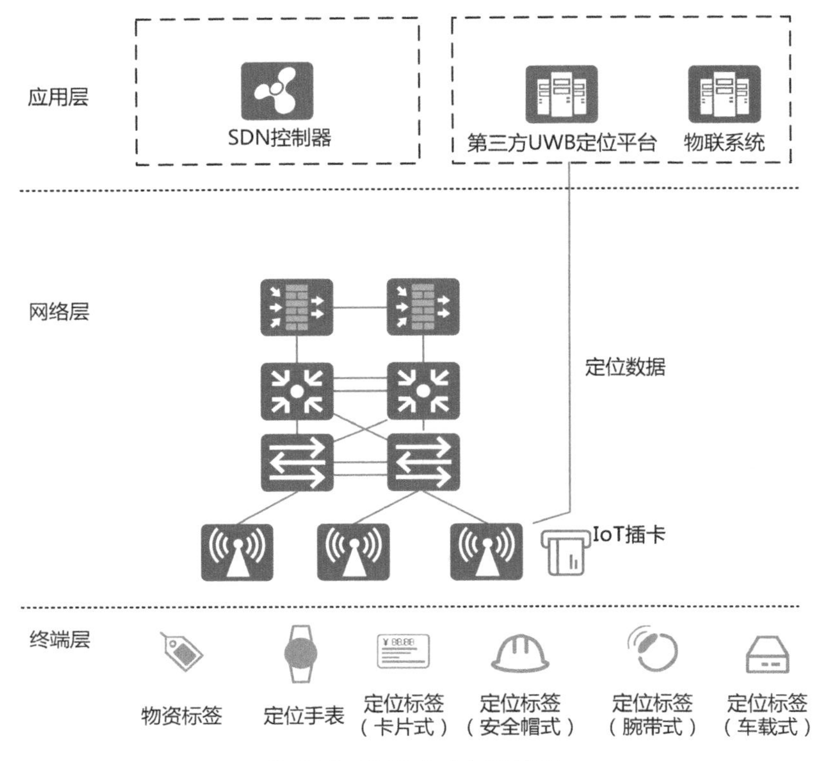

图 9-10　UWB 定位方案的架构

如图9-11所示，UWB定位方案可广泛应用于仓储物流定位管理、港口机械自动化控制、智慧工厂与可视化、工业车辆智能导航、生产运维安全管理以及特殊人员定位管理。例如，在化工业、制造业领域，企业需要精准、高效的措施限制工人进出危险区域，减少安全事故的发生。这种场景下，企业可以通过UWB定位方案部署电子围栏，一旦工人有意或者无意进入危险区域，即可立即报警。

图 9-11　UWB 定位方案典型应用场景

| 9.4　基于开发者社区联合创新 |

9.4.1　开发者社区简介

华为开发者社区是华为开发者生态战略的执行平台，是华为公司统一面向开发者的能力开放平台。华为开发者社区连接开发者和华为公司，为开发者提供全流程支持与服务，助力开发者将产品开放的能力与其上层应用融合，构建差异化的创新解决方案。

开发者通过开发者社区获得华为全系列ICT产品开发相关的支持和服务，包括SDK（Software Development Kit，软件开发工具包）、开发文档、开发工具、技术支持、培训、活动等。在此基础上，开发者可以进行二次开发，将华为公司ICT产品的特性快速、无缝地融入自己开发的业务解决方案中，以提升解决方案的开发效率和竞争力，获得商业成功。

9.4.2　开发者社区提供的支持与服务

华为开发者社区致力于打造业界领先的开放使能平台，创新性地提出“LEADS”理念，为开发者提供全面的支持与服务。“LEADS”理念包含如下内容。

1. L：Lab as a Service，云化的远程实验室服务

远程实验室部署了全套华为ICT设备，通过云化服务向开发者免费开放，使得开发者能够通过网络远程调用这些设备资源。远程实验室的云化服务能够为开发者降低开发成本，使开发者可以在不购买硬件设备的情况下，调试其开发的应用和解决方案。

远程实验室以极低的使用门槛来支撑全球开发者，只要是在华为开发者社区注册的开发者，均可预约使用，就近接入。

远程实验室允许开发者自助预约、自助接入，同时还会发布远程实验室预约使用的API供开发者调用，并在eSDK（ecosystem Software Development Kit，企业软件开发套件）中进行封装，与第三方工具无缝集成。开发者在开发工具IDE（Integrated Development Environment，集成开发环境）界面菜单内即可完成自助预约并自助接入。

远程实验室针对开发者使用的多终端、多操作系统提供相应的支持服务，包括使用Windows、Linux、Mac和Android等操作系统的各类终端均可以快速接入远程实验室网络。

2. E：End to End，端到端的流程和平台支持服务

华为开发者社区的建设目标是打造业界领先的开放使能平台，为开发者提供从了解、学习、开发、验证到商业化的全流程端到端服务，助力开发者实现商业成功。

为了达到这一目标，华为开发者社区为开发者打造了端到端的技术与服务支持平台。首先，借助云化远程实验室以及开发者工具，为开发者在全流程中各个节点提供全面支持。其次，构建丰富快捷的技术服务支持体系，及时响应开发者需求，打造全连接的社交互动体系，为开发者与平台、开发者与开发者之间的互动互助、交流反馈、合作创新等提供支持。最后，建立Marketplace平台，协助开发者将应用上架营销和推广。华为开发者社区秉承以开发者为中心的宗旨，持续为开发者提供满足开发者核心需求的端到端服务。

3. A：Agile，支持敏捷开发的流程和工具体系

为了方便开发者使用开发工具，华为开发者社区逐步建立了完善的工具体系，如表9-4所示。

表 9-4　华为开发者社区的工具体系

工具名称	说明
多语言 SDK	华为开发者社区为开发者提供多语言 SDK 支持，例如 Java、C++、C# 等
IDE 插件	华为开发者社区提供的 eSDK IDE 插件简化了华为 eSDK 二次开发流程，提供一键式下载安装 SDK/Demo、创建工程、远程实验室链接、在线 API 帮助文档等强大功能，帮助开发者快速完成工程创建、配置、调测等任务，极大地提高了二次开发工作效率。IDE 插件支持 Eclipse 和 Visual Studio 两种主流的集成开发环境
API 浏览器	开发者通过 API 浏览器可快速体验华为开放接口，让开发者通过简单的参数设置就能调用 API，在开发者社区的模拟环境中体验该 API 的功能
CodeLab	在 CodeLab 中，按照具体的指引，开发者可动手练习相应接口功能的使用方法，同时提供丰富的代码样例，开发者简单地复制粘贴就可完成接口调用
Analytics	在 Analytics 中，开发者可监控和分析新开发的应用对 API 调用的情况，为应用的优化提供参考
SDK 核心代码开源（Github）	创建 Github 开源专区，开放 SDK 核心代码，开发者可登录 Github 完成 SDK 核心代码的查看与下载

4. D：Dedicated，在线专家提供全天候的专注服务

面对不同领域、不同层级的开发者，华为开发者社区的在线专家以多种工具为开发者提供全天候支持服务，从入门到精通，多渠道支持开发者，如表9-5所示。

表 9-5 华为开发者社区支持的服务

支持的服务	说明
线下培训	华为开发者社区将不定期组织线下培训，针对开发者或合作伙伴的二次开发需求，提供对开发者或合作伙伴的赋能培训
在线视频	华为开发者社区针对不同层级、不同领域的开发者提供在线视频培训课程，开发者可根据自身情况选择合适的培训视频学习，快速提升业务系统开发能力
DevCenter	DevCenter 通过门户网站作为服务入口，面向开发者提供合作、开发支持、投诉建议等多个服务窗口。通过在线的自助式反馈，华为公司保证 48 h 内 100% 的响应率，提供专家点对点的支持。在 DevCenter 的个人主页中，开发者可以随意查看处理进展，并对处理结果进行满意度评分和反馈。此外，华为开发者社区还会通过用户回访和在线问卷调查的方式进行满意度评估，以不断提升服务质量，为开发者提供更快速、更精准、更高效的专业服务

5. S：Social，丰富多样的开发者社交互动

为开发者提供丰富的社交互动，线上互动方式包括门户网站、论坛、微信；线下活动包括HDG（Huawei Developers Gathering，华为开发者汇）、开发者大赛、全联接大会等丰富的活动，为开发者提供建议反馈、沟通交流、互助分享、合作创新的渠道，如表9–6所示。

表 9-6 华为开发者社区提供的社交互动方式

社交互动方式	说明
门户网站	开发者可在官网获取华为 ICT 产品开放能力相关的信息，如 API、SDK、IDE、远程实验室预约、资料文档、开发工具以及技术支持服务和培训服务等。同时，通过官网入口，开发者可直达 DevCenter，与华为开发者社区支持专家进行沟通交流，并管理自己在开发者社区的所有资源
论坛	华为开发者社区与中国最大的 IT 技术社区和服务平台 CSDN 共同打造的以服务开发者为目的的技术论坛，涵盖华为 14 个 ICT 生态圈的能力开放内容，为开发者提供了技术讨论、业务创新、合作交流的在线平台
微信	华为开发者社区官方微信公众号（Huawei_eSDK）是华为开发者社区倾心打造的信息资源汇聚平台，开发者可在微信公众号上第一时间了解华为内部资讯和动态，得到技术支持和相关服务，并结识志同道合的技术同行
HDG	HDG 是华为开发者社区线下举办的技术沙龙。从 2016 年 4 月开始每月举办一场，覆盖上海、南京、西安、苏州、杭州、成都、武汉、北京、深圳 9 个城市，在宽松的环境中与开发者面对面交流，共同分享技术、创意、经验，针对开发者核心需求进行讨论沟通。同时，也听取开发者对华为开发者社区的意见和建议，进行改进和完善

续表

社交互动方式	说明
开发者大赛	华为开发者大赛是华为公司面向全国开发者和合作伙伴的大型软件竞赛，致力于通过华为全系产品领域的能力开放和全方位的开发支持服务，寻找创新的种子并共同孵化出创新的解决方案推向市场，帮助开发者实现业务创新落地。从 2016 年 8 月 15 日在北京举办的首届华为开发者大赛总决赛开始，每年举办开发者大赛，为众多开发者和合作伙伴提供创新的产品和解决方案展示平台，并为其提供相关技术和资金支持
全联接大会	华为开发者社区定期参与华为公司每年的全联接大会，不但展示华为开发者社区相关支持服务能力，同时还会联合开发者与合作伙伴共同展示创新的解决方案，联合营销、推广开发者与合作伙伴的解决方案，助力开发者与合作伙伴取得商业上的成功
其他线下互动	华为开发者社区还将不定期参加或举办主题丰富的展会、论坛、沙龙、黑客马拉松以及开发大赛等活动。活动相关信息将发布在华为开发者社区官网、微信公众号、CSDN 论坛等网站和公众号上

第 10 章
云园区网络部署实践

本章先从应用实践的角度介绍园区网络的整体设计流程，然后以校园网的场景为例介绍园区网络的部署实践，围绕高校对校园网在多网融合、架构先进、按需扩展等方面的诉求，介绍校园云园区网络的需求规划、网络部署、业务发放等内容。

| 10.1　园区网络设计方法论 |

10.1.1　网络设计流程

网络设计是根据用户的网络环境和业务需求，设计合理的网络架构和技术方案的过程。不同场景对网络的要求是多种多样的，比如可靠性、安全性、易用性等。做好网络设计的前提是了解网络需求及网络现状。网络设计的流程如图10-1所示，首先需要进行需求调研，然后根据调研结果进行需求分析，最后根据需求分析的结果进行方案设计。

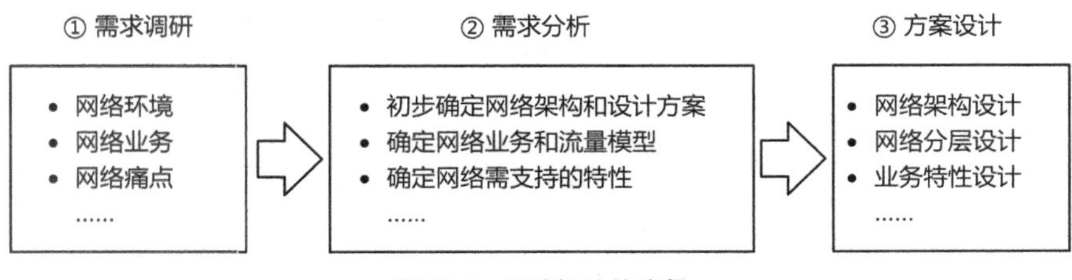

图 10-1　网络设计的流程

10.1.2　需求调研与分析指南

需求调研与分析一般从网络环境、网络痛点、网络业务、网络安全、网络规模、终端类型等6个方面展开，下面从总体需求和这6个方面的细分需求对调研内容进行详细的说明（如表10–1～表10–7所示）。

表 10-1 园区网络需求调研指南——总体

需求编号	需求分类	主要调研内容	调研的主要目的
1	网络环境	网络的建设、部署和使用情况，明确是改造网络还是新建网络	初步确定网络架构和设计方案
2	网络痛点	客户现有网络的痛点（针对网络改造升级场景），或者对网络的期望	确定网络建设的要求和目标，初步确定网络需支持的特性
3	网络业务	网络中需要部署的业务及其特性，明确网络的业务和流量模型	确定网络带宽和业务特性
4	网络安全	业务是否需要隔离以及相应的隔离要求（可选），网络安全建设的要求	确定业务隔离和网络安全防御系统的建设方案
5	网络规模	网络的用户规模以及未来 3 ～ 5 年的增长态势	最终确定网络架构与设计方案
6	终端类型	终端类型及接入要求	确定网络接入方案

表 10-2 园区网络需求调研指南——网络环境调研

需求编号	主要调研内容	需求分析指南
1.1	网络建设情况，明确是新建网络还是改造网络	如果是升级、改造网络，则网络设计的复杂度增加，需要考虑更多内容，如设备的兼容性和利旧问题、网络如何平滑过渡、业务是否允许中断等
1.2	网络类型，明确是有线网络、无线网络还是有线和无线网络一体化融合	主要是明确是否需要同时建设有线网络和无线网络，以及两者是否需要一体化。如果需要有线和无线网络一体化融合，则推荐采用 WAC+Fit AP 的部署方式
1.3	园区地理分布，明确是集中还是分散	主要用于初步确定基础网络架构。如果地理位置比较集中，可考虑单核心架构；如果地理位置比较分散（如存在多栋大楼），且每个分布点的网络规模比较大、各点之间的内部流量也比较大时，可能需要部署多个核心或汇聚点
1.4	客户单位组织结构（在被授权的情况下）	通过了解客户单位的组织结构来初步了解园区网络的大致使用情况，包括客户单位各组成机构如何使用网络，或者其网络如何部署；是否需要根据部门、区域、业务等情况来设置网络隔离；是否需要部署多个核心或汇聚点；是否有分支接入要求，若有，需要采用什么样的线路接入
1.5	机房或网络设备弱电间的分布情况	当机房或弱电间比较多时，通常可以将网络各层以分布式的方式部署到各个机房或弱电间，即将核心或汇聚点部署到各个机房或弱电间，通常可以在每个机房或弱电间部署一个汇聚点；当采用多核心互联时，也可以将多核心分别部署在不同的机房。此外，还要考虑设备摆放的布局及其间隔的距离等问题

表 10-3　园区网络需求调研指南——网络痛点调研

需求编号	主要调研内容	需求分析指南
2.1	网络速度，明确网络是否拥塞	初步确定网络带宽以及交换机的大致规格
2.2	网络质量，明确是否存在业务中断等网络不稳定的情况	需要考虑采用网管或网络分析软件找出具体原因，并在方案设计时加以重点考虑。比如，可以考虑采用具有硬件 OAM（Operation Administration and Maintenance，运行、管理与维护）功能的产品。同时，需要根据客户所在行业的特点来分析其业务对网络质量的要求，以保证网络质量满足其业务要求
2.3	网络规模，明确可接入用户数量是否饱和	了解客户网络现有的用户数量，以及未来 3 ～ 5 年用户数量的增长规模。通常可以通过增加接入交换机的数量或更换更高密度的交换机来扩大网络规模，同时还需要考虑网络容量是否满足客户要求
2.4	网络能力，明确有线和无线网络接入、远程接入	如果需要无线网络，需要考虑有线和无线网络一体化融合（统一部署、统一认证）。远程接入时，要考虑业务的应用、场景，是个人移动、办公远程接入，还是分支机构固定接入，从而确定采用 SSL VPN 还是 IPSec VPN，或者两者都需要
2.5	网络安全，包括内部安全、终端安全、外部安全	确定是否要采用相关的安全设备以及设备形态，同时要了解用户对安全的重视程度。如果对安全要求高，可以采用独立的安全设备；如果要求相对较低，可以采用集成的安全设备，如安全类增值业务插卡等

表 10-4　园区网络需求调研指南——网络业务调研

需求编号	主要调研内容	需求分析指南
3.1	常用业务类型，包括办公、电子邮件、上网等	正常的办公业务对网络带宽的要求不高，通常为 200 kbit/s 左右，普通的网络接入基本上就能满足要求
3.2	关键业务类型，包括数据、VoIP、视频、桌面云等	通常园区网络属于局域网，基本不用考虑网络时延问题；有桌面云、视频和 VoIP 的需求时，如果涉及分支、城域或广域类型的连接，则需要重点考虑网络时延问题，具体来说：如果有桌面云的需求，在部署时需要重点考虑网络的可靠性或可用性；如果有视频的需求，在部署时需要充分考虑带宽要求；如果有 VoIP 的需求，在部署时需要考虑 VoIP 是与数据业务共组网还是独立组网，是否需要 PoE 供电等，这将涉及交换机的数量和规格
3.3	需要特别关注的业务	优先保障客户重点关注的业务，必要时进行 QoS 设计，以保证客户体验
3.4	组播业务的类型	需要设计相应的组播方案
3.5	未来 3 ～ 5 年新增业务的类型	需要考虑未来 3 ～ 5 年业务发展的可能性，实现业务的平滑升级和扩容，避免资源浪费或无法满足使用需求

续表

需求编号	主要调研内容	需求分析指南
3.6	现网业务环境（可选）	现有网络运行的主要网络协议、网络拓扑和设备类型、数量，了解现有网络的网络质量及其对当前业务的支撑情况，并供设计时参考

表 10-5 园区网络需求调研指南——网络安全调研

需求编号	主要调研内容	需求分析指南
4.1	业务安全，包括业务隔离与互通要求	分析网络业务是否需要隔离，如何隔离，是采用物理隔离还是逻辑隔离，具体如下：如果采用物理隔离，则相当于同时建设多个网络，并分别按照独立的网络进行设计；如果采用逻辑隔离，则建议采用 VXLAN 等技术进行隔离，相当于一个网络承载多种业务，并将多种业务虚拟成多个园区网络。同时，还需要考虑不同业务之间是否存在互通要求。如果存在，需要事先制定互通策略和方案
4.2	外网安全防御	主要需要考虑网络边界安全，需要部署防火墙、IPS/IDS（Intrusion Detection System，入侵检测系统）、网络日志审计等安全设备。 如果对网络安全要求比较高，比如需满足安全等级的保护要求，则推荐采用独立的安全设备；否则，可采用集成的安全设备，如 UTM（Unified Threat Management，统一威胁管理）或安全增值业务插卡
4.3	内部网络安全防御	主要用于防范网络内部用户导致的安全事故，可以采用管理上网行为的软件或专用设备
4.4	终端网络安全防御	包括终端接入安全以及终端安全检查，确定是否需要采用网络准入的控制方案

表 10-6 园区网络需求调研指南——网络规模调研

需求编号	主要调研内容	需求分析指南
5.1	有线用户或接入点规模	确定接入交换机的端口数量及密度，同时根据对业务情况的调研，初步确定大致的网络带宽需求
5.2	无线用户规模（可选）	初步确定 WAC 的规格和 AP 的数量；确认在一些重点区域（如会议室）是否存在高密度接入
5.3	现有网络的情况及规格（可选）	初步了解网络改造的工作量，确定网络升级方案，包括设备利旧、兼容性、平滑升级等方面的内容
5.4	未来 3 ～ 5 年的网络规模，或最近几年的最高增长率	网络设计要满足可扩展性要求，应当考虑园区网络在未来 3 ～ 5 年的发展需要，在设计时其网络接口、容量和带宽均需要一定的余量，以便未来平滑扩容。 网络规模既包括用户规模（网络用户的数量或终端数量），也包括业务规模（业务的类型、带宽、数量及其使用范围）
5.5	分支机构（可选）	考虑分支与总部的连接方式（专线或 VPN），链路是否需要备份

表 10-7　园区网络需求调研指南——终端类型调研

需求编号	主要调研内容	需求分析指南
6.1	有线用户终端类型，包括台式计算机等	考虑终端的网卡速率
6.2	无线用户终端类型，包括便携式计算机、智能手机、Pad 等	考虑支持的无线协议标准和接入频段、接入的认证模式、是否采用有线网络和无线网络的统一认证、是否允许访客接入，以及访客的访问区域、终端供电方式
6.3	哑终端类型，包括 IP 电话、网络打印机、IP 摄像头等	考虑此类终端的接入和认证方案
6.4	IoT 终端类型，包括物流用的 RFID 终端、学校用的学生手环、医疗用的防盗手环等	考虑终端支持的协议标准、网络的安全隔离需求
6.5	其他特殊类型的终端，包括工业控制机、现场测控仪等	考虑可能影响接入交换机的选型，如工业园区或生产网络可能要求采用工业交换机，室外设备可能需要特殊的供电方式
6.6	特殊的网络设备，包括专用的网络加密设备、工业交换机等	主要考虑兼容性以及性能上的匹配，避免规格不一致

10.2　校园云园区网络部署案例

高等院校的校园网是为学校师生提供教学、科研和综合信息服务的网络平台。校园网的用户人数少则几千人，多则几万人，属于典型的大型园区网络。本节将围绕建设高等院校园区网络的案例，介绍校园云园区网络的部署实践。

10.2.1　建设目标与需求分析

A大学是高等教育领域专门聚焦通信和信息领域新技术、新课题的技术型大学，也是培养技术型人才的知名学府。多年来，A大学一直为政府多个部委提供ICT咨询服务。

为了加速学校的发展，A大学计划新建一个校区，并建设高性能的校园网。

1. 建设目标

建设目标包括多网融合、架构先进、按需扩展3个方面，具体如下。

- 多网融合：构建能够承载有线网络、无线网络及物联网的综合型网络，使校园网能够满足校园内各种数据终端及传感设备在任意位置接入的需求。
- 架构先进：整体架构在性能、容量、高可靠性及技术运用等方面保持技术的全球领先性，能在未来5～10年保持网络先进性的优势。
- 按需扩展：整体网络架构能够满足覆盖区域、终端数量、业务需求并实现按需扩展，而无须对架构进行调整。

2. 需求分析

A大学的计算机中心负责整个学校的网络建设和运维，该中心希望引入网络虚拟化及SDN技术，来实现校园网的服务化，并对教学、科研等多种业务实现统一承载和灵活部署。校园网的具体建设需求分析如表10-8所示。

表 10-8　A 大学的校园网建设需求分析

需求编号	关键需求	详细描述
1	高可靠性、高速率	新建校园网需要具备电信级的可靠性，可提供高速率、高性能的网络基础服务
2	网络虚拟化	支持网络虚拟化，可划分为办公网、教研网、物联网等多个 VN。跨 VN 的互访必须经过防火墙的管控
3	网络自动化	在网络构建方面，A 大学习惯采用自服务模式进行网络构建，因而需要加强网络配置自动化的部署
4	网络安全	VN 需要加强接入的安全性，A 大学要求进行深度的安全检查，按需引流至安全资源池，所有端口流量都必须能够依托防火墙统一管控
5	终端认证	所有客户机的接入必须经过网络准入控制。大部分设备采用动态认证，比如 802.1X 认证。部分哑终端，如打印机、摄像头等，采用 MAC 认证的方式接入网络
6	无线网络全覆盖	要求整个校园做到无线网络全覆盖，以保证全校师生在宿舍、办公楼、教学楼、食堂、图书馆、操场等多种场合均能随时随地接入网络

10.2.2 整体网络规划

基于虚拟化和SDN技术为A大学设计的校园云园区网络的部署架构如图10-2所示。园区网络划分为终端层、接入层、汇聚层、核心层等，各层分区模块清晰，模块内部调整涉及的范围小，易于进行问题定位。

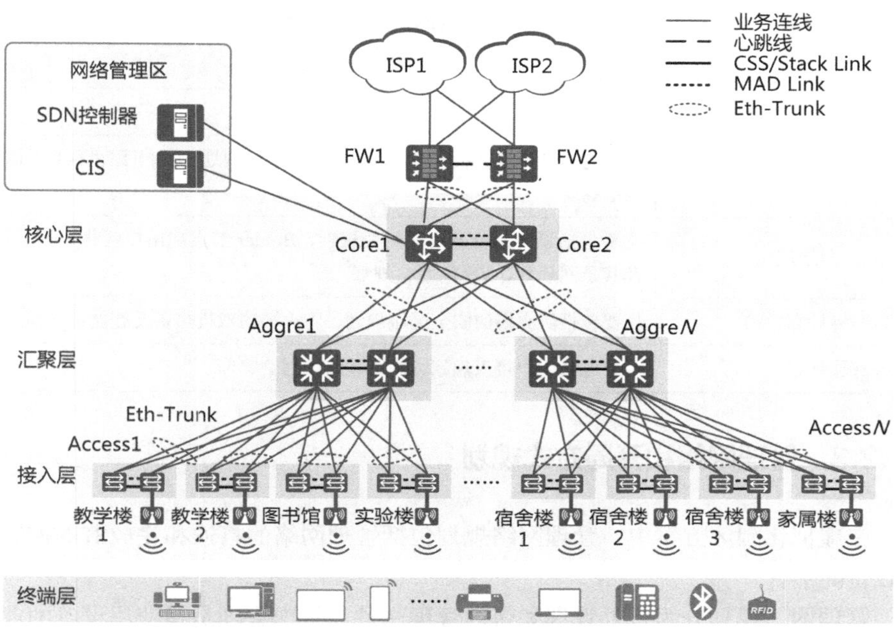

图 10-2　校园云园区网络的部署架构

图10–3是校园云园区网络的网络抽象模型。通过构建一个超宽融合的承载网络，接入整个校园所有的业务子系统及终端，实现全联接校园；然后从核心层到接入层，利用虚拟化技术，构建基于不同业务规划的VN；最后，SDN控制器完成网络的自动化部署，最终实现构建校园云园区网络的目标。

表10–9介绍了校园云园区网络在管理网络和开局方式、Underlay网络、Overlay网络、出口网络、业务部署等方面的规划。

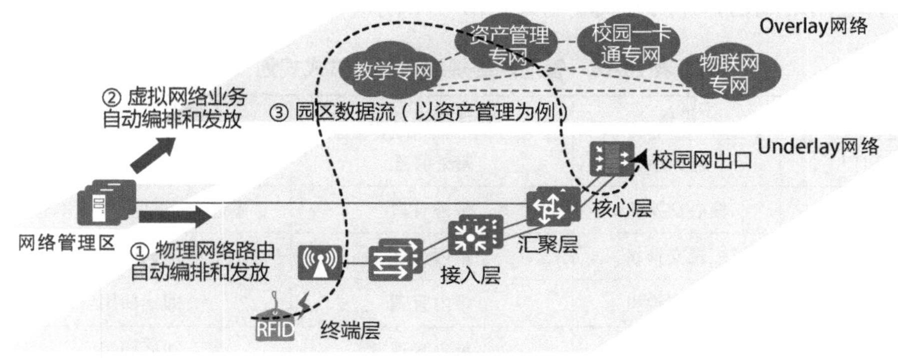

图 10-3　校园云园区网络的抽象模型

表 10-9　校园云园区网络整体规划介绍

规划项	详细说明
管理网络和开局方式规划	主要包括管理网络规划、开局方式规划
Underlay 网络规划	主要包括设备级可靠性规划、链路级可靠性规划、OSPF 路由规划、BGP 路由规划
Overlay 网络规划	主要包括设备角色及用户网关规划、Border 节点到出口网络规划、VN 及其子网规划、VN 间互访规划
出口网络规划	主要包括防火墙的安全区域规划、防火墙的双机热备及智能选路规划
业务部署规划	主要包括用户接入规划、网络策略规划

10.2.3　管理网络和开局方式规划

在虚拟化园区方案中，管理网络规划包括管理网络的打通和完成SDN控制器对设备的纳管。

管理网络规划分为带外管理和带内管理两种。带内管理是指使用设备的业务口进行设备管理。带内管理的优势是不需要额外增加管理网络的建设成本，缺点是业务网络如果出现问题，可能会影响管理员登录设备。带外管理是指使用设备专用的管理口进行设备管理。带外管理的优势是可以实现管控分离，缺点是会增加额外建设管理网络的成本。

A大学出口设备和核心设备都部署在核心机房，地理位置集中，额外建设管理网络代价较小，因此采用带外管理方式。另外，由于设备上运行的业务复杂，开局通常需要网络工程师进站调测，因此采用本地命令行或Web网管开局。核心层以下的设备（包含汇聚层设备、接入层设备和AP）由于数量众多，部署位置分散，业务配置相似，从简化部署方面考虑，推荐采用带内管理方式即插即用开局。管理网络规划和开局方式规划如表10-10所示。

表 10-10　管理网络规划和开局方式规划

区域	设备	管理网络规划	开局方式规划
出口	防火墙	带外管理	本地命令行或 Web 网管
核心层	核心交换机	带外管理	本地命令行或 Web 网管
汇聚层	汇聚交换机	带内管理	即插即用
接入层	接入交换机	带内管理	即插即用
	AP	带内管理	即插即用

10.2.4 物理网络规划

1. 设备级可靠性规划

核心层、汇聚层及接入层采用堆叠或集群技术将两台及两台以上的交换机横向虚拟成一台交换机，并提供设备的冗余备份。

交换机设备采用堆叠或集群的方案避免了传统冗余组网时的二层环路，不再需要配置复杂的破环协议。另外，在三层网络中，堆叠或集群的系统内共享相同的路由表，缩短了网络发生故障时路由收敛的时间，堆叠或集群系统的方案使网络更易于管理、维护和扩展，因此，对于园区网络的交换机，推荐采用堆叠或集群的方案。

2. 链路级可靠性规划

链路的冗余设计是链路级可靠性规划的主要方案。在园区网络中，通常通过设备间采用的双上行链路的冗余设计来提高设备间链路的可靠性，同时对于冗余链路，常用链路聚合技术将多条物理链路通过LACP（Link Aggregation Control Protocol，链路聚合控制协议）虚拟成一条逻辑的Eth-Trunk链路，链路聚合后的接口为Eth-Trunk接口。链路聚合技术一方面加强了设备间链路的可靠性和链路的冗余备份；另一方面，在不升级硬件的基础上增加了链路的带宽。因此，在园区网络的设备间推荐采用LACP方式的链路聚合。

3. OSPF路由规划

在虚拟化园区方案中，物理网络（Underlay网络）为虚拟网络（Overlay网络）提供了路由可达的承载网络，使经过VXLAN封装后的业务报文在VXLAN节点之间互通。构建Underlay网络的路由互通可以采用OSPF、IS-IS（Intermediate System to Intermediate System，中间系统到中间系统）等IP单播路由协议。园区网络中，主要通过OSPF路由实现IP网络互通，且OSPF路由技术比较成熟，网络建设的运维人员经验丰富，因此，Underlay网络的路由互通推荐使用OSPF协议。

如图10-4所示，SDN控制器开启了Underlay路由的自动编排功能，并在Underlay网络资源中规划好互通的IP网段后，会自动完成OSPF路由的编排并下发到Border节点和Edge节点的设备，以实现Underlay网络路由的自动化部署。Underlay网络路由编排时会同时将设备上规划的BGP的源接口（如Loopback0接口）的网段引入Underlay网络的OSPF区域，来完成BGP源接口间的互通。

4. BGP路由规划

虚拟化园区方案使用VXLAN技术完成虚拟网络的构建。在该方案中，VXLAN采用BGP EVPN完成控制平面转发，包括VXLAN隧道的动态建立、ARP/ND表项的传递、路由信息的传递等。因此在VXLAN隧道节点的VTEP设备（比如Border设备、Edge设备）需要部署BGP。

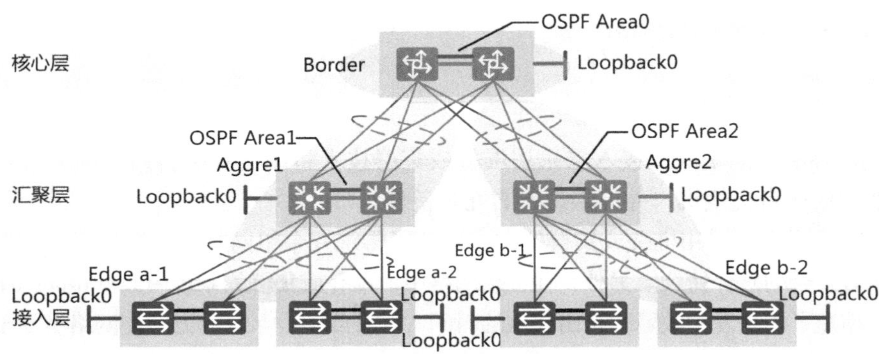

图 10-4 Underlay 网络的 OSPF 路由规划

BGP的部署是通过SDN控制器自动完成的。在创建Overlay网络时，选定了作为Border节点、Edge节点的设备后，SDN控制器会自动下发BGP对等体地址等配置来完成BGP的部署。另外，为了减少网络资源和CPU资源的消耗，推荐在配置节点角色的同时，选择其中一台VTEP设备作为RR（Route Reflector，路由反射器）。Underlay网络的BGP规划如图10-5和图10-6所示。

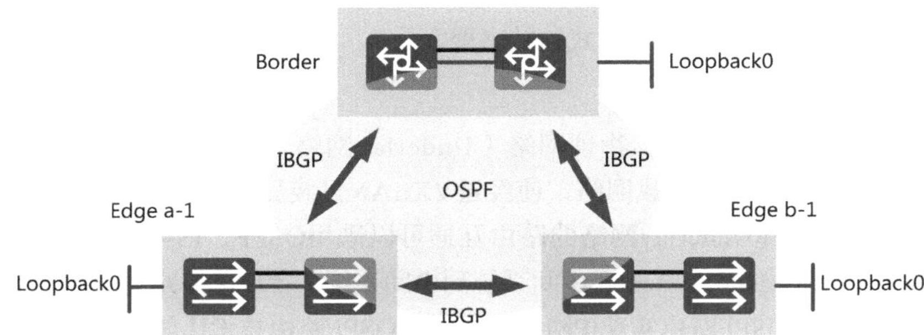

图 10-5 Underlay 网络的 BGP 规划 （无 RR）

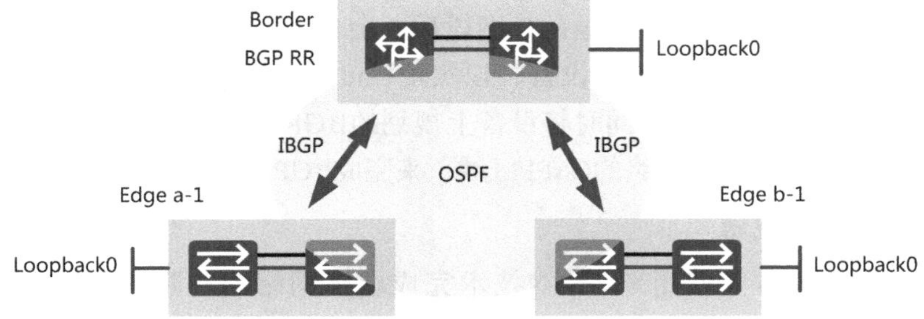

注：IBGP 即 Internal Border Gateway Protocol， 内部边界网关协议。

图 10-6 Underlay 网络的 BGP 规划（Border 节点设备作为 RR）

10.2.5 虚拟网络规划

1. 设备角色及用户网关规划

如图10–7所示，需要部署新建网络，因而选择在核心设备与接入设备之间部署VXLAN，核心设备作为Border节点，接入设备作为Edge节点，整网采用虚拟化网络，使业务布放和网络管理更加简便。用户网关的部署采用集中式网关，部署简单，并选择Border节点作为用户网关。

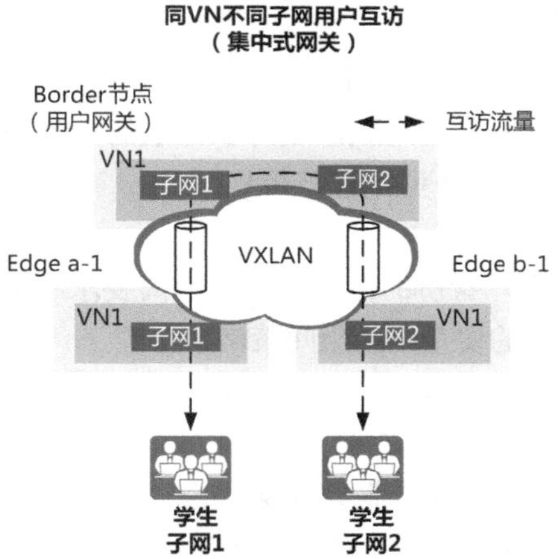

同VN不同子网用户互访
（集中式网关）

图 10-7　Overlay 网络集中式用户网关

2. Border节点到出口的网络规划

在园区虚拟化方案中，Border节点负责园区内Overlay网络同外网的互访。一般情况下，园区网络架构中的Border设备北向连接防火墙，首先用于对出入流量进行安全策略控制。三层出口对应的流量模型如图10–8所示。Border设备作为边界网关与防火墙三层互联，这种基于VN的互联可分为两种类型：三层共享出口和三层独占出口。两种类型出口的适用场景如表10–11所示。

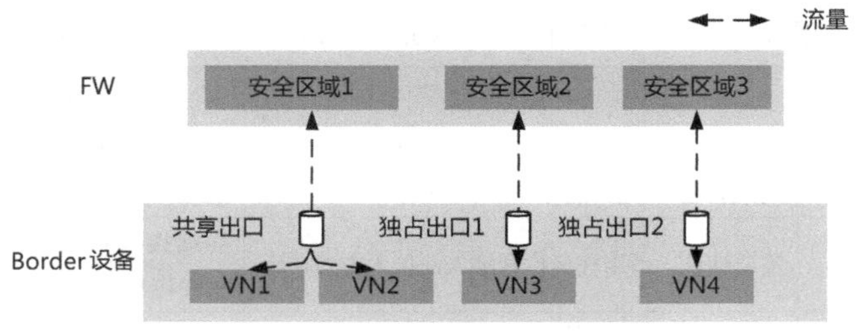

图 10-8　三层出口对应的流量模型

表 10-11　两种类型出口的适用场景

出口类型	适用场景
三层共享出口	代表不同业务网络的 VN 共享三层出口后接入防火墙的安全区域。该方式会简化网络配置，但不能实现对基于业务的精细化安全策略的控制，因而适用于对安全策略要求简单的网络
三层独占出口	代表每个业务网络的 VN 独占一个三层出口，通过该接口接入防火墙的安全区域，且 VN、三层出口、安全区域可形成一一对应的关系。该方式能实现对基于业务的精细化安全策略的控制

3. VN及其子网规划

在虚拟化园区网络方案中，每个VN是一个VPN实例，一个VN中可以包含多个子网，且同一VN内的用户之间默认是可以互通的，但不同VN内的用户默认是路由隔离的。VN可以依据以下原则进行规划。

- 独立的业务部门作为一个VN。
- 同一业务部门内用户身份的差异导致的隔离要求不通过VN实现，可以通过基于用户角色划分的安全组的组间策略来管控。

本案例中，根据A大学的教学特点，将虚拟网络划分成教学专网、校园一卡通专网、资产管理专网、物联网专网等。

在虚拟网络中，Edge节点是业务数据从物理网络进入VN的边界点，可根据用户所属的VLAN进入VN的不同子网。因此在设计网络时，需要先规划好物理网络的VLAN和VN子网的映射关系，同时配置有线用户和无线用户的VLAN。有线用户报文根据VLAN直接接入VXLAN，无线用户报文经过CAPWAP隧道转发至WAC（WAC可能是Edge节点或Border节点），经WAC解封装CAPWAP报文后，再根据无线用户所属的VLAN进入对应的VXLAN。由于VN子网的接入一般会依赖用户认证技术，因而推荐将相同类型的终端加入同一子网。

VN子网的VLAN接入方式有4种，每种方式的特点及适用场景如表10-12所示。其中，对于动态授权VLAN，在Portal认证的支持下需要用户二次上线，因而不推荐使用。

表 10-12　VN 子网的 VLAN 接入方式的特点及适用场景

VLAN 接入方式	特点	适用场景
静态 VLAN	接入方式安全，并可以满足无须认证的接入场景，但缺乏灵活性	终端接入位置固定，如哑终端接入
动态授权 VLAN	需要认证，适用任何位置接入，接入方式灵活	终端接入位置灵活，如手机等移动终端接入
Voice VLAN	专为语音业务使用的 VLAN，它的接入支持动态授权和静态部署	IP 话机接入

续表

VLAN 接入方式	特点	适用场景
VLAN 池	VLAN 池自动分配池内的 VLAN 给端口。VLAN 池内的子网加入同一个虚拟网络。VLAN 池的接入对无线用户提供动态授权和静态部署，但对有线用户仅提供动态授权	适合高密场景的接入

4. VN互访规划

一般虚拟化园区方案中，VN之间是通过VPN实现三层隔离的，默认情况下，VN间不能进行互访。VN间互访方式主要有两种：在Overlay网络内互访和通过防火墙互访。两种方式对应的适用场景如表10-13所示。

表 10-13　VN 间的互访方式及对应的适用场景

互访方式	适用场景
在 Overlay 网络内互访	VN 间的互访不需要通过防火墙进行高级的安全策略控制，仅需通过 Edge 设备执行安全组基本的组间策略
通过防火墙互访	VN 间的互访需要通过防火墙进行高级的安全策略控制

VN间在Overlay网络内互访的流量如图10-9所示。在Overlay网络内，VN间的互访依靠设备上配置的不同VN间的路由，具体可通过逻辑网络中VN互访的配置来实现。

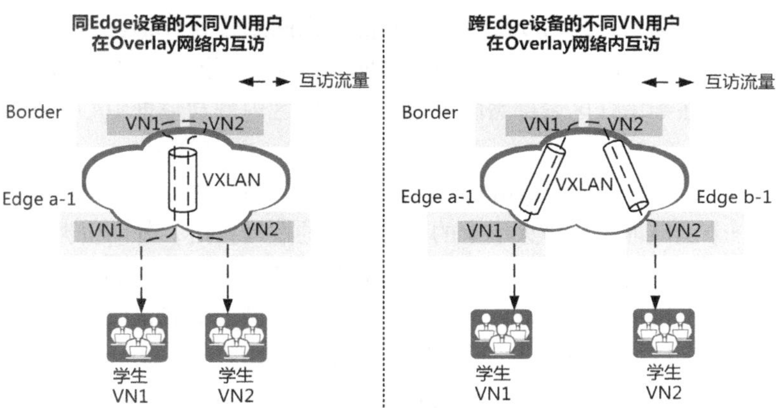

图 10-9　VN 间在 Overlay 网络内互访的流量

VN间通过防火墙互访的流量如图10-10所示，不同VN通过不同的逻辑出口连接防火墙上不同的安全区域，通过在防火墙上部署相应安全区域的域间策略来实现VN之间的互访。

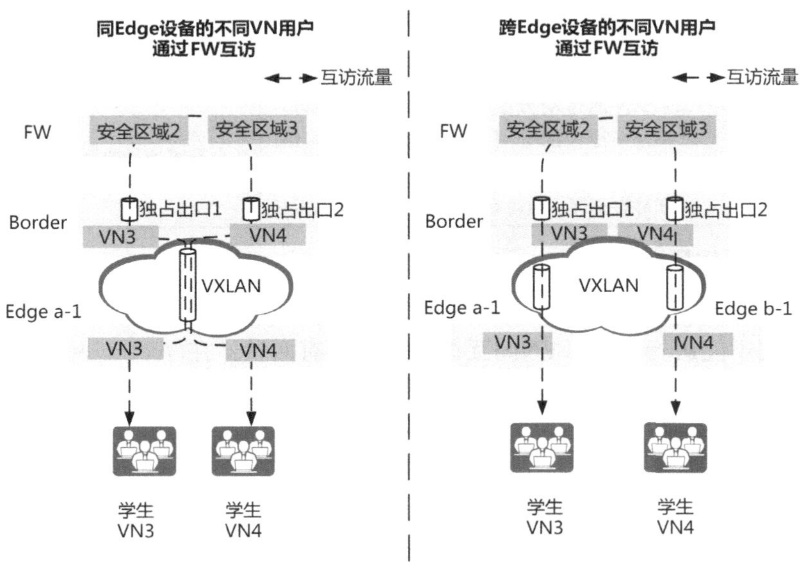

图 10-10　VN 间通过防火墙互访的流量

10.2.6　出口网络规划

1. 防火墙安全区域规划

在园区网络中，需要通过防火墙对安全区域的划分来实施相应的安全策略。一般建议将互联网划分为Untrust区域，将园区内网划分为Trust区域，将数据中心区域划分为半信任区域。在园区出口部署防火墙来实现园区内网和园区外网之间的流量隔离，在半信任区域部署防火墙来实现园区内网与数据中心各服务器之间的流量隔离。

在园区虚拟化方案中，当用户网关位于Overlay网络内部时，Overlay网络外网资源的每一个出口都对应防火墙上的一个三层的逻辑接口，外网资源的出口规划采用的是具有相同安全策略的VN按照不同的逻辑出口进行划分的原则，因此在本方案中，可以直接根据外网资源的接口进行安全区域的划分，使每一个逻辑接口绑定一个安全区域（如图10-11所示）。当用户网关位于Overlay网络外部时，需要根据网关对应的安全策略，为不同网关绑定其相应的安全区域。

2. 防火墙双机热备及智能选路规划

在虚拟化园区方案中，推荐使用防火墙作为出口设备来连接运营商网络，并采用双机热备的方式增强设备级可靠性，其部署方式如图10-12所示（图中IP地址等参数仅为示意）。

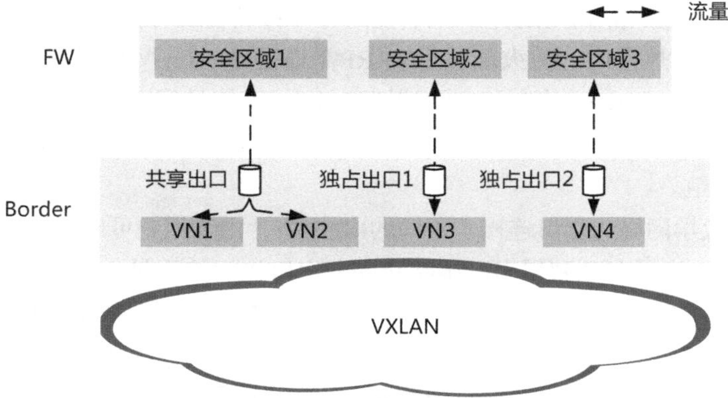

图10-11　用户网关位于Overlay网络内部时防火墙安全区域的划分

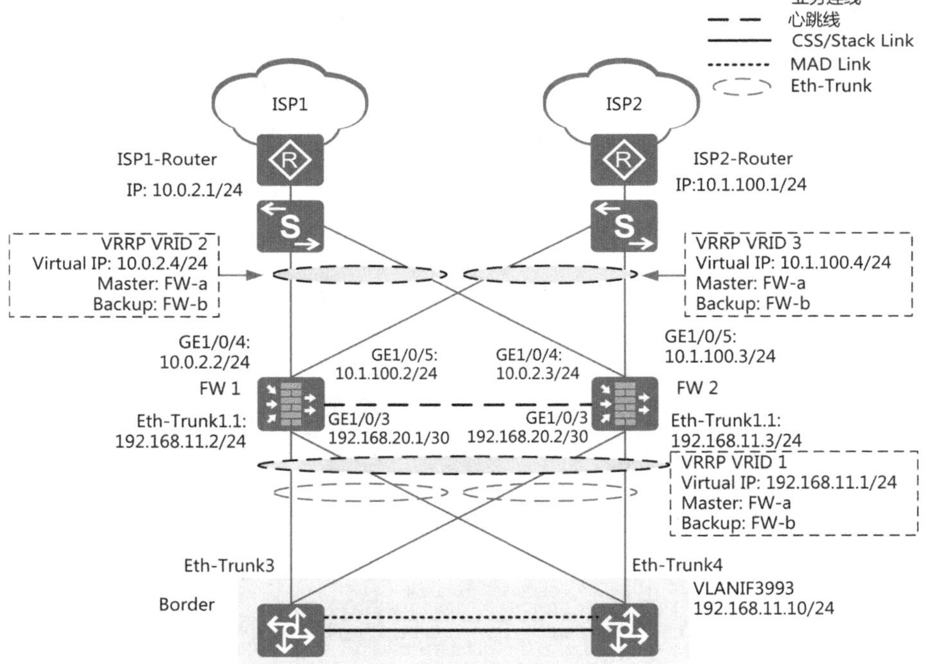

注：VRID 即 Virtual Routing Identifier， 虚拟路由标识符。

图 10-12　防火墙双机热备

防火墙下行采用VRRP的方式部署双机热备。在部署过程中需要注意如下几点。

- 防火墙双机热备的成员设备的物理连线接口编号需保持一致，以便于管理和故障定位。

- 防火墙双机热备采用主备模式时，需保证VRRP备份组的主设备为同一台设备。
- 部署双机热备时，防火墙下行VRRP需根据Overlay网络规划配置。若用户网关位于Overlay网络内，则需根据Overlay网络外网资源的出口配置部署相应的VRRP组。若用户网关位于防火墙，则需根据用户的子网部署相应的VRRP组。

假设A大学网络的出口连接了不同的ISP网络，由于用户可以通过不同的ISP访问网络资源，为了合理利用出口链路和保证出口访问的质量，建议在防火墙上配置智能选路功能。对于该场景，推荐部署ISP选路功能，通过该功能可以使访问特定ISP网络的流量从相应出接口转发出去，以保证流量的转发采用了最短路径。

如图10-13所示，防火墙拥有两条属于不同ISP网络的出口链路。当园区网络用户访问ISP2中的Server 2时，如果防火墙上存在等价路由，则防火墙可以通过两条不同的路径到达Server 2。其中，路径2显然不是最优路径，而路径1才是用户所期望的路径。配置ISP选路功能后，当内网用户访问Server 1或Server 2时，防火墙会根据目的地址所在的ISP网络选择相应的出接口，从而使访问流量通过最短路径到达服务器，如图10-13中的路径3和路径1（图中IP地址等参数仅为示意）。

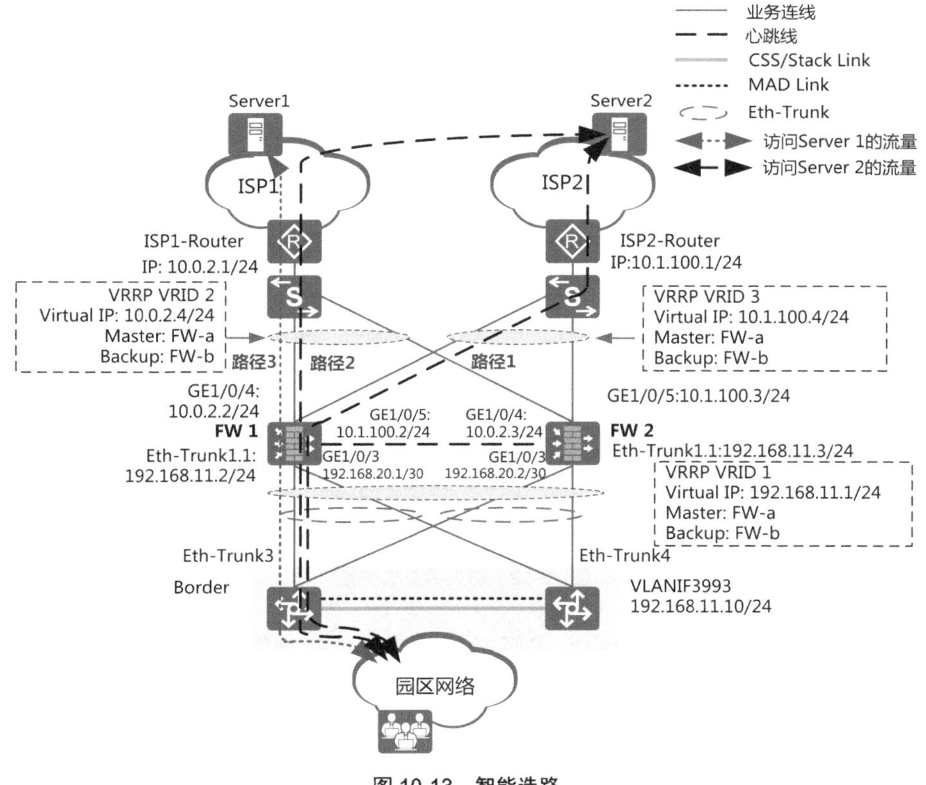

图 10-13　智能选路

10.2.7　业务部署规划

1. 用户接入规划

Edge节点是业务数据从物理网络进入VN的边界点，Edge设备是用户网络准入的认证点。

在园区网络中常用的认证方式有802.1X认证、MAC认证和Portal认证。3种认证方式的认证原理不同，各自适合的场景也有所差异。在实际应用中，可以根据场景部署合适的认证方式，也可以部署由几种认证方式组成的混合认证。3种用户认证方式的对比如表10–14所示。

表 10-14　3 种用户认证方式的对比

对比项	802.1X 认证的情况	MAC 认证的情况	Portal 认证的情况
客户端需求	需要	不需要	不需要
优点	安全性高	无须安装客户端	部署灵活
缺点	部署不灵活	需登记 MAC 地址，管理复杂	安全性不高
适合场景	对安全要求较高的办公用户的网络认证	接入打印机、传真机等哑终端的网络认证	流动性较大、终端类型复杂的访客用户的网络认证

基于上述认证技术的对比，表10–15列举了园区网络常见场景对不同终端类型推荐的认证方式。此外，当同一接口下对认证方式需求不一致时，可以使用包含相应认证方式的混合认证。

表 10-15　园区网络常见场景对不同终端类型推荐的认证方式

场景	终端类型	推荐的认证方式
有线	PC	802.1X 认证
	IP 电话、打印机、传真机等哑终端	MAC 认证
无线	手机、便携式计算机	依据用户角色，比如学生、教职工使用 802.1X 认证，访客使用 MAC 认证优先的 Portal 认证
	视频终端	802.1X 认证为主，不支持 802.1X 认证的用 MAC 认证

2. 网络策略规划

网络策略是基于用户颗粒度的分层部署方案，具体如下。

第一层，基于用户所在的VN（如图10-14所示）。VN间属于路由隔离，不同VN间默认不能互访，如果对互访没有特殊策略的要求，可以直接在核心交换机上配置VN间互访策略，来实现对VN间互访的管控。另外，VN间互访也可以通过防火墙来处理，不同VN采用独占出口的方式接入防火墙，每个VN接入防火墙上单独的安全区域，并通过在防火墙上部署安全区域的域间策略来控制VN间的互访。在VN内，若安全组间跨子网，则对于集中式网关的场景，还需要通过Border节点来实现安全组间的互访。

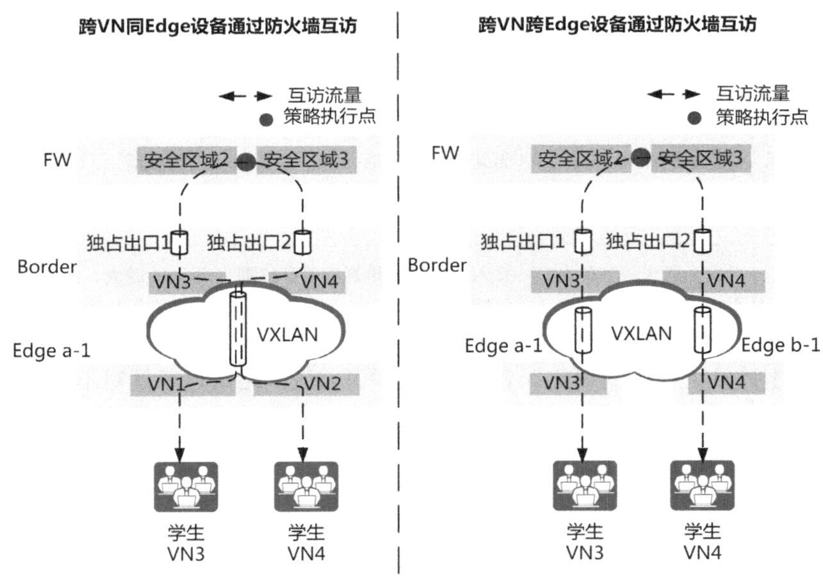

图 10-14　基于 VN 的网络策略的流量模型

第二层，基于用户所在的安全组（如图10-15所示）。交换机配合SDN控制器的业务随行方案，对VN内不同网络权限的用户通过安全组进行划分，用户的网络访问权限体现在不同安全组的访问权限和安全组间的组间策略上。在该方案中，在SDN控制器上部署安全组及相应的组间策略，并由SDN控制器将组间策略下发到用户的认证控制点。

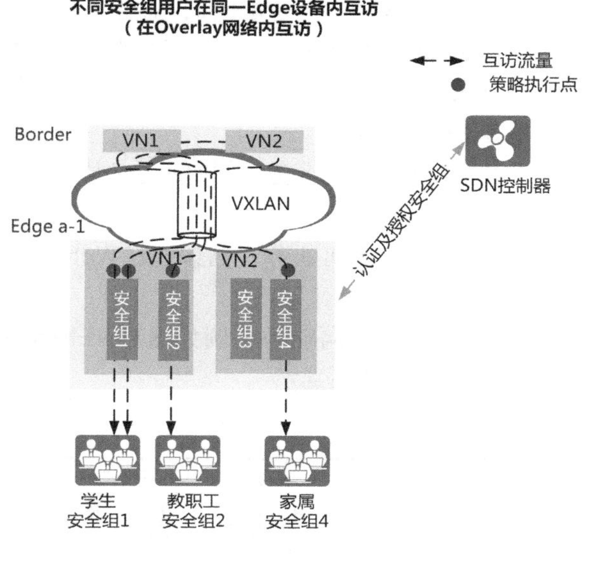

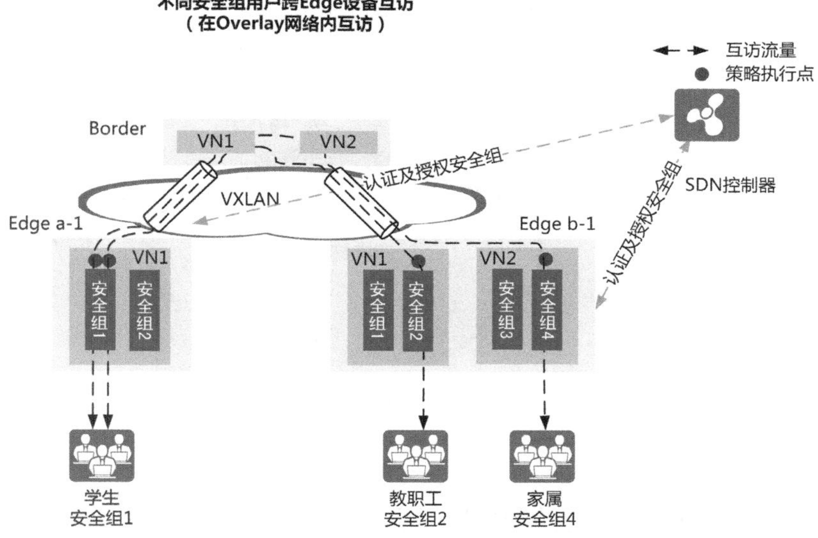

图 10-15　基于安全组的网络策略的流量模型

10.2.8　SDN 控制器安装部署规划

以华为SDN控制器为例，控制器的安装部署采用企业私有云部署方式，规划了两个网络平面，内部通信单独建立一个网络平面，业务、北向接口、南向接口共享一个网络平面，组网方式如图10-16所示。每个平面的功能如下。

- 内部通信平面：用于控制器各业务节点之间的通信，包含与华为大数据平台、华为数据库系统之间的通信。
- 业务平面：用于控制器发放南北向业务，例如通过负载均衡将业务分发到多个节点。
- 北向平面：用于控制器接收北向业务，例如通过Web访问控制器的管理平面。
- 南向平面：用于控制器接收南向业务，例如通过NETCONF协议与设备通信。

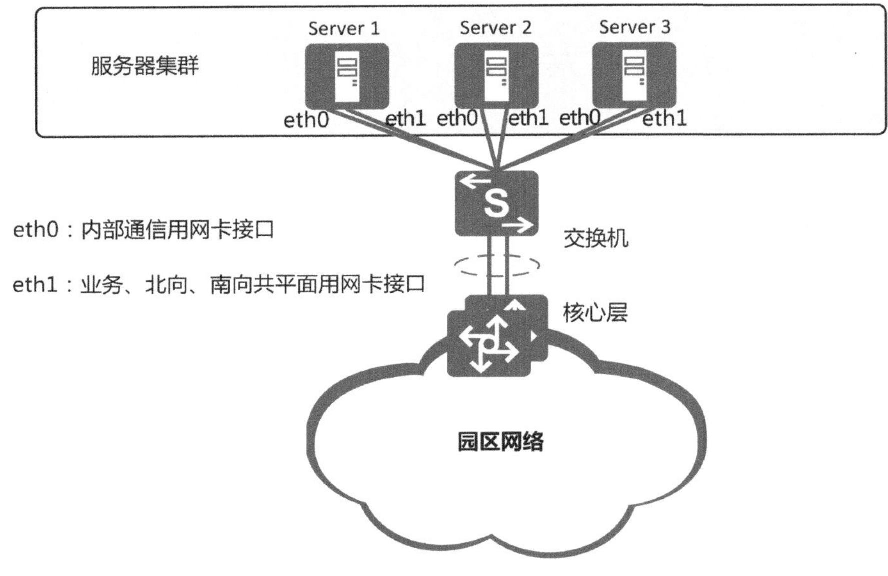

图 10-16　华为 SDN 控制器部署组网

10.2.9　SDN 控制器配置发放流程

基于整体网络规划，SDN控制器将完成开局部署和日常运维管理。例如，A大学采用华为SDN控制器，在网络全生命周期管理中实现自动化的主要过程如图10-17所示。

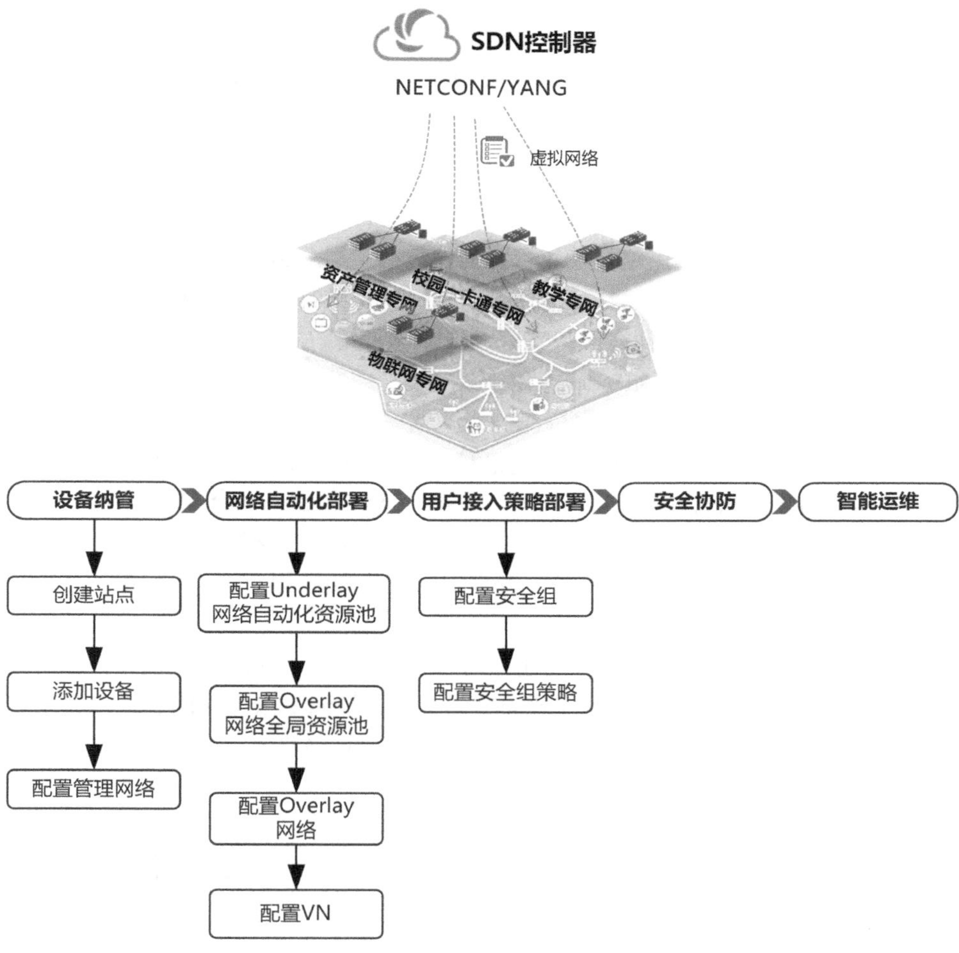

图 10-17　网络全生命周期自动化管理

1. 网络设备纳管流程

SDN控制器能够对园区网络设备进行业务发放的前提是打通SDN控制器和网络设备间的管理通道，完成对网络设备的纳管。SDN控制器实现设备纳管的过程主要如下。

首先，创建网络站点。站点代表用户网络，结合地图系统，可以让管理员直观了解到用户网络的位置等信息。例如，在SDN控制器上创建A大学新校区网络站点并将其命名为A大学X校区网络。

其次，将需要纳管的设备添加到站点中，让SDN控制器知道该站点需要纳管哪些设备。这一步可以将ESN等信息逐条导入，也可以按模板批量导入。

最后，在工程人员将网络设备安装好并连好线后，管理员需要打通SDN控制器和网络设备间的管理通道。华为SDN控制器主要通过DHCP方式打通管理通道。

2. 网络自动化部署流程

打通管理通道后，首先要做的就是构建虚拟化园区网络。

首先，配置Underlay网络自动化资源池，包括二层互通的VLAN资源、三层互通的IP地址资源。SDN控制器再结合协议获取的拓扑信息完成Underlay网络OSPF路由编排并将配置下发到网络设备，完成自动化部署。这一步完成后，即打通了承载Overlay网络报文转发的Underlay网络。

其次，配置Overlay网络全局资源池，包括子网、VLAN、BD和VXLAN网络标识4类资源池，是Overlay网络规划的总体范围。创建VN时，SDN控制器会从该资源池内自动分配相关资源。

再次，配置Overlay网络，主要包括VXLAN控制平面配置（如Border节点和Edge节点的选取、BGP对等体相关配置等）、有线和无线网络接入配置（如用户接入认证控制点的设置等）。

最后，配置VN。这一步就是创建提前规划好的VN，每个VN代表一个业务网络。以A大学为例，SDN控制器需要为教学专网、校园一卡通专网、资产管理专网、物联网专网分别创建一个VN。另外，如果不同业务专网之间有互通需求，还需配置VN互访。

3. 用户接入策略部署流程

构建好虚拟园区网络之后就要自动发放网络业务。这里以部署典型的用户接入访问策略为例，介绍SDN控制器如何基于创新型的业务随行方案，实现策略的自动化发放。

首先，配置安全组。安全组分为动态用户组和静态资源组。动态用户组即代表接入的用户，配置时将需要授权的用户账号添加进来即可，无须填写IP地址，用户终端接入认证时通过协议报文中的IP地址信息，生成IP与安全组的动态映射表；静态资源组代表的是用户访问的资源，比如内部服务器、互联网资源等，因为这些资源的IP地址比较固定，配置时需要添加IP地址，对应生成IP与安全组的静态映射表。

其次，配置安全组策略。不同的安全组配置完成之后，就要配置组与组之间的控制策略。提前做好策略规划后，在控制器上完成配置即可，如图10-18所示。

源组	源组对目的组的访问权限			
	教职工组	学生组	家属组	服务器组
教职工组	允许	允许	允许	允许
学生组	允许	允许	禁止	禁止
家属组	允许	禁止	允许	禁止
服务器组	允许	允许	禁止	允许

图 10-18　安全组间访问权限规划

最后，上述配置完成后，SDN控制器会将安全组及安全组策略发放到策略执行点设备。

第 11 章
华为 IT 成熟实践

秉承着“以客户为中心”的奋斗理念，经过多年的努力，华为已经成长为一家超大型跨国企业，业务遍及全球各地。过去30年，华为IT团队一直致力于打造领先的华为园区网络，不断将前沿的技术方案应用到园区网络中，有力地支撑了业务的快速发展。展望未来，华为IT团队也在积极转型，从业务的支撑者变成业务的使能者，在华为数字化转型中必将发挥越来越大的作用。本章从华为IT业务的发展历程开始，为大家介绍华为IT成熟实践。华为园区网络涵盖了各式各样的园区场景，希望通过本章对实践的总结，为更多行业的数字化转型提供借鉴。

11.1 华为 IT 业务的发展历程

2019年，华为的业务已经遍布了全球178个国家，与超过6万家企业建立了合作伙伴关系，共拥有员工近20万名。仅2018年一年，华为在全球的发货就超过100万个基站和2亿部手机。华为在全球共设立了14个研发中心、36个联合创新中心、1000多个分支机构、1200多个备件中心、22万个门店、8000多个会议室和2000多个实验室。据不完全统计，华为的员工每天要处理的邮件超过280万封，召开的会议超过8万次。

支撑华为如此海量业务的，包括IT平台的600多个应用和遍布全球的18万台网络设备以及总带宽超过480 Gbit/s的骨干网。这些IT应用与底层的网络设备有力地支撑着华为整体业务平稳、有序、高效地运作。如图11-1所示，紧随着业务的发展过程，华为的IT业务建设经历了本地化、国际化、全球化、数字化4个发展阶段。

1. 第1阶段：本地化

在1997年之前，华为的IT网络还是以深圳本地园区网络为主，但也逐步开始根据各办事处的需求，建设国内广域网和专线。当时主要是租用运营商的网络来满足各办事处与深圳业务中心的互通需求。

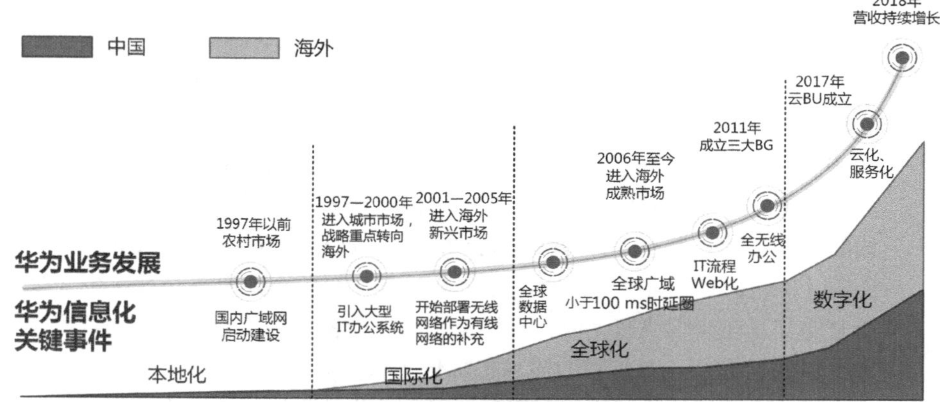

图 11-1　华为 IT 业务的 4 个发展阶段

2. 第2阶段：国际化

到了2000年前后，由于业务的快速发展，华为开始引入大型的IT办公系统，应用到不同的部门，比如研发、市场、财经、供应链等。同时，IT团队也开始启动国内数据中心和MPLS专网的建设，主要用于不同地域之间的业务数据互联。

但是，随着海外业务的开展，仅靠MPLS专网已经无法满足全球业务数据的转发和不同地域间的互访要求，例如，拉丁美洲的公司和中国总部依赖MPLS专网进行通信有近300 ms的时延，而在一些没有网络的国家拓展业务时只能使用卫星通信，时延会更大。所以2002年以后，华为开始就近部署区域数据中心，业务数据集中存储在本地以支撑区域业务的快速开展。区域数据中心也同时满足了业务合规的要求，例如，欧洲的GDPR（General Data Protection Regulation，通用数据保护条例）要求企业客户的数据不能出境，可以将所有的数据保存在区域数据中心，保证公司的业务经营遵循所在国家和地区的法律法规。

随着Wi-Fi技术的逐渐成熟，考虑到移动化的趋势以及移动办公给全球业务拓展带来的便利，2005年，华为IT团队开始部署小规模的无线网络，这也为未来全无线办公奠定了基础。

3. 第3阶段：全球化

从2006年开始，华为全面开启海外市场的拓展。在这期间，为了支撑公司的全球化发展，公司的IT业务也进行了大规模的建设和调整。

- 开始建设全球数据中心，如在贵州、香港、约翰内斯堡、伦敦、圣保罗建设了全球数据中心，其中每个全球数据中心覆盖了多个区域的业务。
- 全球MPLS网络的统一规划建设被提上日程，要求广域网能覆盖到华为全球的业务场所。随后又启动了8个小于100 ms时延圈的网络改造项目，MPLS专线被拉到最近的数据中心，以便做到等距服务，即无论员工在哪里，都能为其提供体验一致的服务。

- 海外业务量的增加带来了严峻的信息安全问题，华为又启动了安全策略系统的规划与设计，以终端作为切入点，保障网络安全。
- 2009年开始，IT领域的应用分布式技术已经相当成熟。于是华为启动了海外应用分布式布点，对传统C/S模式的邮件系统进行Web化整改，升级为B/S架构的邮件系统。对于C/S模式的办公系统，一次请求在客户机（Client）与服务器（Server）之间反复来回，会增加时延，而Web化使得交互次数变少，所有的交互在云端快速完成，直接发送结果给客户机，时延的减少给体验带来了极大的提升，对带宽的需求也降低了很多。同时，C/S模式应用扩展能力不足，不断增加的应用也对服务器和客户机的性能带来巨大的压力，Web化后可以方便快速地调配数据中心的服务器和存储资源，保证应用平滑升级，而客户感知不变。
- 随着便携式计算机、智能手机和Pad的普及，以Wi-Fi网络为代表的移动办公时代正式来临。2011年，华为率先完成了全球会议室的部署，在得到员工的积极反馈后，又在办公区、接待区、食堂等其他区域进行全无线覆盖。2012年，华为开始尝试BYOD，2014年完成了全球广覆盖。至此，华为员工可以随时随地用自己的便携设备处理电子邮件、完成常用电子流审批、使用企业办公应用等。

可以说，在从2006年到2014年华为的这段全球化发展进程中，华为的IT业务经历了蜕变。无论是内部IT人员能力的提升，还是IT基础设施平台的搭建，部署过程中的技术积累、流程固化使得华为在面临数字化转型的浪潮时能够更从容地应对和引领变革。

4. 第4阶段：数字化

我们正身处一个信息时代向数字时代过渡的时期，华为同其他企业一样，也正经历着全面的数字化转型。为了更好地支撑公司的数字化转型，华为IT团队担负起了更多的重要使命，从以前支撑的角色逐渐转变成使能公司数字化的角色。在使能数字化的过程中，如何构建各场景下的标准IT装备和服务？在不增加人力的情况下，如何能够帮助业务团队实现快速高效的全场景作战？这是IT团队面临的巨大挑战。

云化和服务化是需要达成的第一个目标。华为IT团队构建的基于全业务场景的端到端华为IT服务平台定义了10多种标准服务模式，通过多种服务模式的组合可以为各种典型业务场景服务，如门店、工厂、供应中心、展会、会议室、办公室、运营中心等。业务部门可以根据自身需求，通过华为IT服务平台快速订阅各种业务服务，自动完成资源的发放和配置以及对QoS的评价和感知，大幅提高业务部署效率。

| 11.2　数字化转型对华为园区网络的挑战 |

在华为数字化转型过程中，结合了云计算、大数据、AI、物联网等技术的IT业务的角色在逐渐发生变化，由IT支撑向IT使能转变。而作为底层基础设施的园区网络，也需要结合业务发展情况去考虑如何适应数字化带来的变化。

- 考虑如何快速交付数量巨大的站点的网络服务。业务的快速增长，尤其是终端业务的高速增长，使中小型园区的数量快速增加，终端门店在5年内由不到1万个快速增长到22万个。如何提供适应全场景的网络编排服务并快速交付大量的新站点成为必须解决的问题。
- 考虑如何简化网络策略的管理。不同业务的网络主要基于MPLS VPN进行隔离，如果不同业务VPN间有互通需求，则通过VPN静态路由实现。*N*个业务VPN与*N*个业务VPN间的互通需求会产生$N \times N$倍的VRF，这就需要更复杂的路由交叉设计。另外，防火墙策略管理系统管理了上万条策略，该如何简化该系统也是必须解决的问题。
- 考虑如何构建网络的端到端可视。如何能够做到更深层的业务体验可视化，并且使之作为服务被上层应用直接调用是需要解决的问题。以华为每年举办的全联接大会为例，在第一天上午的主题演讲直播中，如果网络出现了问题并在1 min内得不到解决，其结果将不堪设想。在类似场景下，IT网络运维需要能够实时感知业务的体验并进行故障定位。
- 考虑如何有效管理海量IoT终端。目前，华为的IT网络中有超过100万个Wi-Fi接入终端、40万个有线接入终端，以及10万个IoT终端，未来还有数百万个IoT终端需要接入。管理这些终端面临两类问题：一是如何感知这些终端，二是如何简化终端的接入认证。因为通过传统网络设计来标识终端将会导致网络非常复杂，并且目前终端的接入认证方式是多样的，很多终端需要经过两次认证才能接入网络。
- 考虑如何保证网络安全可靠。未来，华为的IT网络将承载越来越多的业务，且接入的终端数量、终端类型以及接入方式也会越来越多。如果网络出现可靠性故障或者安全问题，其影响也将会放大很多倍。因此，在保障业务连续性方面，网络安全可靠变得非常重要。

针对业务快速发展，为有效应对数量巨大的站点交付、网络管理复杂化、终端海量化、安全可靠等挑战，使能数字化转型，需要网络满足下面的要求。

- 交付云化、服务化：基于业务场景提供合适的网络服务，采用云化交付，一景一策，实现网络即服务。
- 可弹性扩容：在一个融合的网络上，基于意图快速高效地部署不同业务逻辑网络，构建万物互联的智简网络。
- 运维可视化：网络平台应具有强大的服务编排能力和端到端的体验可视化能力，应用自动感知、终端自动感知、策略随行灵活发放、故障快速感知并实现自愈。
- 极简高速安全：设备、链路具有高可用性，满足大带宽。基础物理网络安全、可靠，架构极简，协议极简。

基于这4条基本原则，华为园区网络总体架构共分为4层。

- 最上层为面向各细分场景的服务层，由华为IT服务平台支撑，主要分为作业场景、共享服务场景、园区办公场景，根据各场景不同的需求支撑不同的应用。
- 第二层为平台层，主要是各种专业的应用平台服务，包括大数据平台、运营支撑平台、安全平台等，通过开放的接口为上层应用提供基础的支撑。
- 第三层为网络层，主要是通过云化实现全连接，通过云骨干网、各运营商专线构建MPLS专网，再加上各研究所与分支机构的园区内的无线和有线网络，实现全互联。
- 最下层是终端层，包含海量终端，各种终端统一入网、统一认证、统一管理，满足不同业务的诉求。

11.3 华为园区网络场景化解决方案

11.3.1 全场景 Wi-Fi 网络：实现 3 个 SSID 覆盖华为全球办公场所

华为在全球所有办公园区无死角覆盖无线网络，除首次连接Wi-Fi网络外，员工在园区任何地方可无感知接入公司无线网络，在园区内随时随地办公。员工还可以使用个人移动智能终端App随时随地进行常规的办公，如处理邮件、回复即时信息、开电话会议等。目前，华为公司的Wi-Fi网络共设置了3个SSID，通过全球统一的SSID让员工及访客获得一致的接入体验，如图11-2所示。

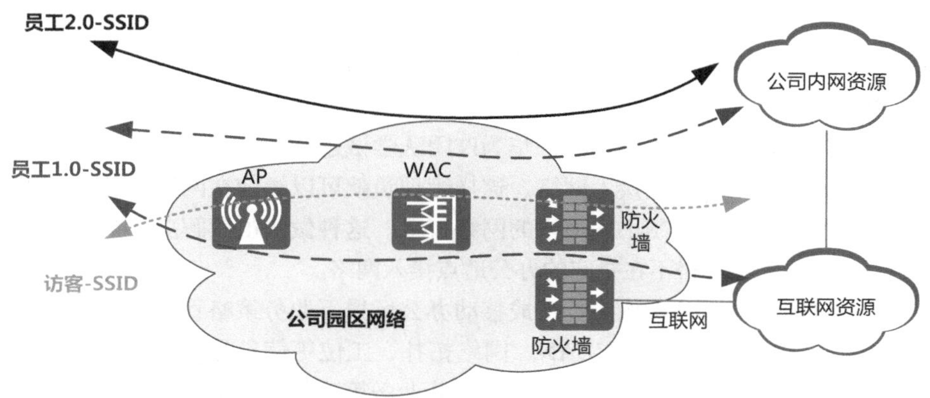

图 11-2　华为全场景无线园区设置的 3 个 SSID

员工2.0–SSID：适用于员工通过公司的安全终端访问公司内网资源，安全终端内置了安全检查软件，需要通过安全检查才可以接入网络，保证了终端接入的安全性，用户通过802.1X认证以后可以访问公司内网资源。

员工1.0–SSID：适用于员工私人终端访问部分内网资源和互联网资源。员工安装移动办公软件WeLink，通过802.1X认证以后，经过防火墙可以访问互联网资源以及部分公司内部资源。

访客–SSID：适用于访客终端访问互联网资源。访客终端通过Web认证以后，经过防火墙可以访问互联网资源。

考虑到大量IoT终端未来将会接入园区网络，将会在现有的Wi–Fi网络中规划一个独立SSID，专用于IoT终端接入。IoT终端的接入采用MAC认证加ESN校验的方式。

11.3.2　业务随行：为华为员工提供一致的业务服务

华为的园区实现全场景无线网络覆盖以后，极大地提高了员工的办公效率，员工的办公位置再也不会受到网线的羁绊。园区网络的边界在消失，企业员工的办公位置变得更加灵活，无论在研究所、代表处还是生产基地，都可以便捷地接入公司网络。然而，随着无线办公的广泛普及，这种无边界的网络接入方式给园区网络管理和网络安全带来了极大的挑战。

移动办公让员工主机的IP地址、VLAN等信息随时发生变化，而传统园区基于IP地址、VLAN等信息配置ACL来进行员工权限控制和业务体验保障，这种业务策略无法适应移动办公的要求。当员工更换办公地点以后，一方面，网络管理员需要根据新的IP地址、VLAN等信息配置业务策略，这就给网络管理员带来了非常大的工作量；另一方面，经常出现策略配置错误导致员工的访问权限配置错误的情况，本来可以访问的资源因为位置的移动而不能访问，移动办公的业务体验变得非常糟糕。

为了避免频繁变更业务策略，华为IT团队尝试过各种手段，保证特定用户只能使用特定网段的IP地址接入网络，这样管理员就可以提前在网络设备上配置基于IP地址的ACL，以控制不同用户的网络权限。这种做法虽然解决了策略的维护问题，但是员工却不得不在指定的办公地点接入网络。

华为IT团队经过分析认为，造成移动办公场景下业务策略管理困境的根本原因在于业务策略和IP地址、VLAN、网络拓扑、工位等信息是强耦合的关系，员工移动过程中，这些信息始终在变化，因此业务策略就要频繁地变更。要想保持业务策略的一致性，就需要找到一个唯一不变的信息作为制定业务策略的唯一依据，而身份信息就符合这样的特征（如员工的工号，无论员工走到哪里，工号都不会变）。因此将业务策略与IP地址、VLAN、网络拓扑、工位等信息解耦是解决这个问题的核心理念，业务随行的解决方案就这样被孵化出来，其架构如图11-3所示。

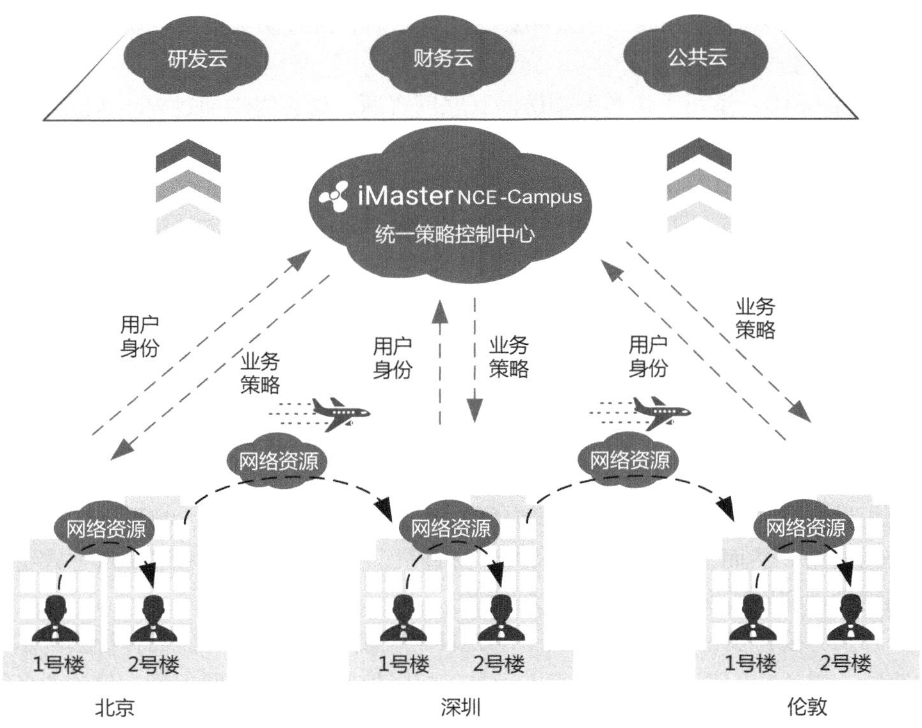

图 11-3　华为园区网络业务随行的解决方案架构

业务随行方案将SDN集中控制的思想引入园区网络中，第一次把网络资源跟人的身份关联起来，让网络资源自动跟随人移动，从而保障了人的使用体验和使用安全。如图11-3所示，业务随行方案在园区中设置统一策略控制中心，网络管理员可以提前在统一策略控制中心根据员工身份制定业务策略，无须考虑员工的IP地址等信息，也不需要关注员工在什么位置接入网络。无论员工在北京、深圳还是伦敦，也无论员工在同一个办公区的哪一栋楼接入网络，网络接入设备都会将员工的身份信息上报给统一策略控制中心，统一策略控制中心告知网络设备应该对这个员工执行哪种业务策略，这样就能保证员工在移动过程中，业务访问权限和体验是不变的，能够获取的网络资源也不变。这就好像网络资源能够随着员工的位置而移动一样，因此华为给这个方案取了一个很形象的名字，叫作业务随行。业务随行解决了困扰用户多年的移动办公体验糟糕的问题，目前在华为以及全球企业客户的园区网络中有广泛的应用。

11.3.3　云管理部署：支撑华为终端门店快速扩张

随着华为终端业务的快速发展，终端门店的建设也在快速扩张。自2014年起，华为平均每年新增300多家终端门店。采用传统的开局部署方式，规划、部署、网优、验收，整个过程一般需要至少1周的时间，而且网络部署过程中需要工程师多次到现场调试。这种方式效率低下，人力成本居高不下，无法支撑华为终端门店的快速扩张。

为了解决上述问题，华为终端门店采用云管理的方式快速部署网络，如图11-4所示，该方案可以实现在线云网规、云部署、云网优、云巡检等，部署一家门店的时间由1周缩短至1天，所有设备即插即用，不需要工程师现场调测。这种方式能够保证在业务快速扩张的情况下网络服务能够即需即得。

如图11-5所示，在云管理部署方案中，网络管理员可以直接通过移动App扫码开局。这极大地方便了终端门店的网络部署，有效支撑了华为终端门店的快速扩张。

首先，租户管理员在云管理平台上批量导入门店网络设备序列号，在线规划离线配置。

然后，安装工程师在终端门店现场将设备连线、上电，登录CloudCampus App，使用扫码等功能将AP和云管理平台的链路打通，通过本地管理SSID将设备公网配置下发至AP，确保设备能被云管理平台发现并成功纳管。

最后，AP开局成功以后，AP与云平台保持连接，定期向云管理平台上报性能数据，管理员可以通过云管理平台对终端门店内的设备完成日常维护、定期巡检、故障处理等。

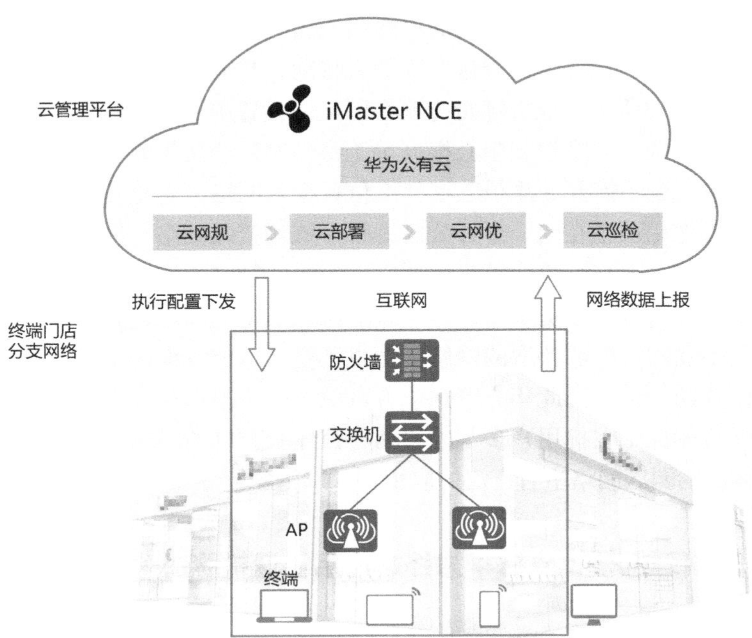

图 11-4　华为终端门店采用云管理的方式快速部署网络

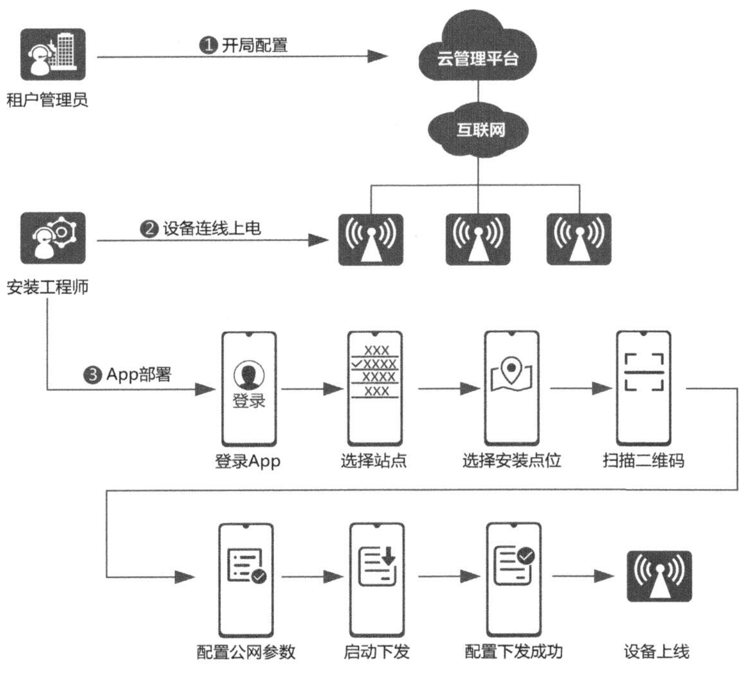

图 11-5　通过移动 App 扫码开局

11.3.4　Wi-Fi 网络与 IoT 融合：助力华为园区全面数字化

作为典型的跨国企业，华为有大量的各类资产，贵重资产如实验室仪器、网络设备、服务器等，一般资产如办公计算机、办公桌椅等。据不完全统计，仅研发仪器仪表就超过1.3万件，电子设备超过12万件，各类资产共计超过40万件，如图11-6所示。如何有效管理和利用分布在全球各地的固定资产成为华为面临的一大挑战。

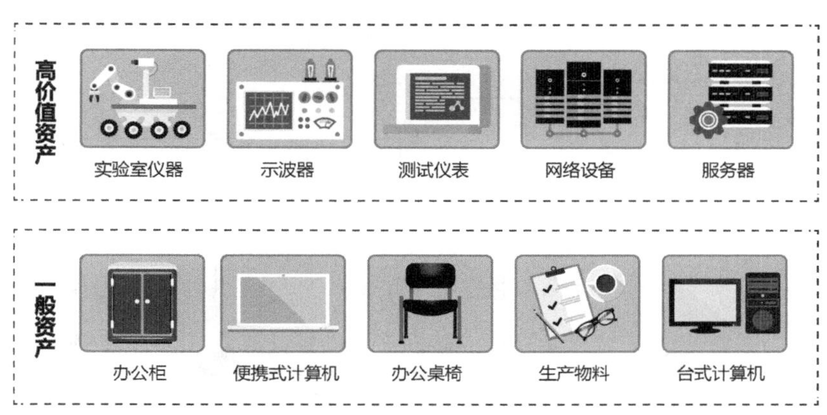

图 11-6　华为典型资产举例

从2014年开始，华为开始在各类资产上使用RFID电子标签进行识别和管理，但是随着使用量的增加，逐渐出现一些难以解决的问题。使用RFID电子标签后，需要大量部署射频信号读卡器来管理资产。这些读卡器需要单独的电源和单独的网线来进行连接，管理效率比较低。读卡器本身没有管理系统，无法感知故障，只有在每个月生成资产报表的时候才能知道哪个位置没有数据，以此判断读卡器坏了或者设备移动了。

为了解决这种问题，华为IT团队开始思考是否可以利用已经全球覆盖的Wi-Fi网络对资产进行管理，Wi-Fi网络和IoT融合的资产管理解决方案就此诞生，其组网架构如图11-7所示。该方案通过AP中集成的RFID插卡提供标识和管理功能，资产信息通过Wi-Fi网络回传至资产管理平台，这样在资产管理系统中，可以实时看到每个人名下的关键资产清单以及状态，大幅度地提高了资产管理效率。这种方案的最大优势就是不用重复建设IoT，所有IoT终端通过Wi-Fi网络进行管理，极大地节省了建网成本，减少了运维成本。

Wi-Fi网络和IoT融合的资产管理解决方案在华为园区中孵化出来以后，很快应用到华为园区的各个领域。例如，会议室管理、车辆管理、园区安防、电表管理，甚至连垃圾桶、井盖等都内置IoT传感器，经由园区室外Wi-Fi网络连接到园区智能运营中心，真正实现园区内连接无处不在，全面提升华为园区的数字化水平，让华为园区成为全场景感知和实时在线的“生命体”。

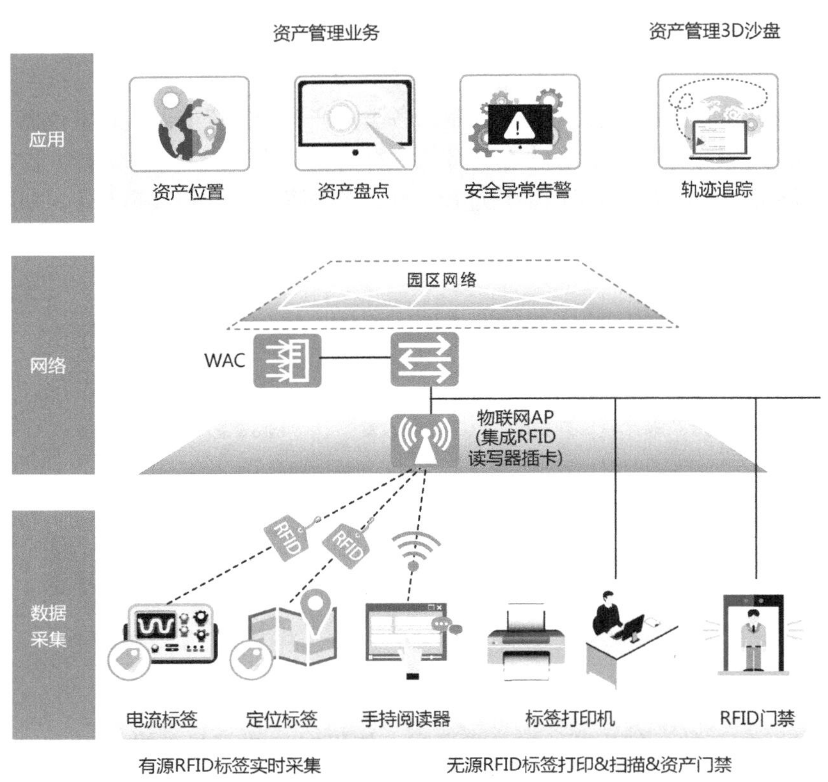

图 11-7 Wi-Fi 网络和 IoT 融合的资产管理解决方案组网架构

11.3.5 智能运维：驱动华为 IT 构筑主动运维体系

第一个使用华为智能运维方案的客户是华为的IT团队。Wi-Fi网络的大规模应用给日常办公带来了很大的便利性，但是也带来了故障多、故障难以定位等运维问题。以往，华为的IT团队平均每月会收到大概400个故障求助电话，其中40%的问题是与无线网络相关的问题。为此，华为IT团队联合SDN控制器的产品团队一起探讨Wi-Fi网络运维以及故障定位的问题。SDN控制器的智能分析引擎也受益于内部园区的场景锤炼，基于真实的业务数据大幅改进了Wi-Fi网络的运维算法模型，例如，从故障数据中分析出Wi-Fi网络的4类典型故障问题，连接类、空口性能类、漫游类和设备类问题，并梳理应该通过哪些数据来判断问题的归属，以及基于这些数据如何设计智能运维的算法等。

华为园区网络的运维场景促进了SDN控制器的算法提升，SDN控制器的运维算法也帮助华为园区网络构建了主动运维的体系。首先，可视化的质量评估体系驱动IT团队主动改善网络质量。例如，现在通过控制器的可视化仪表盘，可以看到某个员工终端出现了比较严重的延迟和丢包，通过远端关联的AP及AP部署图可以确定AP的位置及其无线信号的覆盖情况，如果问题产生的原因是信号覆盖差，就可以及时做出相应的调整。其次，故障的自动识别、根因定位，以及潜在异常的发现也改善了以往运维被动响应的问题，如图11–8所示。在应用智能运维方案之后的第一年，华为IT团队接到的园区网络故障单就减少了20%，而且其数量在逐年减少。

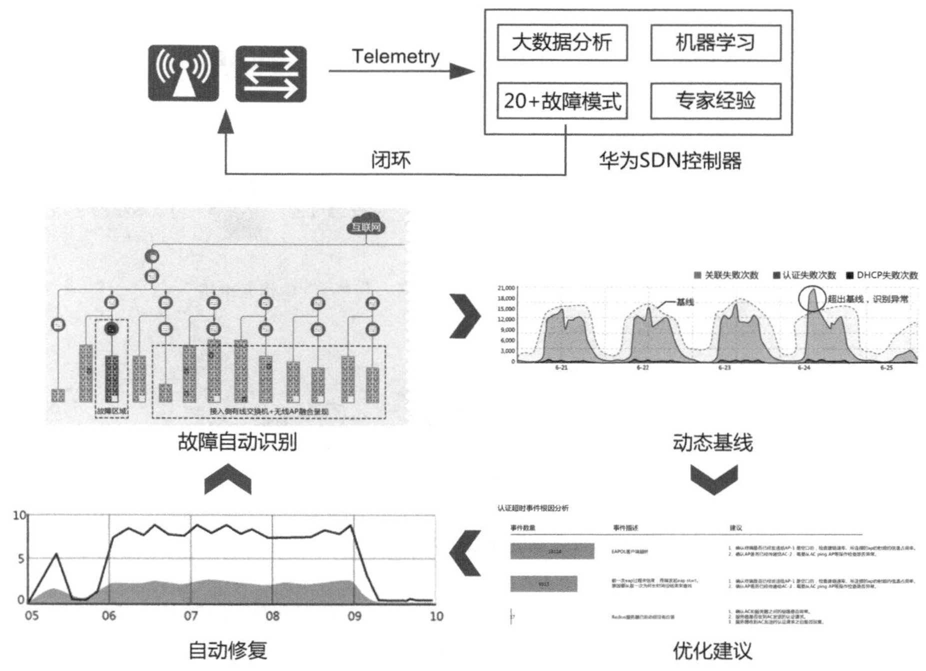

图 11-8　华为园区网络的智能运维场景

| 11.4　以行践言把数字化带入每一个园区 |

作为一家大型跨国企业，华为在大业务量、多客户群、多场景、全球资源配置和本地化经营运作的复杂环境下，在研发、销售、制造、交付、物流、园区运营等多个领域进行了成功的数字化转型实践。2015—2019年，数字化转型支撑华为在不显著增加人员的前提下实现了业务收入的高速增长。华为的业务遍及全球各地，园区形态和场景丰富多样，涵盖办公、研发、制造、酒店、学校、物流等多种场景，因此华为园区自然就是云园区网络最好的试金石。

在过去的10年中，华为始终以自己的园区作为试验田，以“安全可控、体验至简、成本精益、运营卓越”为目标建设智慧园区，如图11-9所示，在这个过程中逐步孵化出了一系列成熟的园区网络解决方案。所有这些解决方案都在华为自己复杂的园区业务环境下经过了百般锤炼，因此才能一经推出便迅速推广应用，服务于全球客户，有效支撑全球客户进行数字化转型，助力客户在数字化转型中快速获取商业价值。

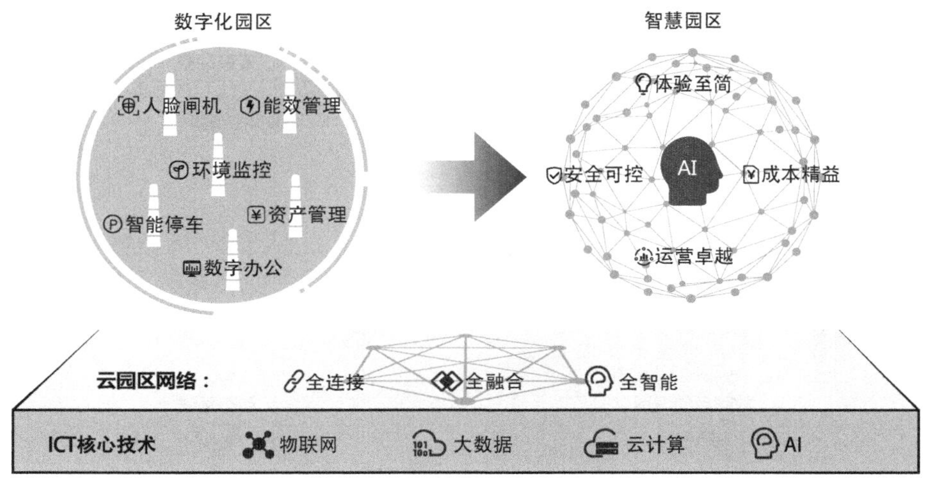

图 11-9　未来园区从数字化向智慧化演进

面向未来，华为将继续依托全系列产品组合，充分利用大数据、物联网、云计算、AI等技术，推动园区从数字化向智慧化进一步演进。在这个过程中，华为将继续坚持“自己造的降落伞自己先跳”的原则，联合行业合作伙伴，共筑合作共赢的园区网络生态体系，为客户提供更多的成熟场景化园区网络解决方案，以行践言，把数字化带入每一个园区。

第 12 章
云园区网络组件

华为云园区网络解决方案的组件包含CloudEngine S系列园区交换机、AirEngine系列无线局域网组件、NetEngine AR系列分支路由器、HiSecEngine USG系列企业安全组件、iMaster NCE-Campus园区网络管控分析系统、HiSec Insight高级威胁分析系统等。本章主要介绍相关组件的应用场景和主要的功能特性。

| 12.1 云园区网络组件概览 |

为了打造端到端的云园区网络解决方案，华为提供了从接入层、汇聚层再到管理层部件的全系列的组件，如图12-1所示。

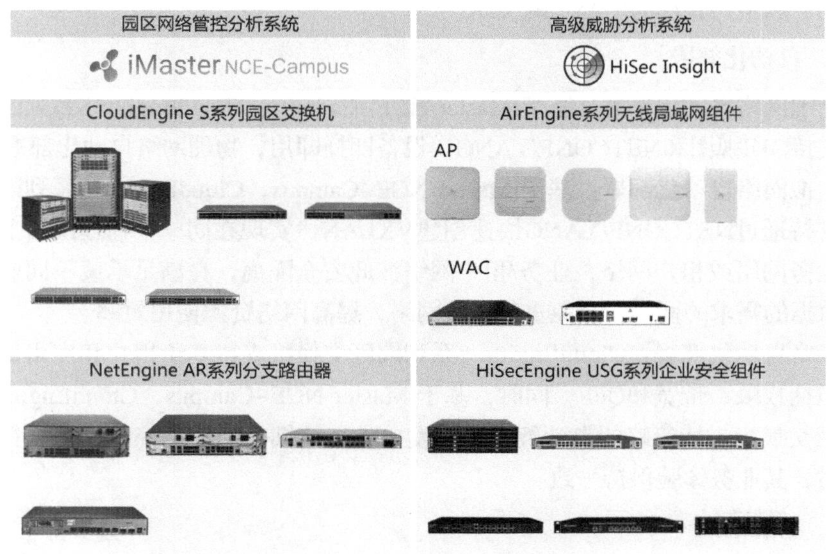

图 12-1 华为云园区网络组件概览

12.2 CloudEngine S系列园区交换机

CloudEngine S系列园区交换机是华为全新推出的面向企业、政府、教育、金融、制造等各领域的以太网交换机，致力于打造极简管理、稳定可靠、业务智能的园区网络，帮助各领域快速实现数字化转型。

基于自主研发的高性能硬件平台和VRP（Versatile Routing Platform，通用路由平台）软件平台，CloudEngine S系列园区交换机具备高可靠硬件架构、海量数据交换的能力、高密GE/10GE/40GE/100GE接口，以及丰富的二、三层业务特性。同时，CloudEngine S系列园区交换机可以提供丰富的增值业务，例如有线和无线网络深度融合、业务随行、VXLAN、Telemetry、威胁诱捕和加密流量检测等，帮助企业园区从以数据交换为中心的网络向以业务体验为中心的网络转变。

1. 有线和无线网络融合

CloudEngine S系列园区交换机融合了WAC的功能，用户无须额外购买WAC硬件，即可管理无线AP；同时，CloudEngine S系列园区交换机支持太比特级的无线转发能力，突破了独立WAC转发性能的瓶颈，从容迈向高速无线时代。

CloudEngine S系列园区交换机支持统一的用户管理功能，无须考虑接入层设备性能和接入方式的差异，支持802.1X/MAC/Portal等多种认证方式，支持对用户进行分组/分域/分时的管理，用户、业务可视可控，实现了从“以设备管理为中心”到“以用户管理为中心”的飞跃。

2. 自动化部署

物理网络自动化部署：基于iMaster NCE-Campus，CloudEngine S系列园区交换机支持GUI视图和NETCONF/YANG，设备即插即用，物理网络自动化部署。

虚拟网络自动化部署：基于iMaster NCE-Campus，CloudEngine S系列园区交换机支持通过NETCONF/YANG快速创建VXLAN，实现在同一个物理网络上部署多套业务网络或租户网络，业务/租户网络彼此安全隔离，在满足承载不同业务、客户数据的需求的同时，避免重复建设网络，提高网络资源使用效率。

策略自动化部署：CloudEngine S系列园区交换机支持基于用户和应用部署策略，包括权限、带宽和QoS；同时，基于iMaster NCE-Campus，CloudEngine S系列园区交换机支持策略的自动翻译和下发，支持精细化的策略控制，用户在全网移动时，其业务体验保持一致。

3. 智能运维

CloudEngine S系列园区交换机支持Telemetry，实时采集设备数据并上送至iMaster NCE-Campus。iMaster NCE-Campus通过智能故障识别算法对网络数据进行分析，精准展现网络实时状态，并能及时有效地定位故障发生的原因，发现影响用户体验的网络问题，保障用户体验。

CloudEngine S系列园区交换机支持eMDI功能，针对音视频业务进行智能运维。设备作为监控节点，周期性地统计并上报音视频业务类指标参数至iMaster NCE-Campus，由iMaster NCE-Campus结合多个节点的监控结果，对音视频业务质量类故障进行快速定位。

4. 大数据安全协防

CloudEngine S系列园区交换机支持通过NetStream应用采集园区网络数据，上报给华为HiSec Insight，进行网络安全威胁事件的信息检测和全网的安全态势展示，进一步对安全威胁事件做出相应处理。HiSec Insight把联动策略下发给iMaster NCE-Campus，由iMaster NCE-Campus把联动策略下发给交换机处理安全事件，保障园区网络的安全。

CloudEngine S系列园区交换机支持ECA功能，可以提取加密流量的特征，形成元数据上报给HiSec Insight，进一步利用AI算法训练流量模型，对提取的加密流量特征进行比对，从而识别恶意流量。HiSec Insight对检测结果进行可视化展示，并给出威胁处理意见，协同iMaster NCE-Campus自动隔离威胁，保障园区网络安全。

CloudEngine S系列园区交换机支持威胁诱捕功能，可以感知网络中存在的IP地址扫描和端口扫描等威胁行为，将威胁流量引流至诱捕系统。诱捕系统通过跟威胁流量的发起方进行深度交互，记录发起方的各种应用层攻击手段，上报安全日志给HiSec Insight。HiSec Insight分析安全日志，认定可疑流量为攻击行为，进行告警和处理。

12.3 AirEngine 系列无线局域网组件

AirEngine系列无线局域网组件形态丰富，兼容IEEE 802.11a/b/g/n/ac/ax标准，满足企业办公、校园、医院、大型商场、会展中心、体育场馆等各种应用场景的需求，可以为客户提供完整的无线局域网产品解决方案，提供高速、安全、可靠的无线网络连接服务。

12.3.1 AirEngine 系列无线接入控制器

AirEngine系列无线接入控制器是华为面向大中型企业园区、企业分支和校园推出的WAC，具备业界领先的AP管理规格和转发能力，配合华为AirEngine系列无线接入点，可组建大中型园区网络、企业办公网络、无线城域网等。

1. 角色多样

内置Portal/AAA服务器，可为用户提供Portal/802.1X认证，降低用户投资成本。

2. 内置应用识别服务器

- 支持四～七层应用识别，可识别6000多种应用。包括Microsoft Lync/Face Time等常见的办公应用与P2P下载应用。
- 支持基于应用的策略控制管理，包括流量限制、流量阻断、优先级调度等策略。
- 支持应用识别库在线更新升级，无须升级软件版本。

3. 完备的高可靠性设计

- 支持交流双电源备份，支持电源模块热插拔时单电源供电。
- 支持设备级1+1热备、*N*+1备份模式，业务不中断。
- 支持基于LACP、MSTP的端口冗余备份。
- 支持广域逃生。本地转发模式下，AP与WAC连接中断后，保证原有用户不掉线、新用户正常接入，业务不中断。

4. 内置可视化网管平台

内置Web网管，配置便捷，提供全方位监控和智能诊断。

5. 以健康度为中心的一页式监控，直观展示KPI

单页整合统计信息与实时信息，图形化展示KPI（如用户性能、射频性能、AP性能），帮助客户从海量监控信息中快速过滤出有效信息，设备与网络状态一目了然。

12.3.2 AirEngine系列无线接入点

华为有丰富的AP产品，能够灵活地支持不同的无线业务需求，包括高密覆盖AP、高性价比AP、敏捷分布式AP等。本节主要介绍华为面向Wi-Fi 6时代发布的AP产品及其特性。

AirEngine系列无线接入点包含华为发布的新一代支持IEEE 802.11ax（Wi-Fi 6）标准的无线接入点产品，支持10 Gbit/s速率的以太网接口，能够满足AR/VR交互式教学、高清视频流、多媒体、桌面云应用等大带宽业务的需求，让用户畅享优质无线业务。

1. 支持Wi-Fi 6标准

支持1024-QAM调制，8×8 MIMO技术使空口速率可达4.8 Gbit/s。

支持OFDMA调度，使多个用户可以同时接收、发送信息，降低时延，提高网络效率。

2. SmartRadio空口优化

智能漫游负载均衡技术利用智能漫游负载均衡算法，在用户漫游后对组网内AP进行负载均衡检测，调整各个AP的用户负载，提升网络的稳定性。

智能频段动态调整技术利用DFA算法自动检测邻频和同频的干扰信号，识别2.4 GHz冗余射频，通过AP间的自动协商，自动切换（双5 GHz款型）或关闭冗余射频，降低2.4 GHz同频干扰，增加系统容量。

智能冲突优化技术利用动态EDCA（Enhanced Distributed Channel Access，增强型分布式信道访问）和Airtime调度算法，对每个用户的无线信道占用时间和业务优先级进行调度，确保每个用户业务有序调度且相对公平地占用无线信道，提高业务处理效率，提升用户体验。

3. 空口性能优化

在大量用户接入的高密场景下，低速率通信会占用更多的空口资源，减小AP的吞吐量，使用户体验恶化。因此AP在用户刚接入时判断用户速率，不允许速率过低或信号过弱的用户接入网络。对于在线用户，实时监控其速率和信号强度；对于速率过低或信号过弱的用户，强制其下线或辅助其选择信号强度更好的AP接入。通过终端接入控制技术，提高空口利用率，保证更多终端接入。

4. 5 GHz频段优先

同时支持2.4 GHz和5 GHz双频接入，通过控制终端优先接入5 GHz频段，将2.4 GHz频段的双频终端用户迁移至5 GHz频段，减少2.4 GHz频段的负载和干扰，提升用户体验。

5. 非Wi-Fi干扰源分析

对非Wi-Fi干扰源进行频谱分析，可以对蓝牙设备、无线音频反射器、游戏手柄和微波炉等干扰源进行识别。结合网络管理软件，可以对干扰源进行精确定位和频谱显示，及时排除非Wi-Fi干扰。

6. 非法设备监测

支持WIDS（Wireless Intrusion Detection System，无线入侵检测系统）/WIPS（Wireless Intrusion Prevention System，无线入侵防御系统），对非法设备进行监测、识别、防范、反制，为空口环境和无线传输的安全保驾护航。

7. 自动射频调优

通过收集到的邻居AP的信号强度、信道参数等信息，生成AP的拓扑结构，根据合法AP、非法AP以及非Wi-Fi设备形成的干扰及各自的负载，自动调整发射功率和信道，以保证网络处于最佳的性能状态，提升网络的可靠性和用户体验。

12.4 NetEngine AR 系列分支路由器

NetEngine AR系列分支路由器是华为自主研发的全新一代路由器，它采用Solar AX架构，通过CPU+NP（Network Processor，网络处理器）进行异构转发，内置的加速引擎具有业界平均水平3倍的性能，同时融合了SD-WAN、路由、交换、VPN、安全、MPLS等多种功能，可以按需部署在总部或分支网络，提供网络出口功能，满足了企业业务多元化的需求和云趋势下对网络设备高性能的需求。

1. 高性能

采用全新的Solar AX架构，将CPU+NP异构转发应用到SD-WAN CPE（Customer Premises Equipment，用户处所设备，业界常称为客户前置设备），内置丰富的硬件级智能加速引擎，如硬件级HQoS、IPSec、ACL、应用识别等加速引擎，具备超高的转发性能，高效处理SD-WAN业务，支持VPN、识别、监控、HQoS、选路、优化、安全等复杂业务。Solar AX架构具备如下特点。

- CPU+NP异构转发，具备超高的转发性能。
- 内置硬件加速引擎（HQoS、IPSec、ACL、应用识别），业务处理无瓶颈。
- 内置Ultra-Fast转发算法，快速匹配ACL和路由规则。

2. 高可靠

符合电信级设计标准，为企业用户提供如下可靠、优质的服务。

- 提供板卡热插拔，主控板、电源、风扇等关键硬件有冗余备份，保证业务安全稳定。
- 提供企业业务的链路备份，提高业务接入的可靠性。
- 提供毫秒级的故障检测和判断机制，缩短业务中断时间。

3. 易运维

支持SD-WAN管理、SNMP网管、Web网管等多种管理方式，简化了网络部署。该系列分支路由器不仅支持免现场调测的维护方式，还支持对CPE进行远程集中管理，极大地降低了企业用户的运维成本，提高了运维效率。

4. 业务融合

集路由、交换、VPN、安全、Wi-Fi等多种功能于一体，满足企业业务多元化的需求，节省空间，降低企业TCO。

5. 安全

内置防火墙、IPS、URL过滤、多种VPN技术，为用户提供全面的安全防御功能。

6. 支持SD-WAN

配套SD-WAN解决方案，构建低成本、商业级的互联网连接；采用ZTP（Zero Touch Provisioning，零配置部署）一键式部署（邮件URL、U盘、DHCP等），零技能要求，设备分钟级开通；支持SaaS首包识别、复杂应用识别；基于带宽和链路质量选路，保证关键应用体验，带宽利用率高达90%。

12.5 HiSecEngine USG 系列企业安全组件

HiSecEngine USG系列包含丰富的企业安全组件，在提供NGFW（Next Generation Firewall，下一代防火墙）功能的基础上，可联动其他安全设备，主动防御网络威胁，增强边界检测能力，有效防御高级威胁，同时解决性能下降的问题，其特点介绍如下。

1. "智"能防御

内置IAE（Intelligence Awareness Engine，智能感知引擎）、CDE（Content-based Detection Engine，威胁防御引擎）。IAE作为NGFW的检测引擎，提供IPS、反病毒和URL过滤等与内容安全相关的功能，有效保证内网服务器和用户免受威胁的侵害。具有全新CDE病毒检测引擎，用AI重新定义恶意文件检测功能。提供数据深度分析功能，快速检测恶意文件，有效提高威胁检出率。构建"普惠式"AI，帮助客户做到更全面的网络风险评估，有效应对攻击链上的网络威胁，真正实现防御"智"能化。

2. 极"简"运维

融合云化部署方案，即插即用，实现极速简易开局。安全控制器组件化，配合iMaster NCE-Campus实现统一管理和策略下发，有效提高防火墙运维效率。全新的Web UI 2.0设计了可视化的新安全界面，可大幅提升易用性，简化运维。

3. 丰富的IPv6能力

提供丰富的IPv6网络切换能力、策略管控能力、安全防御能力以及业务可视能力，有效帮助政府、媒体行业、运营商、互联网行业、金融业等进行IPv6改造。

4. 智能选路

提供基于多出口链路的动态/静态智能选路功能，根据管理员设置的链路带宽、权重、优先级或者自动探测到的链路质量动态地选择出接口，按照不同的选路方式转发流量到各条链路上，并根据各条链路的实时状态动态调整分配结果，以此提高链路资源的利用率，提升用户体验。

12.6 iMaster NCE-Campus园区网络管控分析系统

iMaster NCE-Campus是华为面向园区与分支网络场景推出的管控分析系统，利用云计算、SDN、大数据分析技术实现Underlay网络和Overlay网络的自动化和集中化管理，提供传统方案无法提供的数据收集和分析能力，同时支持集中控制园区用户的访问权限、QoS、带宽、应用、安全等策略，基于业务驱动提供简单、快速、智能的园区虚拟化发放，让网络更快捷地为业务服务。

1. 网络自动化

网络部署自动化：模板化设计，设备即插即用，有效降低网络部署OPEX（Operating Expense，运营支出）。

虚拟网络业务发放自动化：模型抽象，一网多用，园区VXLAN业务分钟级发放。

策略部署自动化：用户的网络访问、QoS、带宽、应用、安全等策略集中配置，实时调整，保障用户的接入体验。

2. 全场景和全生命周期管理

全场景云化管理：覆盖大中型园区网络、多分支网络场景，支持公有云和私有云部署，商业模式灵活。

全生命周期管理：集成网络设计、业务部署、维护和优化，一站式全流程管理。

LAN-WAN融合：企业LAN-WAN端到端统一部署、统一管理策略，深入融合，降低运维成本。

3. 开放合作

开放架构，提供标准北向RESTful API。

4. 每时刻每用户每应用全旅程体验可视

每时刻：基于Telemetry和动态秒级抓取技术，动态秒级抓取网络KPI数据，故障可回溯。

每用户：通过多维度采集数据，实时呈现每个用户的网络画像，全旅程网络体验可视。

每应用：能够感知实时语音与视频应用体验，快速智能定位问题设备，分析质差根因。

5. 网络问题自动识别，主动预测

通过大数据和AI技术，自动识别连接类、空口性能类、漫游类和设备类问题，提高潜在问题识别率。

利用机器学习历史数据，动态生成基线，通过与实时数据进行对比分析，预测可能发生的故障。

6. 网络问题智能定位，分析根因

基于大数据分析平台和多种AI算法，智能识别故障模式以及影响范围，协助管理员定位问题。

基于网络运维专家经验构建故障知识库，精准推理故障场景，精准分析问题根因并给出修复建议。

12.7 HiSec Insight 高级威胁分析系统

华为推出的HiSec Insight高级威胁分析系统基于成熟的商用大数据平台FusionInsight开发，结合AI算法，可进行多维度海量数据的关联分析，实时地发现各类安全威胁事件，还原出整个APT攻击链的攻击行为。同时HiSec Insight可采集和存储多类网络信息数据，帮助用户在发现威胁后调查取证以及处置问责。HiSec Insight以发现威胁、阻断威胁、取证、溯源、业务闭环的思路设计，助力用户完成全流程威胁处置。

1. 全面检测：APT攻击检测、集成诱捕主动防御、资产安全全面感知

HiSec Insight基于大数据平台，采用机器学习模式，针对APT全攻击链中的每个步骤，对搜集信息、渗透驻点、获取权限、实施破坏或者数据外发等各个阶段进行检测，建立文件异常、邮件异常、C&C异常检测、流量异常、日志关联、Web异常检测、隐蔽通道等检测模型并关联检测出高级威胁，同时结合集成诱捕方案，进行主动防御。

基于主动扫描技术的资产管理模块，可全面掌控资产信息。

2. 全网协防：安全自动响应编排，联动设备处置闭环，云端信誉共享

通过构建自动化响应编排能力，支持对多种业务场景的威胁事件进行自动调查取证和联动响应，帮助用户实现分钟级事件处置闭环。

HiSec Insight检测出的威胁信息能够在几分钟内上传到NGFW设备，在网络侧进行阻断；也可将检测结果同步给第三方终端设备，在终端检测并清除威胁。

HiSec Insight检测出的威胁情报信息能够上传到全球威胁智能中心，智能中心对外提供信誉查询服务。同时，HiSec Insight能够根据客户需求，自动或手动到云端信誉中心查询IP信誉、Domain信誉、文件信誉等，结合信誉信息进行高级分析；HiSec Insight还提供云端情报Web查询界面，协助客户对检测出的威胁做进一步的调查分析。

3. 全网可视：安全态势实时感知，PB级数据秒级检索溯源

威胁地图呈现：通过威胁地图直观展示企业在全球范围内面临的威胁和最近发现的威胁事件，协助安全运维人员及时发现威胁、预判全网安全走势。

舞台模式聚焦关注区域：HiSec Insight提供舞台模式态势展示，即根据客户关注的地点，定制开发以该地点为舞台中心的攻击态势展示。

支持通过关键字、条件表达式、时间范围对事件和流量元数据进行快速检索，快速定位到安全运维人员关注的威胁和上下文数据，并支持查看数量趋势统计和检索结果详细数据，查询10亿条记录可在5秒内返回结果。

支持基于攻击链进行事件调查，通过不同的攻击阶段关联流量元数据。在流量元数据检索结果列表中可以下载与元数据相关的PCAP文件，在同一个界面方便安全运维分析人员进一步取证分析，调查效率高。

第 13 章 云园区网络的未来展望

业界普遍认为自动驾驶是园区网络未来的发展方向。如2.3节介绍的，自动驾驶网络从L3级开始具备自主意识，能在特定情境中基于外部环境动态优化调整，实现基于意图的闭环管理。到了L4级，自动驾驶网络将以园区网络为基础的数字孪生发展到极致，网络自身具有预测性。L4级自动驾驶网络能够结合网络参数的变化，在客户发现问题之前就采取预防措施，从而避免事故的发生。而随着万物互联时代的到来，大数据和AI技术将日趋成熟，网络也将向L5级自动驾驶网络转变。L5级自动驾驶网络最大的特点就是数字孪生的对象不仅仅是园区网络本身，还包括整个园区内的所有事物，甚至是世间万物。此外，L5级的自动驾驶网络将完全自主运行。本章主要展望未来L4级和L5级自动驾驶网络的形态。

13.1 未来园区的智能化构想

在万物互联时代，随着物联网、云计算、超带宽、大数据和AI等技术的成熟，园区将实现完全数字化，园区内万物都会产生数据。这些数据既代表物，也代表物的状态，甚至代表人工定义的各类概念。超带宽技术使网络带宽不再是瓶颈，一切数据皆可实时上云，并实时参与计算。在云计算超强算力和各种数学分析模型的帮助下，AI系统不断挖掘这些大数据所代表的事物之间的复杂联系，从而实现对世界认知能力的革命性飞跃。传统园区按各个业务建设独立的网络形成的信息孤岛将不复存在，未来园区将实现园区内各业务数据共享共用，也就是实现物理世界和数字世界的完全融合。最终，将构建出整个园区的数字模型并且实时更新该模型。园区能够实现从感知物理世界的端点到数字世界的决策再回到物理世界智能化行动的闭环，整个过程不需要人参与。如图13-1所示，数字化后的园区就像一个有机生命体。生命体的中枢大脑就是AI控制器，生命体的神经系统就是园区网络的物理网络，生命体的神经末梢就是各种业务终端和园区内外的所有数字化系统。

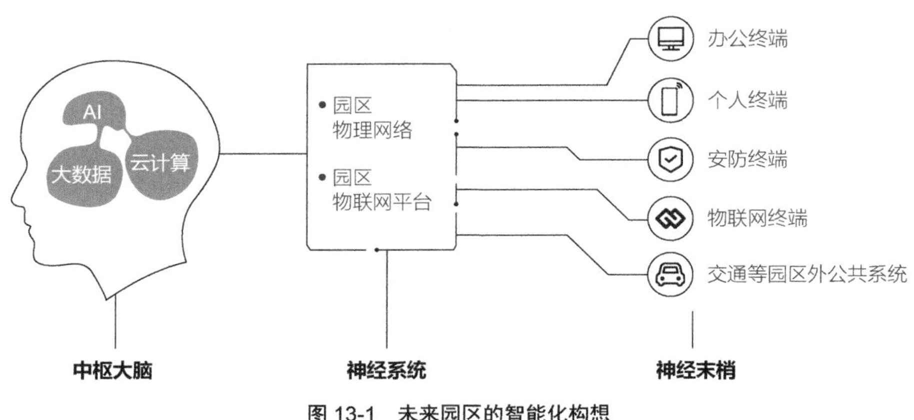

图 13-1　未来园区的智能化构想

13.2　未来园区的网络技术展望

信息安全、高速、准确的传递是网络最重要的使命，自动驾驶网络的可预测性有效保障了这个使命的达成。特别是基于整个园区大数据的预测结果来调度的L5级自动驾驶网络，从网络架构上将园区内万物统一控制和管理，实现网络拥塞前调整流量、故障发生前规避故障、网络性能不足时自动扩容，在保障信息安全、高速、准确传递的同时，提高网络运维效率，降低网络部署和运维成本。要实现L5级自动驾驶网络，首先需要在物理网络上构建一个能实时感知环境的边缘智能层，并大幅简化网络架构和协议；其次，通过统一建模构建数字孪生网络，实现全局态势的可回溯和可预测，基于AI实现预测性运维和主动闭环优化；最后，基于开放的云端平台实现AI算法训练和优化，支撑规划、设计、业务发放、运维保障和网络优化等各类应用的敏捷开发，支撑全生命周期的自动化闭环运营。

1. 园区网络架构智简

园区网络架构通常分为3个方面，分别是控制系统、控制方式和物理网络。

在控制系统方面，到了L4级，L3级网络独立的SDN控制器、WAN控制器和DCN（Data Communication Network，数据通信网）控制器将会完全协同，园区网络只使用一个AI控制器。到了L5级，AI相关技术已经非常发达，除了网络本身的AI控制器，包括环境监测、物流仓储、生产管理等园区内所有AI控制器都将完全协同，园区范围内将只有一个AI控制器。这个AI控制器甚至可以在被授权的情况下感知园区外的数据，以便更好地指导园区的运转，提升园区内人员的体验。

在控制方式方面，到了L4级，网络管理员可以不再关心网络功能的具体配置逻辑和配置命令，只需向网络提出自己的意图，网络即可智能地进行调整。到了L5级，网络管理员的意图将会被AI控制器自动识别，网络管理员只需确认个别关键决策。例如，有10个访客次日要坐飞机来本市参观园区和参加会议，L4级网络管理员只需要告诉网络这10个访客来园区做的事情，AI控制器将自动计算这10个访客各自需要的网络服务等级和安全等级，并自动向各个网络设备下发配置。整个过程不需要网络管理员去了解不同的服务等级和安全等级，以及对应的网络特性配置逻辑。但是L4级自动驾驶网络的控制方式仍不是最简单的，因为世间万物是不断变化的，这些变化带来的网络需求调整仍需要人工干预。比如，上述的10个访客来园区的当天，人员进行了调整，并且天气原因导致他们所乘坐的航班延误，他们到园区的时间和行程发生了变化。此时，由于L4级的网络只实现了园区网络自身的控制协同，网络管理员需要向网络提交以上这些变化信息来进行调整。到L5级，以上所有信息将在被授权的情况下，由园区网络控制系统自动识别、跟踪，并进行网络侧的相关调整。访客只需将出行信息授权给园区AI控制器，园区AI控制器就可以根据访客的航班信息、天气信息、道路交通情况自动安排接机车辆，根据访客来访时间的变化，自动调整对应的Wi-Fi等园区网络资源，整个过程无须人工跟踪和干预。网络管理员和客户接待人员只需根据AI控制器提供的访客行程变更信息调整自己的行程。

在物理网络方面，当前网络为了保证各个业务运维管理方便和责任清晰，各个业务的网络一般是分开建设的。比如视频监控、火警等安全网络以及办公网络和生产网络一般都需要单独建设。而由于引入了VXLAN等虚拟网络技术，云园区网络可以只建设一个物理网络。到了L5级，园区的AI控制器已经可以完全接管人工的运维，自行感知园区事件计划和物流仓储等信息。这时候的物理网络终端不仅限于计算机、打印机、摄像头、手机等传统网络终端，还将包括IoT终端和各种传感器，比如窗帘、灯、风力传感器、机器人、无人机等。如果发现物理网络无法支持即将到来的业务，AI控制器会自行对物理网络设备和拓扑进行调整，包括购买和租用设备等。如果发现仓储的网络备用设备积压，AI控制器会将设备出售或出租，有效控制物理网络的建设成本和运维成本。此外，未来的网络设备还有可能实现模块化，网络设备将类似现在的台式计算机，各个部件都可以拆卸更换，由AI控制器进行统一精细化管理。

2. 园区网络设计部署和运维智简

未来园区网络架构智简，将大大降低园区网络在设计部署和运维管理阶段的投资和运维成本。

在设计部署阶段，L4级自动驾驶网络根据技术人员提供的需求和相关信息，能够自主设计园区网络，但部署前仍需要人工根据园区的具体情况进行调整，部署时仍需要人工进行配置调测。而在L5级自动驾驶网络中，企业只需要设定预算范围，AI控制器就会自动计算出园区最合理的网络构架和最佳的设备选型。AI控制器还可以安排机器人自行完成工勘和设备配置调测。

例如，企业需要在A市新建一个分支机构，企业设定预算范围后，AI控制器就会自动收集和分析分支机构所有相关信息，包括分支未来10年的业务和对应的人员规划等企业内部信息、A市的气候信息、分支机构周围的地形地貌、A市的治安情况、A市物流交通信息、公司库存物料信息、新采购物料信息等，自动规划出几套园区网络设计方案供企业选择，还能详细说明各个方案的差别。方案不仅仅涉及办公网和生产网业务，还涉及园区内能进行数字化的所有业务，包括园区内生活娱乐、安全防御、环境生态建设等业务。当然，AI控制器还将根据未来的业务规划和移动办公需求、物联网需求等信息，自动生成带宽规划、Wi-Fi网络管理等物理网络规划。

在企业根据需求确定最终设计方案后，AI控制器就开始根据规划的方案进行园区网络部署。AI控制器会自动采购物品，跟踪物品的发货和物流，安排机器人进行工勘、土建工程实施、线缆部署和设备安装调测。网络管理员可以看到整个过程的详细数据和报表，只需把控为应对一些不可抗力的意外因素而采取的方案并进行微调。完成园区网络部署之后，根据实际业务运行状况，园区网络还会不断调整优化和扩容网络。园区网络的业务调整可跟IT系统联动，当IT系统感知到新的业务需求时，自动触发AI控制器发放业务。

具体设计部署过程以园区网络目前的难点之一——Wi-Fi网络调优管理为例进行详细介绍。Wi-Fi网络准确地说是自干扰系统，需要检测园区里AP的冲突，然后不断进行优化。目前的方案是将园区各个区域的建筑图纸导入软件，然后使用软件模拟AP的信号强度。通过软件确定AP安放点后，再派人去现场进行工勘。工勘是根据个人的经验，评估现实园区中软装、环境、人为电磁干扰等因素对Wi-Fi信号的影响，再逐个确定AP的最终位置。在AP上线之后，还要人工对AP信号进行检测验收和优化。在网络运维阶段，由于对Wi-Fi网络的优化或改造会影响很多方面，一般只有用户对网络质量进行了投诉，网络管理员才会对这个区域的Wi-Fi进行优化或改造。而对于L5级的自动驾驶网络，Wi-Fi网络的设计不是取决于某个工程师的经验或者专家的模型，而是由具备强大算力和学习能力的AI控制器通过大数据分析得出的最佳方案。无线干扰的规避机制不是仅针对网络设备的，而是针对整个园区范围内所有会产生干扰的事物设计出来的。无线终端的布放位置不仅仅取决于园区建筑图纸，还取决于整个园区建成之后的模拟数据模型。在部署阶段，机器人进行工勘后，实时修正数字化园区模型，并根据AI控制器计算出的最佳施工顺序，直接进行园区网络部署、绿化等施工。施工过程中园区的数字化模型仍不断更新，确保施工和设计一致。在部署完成之后，L5级自动驾驶网络还会使用探针数据模拟真实业务数据在Wi-Fi网络中的运行，AI控制器对探针数据进行采集、分析和评估。白天网络不断地进行自诊断和分析，晚上网络自行优化调整，部署并调试新的策略。如果网络带宽紧张，AI控制器会根据公司的预算、现实的用户数量、设备和园区环境等情况，自动调整网络带宽、策略和架构。如果需要扩容，AI控制器会查看库存和物流能力，自动计算各种扩容方案的性价比，向企业管理者提供最佳扩容方案，经管理者决策后自动扩容。在运维管理阶段，管理员通过操作SDN控制器界面就可以快速感知和定位L3级自动驾驶网络的故障。到了L5级自动驾驶网络，网络会实时分析用户的业务体验情况。当感知到业务体验下降或者预测到潜在故障时，网络会记录问题并分析根因和启动优化。优化后网络还会持续关注优化效果，直到用户的业务体验正常为止，整个过程不需要人工参与。如果网络故障的发生没有前兆，自动驾驶网络会自动分析故障产生的日志、告警等信息，自动修复故障。所有相关的备件也会在第一时间被送到故障点。确认备件消耗后，仓库会自行采购补充。

以电话视频会议卡顿的故障为例，卡顿一般是丢包造成的。在自动驾驶网络的初期阶段，管理员接收到卡顿的报障后，根据故障源和目的找到丢包点，但是电话视频卡顿故障往往不好复现，此时这种定位手段将束手无策。在自动驾驶网络的后期阶段，AI控制器实时收集网络中的所有流量，并分析流量类型，基于流量类型实时判断数据流的质量。在判断出某个数据流质量不好时，会自动触发诊断机制，诊断流量丢包位置。找到丢包点后，AI控制器会自动分析丢包点的运行状态和日志，并做相应的优化。当优化完成后，AI控制器会继续检测对应的业务体验有没有提升，以判断是否继续优化。故障诊断从被动变为主动、将故障修复从事后变成实时，有效提升了园区网络使用者的满意度。

由于网络能够感知和参考的信息不仅限于网络本身，网络故障预判和防御成功率将大大提高，再加上网络设计时的可靠性保证，就能确保业务不间断运行。

3. 园区网络安全智简

园区数字化之后，在园区各业务中与安全相关的业务仍是重中之重。在L4级之前，网络安全还是围绕“防”的思路来做的，通过在各安全边界部署防火墙等安全组件防御网络攻击。防火墙等安全组件根据病毒库进行防御，这种对网络攻击的防御依赖于完善的病毒库。所谓“道高一尺，魔高一丈”，在出现新的安全威胁时，防火墙往往会力不从心。L4级自动驾驶网络的安全是围绕“护”的思路来做的，网络具备威胁实时感知的能力。除了根据全球病毒库和攻击方式构建安防体系，网络还会实时监控和分析流行为，根据是否有被攻击的特征来决定是否做出安全保护动作，这种手段不光能检测已知的安全威胁，还能有效识别未知的安全威胁。到了L5级，网络在L4级的基础上，可实时根据园区所有人、事、物和环境的数据，预判可能的攻击，甚至模拟蓝军对园区的数据模型自行进行攻防演练。例如，在预测到台风即将登陆之后，AI控制器就会通过园区数字模型模拟台风可能对园区造成的影响，并根据台风的轨迹和风力的变化实时更新数据。台风可能导致房屋或物品损坏，AI控制器会指派机器人进行相关的加固，并申请预算进行备件采购。当园区内有人经过可能会发生危险的区域时，AI控制器会提醒尽一切可能将台风等不可抗力因素对园区的影响降至最低。

4. 园区网络团队智简

数字化园区要求企业的ICT团队从关注硬件产业的特性和性能转变到关注整体解决方案。这不仅对厂商的产品与服务提出了更高的要求，也将改变企业的ICT团队。各个ICT团队之间将打破壁垒，进行更有深度的协作，网络团队、应用团队和安全团队很可能合并成一个团队。在购买产品时，企业将不再是简单地基于功能满足度和性能指标参数来考核厂商，而是会基于企业业务场景，考察厂商方案对于端到端问题的解决能力。厂商需要更深刻地理解企业业务，才能基于场景进行高度浓缩的抽象，并最终转换为简单易用的人机交互界面，帮助企业真正达到对内提高生产效率、对外提升客户体验的目的。

面向未来，华为将沿着5个方向引领产业发展：重新定义技术架构、重新定义产品架构、引领产业节奏、重新定义产业方向和开创产业。华为公司将从4个方面突破极限，开创未来：重新定义摩尔定律，挑战香农极限，做世界上最好的连接；重新定义计算架构，让算力更充裕更经济；打造最佳混合云，使能行业数字化；全栈全场景AI，让智能无所不及。AI技术发展的关键还有合作伙伴与开发者，因此在2018年，华为分别发布了沃土开发者计划和耀星计划，在提供资源、平台支撑、课程赋能、联合解决方案等多方面提供支持，做合作伙伴应用的“黑土地”。通向自动驾驶网络将是一个长期的旅程，是ICT行业的“诗和远方”，需要产业各方共同努力，坚定前行。华为致力于通过持续创新，提供领先的ICT解决方案，把复杂留给自己，把简单留给客户，希望和企业、合作伙伴共同拥抱万物互联的智能世界。

缩略语

缩写	英文全称	中文名称
AAA	Authentication，Authorization and Accounting	身份认证、授权和记账协议
ABR	Area Border Router	区域边界路由器
ACL	Access Control List	访问控制列表
AD	Active Directory	活动目录
AD/DA	Analog to Digital/Digital to Analog	模数 / 数模
AES	Advanced Encryption Standard	高级加密标准
AGV	Automated Guided Vehicle	自动导引运输车
AI	Artificial Intelligence	人工智能
AN	Autonomous Network	自治网络
AOI	Automated Optical Inspection	自动光学检测
AP	Access Point	接入点
API	Application Program Interface	应用程序接口
App	Application	应用
APT	Advanced Persistent Threat	高级可持续性攻击，业界常称高级持续性威胁
AR	Augmented Reality	增强现实
ARP	Address Resolution Protocol	地址解析协议
AS	Autonomous System	自治系统
ASIC	Application Specific Integrated Circuit	专用集成电路
ASN.1	Abstract Syntax Notation One	抽象语法表示 1 号
ASP	Authorized Service Partner	授权服务伙伴
ATM	Asynchronous Transfer Mode	异步转移模式
AV	Anti-Virus	反病毒
BBS	Bulletin Board System	电子公告板系统

续表

缩写	英文全称	中文名称
BD	Bridge Domain	广播域
BEEP	Blocks Extensible Exchange Protocol	块可扩展交换协议
BFD	Bidirectional Forwarding Detection	双向转发检测
BGP	Border Gateway Protocol	边界网关协议
BLE	Bluetooth Low Energy	低功耗蓝牙
Bluetooth SIG	Bluetooth Special Interest Group	蓝牙技术联盟
BM	Bare Metal Server	裸金属服务器
BP	Back Propagation	反向传播
BSS	Basic Service Set	基本服务集
BUM	Broadcast，Unknown-unicast，Multicast	广播、未知单播、组播
BYOD	Bring Your Own Device	携带自己的设备办公
C&C	Command and Control	命令与控制
CA	Certificate Authority	证书授权中心
CAPEX	Capital Expenditure	资本性支出
CAPWAP	Control and Provisioning of Wireless Access Points	无线接入点控制和配置
CCA	Clear Channel Assessment	空闲信道评估
CCK	Complementary Code Keying	补码键控
CDE	Content-based Detection Engine	威胁防御引擎
CDMA	Code Division Multiple Access	码分多址
CIO	Chief Information Officer	首席信息官
CLI	Command Line Interface	命令行接口
CMF	Configuration Management Framework	配置管理框架
CPE	Customer Premises Equipment	用户终端设备，也称用户驻地设备
CPU	Central Processing Unit	中央处理器
CRC	Cyclic Redundancy Check	循环冗余校验
CSMA/CA	Carrier Sense Multiple Access/Collision Avoidance	载波侦听多址访问 / 冲突避免
CSON	Continuous Self-Organizing Network	连续自组织网络

续表

缩写	英文全称	中文名称
CSP	Certified Service Partner	认证服务伙伴
CSS	Cluster Switch System	集群交换机系统
CTS	Clear To Send	允许发送
DBS	Dynamic Bandwidth Selection	动态带宽选择
DC	Data Center	数据中心
DCA	Dynamic Channel Allocation	动态信道分配
DCN	Data Center Network	数据中心网络
DCN	Data Communication Network	数据通信网
DDoS	Distributed Denial of Service	分布式拒绝服务
DF	Delay Factor	延迟因素
DFA	Dynamic Frequency Assignment	动态频率分配
DFS	Dynamic Frequency Selection	动态频率选择
DGA	Domain Generation Algorithm	域名生成算法
DHCP	Dynamic Host Configuration Protocol	动态主机配置协议
DL MU-MIMO	Down Link Multi-User Multiple-Input Multiple-Output	下行多用户多输入多输出
DNS	Domain Name System	域名系统
DoS	Denial of Service	拒绝服务
DPI	Deep Packet Inspection	深度报文检测
DQPSK	Differential Quadrature Phase Shift Keying	差分四相相移键控
DSCP	Differentiated Services Code Point	区分服务码点
DSS	Data Security Standard	数据安全标准
DWDM	Dense Wavelength Division Multiplexing	密集波分复用
EAP	Extensible Authentication Protocol	可扩展认证协议
EAPoL	Extensible Authentication Protocol over LAN	基于 LAN 的扩展认证协议
ECA	Encrypted Communication Analytics	加密通信检测
ECN	Explicit Congestion Notification	显式拥塞通知
EDCA	Enhanced Distributed Channel Access	增强型分布式信道访问

续表

缩写	英文全称	中文名称
eMDI	enhanced-Media Delivery Index	增强型媒体传输质量指标
EMS	Element Management System	网元管理系统
ENP	Ethernet Network Processor	以太网络处理器
ERP	Enterprise Resource Planning	企业资源计划
eSDK	ecosystem Software Development Kit	企业软件开发套件
ESDP	Electronic Software Delivery Platform	电子软件交付平台
ESL	Electronic Shelf Label	电子货架标签
ESN	Equipment Serial Number	设备序列号
ETH	Extremely High Throughput	极高吞吐量
EVM	Error Vector Magnitude	误差矢量幅度
EVPN	Ethernet Virtual Private Network	以太网虚拟专用网
FaaS	Fabric as a Service	结构即服务
FC	Fiber Channel	光纤通道
FCC	Federal Communications Commission	美国联邦通信委员会
FE	Fast Ethernet	快速以太网
FEC	Forward Error Correction	前向纠错
FHSS	Frequency Hopping Spread Spectrum	跳频扩频
FTP	File Transfer Protocol	文件传送协议
FTTA	Fiber To The Antenna	光纤到天线
FW	Firewall	防火墙
FWaaS	Firewall as a Service	防火墙即服务
GDP	Gross Domestic Product	国内生产总值
GDPR	General Data Protection Regulation	通用数据保护条例
GE	Gigabit Ethernet	吉比特以太网，也称千兆以太网
GI	Guard Interval	保护间隔
GIS	Geographic Information System	地理信息系统
GPS	Global Positioning System	全球定位系统
GPT	General Purpose Technology	通用目的技术

续表

缩写	英文全称	中文名称
GPU	Graphics Processing Unit	图形处理单元
GRE	Generic Routing Encapsulation	通用路由封装
GRPC	Google Remote Procedure Call	谷歌远程过程调用
GUI	Graphical User Interface	图形用户界面
HD	High Definition	高清
HDFS	Hadoop Distributed File System	Hadoop 分布式文件系统
HDG	Huawei Developers Gathering	华为开发者汇
HEW	High Efficiency Wireless	高效无线
HF	High Frequency	高频
HTTP	HyperText Transfer Protocol	超文本传输协议
HTTPS	HyperText Transfer Protocol Secure	超文本传输安全协议
IaaS	Infrastructure as a Service	基础设施即服务
IAB	Internet Architecture Board	因特网架构委员会
IAE	Intelligent Awareness Engine	智能感知引擎
ICMP	Internet Control Message Protocol	互联网控制报文协议
ICT	Information and Communication Technology	信息通信技术
IDC	International Data Corporation	国际数据公司
IDE	Integrated Development Environment	集成开发环境
IDN	Intent-Driven Network	意图驱动的网络
IDS	Intrusion Detection System	入侵检测系统
IEEE	Institute of Electrical and Electronics Engineers	电气电子工程师学会
IETF	Internet Engineering Task Force	因特网工程任务组
IGP	Interior Gateway Protocol	内部网关协议
IMAP	Interactive Mail Access Protocol	交互邮件访问协议
IoT	Internet of Things	物联网
IP	Internet Protocol	互联网协议
IPC	Inter-Process Communication	进程间通信
iPCA	Packet Conservation Algorithm for Internet	网络包守恒算法

续表

缩写	英文全称	中文名称
IPS	Intrusion Prevention System	入侵防御系统
IPSec	Internet Protocol Security	IP 安全协议
IRB	Integrated Routing and Bridging	整合选路及桥接
IS-IS	Intermediate System to Intermediate System	中间系统到中间系统
ISM	Industrial, Scientific and Medical	工业、科学和医疗
ISP	Internet Service Provider	因特网服务提供方
IT	Information Technology	信息技术
ITU-T	International Telecommunication Union-Telecommunication Standardization Sector	国际电信联盟电信标准化部门
JSON	JavaScript Object Notation	JavaScript 对象表示法
KPI	Key Performance Indicator	关键性能指标
L2TP	Layer 2 Tunneling Protocol	二层隧道协议
LACP	Link Aggregation Control Protocol	链路聚合控制协议
LAN	Local Area Network	局域网
LB	Local Balancing	负载均衡
LBS	Location Based Service	基于位置的服务
LDAP	Lightweight Directory Access Protocol	轻量目录访问协议
LF	Low Frequency	低频
LLDP	Link Layer Discovery Protocol	链路层发现协议
LoRa	Long Range Radio	远距离无线电
LSA	Link State Advertisement	链路状态公告
LSDB	Link State Database	链路状态数据库
LTE	Long Term Evolution	长期演进
MAC	Media Access Control	媒体接入控制
MAD	Multi-Active Detection	多主检测
MAN	Metropolitan Area Network	城域网
MD5	Message Digest Algorithm 5	消息摘要算法第五版
MDI	Media Delivery Index	媒体传输质量指标

续表

缩写	英文全称	中文名称
MF	Medium Frequency	中频
MIB	Management Information Base	管理信息库
MIMO	Multiple-Input Multiple-Output	多输入多输出
MLR	Media Loss Rate	媒体丢包率
MOS	Mean Opinion Score	平均主观得分
MPDU	MAC Protocol Data Unit	MAC 协议数据单元
MPEG	Motion Picture Experts Group	动态图像专家组
MPLS	Multi-Protocol Label Switching	多协议标签交换
MSP	Managed Service Provider	管理服务提供方
MSTP	Multiple Spanning Tree Protocol	多生成树协议
MSTP	Multi-Service Transport Platform	多业务传送平台
MTU	Maximum Transmission Unit	最大传输单元
MU-MIMO	Multi-User Multiple-Input Multiple-Output	多用户多输入多输出
NA	Neighbor Advertisement	邻居通告
NAC	Network Admission Control	网络准入控制
NAS	Network Attached Storage	网络附接存储
NAT	Network Address Translation	网络地址转换
NB-IoT	Narrow Band-Internet of Things	窄带物联网
ND	Neighbor Discovery	邻居发现
NDP	Null Data Packet	空数据包
NETCONF	Network Configuration	网络配置
NFC	Near Field Communication	近场通信
NFV	Network Functions Virtualization	网络功能虚拟化
NGFW	Next Generation Firewall	下一代防火墙
NHTSA	National Highway Traffic Safety Administration	美国国家公路交通安全管理局
NMS	Network Management System	网络管理系统
NP	Network Processor	网络处理器
NQA	Network Quality Analyzer	网络质量分析

续表

缩写	英文全称	中文名称
NS	Neighbor Solicitation	邻居请求
NUD	Neighbor Unreachability Detection	邻居不可达探测
NVE	Network Virtualization Edge	网络虚拟边缘
NVGRE	Network Virtualization using Generic Routing Encapsulation	采用通用路由封装的网络虚拟化
NVo3	Network Virtualization over Layer 3	三层网络虚拟化
OA	Office Automation	办公自动化
OAM	Operation Administration and Maintenance	运行、管理与维护
OFDM	Orthogonal Frequency Division Multiplexing	正交频分复用
OFDMA	Orthogonal Frequency Division Multiple Access	正交频分多址
OLT	Optical Line Terminal	光线路终端
ONU	Optical Network Unit	光网络单元
OPEX	Operating Expense	运营支出
OSI	Open System Interconnection	开放系统互连
OSPF	Open Shortest Path First	开放式最短路径优先
OUI	Organizationally Unique Identifier	组织唯一标识符
PAM4	4 Pulse Amplitude Modulation	四脉冲幅度调制
PC	Personal Computer	个人计算机
PCAP	Process Characterization Analysis Package	过程特性化分析软件包
PD	Powered Device	受电设备
PES	Packetized Elementary Stream	打包后的基本码流
PFC	Priority-based Flow Control	基于优先级的流控制
PKI	Public Key Infrastructure	公钥基础设施
PMSI	P-Multicast Service Interface	组播服务接口
PoE	Power over Ethernet	以太网供电
PON	Passive Optical Network	无源光网络
POP3	Post Office Protocol Version 3	第三版电子邮局协议
PPPoE	Point-to-Point Protocol over Ethernet	以太网点对点协议

续表

缩写	英文全称	中文名称
PPTP	Point to Point Tunneling Protocol	点对点隧道协议
PSE	Power Sourcing Equipment	供电设备
PU	Process Unit	处理单元
QAM	Quadrature Amplitude Modulation	正交幅度调制
QoS	Quality of Service	服务质量
QSFP	Quad Small Form-factor Pluggable	四通道小型可插拔
RADIUS	Remote Authentication Dial In User Service	远程用户拨号认证服务
RAT	Remote Access Trojan	远程访问特洛伊木马病毒
RD	Route Distinguisher	路由标识符
RDP	Remote Desktop Protocol	远程桌面协议
REST	Representational State Transfer	表述性状态转移
RET	Retransmission	重传
RFID	Radio Frequency Identification	射频识别
RoCE	RDMA over Converged Ethernet	基于聚合以太网的远程直接存储器访问
RPC	Remote Procedure Call	远程过程调用
RR	Route Reflector	路由反射器
RSA	Rivest-Shamir-Adleman	RSA 加密算法
RSNI	Received Signal-to-Noise Indication	接收信号信噪比指示
RSSI	Received Signal Strength Indicator	接收信号强度指示
RTP	Real-time Transport Protocol	实时传输协议
RU	Remote Unit	远端单元
RU	Resource Unit	资源单元
SaaS	Software as a Service	软件即服务
SAE	Society of Automotive Engineers International	国际自动机工程师学会，原译美国汽车工程师学会
SD	Standard Definition	标清
SDK	Software Development Kit	软件开发工具包

续表

缩写	英文全称	中文名称
SDN	Software Defined Network	软件定义网络
SD-WAN	Software Defined Wide Area Network	软件定义广域网
SERDES	Serializer/Deserializer	串行 / 解串器
SFP	Small Form-factor Pluggable	小型可插拔
SHF	Super High Frequency	超高频
SIEM	Security Information and Event Management	安全信息和事件管理
SINR	Signal-to-Interference plus Noise Ratio	信号与干扰加噪声比
SIP	Session Initiation Protocol	会话起始协议
SISO	Single-Input Single-Output	单输入单输出
SLA	Service Level Agreement	服务等级协定
SMB	Server Message Block	服务器消息块
SMI	Structure of Management Information	管理信息结构
SMTP	Simple Mail Transfer Protocol	简单邮件传输协议
SNMP	Simple Network Management Protocol	简单网络管理协议
SNR	Signal to Noise Ratio	信噪比
SOAP	Simple Object Access Protocol	简单对象访问协议
SOHO	Small Office Home Office	家居办公室
SPF	Shortest Path First	最短路径优先
SSH	Secure Shell	安全外壳
SSID	Service Set Identifier	服务集标识符
SSL	Secure Sockets Layer	安全套接层
STA	Station	站点，工作站
STP	Shielded Twisted Pair	屏蔽双绞线
STT	Stateless Transport Tunneling	无状态传输隧道
SVF	Super Virtual Fabric	超级虚拟交换网
TCO	Total Cost of Ownership	总拥有成本
TCP	Transmission Control Protocol	传输控制协议
TDMA	Time Division Multiple Access	时分多址

续表

缩写	英文全称	中文名称
TLS	Transport Layer Security	传输层安全协议
ToS	Type of Service	服务类型
TS	Transport Stream	传输流
TWT	Target Wake Time	目标唤醒时间
TxBF	Transmit Beamforming	发射波束成形
UDP	User Datagram Protocol	用户数据报协议
UHF	Ultra High Frequency	特高频
UL MU-MIMO	Up Link Multi-User Multiple-Input Multiple-Output	上行多用户多输入多输出
UL SU-MIMO	Up Link Single-User Multiple-Input Multiple-Output	上行单用户多输入多输出
UML	Unified Modeling Language	统一建模语言
UNII	Unlicensed National Information Infrastructure	未经许可的国家信息基础设施
URI	Uniform Resource Identifier	统一资源标识符
URL	Uniform Resource Locator	统一资源定位符
USB	Universal Serial Bus	通用串行总线
UTM	Unified Threat Management	统一威胁管理
UTP	Unshielded Twisted Pair	非屏蔽双绞线
UWB	Ultra Wide Band	超宽带
vCPE	Virtual CPE	虚拟用户终端设备
VHF	Very High Frequency	甚高频
VHT	Very High Throughput	非常高吞吐量
VLAN	Virtual Local Area Network	虚拟局域网
VM	Virtual Machine	虚拟机
VMOS	Video Mean Opinion Score	视频平均主观得分
VN	Virtual Network	虚拟网络
VNI	VXLAN Network Identifier	VXLAN 网络标识符
VoD	Video on Demand	视频点播
VoIP	Voice over IP	互联网电话
VPN	Virtual Private Network	虚拟专用网

续表

缩写	英文全称	中文名称
VR	Virtual Reality	虚拟现实
VRF	Virtual Routing and Forwarding	虚拟路由转发
VRID	Virtual Routing Identifier	虚拟路由标识符
VRP	Versatile Routing Platform	通用路由平台
VRRP	Virtual Router Redundancy Protocol	虚拟路由冗余协议
VTEP	VXLAN Tunnel Endpoint	VXLAN 隧道端点
VTM	Virtual Teller Machine	虚拟柜员机
VXLAN	Virtual eXtensible Local Area Network	虚拟扩展局域网
WAC	Wireless Access Controller	无线接入控制器
WAN	Wide Area Network	广域网
WIDS	Wireless Intrusion Detection System	无线入侵检测系统
Wi-Fi	Wireless Fidelity	无线保真
WIPS	Wireless Intrusion Prevention System	无线入侵防御系统
WLAN	Wireless Local Area Network	无线局域网
WWW	World Wide Web	万维网
XML	eXtensible Markup Language	可扩展标记语言
XSLT	eXtensible Stylesheet Language Transformation	可扩展样式表语言转换
YANG	Yet Another Next Generation	下一代数据建模语言
ZC	ZigBee Coordinator	ZigBee 协调者
ZED	ZigBee End Device	ZigBee 终端设备
ZR	ZigBee Router	ZigBee 路由器
ZTP	Zero Touch Provisioning	零配置部署